普通高等教育实践实训类系列教材

电子工艺技术与实践

第3版

主　编　郭志雄
副主编　邓　筠
参　编　陈崇辉　晏黑仂
主　审　胡少强

机 械 工 业 出 版 社

本书是高等院校应用型本科工科类专业学生的电子工艺实习教材，是在第2版的基础上修订而成的。全书共分7章，系统地介绍安全用电、焊接技术、电子元器件的识别与检测、印制电路板设计与制作技术等内容。为了拓宽学生的知识面，本书还加入了现代先进的计算机辅助设计技术在电路仿真、电路板设计方面的应用。此外，本书中的电子工艺技能实训部分，为不同专业、不同层次的学生设置了多个综合电路的设计、制作、调试实例，培养学生自主学习以及分析问题、解决问题的能力，提高学生的工程实践能力。本书还提供一套完整的电子工艺综合电路板作为考核平台，可以客观地评定学生理论知识和实践技能的掌握程度。

本书可作为高等院校应用型本科工科类专业电子工艺实习教材，也可作为相关工程技术人员的参考用书。

图书在版编目（CIP）数据

电子工艺技术与实践/郭志雄主编. —3版. —北京：机械工业出版社，2020.6（2025.2重印）

普通高等教育实践实训类系列教材

ISBN 978-7-111-65347-9

Ⅰ.①电… Ⅱ.①郭… Ⅲ.①电子技术-高等学校-教材 Ⅳ.①TN

中国版本图书馆CIP数据核字（2020）第061808号

机械工业出版社（北京市百万庄大街22号 邮政编码100037）

策划编辑：路乙达 责任编辑：路乙达 于苏华

责任校对：张 征 封面设计：张 静

责任印制：邓 博

北京盛通数码印刷有限公司印刷

2025年2月第3版第7次印刷

184mm×260mm · 15.5印张 · 384千字

标准书号：ISBN 978-7-111-65347-9

定价：43.80元

电话服务

客服电话：010-88361066

010-88379833

010-68326294

网络服务

机 工 官 网：www.cmpbook.com

机 工 官 博：weibo.com/cmp1952

金 书 网：www.golden-book.com

机工教育服务网：www.cmpedu.com

前　言

为了贯彻科学发展观和科教兴国的伟大战略方针，《国家中长期教育改革和发展规划纲要（2010—2020年）》提出，“重点扩大应用型、复合型、技能型人才培养规模”，应用型人才成为社会需求的重要方向。面对社会对高等教育人才的需求结构变化，大批以培养应用型人才为主要目标的应用型本科院校应运而生。电子工艺实习课程作为应用型本科院校工科类专业学生的必修课，是一门理论性、实践性都很强的课程，是培养学生动手能力、实践能力乃至创新能力的重要实践课程。课程强调学生在实践中的主观能动作用，重视培养学生的动手实践能力、分析问题与解决问题的能力及创新精神，以弥补学生从基础理论到工程实践之间的不足，提高学生的工程意识和观念，为今后走上实际工作岗位打下坚实的基础。

经过对多年的教学实践进行总结，结合应用型本科学生的特点，本书注重学生综合素质、创新意识的培养，为应用型本科院校量身定制一本“理论够用，重在实践”的电子工艺教材，具有理论与实际相结合，深入浅出，通俗易懂，便于实践的特点，使学生更好地获得现代电子工业的基础知识。本书既保留了传统、经典的电子工艺知识，又充分吸收了新概念、新理论和新技术；既有基本技能实践，又有现代先进的计算机辅助设计软件实践训练，还增加了综合电路实训项目。

本书第1章介绍了安全用电基本知识；第2章介绍了焊接技术；第3章介绍了常用电子元器件的识别与检测；第4章介绍了印制电路板设计与制作技术；第5章和第6章介绍了现代先进的计算机辅助设计技术在电路仿真、电路板设计方面的应用；第7章是电子工艺技能实训。

参加本书编写的教师多年来一直从事电工电子实践教学工作，有丰富的实践教学经验。第1、5章由郭志雄执笔；第2、3章，第7章7.1节由邓筠执笔；第4章，第7章7.2、7.3.1~7.3.4、7.3.7节由晏黑仂执笔；第6章，第7章7.3.5、7.3.6、7.3.8节由陈崇辉执笔。郭志雄任主编，邓筠任副主编，负责全书的整理与统稿。

华南理工大学胡少强高级工程师对本书进行了认真审阅，并提出了许多宝贵意见，使内容更加严谨。本书从设想到最后定稿，华南理工大学广州学院电气工程学院张尧院长、沈娜副院长、林海汀副教授、许研文副教授等给予了极大的支持与帮助；电工电子实验中心邓琨、朱万浩、叶成彬、孔令棚、刘玉芬等老师为本书的编写提供了大量的素材，并对实操环节逐一验证。在此，本书编者一并致以衷心的感谢。在本书编写过程中，参考和借鉴了许多公开出版与发布的文献，在此表示真诚的谢意。

为方便选用本书作为教材的任课教师授课，编者还制作了与本书配套的电子课件，无偿提供给需要的教师。限于水平，书中难免存在疏漏和不足之处，恳切希望热心读者提出宝贵意见。有任何需求及意见可以发送到郭志雄的电子邮箱：guozx@gcu.edu.cn。

编　者

目　录

第1章 安全用电

随着科学技术的不断发展，电在工业生产和日常生活中被人们广泛使用，已经到了不可或缺的地步，安全用电给人们的生活带来方便，而用电不当带来的用电安全事故也时有发生，对生命、财产造成严重危害。“安全用电，生命攸关”，安全用电是每个人都需要学习和注意的事情，通过学习安全用电常识，提高防电安全意识，保护生命财产安全。

掌握安全用电的基本知识非常重要，只有了解什么是人体触电，触电的种类有哪些，如何做到触电预防、触电急救和电气消防等相关安全用电的基本知识，才能在生产生活中远离用电事故，做到安全用电。

1.1 触电对人体的危害

1.1.1 概述

所谓触电，是指当人体接触到带电体或接触到因绝缘损坏而漏电的设备时，电流通过人体并对人体造成的伤害。由于人体是能够导电的，人体接触带电部位而构成电流回路，就会有电流通过人体，对人体造成不同程度的伤害。当发生触电时，电流会使人体肌肉痉挛，引起心室颤动，心脏跳动不规则，血压升高，呼吸困难，情况严重会使人呼吸和心跳停止，产生电休克症状甚至死亡。

1.1.2 触电的种类

发生触电时，电流通过人体而产生的伤害大致可以分为电击和电伤两种类型。

1. 电击

电击是一种对人体的内部组织造成的伤害，严重时会导致死亡。发生电击时，电流通过人体内部，破坏人的心脏、神经系统、肺部的正常工作，使人体肌肉抽搐，内部组织损伤、发热、发麻、神经麻痹等，严重时将引起人昏迷、窒息、心脏停止跳动、血液循环终止等而危及生命。电击是触电事故中最危险的一种伤害，触电死亡绝大部分是由电击造成的。

2. 电伤

电伤是由电流的热效应、化学效应、机械效应以及电流本身作用造成的人体外部伤害。常见的电伤现象有灼伤、电弧烧伤、电烙伤和皮肤金属化等。灼伤是由于电的热效应而灼伤人体皮肤、皮下组织、肌肉等，引起皮肤发红、起泡、烧焦、坏死；电弧烧伤是由弧光放电造成的烧伤，是常见的而且是最严重的电伤；电烙伤是电流的机械和化学效应造成人体触电部位的外伤，通常是皮肤表面出现肿块；皮肤金属化是由于带电体金属通过触电点蒸发进入人体造成的，局部皮肤呈现相应金属的特殊颜色。电伤会对人体的体表造成局部伤害，一般是非致命的伤害，但电弧烧伤严重时会致人死亡。

1.1.3 影响电流伤害人体危险性的主要因素

电流对人体的伤害程度主要与以下因素有关：①通过人体电流大小；②电流作用于人体

的时间；③电流流过人体的途径；④电流的种类及电流的频率；⑤触电者健康状况。

1. 通过人体电流大小

通过人体的电流越大，人体的生理反应和病理反应越明显，感觉越强烈，引起心室颤动所需的时间越短，致命的危险性越大。

对于工频交流电，按照通过人体电流的大小和人体所呈现的不同状态，可以分为以下几种情况，如表1-1所示。

表1-1 通过人体的电流大小对人体的影响（工频交流电）

电流值/mA	人体生理效应
≤0.5	没有感觉
0.5～10	感知电流值，指能引起人感觉的最小电流。此时人体开始有感觉，手指、手腕等处有发麻感觉，可以自行摆脱带电体。有实验数据表明，成年男性的平均感知电流值约为1.1mA，成年女性约为0.7mA
10～30	摆脱电流值，指人体触电后能自主摆脱电源的最大电流。此时可能引起人体肌肉痉挛，呼吸困难，血压升高，是一般人可以忍受的极限，仍然可以自行摆脱带电体，但如果长时间不能摆脱则有生命危险。有实验数据表明，成年男性的平均摆脱电流值约为16mA，成年女性约为10mA
30～100	致命电流值，指在较短时间内危及生命的最小电流。此时人将受到电击伤害，引起肌肉痉挛使触电者有可能从线路上或带电的设备上摔落；或者是被“吸附”在带电体上，电流不断通过人体，导致触电死亡
>100	极短时间内（1 s以上）人就会失去知觉，呼吸心跳停止而导致死亡

2. 电流作用于人体的时间

电流对人体的伤害与作用于人体的时间密切相关，电流作用于人体的时间越长，电击危险性越大，主要原因如下：

（1）人体电阻减少 电击持续时间越长，因人体发热出汗和电流对人体组织的电解作用，人体电阻逐渐下降，导致通过人体电流增大，电击的危险性也随之增加。

（2）能量增加 电流持续时间越长，体内积累外界电能越多，伤害程度越大，表现为室颤电流减小。

（3）中枢神经反射增强 电击持续时间越长，中枢神经反射越强烈，电击危险性越大。

电流对人体的伤害程度与电流的大小、作用的时间关系密切，电击的危险程度可以用电击强度来表示，电击强度越大，触电者受到电击伤害越严重。电击强度等于电流的数值与时间的乘积，一般认为，当人体受到的电击强度为30mA·s时，即作用于人体的电流值达到30mA，作用时间1s之内，就会对人体产生永久性的电击伤害，甚至死亡。

为了加强用电保护，一般家庭中都会安装使用漏电保护装置，对于漏电保护装置的一个重要安全系数指标，就是为了在发生电击事故时充分保证人身安全，额定断开时间与电流的乘积必须小于30mA·s。因此，在选用家庭用漏电保护器时以安全为主，应考虑选用快速型的、动作时间小于0.1 s的漏电保护器，以起到最大可能的安全保护作用。

3. 电流流过人体的途径

人体在电流的作用下，没有绝对安全的通过途径。电流通过人体不同的部位对人体的伤害是不同的：当电流通过人的头部、心脏、脊椎等重要器官或组织时，对人体的伤害最大；电流通过心脏会引起心室颤动乃至心脏停止跳动而导致死亡；电流通过中枢神经及有关部位，会引起中枢神经强烈失调而导致死亡；电流通过头部，严重损伤大脑，亦可能使人昏迷不醒而死亡；电流通过脊髓会使人截瘫；电流通过人的局部肢体亦可能引起中枢神经强烈发射而导致严重后果。因此：

1）从左手到胸部是最危险的电流路径。

2）从右手到左手、从手到脚也是很危险的电流路径。

3）从脚到脚是危险性较小的电流路径，但不等于没有危险。例如，由于跨步电压引起的触电，开始时电流通过两脚间，将会使触电者双足剧烈痉挛而摔倒，此时电流就会流经人体重要器官，造成严重伤害；另一方面，即使是两脚受到电击，随着电流作用于人体的时间增长，也会有一部分电流直接流经心脏等重要器官，同样会带来严重后果。

4. 电流的种类及电流的频率

一般来说，直流电、交流电的电流通过人体，都有可能使人体触电。直流电会引起电伤，而交流电则是电伤与电击同时发生，因此工频交流电的危险性远大于直流电。

另外，交流电电流的频率不同，对人体的伤害程度也会有不同，电流频率在25～300Hz交流电对人体的伤害最严重，而人们日常使用的工频市电正是在这个危险的频率段，所以需要特别关注。

5. 触电者健康状况

触电对人体的危害程度与人的健康状态和精神状态也有极大的关系。有数据表明，身体健康、肌肉发达者摆脱电流较大，室颤（致命）电流约与心脏质量成正比，心室颤动电流约与体重成正比，因此小孩遭受电击比成人危险；就电流对人体的作用而言，女性的感知电流和摆脱电流约比男性低三分之一，因此女性比男性更为敏感；患有心脏病、肺病、内分泌失常、中枢神经系统疾病及酒醉者等，其触电的危险性更大。

1.2 触电的原因、形式及其预防

1.2.1 触电的原因

在工农业生产和日常生活中，不同场合下引起触电的原因也不一样。按照人体触电的方式和电流通过人体的途径，触电原因可以分为直接触电和间接触电两种情况。

直接触电，是指人体直接接触或过分接近带电体而触电；间接触电，是指人体触及正常时不带电，而发生故障时才带电的金属导体而发生的触电。根据生产、生活中所发生的触电事故，可以将发生触电事故的主要原因归纳为以下几类。

1. 线路架设不合要求

室内、外线路对地距离、导线之间距离小于允许值；室内导线破旧，绝缘损坏或敷设不合要求容易造成触电或碰线短路引起电气火灾；通信线、广播线与电力线距离过近或同杆架设，如遇断线或碰线时电力线电压传到这些设备上引起触电；绝缘线被电烙铁烫坏引起触电等。

2. 电气操作制度不严格

带电操作时未采取可靠的安全措施；救护触电者时不采取安全保护措施；不熟悉电路和电器盲目维修；使用不合格的安全工具进行操作；无绝缘措施而与带电体过分靠近等。

3. 用电设备不合要求

电烙铁、电烫斗等电器设备内部绝缘损坏，金属外壳无保护措施或接地线接触不良；开关、灯具、携带式设备绝缘外壳破损或相线绝缘老化，失去保护作用；开关、熔断器误装在中性线上，使整个线路带电而引起触电等。

4. 用电不谨慎

违反布线规程，在室内乱拉电线，在使用中不慎造成触电；换熔丝时，随意加大规格或用铜丝代替铅锡合金丝；在电线上或电线附近晾晒衣物；在高压线附近烧烤、放风筝；用水冲刷电线和电器，或用湿毛巾擦拭，引起绝缘性能降低而漏电，造成触电事故等。

1.2.2 触电的形式

按照人体触及带电体的形式，触电的形式可以分为单相触电、两相触电和跨步电压触电三种形式。

1. 单相触电

单相触电指人体的某一部分与电气设备的一相带电体及大地（或中性线）构成回路，当电流通过人体流过该回路时，即造成人体触电。对于中性点直接接地的电网及中性点不接地的低压电网都能发生单相触电，绝大多数的触电事故都属于这种形式。单相触电时的电压为相电压220V，流过人体的电流足以致命。单相触电如图1-1所示。

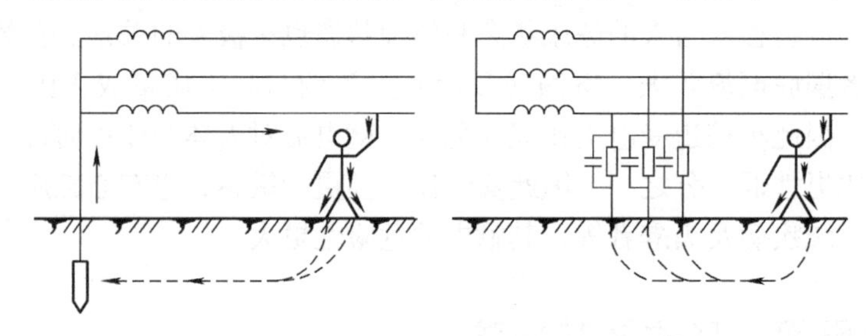

图1-1　单相触电

2. 两相触电

两相触电指人体两个部位同时触及带电体的两条相线而发生的触电事故。两相触电时，电流从一根相线通过人体流入另一相线，此时加在人体的电压为线电压380V，因此两相触电比单相触电危险性更大。两相触电如图1-2所示。

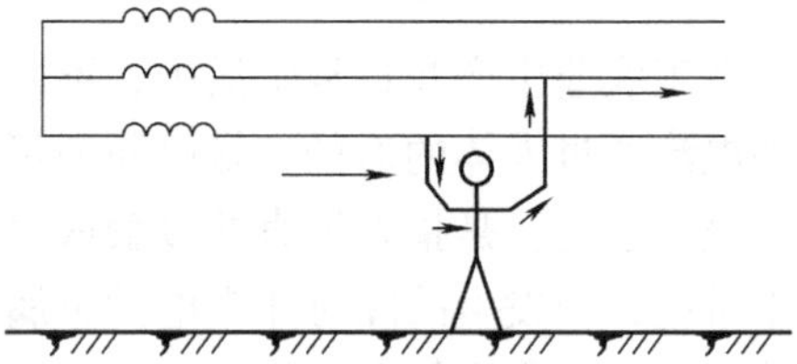

图1-2　两相触电

3. 跨步电压触电

当电力线（特别是高压线）断线落在地面上，或外壳接地的电气设备绝缘损坏而使外壳带电，电流由设备外壳经接地线、接地体（或由断落导线经接地点）流入大地，向四周扩散，在导线接地点及周围形成强电场，其电位分布以接地点为圆心向周围扩散，在不同位置形成电位差。

这时，人站在地上触及设备外壳，就会承受一定的电压，称为接触电压，由此造成的触电称为接触电压触电。如果人走向设备附近地面上，人的跨距一般按0.8m考虑，两脚之间也会承受一定的电压，称为跨步电压。人体两脚分开的站立点与接地点的距离越近，其跨步电压越大。在跨步电压作用下，电流从接触高电位的脚流进，从接触低电位的脚流出而引起人体触电，称为跨步电压触电。跨步电压触电如图1-3所示。人体受到跨步电压触电时，电流是沿着人的下身，从脚到脚与大地形成回路，使双脚发麻或抽筋而倒地，跌倒后由于头脚之间的距离大，使作用于人体上的电压增高，电流相应增大，并有可能使电流通过人体内部重要器官而出现致命的危险。当人体与接地体的距离超过20m（理论上为无穷远处），可认为跨步电压为零，不会发生触电危险。

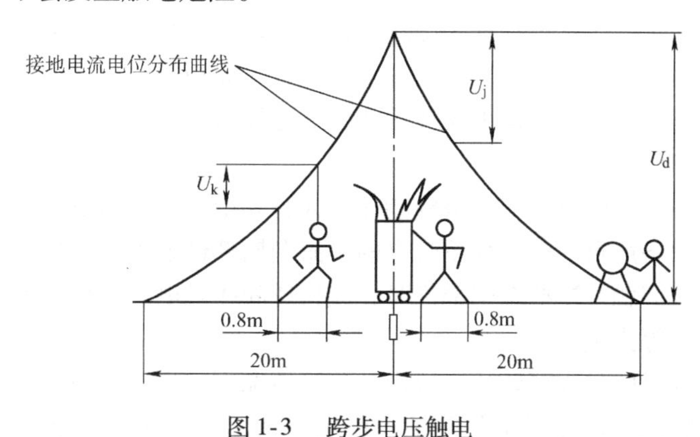

图1-3　跨步电压触电

1.2.3　预防触电的措施

随着人们生活水平的提高，家用电器的不断增加，在用电过程中由于电气设备本身的缺陷、使用不当和安全技术措施不利而造成的人身触电和火灾事故，给人民的生命和财产带来了不应有的损失，必须采取可靠而有效的技术手段和措施预防触电事故的发生。

1. 预防直接触电的措施

直接触电的预防措施中，绝缘、屏护、间距、安全电压措施都是最为常见的安全措施，也是各种电气设备都必须考虑的通用安全措施，其主要作用是为了防止人体触及或过分接近带电体造成触电事故，以及防止发生短路、故障接地等电气事故的安全措施。

（1）绝缘措施　绝缘是用绝缘物把带电体封闭起来，良好的绝缘是保证设备和线路正常运行的必要条件，也是防止触电事故发生的重要措施。选用绝缘材料必须与电气设备的工作电压、工作环境和运行条件相适应。绝缘电阻是最基本的绝缘性能指标，足够的绝缘电阻能把电气设备的泄漏电流限制在安全范围内，防止事故发生。

（2）屏护措施　电气屏护措施是采用屏护装置控制不安全因素，屏护装置包括遮拦和障碍。遮拦可防止无意或有意触及带电体；障碍可以防止无意触及带电体。屏护还有防止电弧烧伤、防止短路和便于安全操作的作用；常用电器的绝缘外壳、金属网罩、变压器的遮拦、栅栏等，为了将带电体与外界隔绝开来，也可采用屏护装置，以杜绝不安全因素；金属材料制作的屏护装置，都应该有可靠的接地措施。

（3）间距措施　为了防止人体触及或接近带电体造成触电事故，为了避免车辆或其他器具碰撞或过分接近带电体，防止火灾、防止过电压放电和各种短路事故，以及为了方便操作，在带电体与地面之间、带电体与其他设施和设备之间、带电体与带电体之间均需保持一定的安全距离。安全距离的大小取决于电压的高低、设备的类型、安装方式等因素，电气安全规程有明确规定，必须严格遵守和执行。

（4）安全电压　电流通过人体时，人体承受的电压越低，触电伤害越轻。当电压低于某一定值后，就不会造成触电了。这种不带任何防护设备，人体接触带电体时对人体各部位组织也不会造成伤害的电压值，称为安全电压。世界各地对于安全电压的规定不尽相同，有50V、40V、36V、25V、24V等，国际电工委员会（IEC）规定安全电压限定值为50V、25V以下，可不考虑防止电击的安全措施。我国规定安全电压额定值为42V、36V、24V、12V和6V，凡手提照明灯、危险环境的携带式电动工具均应采用42V或36V安全电压；金属容器内、隧道内等工作地点狭窄，行动不便以及周围有大面积接地导体的环境，特别潮湿的环境所使用的照明及电动工具应采用12V安全电压；水下作业应采用6V安全电压。

2. 间接触电的预防措施

在正常情况下，直接触电的防护措施能保证人身安全，但是当电气设备绝缘发生故障而损坏时，造成电气设备严重漏电，使不带电的外露金属部件如外壳、护罩、构架等呈现出危险的接触电压，当人们触及这些金属部件时，就构成间接触电。间接触电的预防措施主要有保护接地、自动断电等措施。

间接触电防护的目的是为了防止电气设备故障情况下，发生人身触电事故，也是为了防止设备事故进一步扩大。间接触电的防护目前主要采用保护接地，也称接地保护。简单地说，保护接地就是将故障电流引入大地。

（1）保护接地　为了保护人身安全，避免发生触电事故，将电气设备在正常情况下不带电的金属部分（如外壳等）与接地装置实行良好的金属性连接，称为保护接地。交流220/380V的电网应符合GB 14050—2008《系统接地的型式及安全技术要求》的规定。

如图1-4a所示的三相电源，中性点不接地，如果接在这个电源上的电动机出现漏电后，外壳就带电，操作人员碰触时便会发生触电；如果采用了保护接地，如图1-4b所示，此时就会因金属外壳已与大地有了可靠而良好的连接，则人体电阻和保护接地电阻并联，由于人体电阻比保护接地电阻大得多，便能让大部分电流通过接地体流散到地上，减轻了对人体触电伤害程度。接地电阻越小，保护越好，一般要求金属接地体的接地电阻小于或等于4Ω。

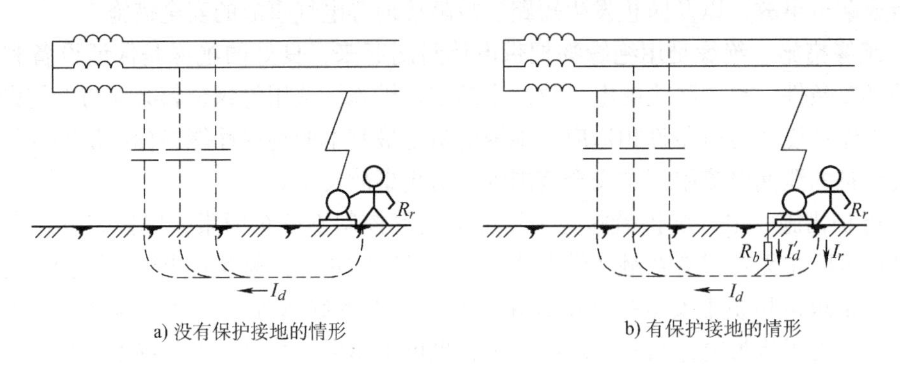

a) 没有保护接地的情形　　b) 有保护接地的情形

图1-4　保护接地原理

（2）自动断电措施　在带电线路或设备上采取漏电保护、过电流保护、过电压或欠电压保护、短路保护等自动断电措施，当发生触电事故时，在规定时间内能自动切断电源，起到保护作用。

漏电保护开关也叫触电保护开关，是一种保护切断型的安全技术，可以把它看作一种具有检测漏电功能的灵敏继电器，当检测到漏电情况后，控制开关动作切断电源，漏电保护开关比保护接地更灵敏、更有效。目前发展较快、使用广泛的是电流型漏电保护开关，按国家标准规定，电流型漏电开关电流与时间的乘积小于等于3mA·s。实际产品一般额定动作电流为30mA，动作时间为0.1s，当人身触电或电路泄漏电流超过规定值时，漏电保护器能在0.1s内使断路器自动跳闸切断电源；若用电设备过载或电路发生短路事故，断路器也会自动跳闸切断电源，从而起到保护人身安全和设备安全的作用。

1.2.4 常用电工工具的使用

在家庭用电、生产工作或电气设备检修工作中，为确保用电安全及设备安全，离不开一些电工工具，它们可以使人们更好地了解和掌握电气设备的特性及运行情况，检测导线、设备外壳是否带电，保证用电安全。本节主要介绍万用表和测电笔在用电安全检测方面的使用方法。

1. 万用表

仪器设备的绝缘性能，电源线是否完好，外壳是否可能带电，一般使用万用表进行检查，如图1-5所示。仪器设备接通电源前，必须对电源线安全性能进行必要的检查，因为电源线不合格最容易造成触电。因此，在接通电源前，一定要认真检查，做到四查而后插。即：一查电源线有无损坏；二查插头有无外露金属或内部松动；三查电源线插头的两极有无短路，同外壳有无通路；四查设备所需电压值与供电电压是否相符。

在进行电源线性能测试时，可以采用万用表进行测量，测量两芯插头的两极及它们之间的电阻均应为无穷大，三芯插头的外壳只能与接地极相接，其余插头极间均不相通。

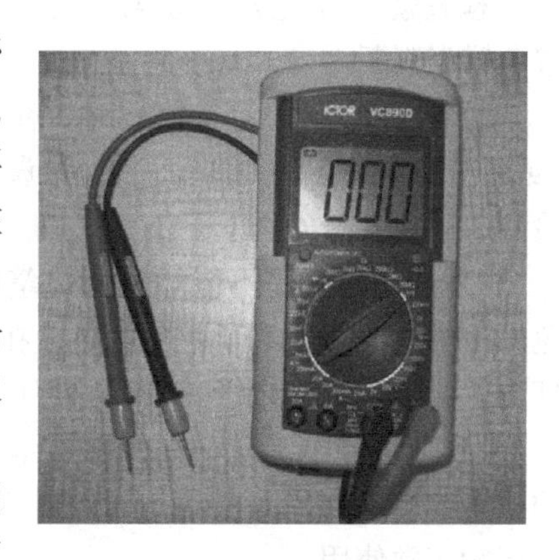

图1-5 万用表

2. 测电笔

测电笔又称验电笔，简称电笔，是用来检测低压带电体和各种电气设备外壳，如插座、导线、电源配电盘等是否对地带有较高电压的辅助安全工具。测电笔的检测范围为60~500V，有接触式测电笔（钢笔式、螺丝刀式）和非接触式测电笔（感应式、数显式）等多种。

(1) 接触式测电笔　接触式测电笔是由笔尖金属体、高压电阻、氖管（或发光二极管）、小窗、弹簧、笔尾金属体构成，其基本结构如图1-6所示。当接触式测电笔测试带电体时，电流经带电体、测电笔、人体、大地形成回路。只要带电体与大地之间的电位差超过60V，测电笔中的氖管（或发光二极管）就会发出亮光，即可说明是带电的。

接触式测电笔的使用方法如图1-7所示，使用接触式测电笔时，手指接触笔尾金属体，将笔尖金属体与被检查的导体接触，若被测导体对地电压达到氖管（或发光二极管）的启辉电压，氖管（或发光二极管）发光，则该导体带电或为相线，氖管（或发光二极管）亮度越大，说明被测导体对地电位差越大。若氖管（或发光二极管）微亮不发光，则可能是被测导体电压不高、不带电、导体为零线或未构成回路等。

测电笔使用注意事项：

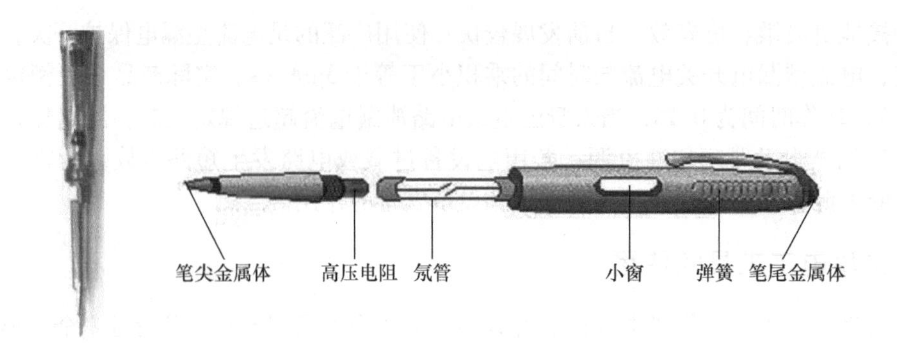

图1-6　接触式测电笔的基本结构

1）使用前，一定要在有电的带电体上（如电源插座）检查氖管发光是否正常，然后再进行其他检测，避免错误判断。

2）在光线强的地方使用时，往往因不易看清氖管（或发光二极管）的辉光而产生错误的判断，应当避光检测，确保人身安全。

3）使用时，手不能触及测电笔的笔尖金属体，以免发生触电危险。为了避免触电，在笔尖金属体的金属杆上，必须套上绝缘管，仅留出刀口供测试者使用。

4）使用测电笔时，因为测电笔笔尖只能承受很小的扭力，应避免用力扭动，以防损坏测电笔的内部结构而影响正常使用。

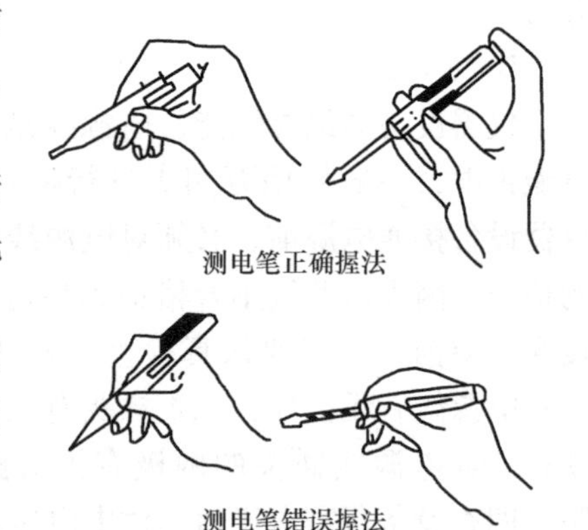

图1-7　接触式测电笔的使用方法

5）为保证人身和设备的安全，确保测电笔的完好性，测电笔应存放在空气流通、环境干燥的场所。

（2）非接触式测电笔　非接触式测电笔如图1-8所示，有感应式、数显式等多种类型。

感应式测电笔：采用感应式测电笔测试时，无须物理接触即可检查导体是否带电，或沿导线检查断路位置，因此极大地保障了维护人员的人身安全。

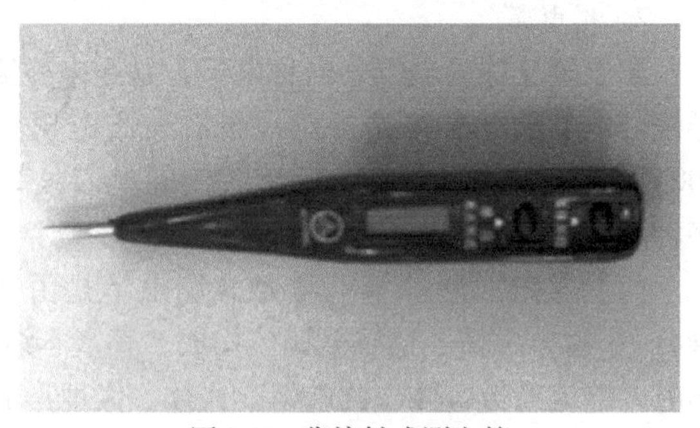

图1-8　非接触式测电笔

数显式测电笔：数显式测电笔通过在绝缘皮外侧利用电磁感应探测，并将探测到的信号放大后利用LCD显示来判断物体是否带电，具有安全、方便、快捷等优点，可以直接检测12～250V的交直流电压，间接检测交流电的零线、相线和断点，还可测量不带电导体的通断。

1）直接测量按键（离液晶屏较远），也就是用批头直接去接触线路时，请按此按钮；分12V/36V/55V/110V/220V五段电压值，未达高段70%时将显示低段值。

2）感应测量按键（离液晶屏较近），也就是用批头感应接触线路时，请按此按钮。此时，将批头靠近电源线，如果电源线带电的话，数显电笔的显示器上将显示高压符号。感应测量可用于隔着绝缘层分辨零/相线、确定电路断点位置。

1.2.5 安全用电注意事项

随着生活水平的不断提高，生活中用电的地方越来越多了，在生产生活中，用电安全都是不可忽视的问题。实践表明，大量的触电事故是由于人们缺乏用电基本常识造成的，有的是出于对电力的特点及其危险性的无知；有的是疏忽麻痹，放松警惕；还有的则是似懂非懂，擅自违章用电等。因此，加强学习安全用电的基本常识是十分重要的。

1. 安全用电注意事项

1）安全用电，人人有责，确保人身设备安全。用电要申请，不准私拉乱接用电设备，安装、修理找电工。

2）购买家用电器时应认真查看产品说明书的技术参数（如频率、电压等）是否符合本地用电要求。要清楚耗电功率是多少、家庭已有的供电能力是否满足要求，特别是配线容量、插头、插座、熔丝、电表是否满足要求。

3）对正常情况下带电的部分，一定要加绝缘保护，并且置于人不容易碰到的地方，例如输电线、配电盘、电源板等。经常检查所用电器插头、电线，发现破损老化及时更换。

4）所有有金属外壳的家用电器及配电装置都应该装设保护接地，在所有用电场所装设漏电保护器。

5）手持电动工具尽量使用安全电压工作，我国规定常用安全电压为42V、36V或24V，特别危险场所的安全电压为12V或6V。

2. 养成良好的用电安全操作习惯

1）自觉遵守安全用电规章制度，不靠近高压带电体（室外高压线、变压器旁），不接触低压带电体。

2）用电线路及电气设备绝缘必须良好，灯头、插座、开关等带电部分绝对不能外露，严防人体触及带电部位。

3）湿手不要接触或操作电气设备，不得用湿布擦拭带电电器。不得剪断落到地上带电的电线，不得靠近落地带电的电线。

4）要养成好的用电习惯，做到人走断电，停电断开关；进行电气工作前，需先验明确实无电；安装、检修电器应穿绝缘鞋，站在绝缘体上，且要切断电源。

5）不能用手摸灯头螺丝口，不能用手拔裸地线，不要玩弄带电设备，不得直接拉电线将插头拔出。

1.3 触电急救

1.3.1 触电现场急救基本原则

采取有效的预防触电措施，虽然可以减少触电事故的发生，但仍然难以完全杜绝触电事故的发生。一旦发生触电事故，掌握正确的急救知识就显得非常必要，它可以使触电者得到有效的救护。

触电事故现场急救的基本原则是：迅速、就地、准确、坚持。触电急救最首要的工作是使触电者迅速脱离电源，紧接着应该马上对触电者进行现场紧急救护。有统计资料表明，如果从触电后 1 分钟开始救治，有 90% 的机会可以救活；如果从触电后 6 分钟开始抢救，则仅有 10% 的救活机会；而从触电后 12 分钟开始抢救，则救活的可能性极小。因此当发现有人触电时，应争分夺秒，采用一切可能的办法进行救治。由此可见，触电急救的要点是：动作迅速，救护得法，即用最快的速度在现场采取积极措施对触电者展开救治，并根据伤情需要迅速联系医疗救护等部门救治。触电急救要有耐心，因为低压触电伤者呈现的更多是假死状态，运用科学的方法进行急救是非常必要的，而且在医务人员未接替救治前，不应放弃现场抢救。

1.3.2　触电事故应急处理方法

1. 使触电者脱离电源的方法和注意事项

人体触电后，触电者往往不能自主摆脱电源，而电流作用于人体的时间越长，电击对人体的伤害程度越大。所以首要任务是使触电者迅速而安全地脱离电源，越快越好。

（1）低压触电事故

1）对于触电地点附近有电源开关或电源插座，可立即拉下开关或拔出插头，断开电源。

2）如果一时找不到断开电源的开关时，应迅速用有绝缘柄的电工钳或有干燥木柄的斧头切断电线，断开电源。

3）当电线搭落在触电者身上或压在身下时，可用干燥的衣服、绳索、木棒等绝缘物作为工具，拉开触电者或挑开电线。

（2）高压触电事故

1）立即通知有关供电单位或用户停电。

2）由专业人员戴上绝缘手套，穿上绝缘靴，使用相应电压等级的绝缘工具，拉开高压跌落式熔断器或高压断路器，断开开关，在确保救护者安全的情况下方可进行救护。

（3）使触电者脱离电源时的注意事项

1）发生触电事故，千万不要惊慌失措，必须用最快的速度使触电者脱离电源。如果事故发生在夜间，应迅速解决临时照明，以利抢救，并避免事故扩大。

2）救护人员必须在确保自身安全情况下，方可参与救人。当触电者未脱离电源前，本身就是带电体，同样会使抢救者触电。使触电者脱离电源时必须使用适当的绝缘工具，不能直接用手、金属或潮湿物件作为救护工具，并且尽可能用一只手操作。

3）防止切断电源时触电者可能的摔伤，特别是触电者在高处，断电时要注意触电者的倒下方向，做好防摔措施。

4）发生高压触电时，救护人员不能用干燥木棒、竹竿去拨开高压线，应该与高压带电体保持足够的安全距离，防止跨步电压触电。

2. 脱离电源后，检查触电者受伤情况的方法

触电者脱离电源后，应该立即将触电者平放在干燥的硬地上使其仰卧，迅速检查判断其神志是否清醒，是否有呼吸和心跳，是否有其他伤害。

（1）检查神志是否清醒的方法　在触电者耳边大声呼喊其名字，或用手拍打其肩膀，

如无反应可以判断为神志不清。

（2）检查是否有自主呼吸的方法　如果触电者已经神志不清，则要通过“看、听”的方法判断其是否有自主呼吸。具体的方法是，在保持气道通畅的情况下，救护者将耳贴近触电者的口和鼻，头部偏向触电者的胸部，聆听有无呼气声，面部感觉有无气体排出，同时观看胸腹部是否有起伏。如都没有，则可以判断其没有呼吸。

（3）检查是否有心跳的方法　检查是否有心跳的方法，可以用“试”的方法，即摸试触电者颈动脉是否有搏动，判断是否有心跳。检查时要让触电者头部后仰，抢救人员把食指与中指并拢放在其喉部，然后将手指滑向其颈部气管和邻近肌肉带之间的沟内就可测试到颈动脉的搏动。如果测不到，则可以判断其心跳停止。触摸时要轻，只能摸一侧，不能两侧同时摸，要避免用力压迫颈动脉，以防头部供血中断。

3. 触电现场抢救方法及注意事项

使触电者脱离电源，检查其受伤情况后，要根据触电者不同的情况，马上采取相应的急救方法进行救治。

（1）触电者未失去知觉的救护措施

1）触电者神志尚清醒，但感觉头晕、心悸、出冷汗、恶心、呕吐等，应让其静卧休息，减轻心脏负担。派人严密观察，同时请医生前来救治。

2）触电者神智有时清醒，有时昏迷，但呼吸和心跳尚正常，应一方面让其平卧休息，解开衣服以利呼吸，保持空气流通；另一方面请医生前来救治，密切注意其伤情变化，做好万一恶化的抢救准备。

（2）触电者呼吸、心跳停止的救护措施

如果触电者呈现“假死”，即所谓的电休克现象，可能有三种临床症状：①心跳停止，但尚能呼吸；②呼吸停止，但心跳尚存（脉搏很弱）；③呼吸和心跳均已停止。现场应用的主要救护方法是“心肺复苏法”，如果触电者心跳、呼吸都停止而得不到及时的抢救复苏，4～6min后将会造成患者脑细胞和人体重要器官组织的不可逆的损害。心肺复苏法包括通畅气道、口对口人工呼吸、胸外心脏按压三项基本措施。

采用心肺复苏法进行抢救时，首先应使触电者仰卧，迅速解开触电者的衣领、围巾、紧身衣服和裤带等，进行口对口人工呼吸之前，应注意使气道通畅，检查清除触电者除去口腔中的黏液、血块、食物、假牙等杂物，如果舌头后缩，应拉出舌头，使其呼吸道通畅。

对于“有心跳而呼吸停止”的触电者，应采用“口对口人工呼吸”进行抢救；对于“有呼吸而心跳停止”的触电者，应采用“胸外心脏按压”进行抢救；对于“呼吸和心跳都已停止”的触电者，应同时采用“口对口人工呼吸”和“胸外心脏按压”进行抢救。

1）口对口人工呼吸操作要领。口对口人工呼吸是帮助触电者恢复呼吸的有效方法，其操作步骤如图1-9所示。

① 头部后仰：首先使触电者仰卧，将触电者的头部尽量后仰，鼻孔朝天，颈部伸直。操作步骤如图1-9a所示。

② 捏鼻掰嘴：救护人在触电者头部的一侧，用一只手的拇指和食指捏紧他的鼻翼，另一只手的拇指和食指掰开嘴巴。操作步骤如图1-9b所示。

③ 贴紧吹气：救护人深吸气后，紧贴着触电者的嘴巴大口吹气，使其胸部膨胀，操作步骤如图1-9c所示。

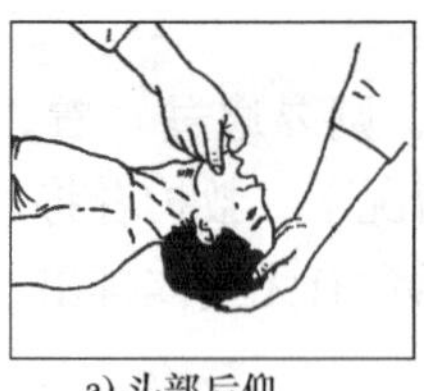
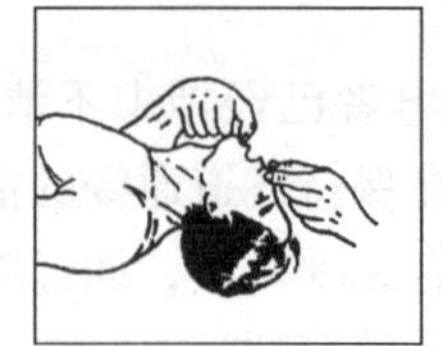
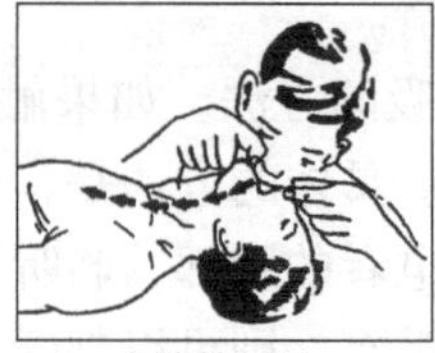
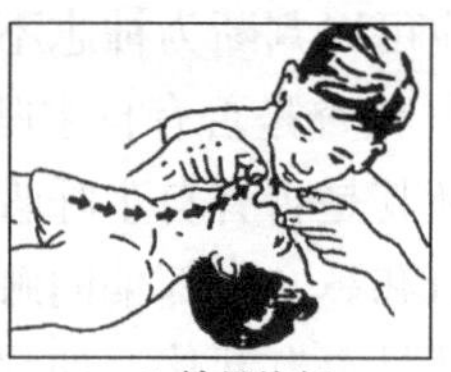

a) 头部后仰　b) 捏鼻掰嘴　c) 贴紧吹气　d) 放松换气

图 1-9　口对口人工呼吸操作步骤图示

④ 放松换气：放松捏住触电者嘴鼻的手指，使其自动向外呼气，操作步骤如图 1-9d 所示。

每 5s 为一组，吹气 2s，放松 3s。对体弱者和儿童吹气时用力应稍轻，不可让其胸腹过分膨胀，以免肺泡破裂。

口对口人工呼吸必须坚持持续进行，不可间断，同时注意观察触电者胸部的复原情况，有无呼气声。当触电者自己开始呼吸时，人工呼吸应立即停止。

2）胸外心脏按压操作要领。当触电者心脏停止跳动时，胸外心脏按压是帮助触电者恢复心跳的有效方法。采用胸外心脏按压有节奏地在胸外廓加力进行按压，代替心脏的收缩与扩张，以达到维持血液循环的目的，其操作步骤如图 1-10 所示。

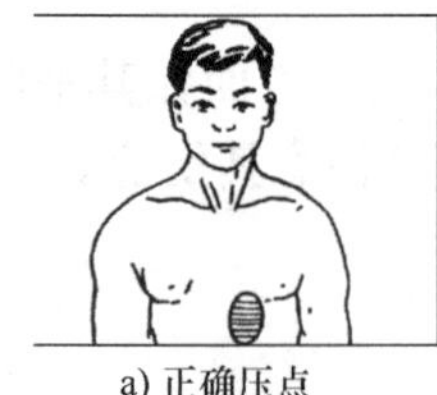
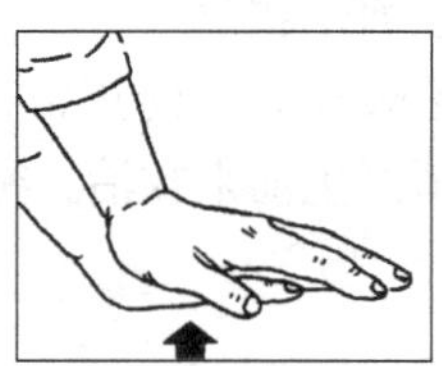
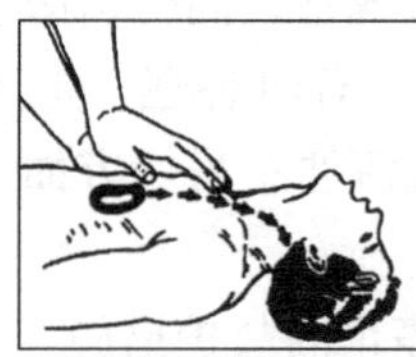
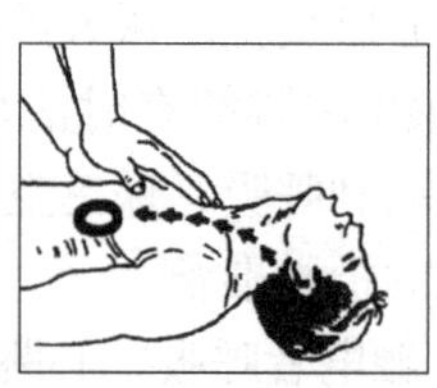

a) 正确压点　b) 叠手姿势　c) 向下挤压　d) 放松动作

图 1-10　胸外心脏按压操作步骤图示

① 找准正确的挤压点：使触电者仰卧在硬板上或平整的地面上，将其衣服解开，找到正确的挤压点。正确的挤压点是在触电者两乳头连线中点（胸骨中下 1/3 处），救护人伸开手掌，手掌的根部紧贴着正确的挤压点。如图 1-10a 所示。

② 叠手姿势：救护人跪跨在触电者腰部两侧的地上，身体前倾，两臂伸直，手掌根部放至正确压点，两手相叠，手指翘起，双臂伸直，以手掌根部放至正确压点。如图 1-10b 所示。

③ 向下挤压：下压时以髋关节为支点，掌根均衡用力，利用上身的重力向下挤压，压出心室的血液，使其流至触电者全身各部位。按压深度成人为 4～5cm；对儿童用力要轻，只用两只手指按压，压陷深度约 2cm。如图 1-10c 所示。

④ 放松动作：压陷后立即放松，依靠胸廓自身的弹性，使胸腔复位，血液流回心脏，但手掌不能离开按压部位，如此循环下去。如图 1-10d 所示。

重复③④步骤，胸外心脏按压法的频率为成年人 80～100 次/min，儿童 90～100 次/min，反复进行。按压应平稳，有节律地进行，不能间断，不能冲压式猛压，太快太慢或用力过轻过重，都不能取得好的效果。同时要注意观察触电者情况，当触电者自主恢复心跳后，应马上停止胸外挤压。胸外心脏按压操作要领完整的示意图如图 1-11 所示。

3）施行心肺复苏法时，操作顺序应为：胸外心脏按压→通畅气道→口对口人工呼吸。

① 当只有一个救护人给触电者进行心肺复苏时，应是每做 30 次胸心脏按压，交替进行

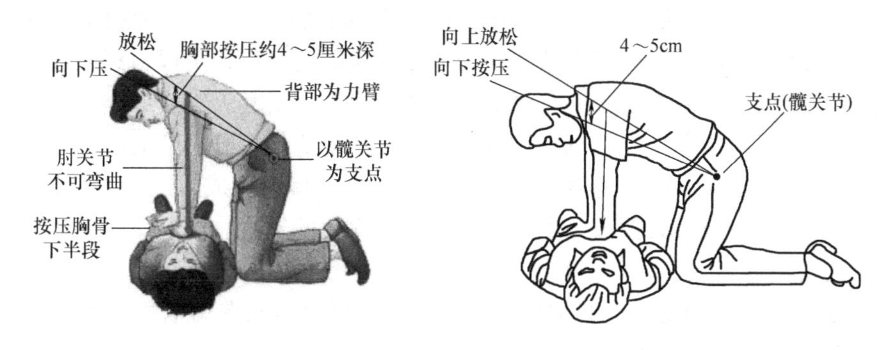

图1-11 胸外心脏按压操作要领完整示意图

2次人工呼吸。

② 当有两个救护人给触电者进行心肺复苏时，首先两个人应呈对称位置，以便于互相交换。此时，可以一个人做胸外心脏按压，另一个人做人工呼吸，两人配合进行，每按压心脏5次，再做口对口人工呼吸1次。

4）触电现场抢救注意事项。触电急救必须坚持，如果触电者的呼吸和心跳恢复正常，可以停止急救工作，密切注意其伤情变化，做好万一恶化的抢救准备；如果触电者不能维持正常的呼吸和心跳，必须在现场附近就地继续进行抢救，尽量不要搬动，以免耽误抢救时间。触电现场抢救工作不能中断，应该坚持直到医务人员接手进行抢救为止。

1.4 预防电气火灾及电气消防

电能作为一种既洁净又高效的能源，已经渗透到当今社会的每一个角落，是人们生活中不可缺少的一部分。但是，电在造福人类的同时，也会带来危害，据消防部门近几年的统计，全国电气火灾在重特大火灾中所占的比例，已从20世纪20年代的8%飙升到目前的40%。电气原因造成的火灾不但带来极大的经济损失，而且严重危及人们的生命安全。从电气火灾起火原因看，这些事故都暴露出电器产品生产质量、流通销售，建设工程电气设计、施工，电器产品及其线路使用、维护管理等方面存在的突出问题。

1. 电气火灾原因

电气火灾是指由电气设备的绝缘材料因温度升高或遇到明火而燃烧，引起周围可燃物的燃烧或爆炸所形成的火灾，是一种危害性极大的火灾。引发电气火灾和爆炸的主要原因有以下几种：

（1）电气线路和设备过热　由于短路、过载、铁损过大、接触不良、机器摩擦、通风散热条件恶化等原因，都会使电气线路和电器设备整体或局部温度升高，从而引燃引爆易燃易爆物质而发生电气爆炸和火灾。

（2）电弧和电火花　电气线路和电气设备发生短路或接地故障、绝缘子闪落、接头松脱、过电压放电、熔断器熔体熔断、开关操作以及继电器触点开闭等都会产生电火花和电弧，而电火花和电弧可以直接引燃或引爆易燃易爆物质。所以，在有火灾危险的场所，尤其是在有爆炸危险的场所，电弧和电火花是引起爆炸和火灾的十分危险的火源。

（3）静电放电　静电是普遍存在的物理现象。两物体之间相互摩擦可产生静电；处在电场内的金属物体上会感应静电；施加过电压的绝缘体中会残留静电。有时对地绝缘的导体或绝缘体上会积累大量的电荷而具有数千伏乃至数万伏的高电位，足以击穿空气间隙而发生火花放电，很可能引燃易燃物质或引爆爆炸性气体混合物，引起火灾或爆炸，所以静电对石油化工、橡胶塑料、纺织印染、造纸印刷等行业的生产场所是十分危险的。

电气火灾的火势凶猛，蔓延速度快，若不及时扑灭，将会造成人身伤害，以及对设备、线路的破坏，给国家造成重大损失，所以要预防电气火灾的发生。

2. 电气火灾的预防

1）要避免电气火灾的发生，必须做好预防工作，要合理地选用电气设备，保证电气设备的正常运行和维护。

2）在设计时要根据负载容量等因素装设短路、过载等保护装置。

3）当家用配电设备不能满足家用电器容量要求时，应予更换改造，严禁凑合使用，否则超负荷运行会损坏电气设备，还可能引起电气火灾。

4）要加强电气设备的日常维护，定期检修，使设备在安全状态下运行；采用耐火设施，配置防火器材，加强防火意识。

5）对于有易燃、易爆、有粉尘的场所，要保证通风良好，防止电气火灾引起的爆炸。

3. 电气消防基本常识

当发生电气设备火警时，或临近电子设备附近发生火警时，应运用正确的灭火知识，采用正确的方法灭火。

1）当电子设备或线路发生火警时，要尽快切断电源，防止火情蔓延和灭火时发生触电事故。

2）对于电气火灾，不可用水或泡沫灭火器灭火，要采用二氧化碳、1211 灭火器或干粉灭火器灭火。

3）灭火人员应避免使身体及所持灭火器材触及带电的导线或电子设备，以防触电。

本章小结

本章主要对安全用电方面相关知识进行介绍。通过对触电事故发生的原因、触电的形式、触电的危害等内容的学习，深刻认识安全用电的重要性。安全用电以预防为主，介绍预防直接触电、间接触电的原理及措施。加强常用电工工具使用方法的学习，有助于提高日常用电安全方面的技能。本章还介绍了触电事故发生时应采用的正确应对措施、触电现场急救方法以及电气火灾的预防和消防常识。

实践与训练部分提供了安全用电知识问答题，以及触电现场急救方法模拟实操题目，可以综合考查学生知识掌握的程度。

实践与训练

项目1. 安全用电知识问答题

1. 触电的种类，人体触电伤害主要有________和________两种，其中________是最危险的一种伤害，它会对人体的内部组织造成伤害，严重时会导致窒息、心跳停止而死亡；

________主要是对人体的表面造成局部伤害，使人体皮肤受到灼伤和烙印。

2. 电流对人体的危害性主要与________、________、________、________、________等因素有关。

3. 人体触电原因可以分为__________和________两种情况。人体触电的形式主要有__________、__________和______________。

4. 跨步电压触电的情形，当有大电流流入电网接地点时，电流在接地点周围产生电位分布，当人走近接地点时，两脚之间承受电位差（电压）造成跨步电压触电，跨步电压越大，通过人体的电流越大，触电对人体的伤害也越大。当遇到这种情况时候，可采取________________方法避免。

5. 触电现场急救的原则是：________、________、________、________，而首先最重要的工作是___________________。

6. 对触电者进行诊断，最简单的诊断方法分别是________、________和________，判断其呼吸和心跳是否存在，以便采用正确的救治方法。当判定触电者呼吸和心跳停止时，应立即采用心肺复苏法就地抢救。心肺复苏法就是支持生命的三项基本措施，即：________、__________、__________。

7. 关于人工心肺复苏方法和步骤：

（1）对于伤员既没有心跳，也没有呼吸的情形，应立即按照________、________、________的操作顺序施行心肺复苏法。

（2）当只有一个救护者给伤员进行心肺复苏时，心脏按压和人工呼吸比例是________；当有两个救护者给伤员进行心肺复苏时，心脏按压和人工呼吸比例是________。

（3）对伤员实施胸外心脏按压时，正确的按压点是在________；如果触电者是成年人，按压力度应该控制在使其胸部下陷________cm，按压频率为________。

（4）对伤员实施口对口人工呼吸时，人工呼吸频率为________，吹气与放松换气的比例为________。

8. 雷雨天气时，为避免雷击正确的做法有___________________。

A. 避免在树下避雨

B. 远离高压线和变电设备

C. 不宜停留在临时性棚屋、岗亭等无防雷设施的建筑物内

D. 远离水面、湿地或水陆交界处

9. 使用灭火器进行灭火的最佳位置是______________________。

A. 下风位置　　B. 上风或侧风位置　　C. 离起火点10米以上位置

10. 发生电气火灾，首先应该__________，不可采用__________方式灭火。

A. 切断电源　　B. 直接用水灭火　　C. 用湿棉被盖住灭火

11. 试列举日常生活中存在的不良用电习惯和不安全用电隐患。

项目2. 触电现场急救实操训练

要求学会根据触电者的症状，选择适当的急救方法，掌握心肺复苏法正确操作方法。

1. 简述低压触电急救中脱离电源的方法及注意事项。

2. 判断触电者伤情的操作方法实操训练。

3. 心肺复苏法正确操作方法实操训练。

第2章　焊接技术

一个电子产品，焊点少则几十、几百个，多则几万、几十万个，其中任何一个出现故障，都有可能影响整机的工作。如果在整个电路焊接完成后，发现电路工作不正常了，再去找出失效的焊点，无疑是大海捞针。因此，应该尽可能保证每个焊点的质量，这是提高整个产品质量和可靠性的基本环节。

2.1　焊接技术基本知识

2.1.1　概述

任何电子产品，都是由基本的电子元器件按电路的工作原理，用一定的工艺方法连接而成。要做到这些元器件之间稳定的连接，就要用到焊接技术。

焊接技术分三类，即熔焊、压焊和钎焊。其中，钎焊是用加热熔化成液态的金属把固体金属连接在一起的方法。而焊接电子元器件常用的锡焊，就属于钎焊中的一种。锡焊，就是将铅锡焊料熔入焊件的缝隙使其连接的一种方法。锡焊在电子装配中获得广泛应用，它有以下优点：

1）铅锡焊料熔点较低，适合半导体等电子材料的连接。

2）只需简单的加热工具和材料即可加工，投资少。

3）焊点有足够的机械强度和电气性能。

4）锡焊过程可逆，易于拆焊。

2.1.2　锡焊机理

锡焊的过程大致可以分为三步，即润湿、扩散、形成合金层。

1. 润湿

润湿是发生在固体表面和液体之间的一种物理现象。如果液体能在固体表面漫流开，就说这种液体能润湿该固体表面，例如水能在干净的玻璃表面漫流而水银就不能，所以说水能润湿玻璃而水银不能润湿玻璃，如图2-1所示。这种润湿作用是物质所固有的一种性质。

锡钎焊过程中，熔化的铅锡钎料和焊件之间的作用，正是这种润湿现象。如果钎料能润湿焊件，则说它们之间可以焊接。观测润湿角是锡钎焊检测的方法之一。润湿角越小，焊接质量越好。一般质量合格的铅锡钎料和铜之间润湿角可达20°，实际应用中一般以45°为焊接质量的检验标准，如图2-2所示。

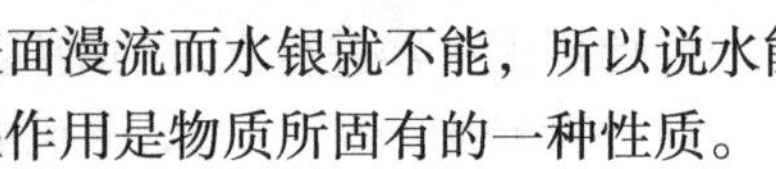

水　水银

图2-1　干净玻璃表面的水和水银

2. 扩散

在物理实验中，将一个铅块和一个金块表面加工平整后紧紧压在一起，经过一段时间后二者会黏在一起，如果用力把它们分开，就会发现银灰色铅的表面有金光闪烁，而金块的表

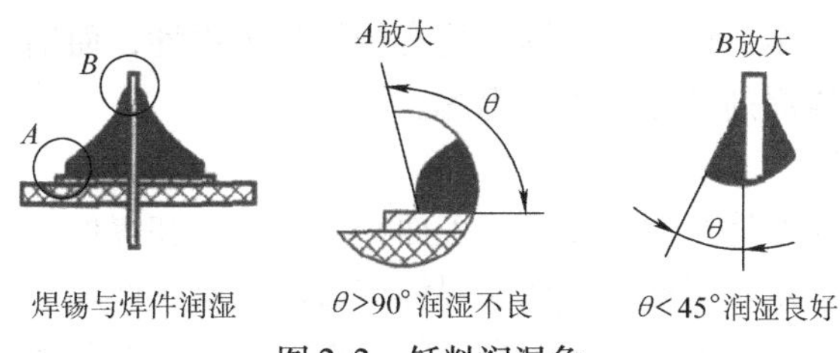

图2-2 钎料润湿角

面也有银灰色铅的痕迹。这说明两块金属接近到一定距离时能相互入侵，这在金属学上称为扩散现象。

这种发生在金属界面上的扩散，使两块金属结合成一体，实现了金属之间的焊接。金属之间的扩散不是任何情况下都会发生，而是必须满足两个基本条件，即：①两块金属必须接近到足够小的距离；②必须加热到足够的温度。

锡焊就其本质上说，是焊料与焊件在其界面上的扩散。焊件表面的清洁和加热是达到其扩散的基本条件。

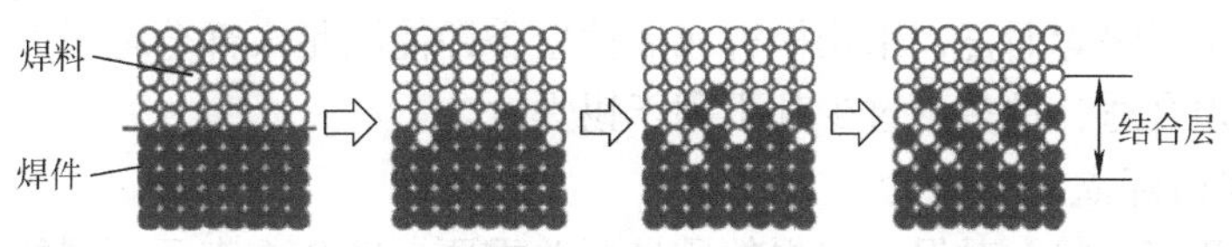

图2-3 焊料与焊件之间扩散并形成结合层示意图

3. 形成结合层

焊料润湿焊件的过程中，符合金属扩散的条件，所以焊料和焊件的界面有扩散现象发生，如图2-3所示。这种扩散的结果，使得焊料和焊件界面上形成一种新的金属合金层，称为结合层，也称界面层。结合层的成分既不同于焊料又不同于焊件，而是一种既有电化学作用又有冶金作用的特殊层，其作用是将焊料和焊件结合成一个整体，实现金属连续性，如图2-4所示。焊接过程同黏结物品的机制不同之处即在于此，黏合剂黏结物品是靠固体表面凹凸不平的机械啮合作用，而锡焊则靠结合层的作用实现连接。关于结合层厚度，一般认为0.5~3.5μm范围较好，焊点强度高，导电性能好。

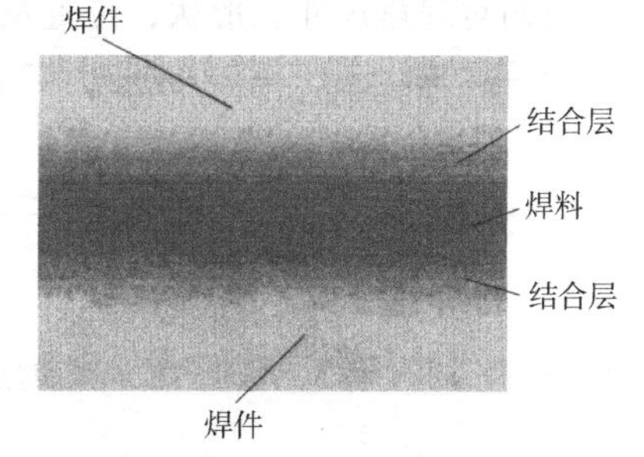

图2-4 锡焊结合层示意图

综上所述，锡焊的过程是，将表面清洁的焊件与焊料加热到一定温度，焊料熔化并润湿焊件表面，在其界面上发生金属扩散并形成结合层，从而实现金属的焊接，如图2-5所示。

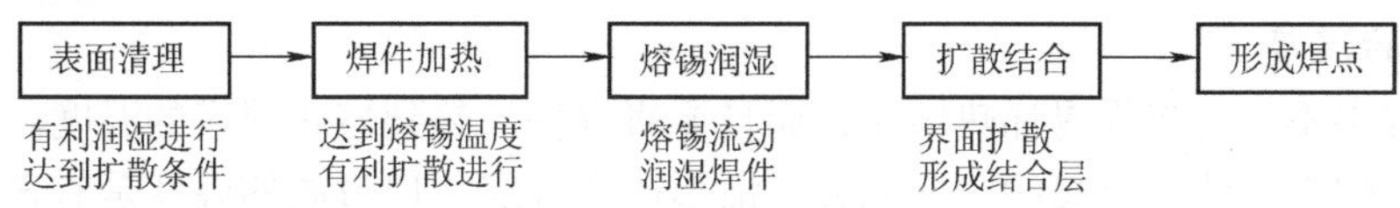

图2-5 锡焊过程框图

2.1.3 焊接条件

1. 焊件的可焊性

不是所有的材料都可以用锡焊实现连接，只有一部分金属有较好的可焊性，才能用锡焊连接。一般铜及其合金、金、银、锌、镍等具有较好的可焊性，而铝、不锈钢、铸铁等可焊性很差，一般需采用特殊焊剂及方法才能锡焊。

2. 清洁的焊件表面

为了使熔融焊锡能良好地润湿固体金属表面，并使焊锡和焊件达到原子间相互作用的距离，要求被焊金属表面一定要清洁，从而使焊锡与被焊金属表面原子间的距离最小，彼此间充分吸引扩散，形成合金层。即使是可焊性好的焊件，由于长期存储和污染等原因，焊件的表面也可能产生有害的氧化膜、油污等。所以，在实施焊接前必须清洁焊件表面，否则难以保证焊接质量。

3. 合格的焊料

铅锡焊料成分不合规格或杂质超标都会影响锡焊质量，特别是某些杂质含量，例如锌、铝、镉等，即使是0.001%的含量也会明显影响焊料润湿性和流动性，降低焊接质量。

4. 合适的焊剂

焊接不同的材料要选用不同的焊剂，即使是同种材料，采用不同焊接工艺时也往往要用不同的焊剂。对手工锡焊而言，采用松香或活性松香即能满足大部分电子产品装配要求。另外，焊剂的量必须合适，过多、过少都不利于锡焊。

5. 设计合理的焊点

合理的焊点几何形状，对保证锡焊的质量至关重要。图2-6表示不同的导线连接方式对焊接质量的影响：图2-6a铅锡焊料强度有限，这种焊点很难保证焊点足够的强度；图2-6b接头设计有很大改善，可以保证焊点有足够的强度。图2-7表示印制电路板上，直插式元器件的引脚与焊孔尺寸不同时对焊接质量的影响：图2-7a间隙合适强度较高；图2-7b间隙过小，焊锡不能润湿；图2-7c间隙过大，形成气孔。表面贴装中焊盘设计对焊接质量影响更大，因而对焊盘尺寸、形状、位置及相互间距设计要求更加严格。

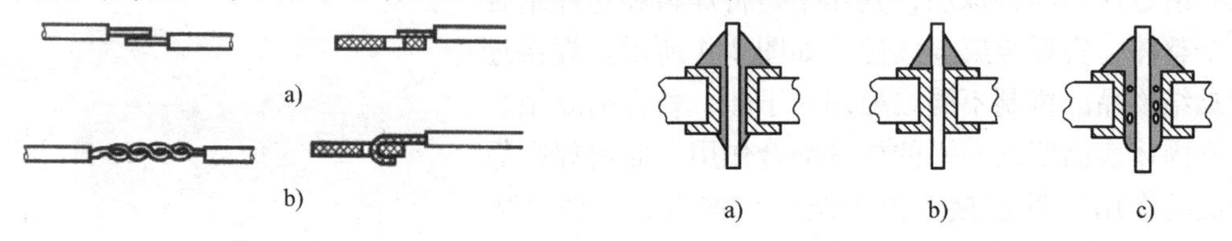

图2-6 不同的导线连接方式对焊接质量的影响　　图2-7 引脚与焊孔尺寸不同时对焊接质量的影响

6. 适用的工具

适用的电烙铁、烙铁头、清洁烙铁头的物品、夹持工具以及必要的电工工具是手工烙铁焊接必备工具。使用时必须保证工具的完好性，特别是电烙铁的安全性和适用性。

7. 适当的温度

加热过程中不但要将焊锡加热熔化，而且要将焊件加热到熔化焊锡的温度。只有在足够高的温度下，焊料才能充分浸润，并充分扩散形成合金层。但过高的温度是有害的，因此焊接时要加热到适当的温度。

8. 适当的焊接时间

焊接时间是指在焊接过程中，进行物理和化学变化所需要的时间。它包括被焊金属材料达到焊接温度的时间，焊锡熔化的时间，助焊剂发生作用并生成金属化合物的时间等。焊接时间的长短应适当，时间过长会损坏元器件并使焊点的外观变差，时间过短焊料不能充分润湿被焊金属，导致达不到焊接要求。

2.1.4 焊接技术分类

焊接技术从自动化角度来说，可以分为手工焊接和自动化焊接。

1. 手工焊接

手工焊接是运用电烙铁、焊锡、松香、吸锡器、热风枪等工具、材料，采用手工操作的传统焊接方法。手工焊接是电子产品装配中的一项基本操作技能，适合于产品试制、电子产品的小批量生产、电子产品的调试与维修以及某些不适合自动焊接的场合。虽然出现了自动化焊接技术，但很多场合还是必须用到手工焊接。

2. 自动化焊接

自动化焊接是以机器代替人手进行焊接的某些操作的焊接方式，以提高效率、降低成本、保证质量。自动化焊接根据工艺方法的不同，可分为浸焊、波峰焊和再流焊。

（1）浸焊　将装好元器件的印制电路板在熔化的锡锅内浸锡，一次完成印制电路板上全部焊接点的焊接。此方法主要用于小型印制电路板的焊接。

（2）波峰焊　采用波峰焊机一次完成印制电路板上全部焊接点的焊接。此方法已成为印制电路板焊接的主要方法。

（3）再流焊　利用焊膏将元器件粘在印制电路板上，加热印制电路板后使焊膏中的焊料熔化，一次完成全部焊接点的焊接。此方法目前主要应用于表面安装的片状元器件焊接。

2.2 焊接工具

合适、高效的工具是焊接质量的保证，了解这方面的基本知识，对掌握锡焊技术是必需的。

2.2.1 电烙铁

电烙铁是手工施焊的主要工具。选择合适的电烙铁，合理地使用它，是保证焊接质量的基础。

1. 分类及结构

由于用途、结构的不同，有各式各样的电烙铁，按加热方式可分为直热式、感应式、气体燃烧式等；按烙铁发热能力可分为20W，30W，…，300W等；按功能又可分为单用式、两用式、调温式等。下面介绍几种常用的电烙铁。

（1）普通直热式电烙铁　普通直热式电烙铁是手工焊接时最常用的，可分为内热式和外热式两种，其区别在于烙铁芯在烙铁头之外还是在烙铁头之内，结构如图2-8所示。

电烙铁主要由以下几部分组成：

1）烙铁芯：电烙铁中能量转换的部分，又称发热体。它是将镍铬电阻丝缠在云母、陶瓷等耐热、绝缘材料上构成的。内热式与外热式主要区别在于外热式的烙铁芯在烙铁头的外部，而内热式的烙铁芯在烙铁头的内部，也就是烙铁芯在内部发热。显然，内热式能量转换效率高。因而，同样功率的电烙铁中内热式的体积、重量都小于外热式。

2）烙铁头：电烙铁中热量存储和传递的部分，又称传热体。它一般用纯铜制成。在使

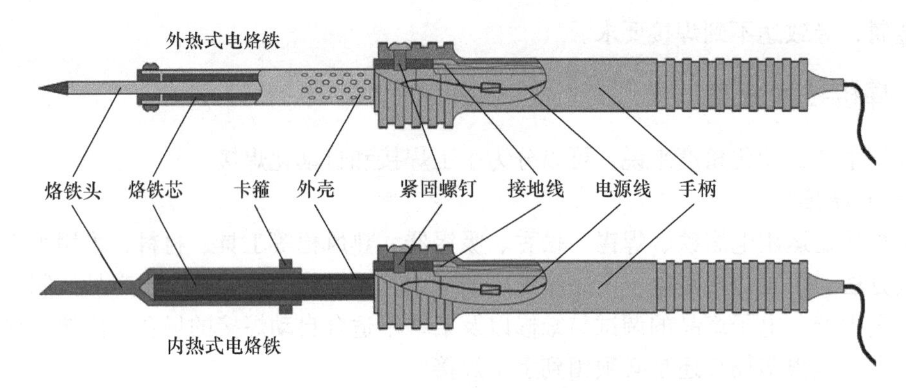

图 2-8　普通直热式电烙铁结构

用中，因高温氧化和焊剂腐蚀会变得凹凸不平，需经常清理和修整。

3）手柄：一般用木料或胶木制成，设计不良的手柄，温升过高会影响操作。

4）接线柱：这是发热元件同电源线的连接处。必须注意：一般电烙铁有三个接线柱，其中一个是接金属外壳的，接线时应用三芯线将外壳接保护零线（参见第 1 章有关内容）。

使用新电烙铁或更换烙铁芯时，应判明接地端，最简单的办法是用万用表测外壳与接线柱之间的电阻。如果烙铁不热，也可用万用表快速判定烙铁芯是否损坏。

（2）恒温电烙铁　恒温电烙铁是一种能自动调节温度，使焊接温度保持恒定的电烙铁，适用于焊接质量要求较高的场合。常见的有调温电烙铁和电焊台两种。

调温电烙铁结构如图 2-9a 所示。在电烙铁手柄内，交流市电直接降压、滤波、稳压供电，运算放大器调理热电偶传过来的测温信号，继而控制发热体的通电与断开，以此达到恒温的目的。使用时可通过调温旋钮（如图 2-9b 所示）来调整烙铁头的温度，当烙铁头的温度高于设定温度时，烙铁自动停止加热，加热指示灯灭；当烙铁头的温度低于设定温度时，烙铁自动加热，加热指示灯又重新亮起。

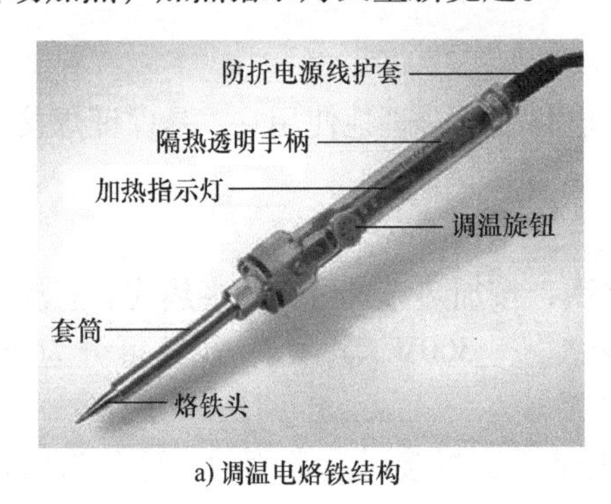

a) 调温电烙铁结构

b) 调温旋钮

图 2-9　调温电烙铁

电焊台由控制台、电烙铁、烙铁架组成，其结构如图 2-10a 所示，其安全性和焊接性能均优于普通电烙铁，适用于焊接工艺要求较高的场合。控制台的控制原理为：交流市电经过变压器隔离降压至 24V，然后整流滤波供电，运算放大器调理电烙铁中热电偶传过来的测温信号，继而控制电烙铁的发热体的通电与断开，以此达到恒温的目的。当烙铁头温度升高达到设定值时，发热体断电停止发热，加热指示灯灭；当温度下降时，发热体重新上电加热，加热指示灯又重新亮起。使用时应按以下步骤：①关闭开关键，将温度调节旋钮调到最低温度；②插好电源线，按下开关键开机；③正常开机后，再将调温按钮（图2-10b）调到适当的温度；④按正确步骤进行焊接；⑤若长时间不使用应按下开关键关机。

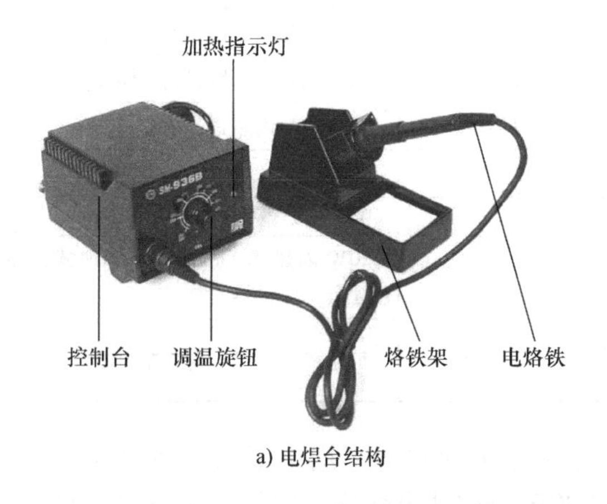

a) 电焊台结构

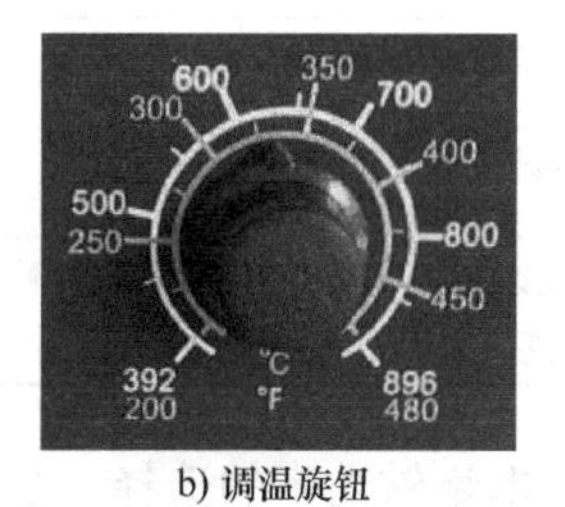

b) 调温旋钮

图2-10 电焊台

（3）自动送锡电烙铁 自动送锡电烙铁如图2-11所示，是在普通电烙铁的基础上增加焊锡丝输送机构，能在焊接时自动将焊锡输送到焊接点。使用时应按以下步骤：①把锡丝卷安装到支架上；②把锡丝卷支架固定到自动送锡电烙铁上；③压下送锡扳机把焊锡丝插进锡管；④扣动扳机直到焊锡丝从出锡嘴伸出；⑤接通电源，烙铁头开始加热；⑥焊接时在适当时候扣动扳机，焊锡丝即从出锡嘴送出。

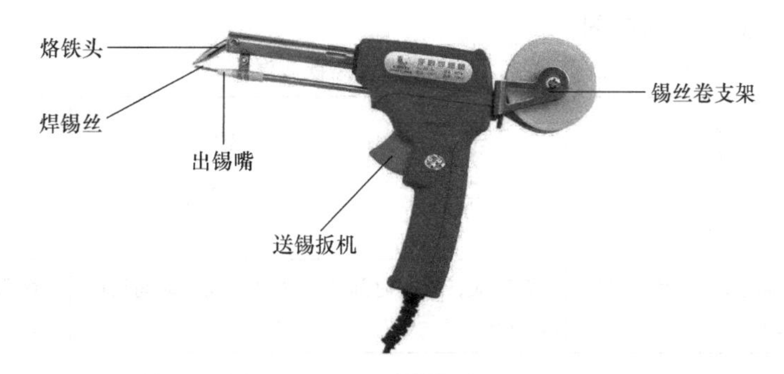

图2-11 自动送锡电烙铁

2. 电烙铁的选用

根据不同的施焊对象选择不同的电烙铁。主要从电烙铁的种类、功率及烙铁头的形状三个方面考虑，在有特殊要求时，选择具有特殊功能的电烙铁。

（1）电烙铁种类的选择 电烙铁的种类繁多，应根据实际情况灵活选用。一般的焊接应首选内热式电烙铁。对于大型元器件及直径较粗的导线应考虑选用功率较大的外热式电烙铁。在工作时间长，被焊元器件较少时，则应考虑选用长寿命型的恒温电烙铁。表2-1为选择电烙铁种类的依据，仅供参考。

表2-1　电烙铁种类的选择

焊件及工作性质	烙铁头温度/℃（室温，220V电压）	选用电烙铁
一般印制电路板，安装导线	350～450	20W内热式，30W外热式，恒温式
集成电路	250～400	20W内热式，恒温式，储能式
焊片，电位器，2～8W电阻，大功率管	350～450	35～50W内热式，调温式，50～75W外热式
8W以上大电阻，ϕ2mm以上导线等较大元器件	400～550	100W内热式，150～200W外热式
汇流排，金属板等	500～630	300W以上外热式或火焰锡焊
维修、调试一般电子产品	350	20W内热式，恒温式，感应式，储能式，两用式
SMT高密度、高可靠性电路组装、返修及维修等工作，无铅焊接	350～400	恒温式，电焊台或数控焊接台

（2）电烙铁功率的选择　晶体管收音机、收录机等采用小型元器件的普通印制电路板的焊接应选用20～25W内热式电烙铁或30W外热式电烙铁，这是因为小功率的电烙铁具有体积小、质量小、发热快、便于操作、耗电少等优点。对一些采用较大元器件的电路如扩音器、机壳底板的焊接则应选用功率大一些的电烙铁，如50W以上的内热式电烙铁或75W以上的外热式电烙铁。电烙铁的功率选择一定要合适，过大易烫坏晶体管或其他元器件，过小则易出现假焊或虚焊，直接影响焊接质量。

烙铁头温度的高低，可以用热电偶或表面温度计测量，一般可根据助焊剂发烟状态粗略估计。如表2-2所示，温度越低，冒烟越小，持续时间越长；温度高则反之。当然，对比的前提是在烙铁头蘸上等量的焊剂。

表2-2　观察法估计烙铁头温度

观察现象				
	烟细长，持续时间长，>20s	烟稍大，持续时间约10～15s	烟大，持续时间较短，约7～8s	烟很大，持续时间短，约3～5s
估计温度	<200℃	230～250℃	300～350℃	>350℃
焊接	达不到锡焊温度	印制电路板及小型焊点	导线焊接、预热等较大焊点	粗导线、板材及大焊点

实际使用时，应根据实际情况灵活选用电烙铁。需要指出的是，不要以为电烙铁功率越小，越不会烫坏元器件。如图2-12所示为用一个小功率电烙铁焊大功率晶体管，因为电烙铁功率较小，它同元器件接触后很快供不上足够的热量，因焊点达不到焊接温度而不得不延长电烙铁停留时间，这样热量将传到整个晶体管上并使管芯温度可能达到损坏的程度。相反，用较大功率的电烙铁，则很快可使焊点局部达到焊接温度而不会使整个元器件承受长时间高温，因而

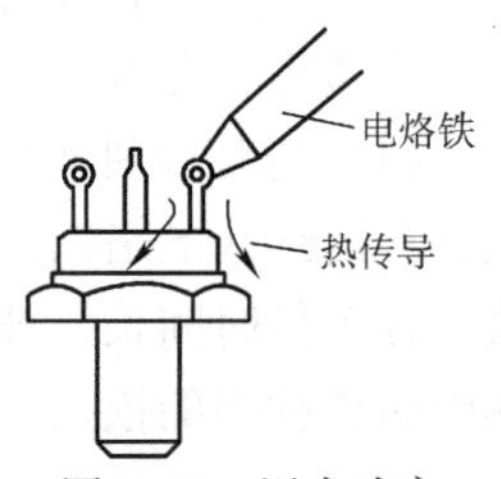

图2-12　用小功率电烙铁焊大功率晶体管

不易损坏元器件。

(3) 烙铁头的选择 烙铁头一般用纯铜制成，现在内热式烙铁头都经过3层电镀，如图2-13所示。这种有镀层的烙铁头，如果不是特殊需要，一般不要修锉或打磨。因为电镀层的目的就是保护烙铁头不易被腐蚀。

还有一种新型合金烙铁头，寿命较长，但需配专用的电烙铁。一般用于固定产品的印制电路板焊接。高档电烙铁都配备原厂生产的各种形状烙铁头，在其使用周期内一般不需要修整。

图2-14是几种常用烙铁头的形状及其应用。可以根据个人习惯及使用体会选用烙铁头，并随焊接对象变化，每把烙铁可配几个头。对焊件变化很大的工作来说复合型能适应大多数情况。

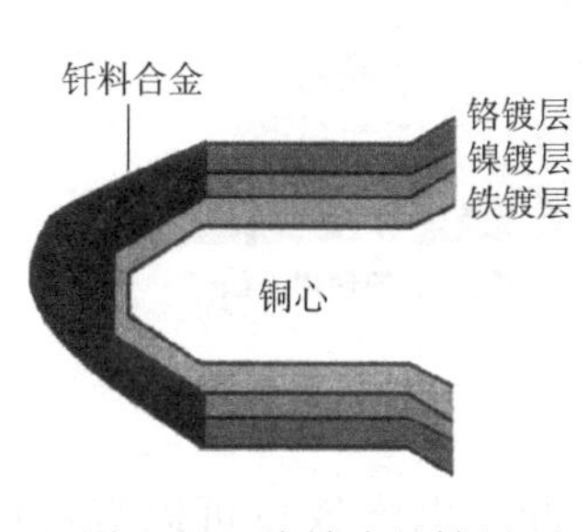

图2-13 烙铁头的镀层

图2-14 几种常用烙铁头的形状及其应用

2.2.2 其他工具

1. 烙铁架

电烙铁在工作时要放在特制的烙铁架上，以免烫坏其他物品。常用的简易烙铁架如图2-15a所示。图2-15b所示为烙铁架的使用方法，在暂时不用电烙铁时，应把电烙铁放置于烙铁架的铁丝圈内，而烙铁架配备的凹盘可放潮湿海绵，用于清洗烙铁头。有一些多功能的烙铁架还设计有焊锡丝、松香的存放位置，用户可根据需要选用不同的烙铁架。电焊台一般配有烙铁架，其他电烙铁则需自行配备烙铁架。

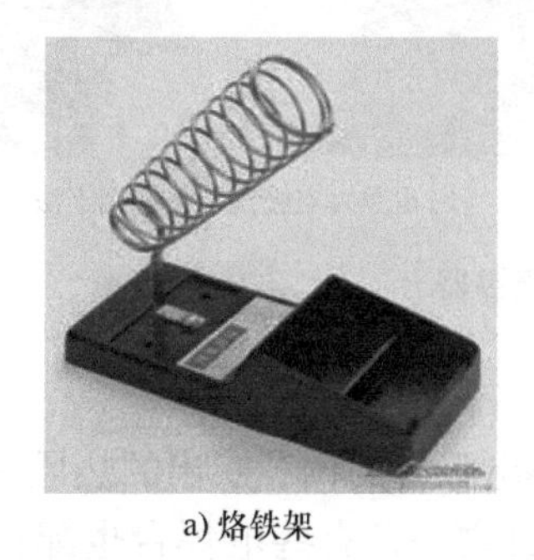

a) 烙铁架

b) 烙铁架的使用

图2-15 烙铁架

2. 吸锡器

吸锡器是用作收集拆焊时熔化的焊锡的工具，可以使拆焊高质、高效，可以避免拆焊时损坏印制电路板而造成损失，尤其在大规模集成电路的拆焊过程中使用吸锡器能使拆焊工作更顺利。按照是否可以电加热，吸锡器可以分为普通吸锡器和电热吸锡器。

普通手动吸锡器结构如图2-16a所示，使用时配合电烙铁一起使用。使用时先把吸锡器活塞向下压至卡住，然后用电烙铁加热焊点至焊料熔化，移开电烙铁的同时，迅速把吸锡器嘴贴上焊点，并按动吸锡器按钮吸走焊锡，如图2-16b所示。若一次吸不干净，可重复操作多次。

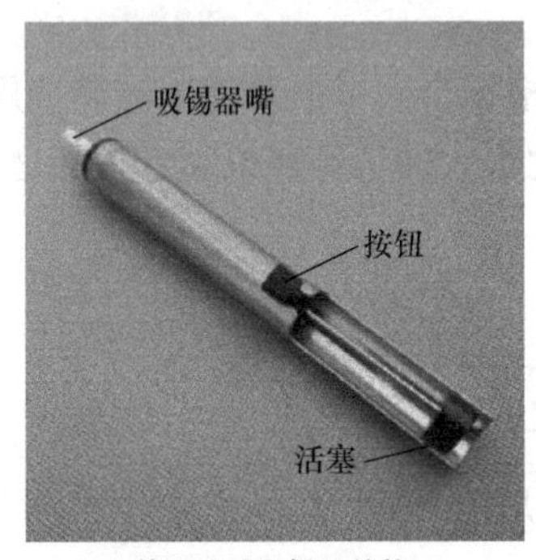

a) 普通手动吸锡器结构

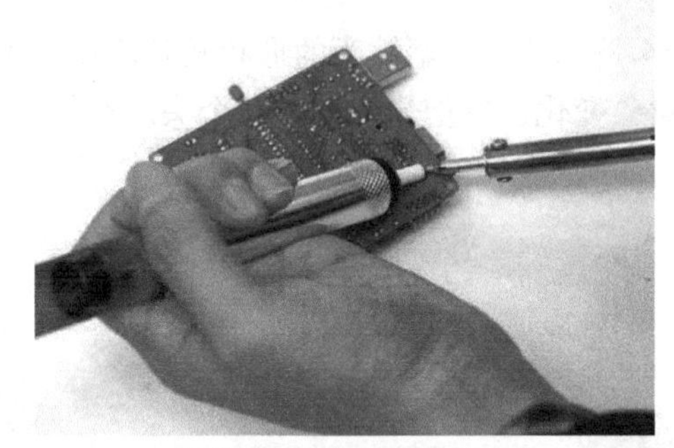

b) 普通手动吸锡器的使用手法

图2-16　普通手动吸锡器

电热吸锡器是配有吸嘴等部件的电烙铁，不需另外配备电烙铁也可以直接拆焊。图2-17a为电热手动吸锡器，其使用手法与普通手动吸锡器类似。图2-17b为电热真空吸锡器，可连续地、高效地拆除焊点。

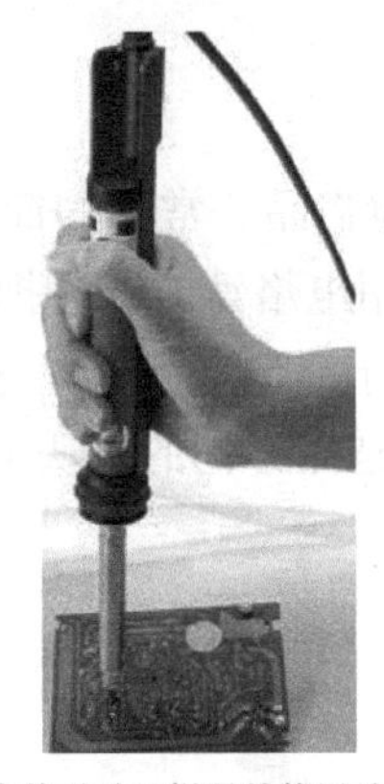

a) 电热手动吸锡器的使用手法

b) 电热真空吸锡器的使用手法

图2-17　电热吸锡器

3. 热风枪

热风枪外形如图2-18a所示，主要是利用发热电阻丝的枪芯吹出的热风来对元器件进行焊接与拆焊的工具，是手机维修中用得最多的工具之一，有些电焊台也配备热风枪，如图2-18b所示。在不同的场合，对热风枪的温度和风量等有特殊要求：温度过低会造成元件虚焊，温度过高会损坏元器件及电路板，风量过大会吹跑小元件。因此使用时应该调整到合适的温度和风量，根据不同的喷嘴的形状、工作要求特点调整热风枪的温度和风量。图2-19

为热风枪拆焊手法。

a) 热风枪外形

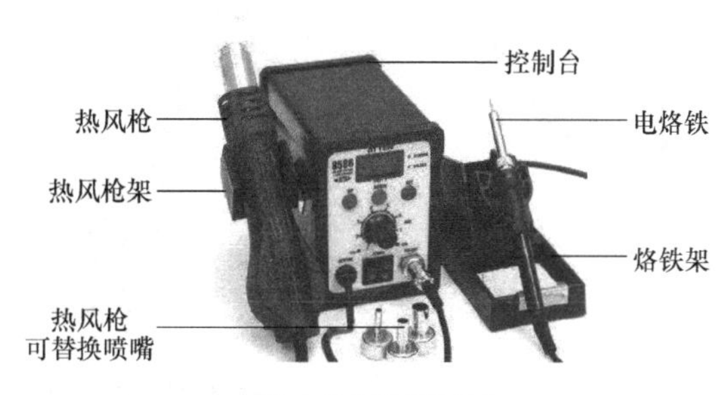

b) 电焊台配备热风枪

图 2-18 热风枪

4. 尖嘴钳

尖嘴钳（又称“修口钳”“尖头钳”）外形如图2-20a所示，是一种常用的钳形工具，钳柄上套有额定电压500V的绝缘套管。尖嘴钳可用来给导线、元器件引脚成型，如图2-20b所示；也可剥除导线的塑料绝缘层等，能在较狭小的工作空间操作。不带刃口的尖嘴钳只能进行夹捏，带刃口的尖嘴钳能剪切细小零件及线径较细的单股与多股线，如图2-20c所示。

图 2-19 热风枪拆焊手法

5. 斜口钳

斜口钳（又称“斜嘴钳”）外形如图2-21a所示，是用于剪切导线、元器件多余引脚的工具，还常用来代替一般剪刀剪切绝缘套管，代替剥线钳剥除导线头部的表面绝缘层等。

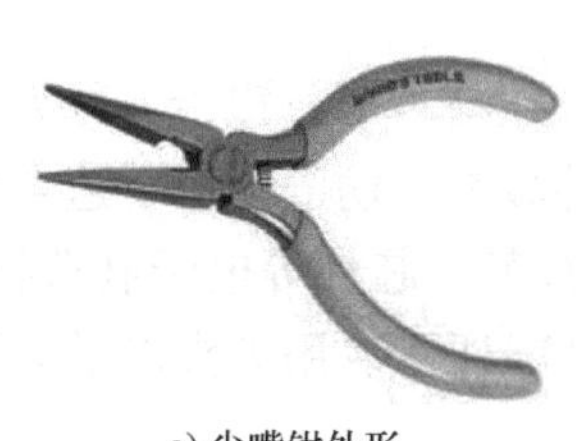

a) 尖嘴钳外形

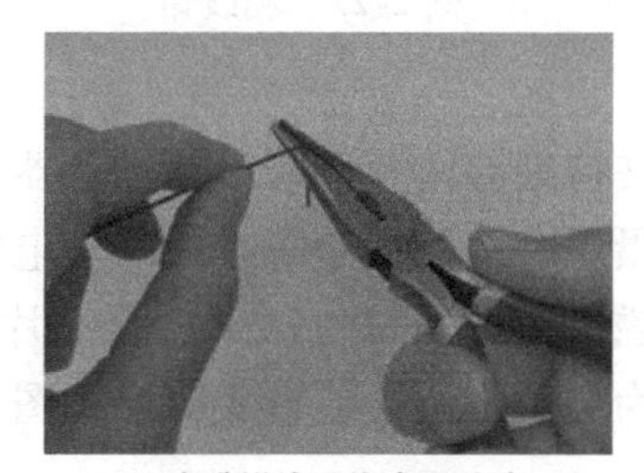

b) 尖嘴钳给导线成型手法

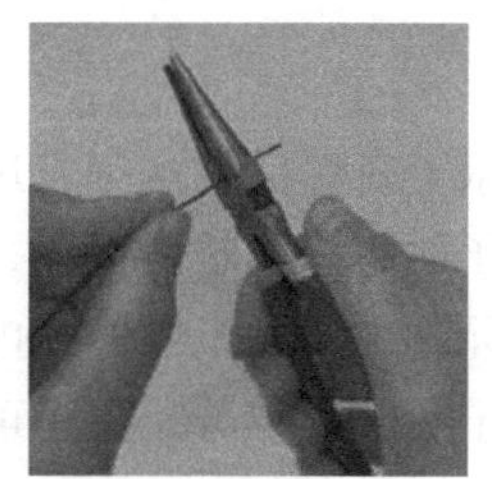

c) 利用尖嘴钳的刃口剪线

图 2-20 尖嘴钳

图2-21b为斜口钳剪线、剥线的手法。剪线时可将导线直接用力剪断。剥线时可用斜口钳轻轻地、一下一下地压导线绝缘层，左手同时旋转导线，操作几圈之后，再用斜口钳或尖嘴钳或直接用手把绝缘层往外剥除。切记整个过程手法一定要轻柔，不可伤及导线的导体部分。

图2-21c为斜口钳在电路板上剪引脚的手法。在焊接新元器件之后，可以用此手法把多余引脚剪下来，避免引脚过长导致不必要的短路。在用其他方法较难拆除电子元器件时，也可使用此手法先把元器件剪下来，再去除焊孔中残余的引脚和焊锡。使用斜口钳要量力而

行，不可以用来剪切钢丝、钢丝绳和过粗的铜导线和铁丝，否则容易导致钳子崩牙和损坏。

a) 斜口钳外形　　b) 斜口钳剪线、剥线的手法

c) 斜口钳在电路板上剪引脚的手法

图2-21　斜口钳

6. 剥线钳

剥线钳外形如图2-22a所示，是用来剥除导线头部的表面绝缘层的工具。剥线钳可以使得导线被切断的绝缘皮与导线分开，还可以防止触电。用剥线钳剥除绝缘层的手法（如图2-22b所示）与斜口钳剥除绝缘层的手法大致相同，不同在于剥线钳使用时需根据导线的粗细型号，选择相应的剥线刀口，只要刀口直径比导线的导体线径大，剥线钳就不会伤害导体部分。

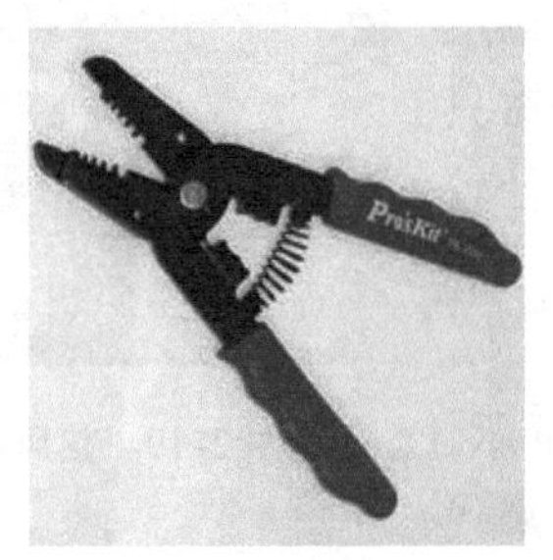

a) 剥线钳外形

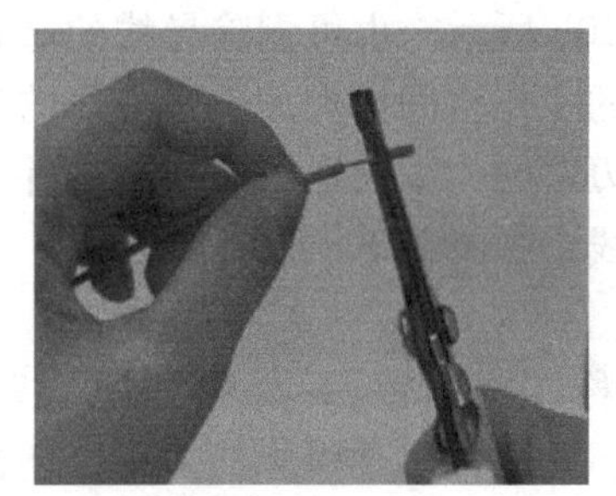

b) 剥线钳的使用手法

图2-22　剥线钳

7. 镊子

镊子在焊接技术中可用来夹持细导线及体积较小的元器件。按材料分，镊子可分为不锈钢镊子、防静电塑料镊子、竹镊子、医用镊子等。因防静电性能较高，防静电镊子适合精密电子元件生产、半导体及电脑磁头等行业，竹镊子适合晶片、石英、芯片等电子制造行业。按镊子头部形状分，镊子可分为尖头、圆头、弯头等，如图2-23a所示。用尖头镊子夹持表贴式元件的手法如图2-23b所示。

a) 不同头部形状的镊子

b) 用尖头镊子夹持表贴式元件的手法

图2-23　镊子

8. 螺钉旋具

螺钉旋具（又称“螺丝刀”“改锥”“改刀”“起子”“螺丝批”）是一种用来拧转螺丝以使其就位的常用工具。使用时将螺钉旋具的薄楔形头对准螺丝的顶部凹坑固定，然后开始旋转手柄。根据规格标准，顺时针方向旋转为嵌紧；逆时针方向旋转则为松出（极少数情况下相反）。从其结构形状来说，可分为三个大类：直形、L形、T形。

直形螺丝刀是最常见的一种，头部型号有一字（如图2-24a所示）、十字（如图2-24b所示）、米字、T形（梅花形）、H形（六角）等。一字螺钉旋具可以应用于十字螺丝，但十字螺钉旋具拥有较强的抗变形能力。使用时，若螺丝与嵌入处之间太紧，可反手拿螺钉旋具，如图2-25a所示；若比较松动，可用食指轻压螺钉旋具手柄，其余四指旋转螺钉旋具手柄，如图2-25b所示。无论何种手势，均要保证螺钉旋具与嵌入平面垂直，否则质量较差的螺丝容易损坏甚至滑牙。一字螺钉旋具除了拧螺丝外，还可以利用杠杆原理撬起钉子、面板一类的物品，如图2-25c所示。

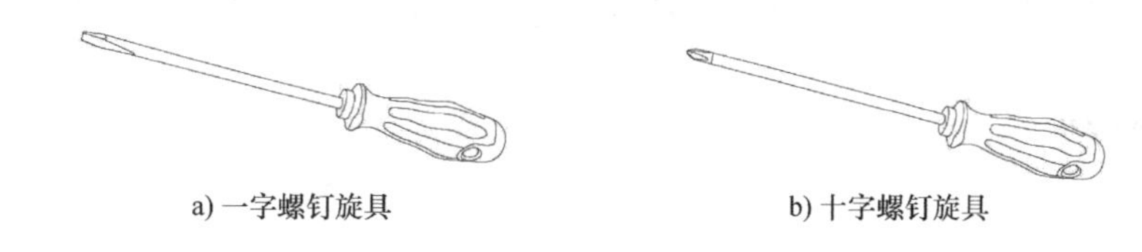

a) 一字螺钉旋具　　b) 十字螺钉旋具

图2-24　常见螺钉旋具

a) 较紧时拧螺丝的手法

b) 较松动时拧螺丝的手法

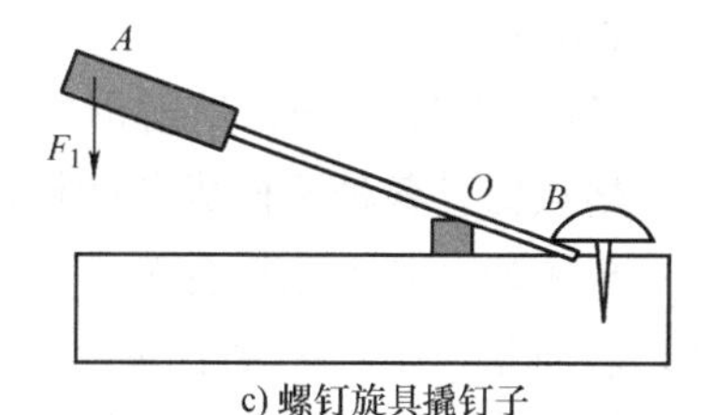

c) 螺钉旋具撬钉子

图2-25　螺钉旋具的使用手法

9. 裁纸刀

裁纸刀外形如图2-26a所示，是一种用于裁切各种纸张的工具。在电子工艺中，裁纸刀可用作刮除漆包线的绝缘漆、刮除旧导线、旧元器件引脚的氧化层。刮除前估计好需刮除的长度，然后将导线按在桌上，裁纸刀的刀面稍微向导线末端倾斜，裁纸刀一下一下地往外刮，刮干净一面之后左手旋转导线刮除另一面，直至绝缘漆或氧化层完全清除干净，如图2-26b所示。

10. 钢直尺

钢尺是最常用的丈量工具，是用薄钢片制成的带状尺，钢尺包括钢直尺和钢卷尺，图2-27为钢直尺，在电子工艺中可用于丈量电路板厚度、焊孔间距、引脚长度等。

a) 裁纸刀外形

b) 裁纸刀刮除氧化层

图2-26　裁纸刀

图2-27　钢直尺

11. 垫板

在普通桌面上进行电路板焊接，长期下来桌面上有可能会被烫伤或积累焊锡碎屑、废弃引脚、松香粒等垃圾。因此，可选用合适的垫板垫在桌面上，在垫板上进行焊接操作，既可保护桌面，又方便清理垃圾。但要注意选择绝缘的、阻燃等级高的材料作为垫板。

2.3　焊接材料

2.3.1　焊料

焊料也称为钎料，它的熔点低于被焊金属，在熔化时能在被焊金属表面形成合金而将被焊金属连接到一起。在一般电子产品装配中，主要使用锡铅焊料，俗称焊锡，它是一种铅锡合金。

1. 铅锡合金

铅（Pb）与锡（Sn）熔解形成合金后，具有一系列铅和锡不具备的优点：

1）熔点低，各种不同成分的铅锡合金熔点均低于铅和锡的熔点，有利于焊接。

2）机械强度高，铅锡合金的机械强度优于纯铅和纯锡。

3）表面张力小，黏度下降，增大了液态流动性，有利于焊接时形成可靠接头。

4）抗氧化性能好，铅具有的抗氧化性优点在合金中继续保持，使焊料在熔化时减少氧化量。

2. 共晶焊锡

共晶焊锡是成分为Pb38.1%、Sn61.9%的铅锡合金，是锡铅焊料中性能最好的一种。它有以下优点：

1）熔点低，使焊接时加热温度降低，可防止元器件损坏。

2）熔点与凝固点温度一致，都为183℃，可使焊点快速凝固，不会因半熔状态时间间隔长而造成焊点结晶疏松、强度降低。这一点对自动焊接具有重要意义，因为自动焊接传输中不可避免存在振动。

3）流动性好，表面张力小，有利于提高焊点质量。

4）机械强度高，导电性好。

在实际应用中，铅和锡的比例不可能也没必要控制在理论比例上。一般将Pb40%、Sn60%的焊锡称为共晶焊锡，其凝固点和熔化点不是单一的183℃，而是在某个范围内。这在工程上是经济的。

3. 焊锡物理性能及杂质影响

不同比例的铅锡合金，其物理性能有所区别。含锡60%左右的焊锡，抗张强度和剪切强度都较优。含锡量不同，焊锡性能和用途也不同，应根据需要选择。一般电子焊接，特别是手工烙铁锡焊多用共晶焊锡。

焊锡除铅和锡外，不可避免地含有其他微量金属。这些微量金属作为杂质，会对焊锡的性能产生有利于或不利于焊接的影响。为了使焊锡获得某种性能，有时也可掺入某些金属。如掺入0.5%～2%的银，可使焊锡熔点低，强度高；掺入铜，可使焊锡变为高温焊锡。

4. 焊料产品

（1）焊锡丝　手工烙铁焊接常用的管状焊锡丝如图2-28a所示，即将焊锡制成管状，内部加助焊剂的焊料产品，焊剂一般是优质松香添加一定活化剂。由于松香很脆，拉制时容易断裂，造成局部缺焊剂的现象。而多芯焊锡丝则可克服这个缺点，如图2-28b所示，其成分一般是含锡量60%～65%的铅锡合金。焊锡丝直径有0.5mm、0.8mm、0.9mm、1.0mm、1.2mm、1.5mm、2.0mm、2.3mm、2.5mm、3.0mm、4.0mm、5.0mm。

a) 管状焊锡丝

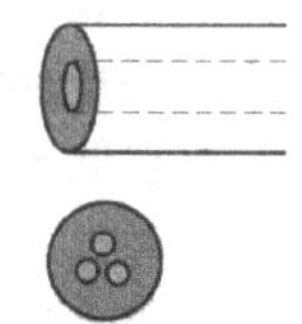

b) 单芯与多芯焊锡丝

图2-28　焊锡丝

（2）焊锡膏　焊锡膏是由焊锡粉、助焊剂以及其他添加物混合而成的膏体，如图2-29a所示，是一种适用于再流焊的焊料。

（3）锡焊条　锡焊条是用来锡焊的焊条，如图2-29b所示，适用于浸焊和波峰焊。锡焊条具备一些优点：有害杂质较少，避免了因有害杂质而产生的桥接、拉尖、润湿性差等焊接问题；流动性好，上锡均匀而且快；减缓焊料出现浸析现象的速度，有效抑制电路板上铜的溶解速度，延长炉中焊料的使用时间；锡焊条的焊点光亮、锡渣极少，可以降低产品成本，提高生产效益；有效防止焊锡中锡的相变和晶须现象，避免焊后焊点变脆和因晶须诱发电子线路出现的跳火、短路和噪声等问题。

（4）焊锡球　焊锡球（又称“焊锡珠”）是由焊锡制成的小球，如图2-29c所示。作为IC生产中BGA、CSP的重要辅料，焊锡球在现代微电子中应用十分广泛，是笔记本计算机、移动通信设备、计算机主板、发光二极管、液晶显示器、PDA、数字相照机等产品的功能IC生产过程中必不可少的工艺辅料，特别在大规模集成电路的微缩工艺中起到至关重要的作用。

a) 焊锡膏　　b) 锡焊条　　c) 焊锡球

图2-29　其他焊料产品

2.3.2　焊剂

金属表面同空气接触后都会生成一层氧化膜，这层氧化膜阻止液态焊锡对金属的润湿作用，犹如玻璃沾上油就会使水不能润湿一样。焊剂就是用于清除氧化膜的一种专用材料，又称助焊剂。它不像电弧焊中的焊药那样参与焊接的冶金过程，而仅仅起到清除氧化膜的作用。

1. 焊剂的作用

1）去除氧化膜。焊剂与氧化物反应后的生成物变成悬浮的渣，漂浮在焊料表面。

2）防止氧化。液态的焊锡及加热的焊件金属都容易与空气中的氧接触而氧化，焊剂熔化后漂浮在焊料表面，形成隔离层，防止焊接面的氧化。

3）减小表面张力，增加焊锡的流动性，有助于焊锡浸润。

2. 对焊剂的要求

1）熔点低于焊料，只有这样才能发挥焊剂的作用。

2）表面张力、黏度、密度小于焊料。

3）残渣容易清除和清洗，否则会影响外观，对高密度组装产品来说甚至还会影响电路性能。

4）不腐蚀母材。

5）不产生有害气体或刺激性气味。

3. 焊剂的分类及选用

软钎焊焊剂可分为无机系列、有机系列和松香系列。锡焊中常用松香系列，其活性弱，但腐蚀性也弱，清洗也比较容易，在要求不高的产品中可以不清洗，适合电子装配锡焊。焊接时，尤其是手工焊接时多采用松香焊锡丝。有时也用松香溶入酒精制成的松香水，涂在敷铜板上起防氧化和助焊的作用。松香在反复使用变黑后，就失去助焊的作用。

2.3.3　阻焊剂

焊接中，特别是在浸焊及波峰焊中，为提高焊接质量，需要耐高温的阻焊涂料，把不需要焊接的部分保护起来，起到一种阻焊作用，使焊料只在需要焊接的焊盘上进行焊接，这种阻焊材料叫作阻焊剂。阻焊剂具有以下优点：

1）防止桥接、短路及虚焊等情况的发生，减少印制电路板的返修率，提高焊点的质量。

2）覆盖印制电路板的部分板面，焊接时减小印制电路板受到的热冲击，降低印制电路板的温度，使板面不易起泡、分层，同时也起到保护元器件的作用。

3）除了焊盘外，其他部分均不上锡，这样可以节约大量的焊料。

4）使用带有色彩的阻焊剂，可使印制电路板的板面显得整洁美观。

2.4　手工焊接技术

2.4.1　准备工作

1. 电烙铁的准备

（1）安全检查　用万用表检查电烙铁的电源线有无短路、开路，电烙铁是否漏电，电源线的装接是否牢固，螺钉是否松动，在手柄上电源线是否紧固，电源线有无破损，烙铁头有无松动。要保证电烙铁正常之后才可通电。

（2）烙铁头处理 新的电烙铁一般不宜直接使用，应先对烙铁头进行镀锡处理。方法是将烙铁头装好通电，在烙铁架或木板上放些松香并放一段焊锡，烙铁蘸上锡后在松香中来回摩擦，直到整个烙铁修整面均匀镀上一层锡为止，如图2-30所示。

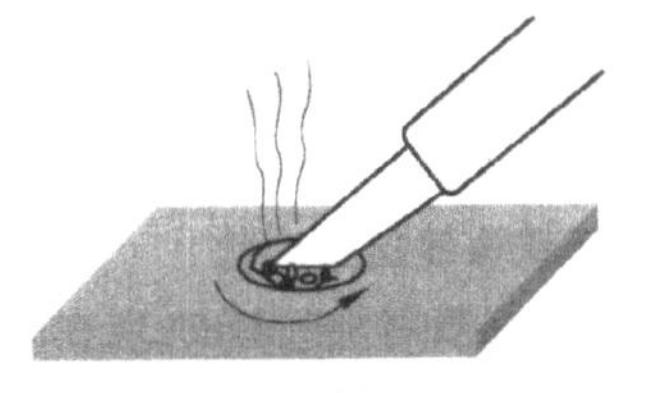

图2-30 常用烙铁头镀锡

一般电子装配锡焊往往使用普通低价格的电烙铁，烙铁头只有如图2-14所示的圆斜面形一种，通常也不具有完善的镀层。这种烙铁头使用一段时间后，其表面会变得凹凸不平，而且氧化严重。这种情况下需要修整，一般将烙铁头拿下来，夹到台钳上粗锉，修整为自己要求的形状，然后再用细锉修平，最后用细砂纸打磨，修整后立刻对烙铁头镀锡。对数字电路、计算机电路板的焊接工作来说，普通烙铁头太粗了，可以将其头部用榔头锻打到合适的粗细再修整，或选用合适的烙铁头。

2. 焊件的准备

（1）导线

1）导线的种类。

① 单股导线：绝缘层内只有一根导线，俗称“硬线”，容易成形固定，常用于固定位置连接。漆包线也属此范围，只不过它的绝缘层不是塑胶，而是绝缘漆。

② 多股导线：绝缘层内有4～67根或更多的导线，俗称“软线”，使用最为广泛。

③ 屏蔽线：从外到里分别为绝缘层、屏蔽层、绝缘芯线。屏蔽线在弱电信号的传输中应用很广，同样结构的还有高频传输线，一般叫同轴电缆线。

2）导线的焊前处理。

① 剥绝缘层：导线焊接前要除去末端绝缘层。剥除时可用普通工具或专用工具。大规模生产中有专用机械，一般可用剥线钳或简易剥线器。简易剥线器可用0.5～1mm厚度的黄铜片经弯曲后固定在电烙铁上制成，使用它最大的好处是不会伤导线。用剥线钳或普通斜嘴钳剥线时要注意对单股线不应伤及导线，多股线及屏蔽线不断线，否则将影响接头质量。对多股导线，要注意剥除绝缘层时将线芯拧成螺旋状，一般采用边拧边拽的方式，如图2-31所示。屏蔽线的剥绝缘层过程如图2-32所示。

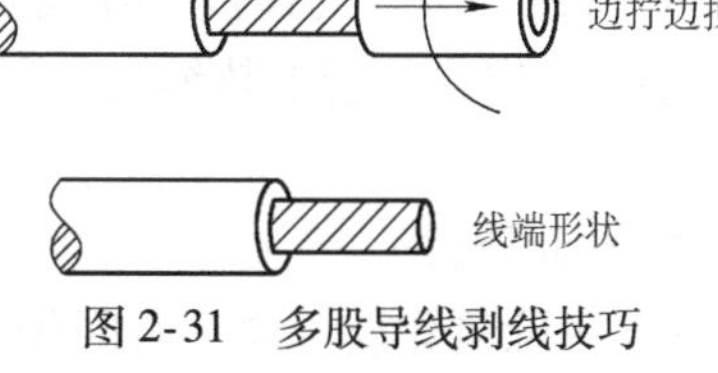

图2-31 多股导线剥线技巧

② 镀锡：其目的在于防止氧化，提高焊接质量。镀锡时，将导线放在松香块上或松香盒里，用带焊锡的烙铁给导线端头敷涂一层松香，同时也镀上焊锡。但注意，要在绝缘层前留出1～3mm没有镀锡的间隔，不要让焊锡浸入到导线的绝缘层中去。另外，多股导线、屏蔽线镀锡时要边上锡边旋转，旋转方向与拧合方向一致。

③ 导线的连接。

a. 导线与接线端子的连接。

绕焊：焊前先将导线弯曲，把经过上锡的导线端头在接线端子上缠一圈，用钳子拉紧缠牢后进行焊接，如图2-33a所示。注意导线一定要紧贴端子表面，绝缘层不接触端子，一般

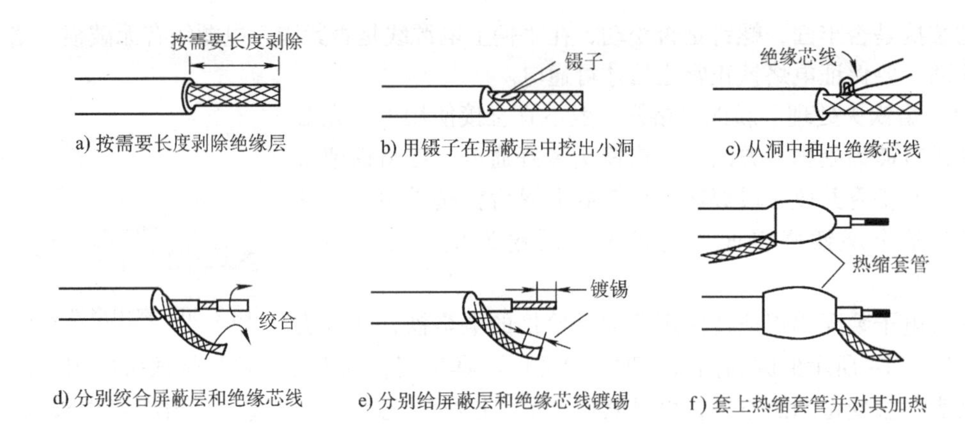

a) 按需要长度剥除绝缘层　b) 用镊子在屏蔽层中挖出小洞　c) 从洞中抽出绝缘芯线
d) 分别绞合屏蔽层和绝缘芯线　e) 分别给屏蔽层和绝缘芯线镀锡　f) 套上热缩套管并对其加热

图2-32　屏蔽线的剥绝缘层过程

长度 $L=1\sim3\mathrm{mm}$ 为宜。这种连接可靠性最好，高可靠整机产品的接点通常采用这种方法。

钩焊：将导线端子弯成钩形，钩在接线端子上并用钳子夹紧后焊接，如图2-33b所示。它适用于不便缠绕但又要求有一定机械强度和便于拆焊的接点上。

搭焊：搭焊如图2-33c所示。这种连接最方便，但强度可靠性较差，仅用于临时连接或不便于缠、钩的地方以及某些接插件上。

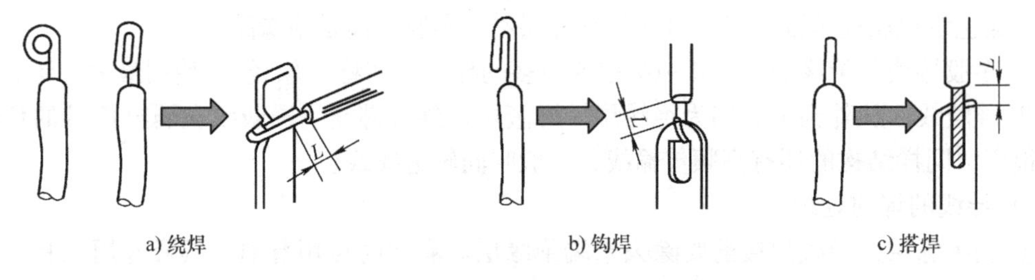

a) 绕焊　b) 钩焊　c) 搭焊

图2-33　导线与端子的连接方式

b. 导线与导线的连接：导线之间的连接以绕焊为主，操作步骤为：去掉一定长度绝缘皮→端子上锡，并套上热缩套管→绞合，焊接→加热热缩套管，冷却后热缩套管固定在接头处。

（2）元器件

1）去除氧化层。储存时间较长的元器件，其引脚表面可能发生或多或少的氧化，在焊接前，要先把元器件引脚的氧化层刮掉。

2）引脚成型。为使元器件在印制电路板上的装配排列整齐并便于焊接，在安装前通常采用手工或专用机械把元器件引脚弯曲成一定的形状，如图2-34所示。无论采用哪种方法，都应该按照元器件在印制电路板上孔位的尺寸要求，使其弯曲成型的引脚能方便插装入印制电路板。为了避免损坏元器件，成型必须注意以下两点：①引脚弯曲的最小半径不得小于引脚直径的两倍，不能打死弯；②引脚弯曲处距离元器件本体至少在1.5mm以上，绝对不能从引脚的根部开始弯折，如图2-35所示。对于容易崩裂的玻璃封装的元器件，引脚成型时尤其要注意。

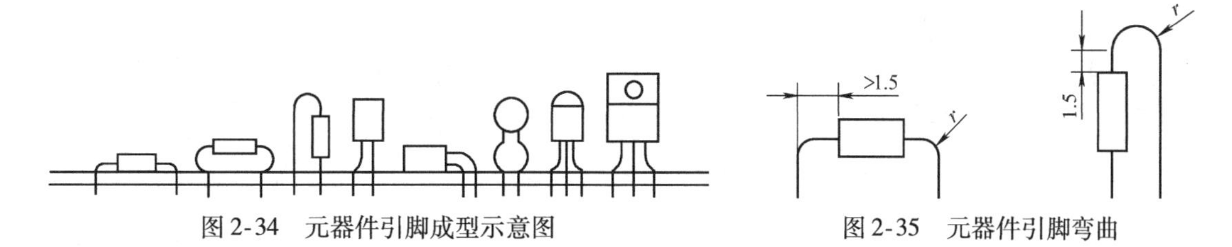

图2-34　元器件引脚成型示意图　　图2-35　元器件引脚弯曲

3）插装。元器件的插装分为贴板与悬空插装。贴板插装如图2-36a所示，其优点是稳定性好，插装简单，但不利于散热，且对某些安装位置不适用。悬空插装适用范围广，有利散热，但插装较复杂，需控制一定高度以保持美观一致，如图2-36b所示，悬空高度一般取2～6mm。一般无特殊要求时，只要位置允许，贴板插装较为常用。插装时应注意：①元器件字符标记方向应保持一致，容易读出，图2-37所示安装方向是符合阅读习惯的方向；②插装时不要用手直接碰元器件引脚和印制电路板上的铜箔。插装后为了固定可对引脚进行折弯处理。

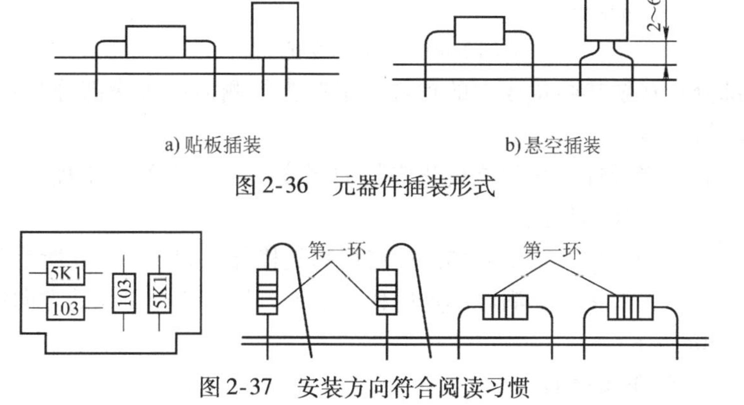

a) 贴板插装　　b) 悬空插装

图2-36　元器件插装形式

图2-37　安装方向符合阅读习惯

2.4.2　手工焊接

1. 手工焊接的姿势

电烙铁的握法有三种，如图2-38所示。反握法动作稳定，长时间操作不易疲劳，适于大功率电烙铁的操作。正握法适于中等功率电烙铁或带弯头电烙铁的操作。一般在操作台上焊接印制电路板时多采用握笔法。焊剂加热挥发出的化学物质对人体是有害的，如果操作时鼻子距离烙铁头太近，则很容易将有害气体吸入。因此一般电烙铁离鼻子的距离应不小于30cm，通常以40cm为宜。使用电烙铁要配置烙铁架，一般放置在工作台右前方，电烙铁用后一定要稳妥放于烙铁架上，并注意导线等物不要碰烙铁头。

焊锡丝一般有两种拿法，如图2-39所示。

2. 直插元器件的手工焊接

一般初学者掌握直插元器件的手工锡焊技术可从五步法训练开始，如图2-40所示。

（1）准备施焊　焊件插装入印制电路板，印制电路板焊接面向上，稳妥地放在工作台上。此时特别强调的是烙铁头部要保持干净，即可以沾上焊锡（俗称吃锡）。左手拿焊锡丝，右手拿电烙铁，如图2-40a所示。

（2）加热焊件　将电烙铁接触焊接点使之受热，如图2-40b所示。注意要保持用电烙铁加热焊件各部分，即要使印制电路板上的焊盘和引脚都受热。另外，要注意让烙铁头的扁

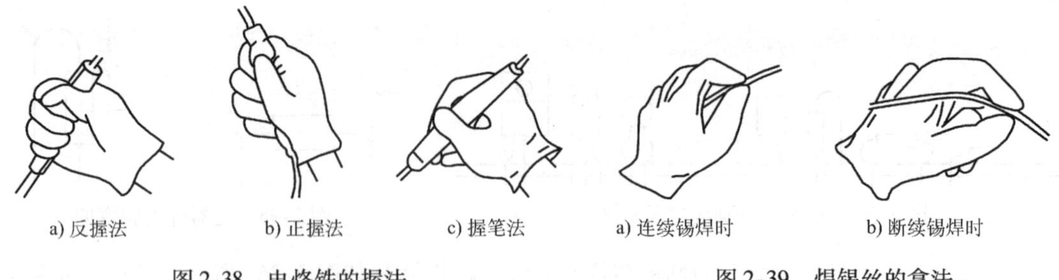

a) 反握法　b) 正握法　c) 握笔法

图2-38　电烙铁的握法

a) 连续锡焊时　b) 断续锡焊时

图2-39　焊锡丝的拿法

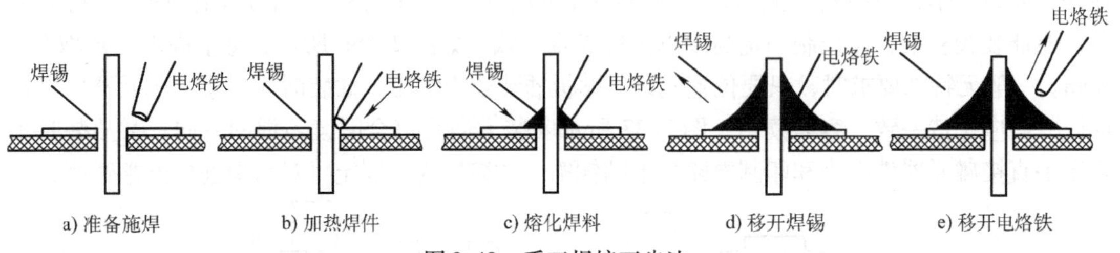

a) 准备施焊　b) 加热焊件　c) 熔化焊料　d) 移开焊锡　e) 移开电烙铁

图2-40　手工焊接五步法

平部分（较大部分）接触热容量较大的焊件，烙铁头的侧面或边缘部分接触热容量较小的焊件，以保持均匀受热。

（3）熔化焊料　当焊件加热到能熔化焊料的温度后将焊锡丝置于焊点，焊锡丝开始熔化并润湿焊点，如图2-40c所示。

（4）移开焊锡　当熔化一定量的焊锡后将焊锡丝移开，如图2-40d所示。

（5）移开烙铁　当焊锡完全润湿焊点后移开烙铁，注意移开烙铁的方向应该是大致45°的方向，如图2-40e所示。

3. 表贴元器件的手工焊接

在制作电子产品样品或维修电子产品时，有时需要手工焊接表贴元器件，在此介绍表贴元器件的手工焊接方法。

表贴元器件引脚间距小，焊接时应使用尖锥式（或圆锥式）烙铁头的恒温电烙铁。如使用普通电烙铁，电烙铁的金属外壳应接保护接地，以防感应电压损坏元器件。

（1）2～3端表贴元器件的焊接

方法一，焊接步骤如下：

1）预置焊点（见图2-41a）：用五步法在焊盘上镀适量焊锡，注意加热时间不宜过长。

2）准备焊接（见图2-41b）：左手放下焊锡丝，用镊子夹持元器件使引脚靠近焊盘，右手拿电烙铁准备施焊。

3）放置元件（见图2-41c）：用电烙铁加热之前预置的焊点，使之保持熔融状态。用镊子把表贴元器件的引脚推入熔融的焊点。

4）撤离工具（见图2-41d）：电烙铁先撤离，待焊锡凝固后再松开镊子。

5）焊接其余引脚（见图2-41e）：用五步法焊接表贴元器件的其余引脚。

方法二，焊接步骤简述如下：

1）点胶（见图2-42a）：在印制电路板上安装元器件位置的几何中心点一滴不干胶。

2）粘贴（见图2-42b）：用镊子将元器件压放到不干胶上，并使元器件焊端或引脚与焊盘严格对准。

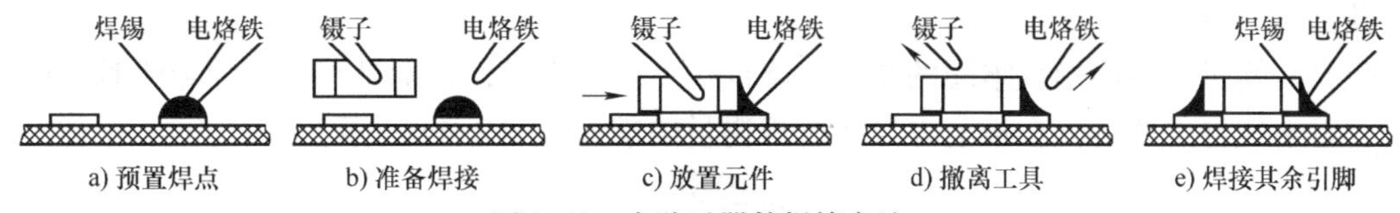

图 2-41　表贴元器件焊接方法一

3）焊接（见图 2-42c）：用五步法焊接所有焊端。

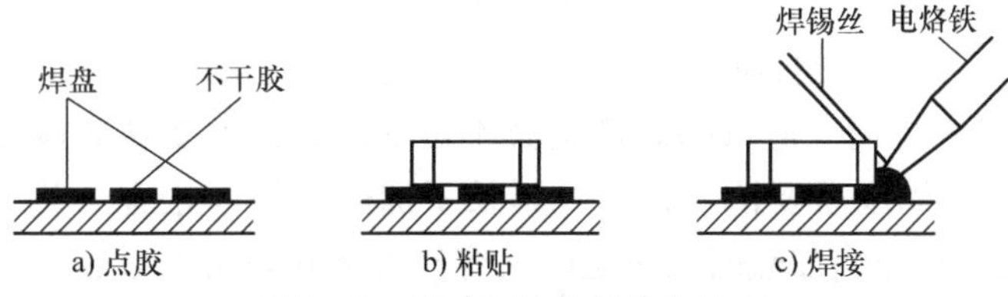

图 2-42　表贴元器件焊接方法二

（2）表贴集成电路的焊接　焊接表贴式集成电路，可采用滚焊（或称拖焊）的焊接手法，具体步骤如下：

1）摆准位置（见图 2-43a）：用镊子将待焊器件摆准位置，使引脚与焊盘基本对准。

2）焊接对角线上两引脚（见图 2-43b）：将对角线上的两个引脚临时用少许焊锡点焊一下，检查每一个引脚是否都对准了各自的焊盘。

3）滚焊（见图 2-43c）：将电路板按一定的角度倾斜搁置，让大量的焊料在充分多的焊剂的保护下，从上到下的从要焊的引脚上慢慢拖滚下来。

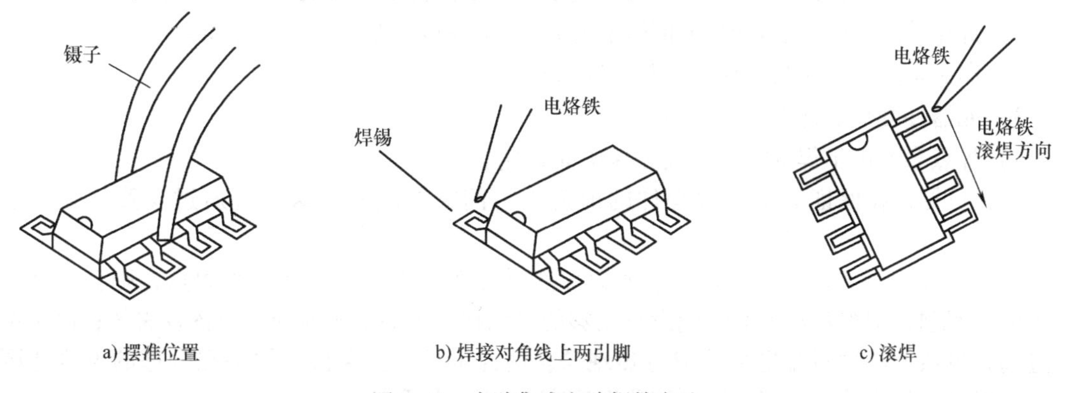

图 2-43　表贴集成电路焊接方法

4. 焊接操作的基本要领

（1）保持烙铁头的清洁　因为焊接时烙铁头长期处于高温状态，又接触焊剂等受热分解的物质，其表面很容易氧化而形成一层黑色杂质，这些杂质几乎形成隔热层，使烙铁头失去加热作用。因此要随时在一块湿布或湿海绵上擦拭烙铁头，除去杂质。

（2）加热要靠焊锡桥　要提高烙铁头加热的效率，需要形成热量传递的焊锡桥。所谓焊锡桥，就是靠烙铁上保留少量焊锡作为烙铁头与焊件之间传热的桥梁。由于金属液的导热效率远高于空气，这样做可以使焊件很快被加热到焊接温度。但应注意作为焊锡桥的锡保留量不可过多。

（3）焊锡量要合适　过量的焊锡不但毫无必要地消耗了较贵的锡，而且增加了焊接时间，相应降低了工作速度。更为严重的是在高密度的电路中，过量的锡很容易造成不易觉察的短路。

但是焊锡过少不能形成牢固的结合，降低焊点机械强度，特别是在板上焊导线时，焊锡不足往往造成导线脱落。在板上焊导线时焊锡量的掌握如图 2-44 所示。

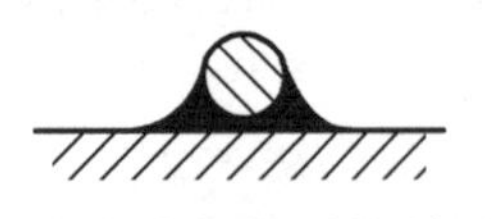

a) 合适的焊锡量、合格的焊点

b) 焊锡过多，浪费

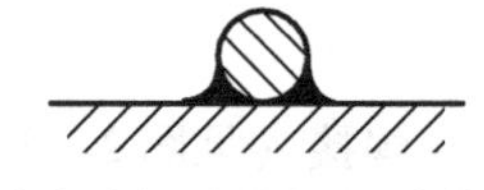

c) 焊锡过少，焊点机械强度差

图 2-44 在板上焊导线时焊锡量的掌握

（4）不要用过量的焊剂　适量的焊剂是必不可缺的，但不要认为越多越好。过量的松香不仅造成焊接后焊点周围需要清洗，而且延长了加热时间（松香熔化、挥发需要并带走热量），降低工作效率；而当加热时间不足时又容易夹杂到焊锡中形成“松香焊”缺陷；对开关元器件的焊接，过量的焊剂容易流到触点处，从而造成接触不良。

对使用松香芯的焊锡丝来说，基本不需要再涂焊剂。若使用松香水，合适的焊剂量应该是松香水仅能浸湿将要形成的焊点，不要让松香水透过印制电路板流到元件面或插座孔里（如 IC 插座）。

（5）掌握好加热时间　上述的手工焊接五步法，对一般焊点而言用时为 2～3s。要注意各步骤之间停留的时间，这对保证焊接质量至关重要。锡焊时可以根据实际情况采用不同的加热速度。在烙铁头形状不良，或用小烙铁焊大焊件时不得不延长时间以满足锡料对温度的要求，但在大多数情况下延长加热时间对电子产品装配都是有害的，其原因是：

1）焊点的结合层由于长时间加热而超过合适的厚度引起焊点性能变质。

2）印制电路板、塑料等材料受热时间过长会变形。

3）元器件受热后性能变化甚至失效。

4）焊点表面由于焊剂挥发，失去保护而氧化。

由此可见，在保证焊料润湿焊件的前提下时间越短越好，这只有通过实践才能逐步掌握。

（6）保持合适的温度　如果为了缩短加热时间而采用高温烙铁焊小焊点，则会带来另一方面的问题，即焊锡丝中的焊剂没有足够的时间在被焊面上漫流而过早挥发失效；由于温度过高，虽然加热时间短也会造成过热现象。由此可见，要保持烙铁头在合理的温度范围内。一般经验是烙铁头温度比焊料熔化温度高 50℃较为适宜。

理想的状态是较低的温度下缩短加热时间，尽管这是矛盾的，但在实际操作中可以通过操作手法获得令人满意的解决方法。

（7）不要用烙铁头对焊点施力　烙铁头把热量传给焊点主要靠增加接触面积，用烙铁对焊点加力对加热是没用的。很多情况下会造成对焊件的损伤，例如电位器、开关、接插件的焊接点往往都是固定在塑料构件上，加力容易造成元器件失效。

（8）电烙铁撤离有讲究　电烙铁撤离要及时。电烙铁撤离时的角度和方向对焊点形成有一定关系。图 2-45 所示为不同撤离方向对焊料的影响。撤电烙铁时轻轻旋转一下，可使焊点保有适当的焊料，这需要在实际操作中体会。

（9）焊件要固定　在焊锡凝固之前不要使焊件移动或振动，特别是用镊子夹住焊件时一定要等焊锡凝固再移去镊子。这是因为焊锡凝固过程是结晶过程，根据结晶理论，在结晶期间受到外力（焊件移动）会改变结晶条件，导致晶体粗大，造成所谓“扰焊”。外观现象

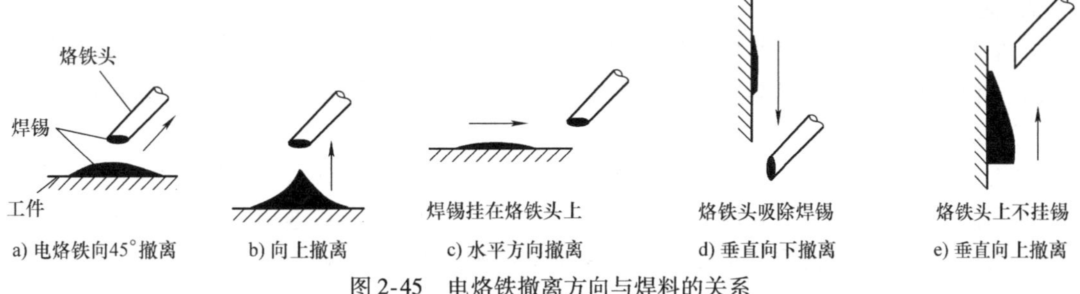

a) 电烙铁向45°撤离　b) 向上撤离　c) 水平方向撤离　d) 垂直向下撤离　e) 垂直向上撤离

图2-45　电烙铁撤离方向与焊料的关系

是表面无光泽呈豆渣状；焊点内部结构疏松，容易有气隙和裂缝，造成焊点强度降低，导电性能差。因此，在焊锡凝固前一定要保持焊件静止。实际操作时可以用各种适宜的方法将焊件固定，或使用可靠的夹持措施。

5. *焊后处理*

1）剪去多余引脚，注意不要对焊点施加剪切力以外的其他力。

2）检查所有焊点，修补漏焊、虚焊等存在缺陷的焊点。

3）根据工艺要求选择清洗液清洗印制电路板。一般使用松香焊剂的印制电路板不用清洗。涂过焊油或氯化锌的，要用酒精擦洗干净，以免腐蚀印制电路板。

4）由于焊锡丝成分中铅占一定比例，众所周知铅是对人体有害的重金属，因此操作时应戴手套或操作后洗手，避免食入。

2.5 自动化焊接技术

随着电子产品高速发展，以提高工效、降低成本、保证质量为目的机械化、自动化锡焊技术（主要是印制电路板的锡焊）不断发展，特别是电子产品向微型化发展，单靠人的技能已无法满足焊接要求。浸焊比手工烙铁焊效率高，但依然没有摆脱手工操作；波峰焊比浸焊进了一大步，但已属于昨天的技术；再流焊是今天的主流，呈现强劲发展势头，其他锡焊技术也在发展。

2.5.1 浸焊与拖焊

1. *浸焊*

浸焊是将安装好的印制电路板浸入熔化状态的焊料液，一次完成印制电路板上的焊接方法。焊点以外不需连接的部分通过在印制电路板上涂阻焊剂来实现。图2-46所示为现在小批量生产中仍在使用的几种浸焊设备实物及示意图。浸焊是一种手工操作机器的焊接方式，是最早替代手工焊接的大批量机器焊接方法。

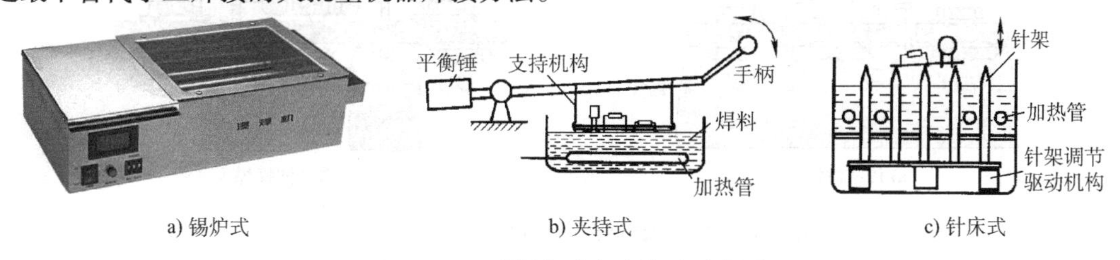

a) 锡炉式　b) 夹持式　c) 针床式

图2-46　几种浸焊设备实物及示意图

2. 拖焊

最早的自动焊接方式就是浸入拖动焊接，焊接过程中将组装好并涂有助焊剂的印制电路板以水平位置慢慢地浸入到静止的熔融的焊锡池中并沿着表面拖动一段预先确定好的距离，然后将其从焊锡池中取出，完成焊接。

尽管拖焊比浸焊又进了一步，但由于焊接中印制电路板与焊锡较长的接触时间增加了基材和元器件的加热程度，并且较大的接触面积使得产生的气体难以逸出，故产生的吹孔缺陷的数量较多，再加上表面浮渣形成较快，这种焊接方法很快被波峰焊取而代之。

2.5.2 波峰焊与选择波峰焊

1. 波峰焊

波峰焊是直插元器件的主流焊接工艺，也可用于一部分表贴元器件的焊接。图2-47为波峰焊示意图，图2-48是波峰焊机的实物图。波峰由机械或电磁泵产生并且可被控制，印制电路板由传送带以一定速度和倾斜度通过波峰，完成焊接。波峰焊适于大批量生产。

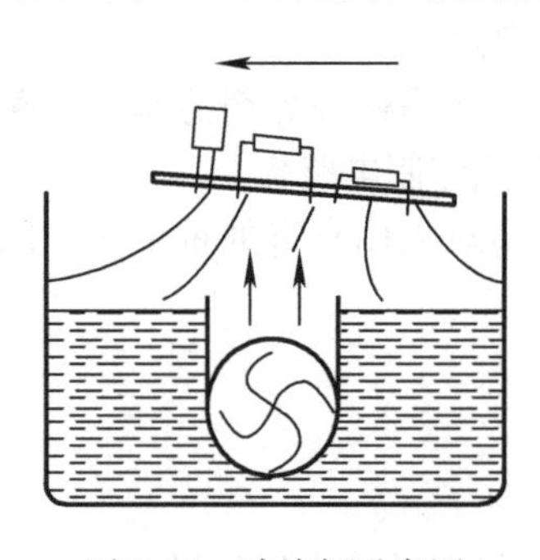

图2-47　波峰焊示意图

图2-48　波峰焊机的实物图

由于波峰焊无法焊接目前应用越来越多的BGA等底部引脚封装的元器件，因而近年来在产品制造中越来越多地使用了再流焊技术。但由于波峰焊在通孔插装工艺中，特别是体积较大的直插式元器件焊接中仍然具有优势，因而在通孔插装和表面贴装工艺共存的情况下，波峰焊工艺仍然有存在和发展的空间。

2. 选择波峰焊

选择波峰焊是为了满足直插式元器件焊接发展要求应运而生的一种特殊形式的波峰焊。这种焊接方法也可以称为局部波峰焊，其主要特点是实现整板局部焊接，液体焊料不是“瀑布式”地喷向整块印制电路板，而是“喷泉式”喷到需要的部位，因而完全可以克服传统波峰焊的缺点，如图2-49所示。

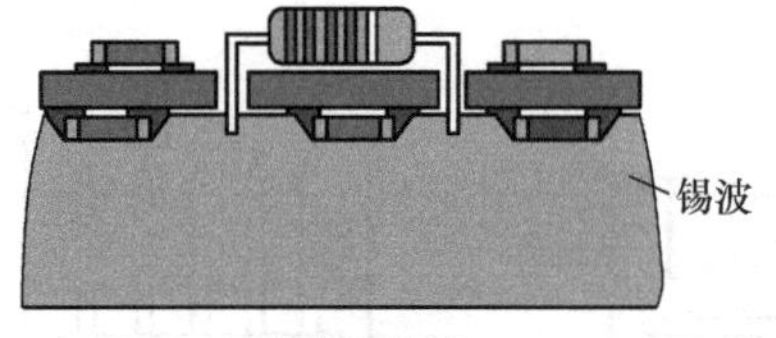

a) 传统波峰焊

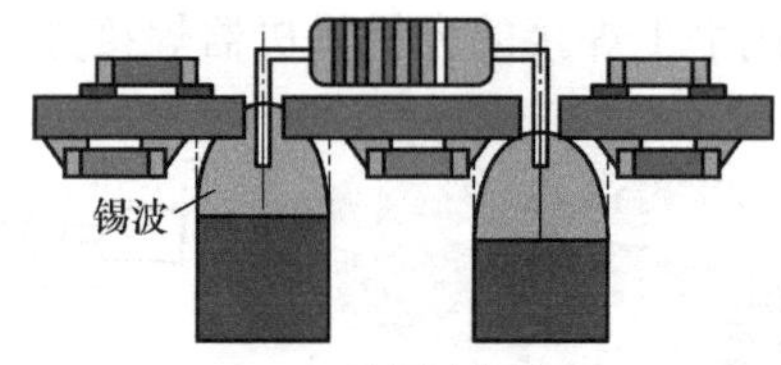

b) 选择波峰焊

图2-49　传统波峰焊与选择波峰焊比较示意图

使用选择波峰焊进行焊接时，每一个焊点的焊接参数都可以量身订制，不必再互相将就。通过对焊接机编程，把每个焊点的焊接参数（助焊剂的喷涂量、焊接时间、焊接波峰高度等）调至最佳，缺陷率由此降低，甚至有可能做到直插式元器件的零缺陷焊接。

选择波峰焊只是针对所需要焊接的点进行助焊剂的选择性喷涂，因此印制电路板的清洁度大大提高，同时离子污染也大大降低。

2.5.3　再流焊

再流焊又称回流焊，是伴随微型化电子产品的出现而发展起来的焊接技术，主要应用于各类表面贴装式元器件（简称表贴式元器件）的焊接。这种焊接技术的焊料及焊剂是焊锡膏，焊接设备为再流焊机，如图2-50所示。

再流焊的工艺流程为：预先在印制电路板的焊盘上涂上适量和适当形式的焊锡膏，然后把表贴式元器件贴放到相应的位置，焊锡膏具有一定粘性，能使元器件固定；再把贴装好元器件的印制电路板放入再流焊机，焊锡膏经过干燥、预热、熔化、润湿、冷却，将元器件焊接到印制电路板上，如图2-51所示。

再流焊可以焊接微小型元器件的极细小的引脚，使电子产品微小型化得以不断推进。

图2-50　再流焊机

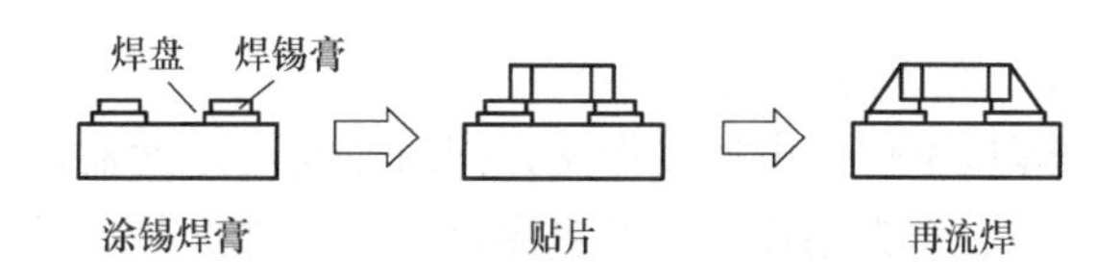

图2-51　再流焊工艺流程

2.5.4　焊接机械手

焊接机械手（也称为焊接机器人）是为了解决手工焊接的弱点而发展起来的。图2-52所示是焊接机械手两种常见的结构形式。

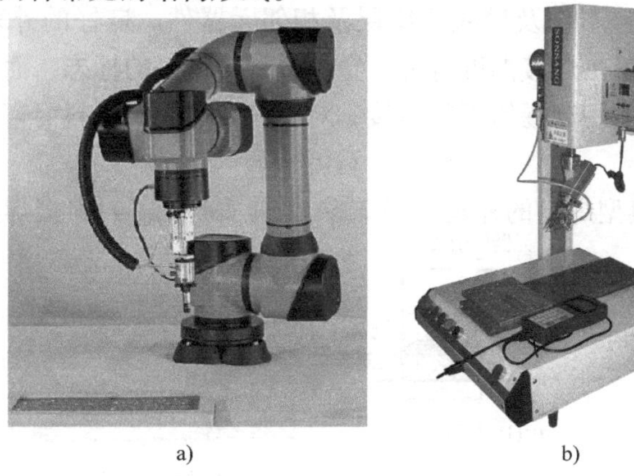

a)　b)

图2-52　焊接机械手两种常见的结构形式

图2-52a是一个具有灵活手臂关节的通用机械手，配上焊接系统（配上电烙铁和焊锡丝，以及相应温度、送丝速度控制模块），与人工焊接过程类似，只是它只受计算机编程的控制，不受操作者技能和情绪的影响。

图2-52b是专门为焊接开发的运动控制与焊接系统一体化框架式结构，其运动控制与机械手作用类似，除实现*X/Y/Z*三维运动外，还可以在一定范围内转动角度，以适应焊接工艺需求。

焊接机械手需要根据印制电路板、元器件、焊接工艺规范要求进行编程。

2.6　焊接质量检查

2.6.1　对焊点的要求

1. 可靠的电连接

电子产品的焊接是同电路通断情况紧密相连的。一个焊点要能稳定、可靠地通过一定的电流，没有足够的连接面积和稳定的组织是不行的。因为锡焊连接不是靠压力，而是靠结合层达到电连接目的，如果焊锡仅仅是堆在焊件表面或只有少部分形成结合层，那么在最初的测试和工作中也许不易被发现。随着条件的改变和时间的推移，电路时通时断或者干脆不工作，而这时观察外表，电路依然是连接的，这是电子产品使用中最棘手的问题，也是制造者必须十分重视的问题。

2. 足够的机械强度

焊接不仅起电连接作用，同时也是固定元器件保证机械连接的手段，这就有个机械强度的问题。作为锡焊材料的铅锡合金本身强度是比较低的，要想增加强度，就要有足够的连接面积。如果是虚焊点，焊料仅仅堆在焊盘上，自然谈不到强度了。常见影响机械强度的缺陷还有焊锡过少、焊点不饱满、焊接时焊料尚未凝固就使焊件振动而引起的焊点晶粒粗大（像豆腐渣状）以及裂纹、夹渣等。

3. 合格的外观

良好的焊点要求焊料用量恰到好处，外表有金属光泽，没有拉尖、桥接等现象，具有可接受的几何外形尺寸，并且不伤及导线绝缘层及相邻元器件。良好的外表是焊接质量的反映，例如，表面有金属光泽是焊接温度合适、金属微结构良好的标志，而不仅仅是外表美观的要求。不过，这一点只适用于锡铅焊料焊接，对于大多数无铅焊料而言，表面不具有金属光泽。

图2-53中所示的是典型焊点的外观，图2-54是其实物图。对典型焊点的共同要求是：

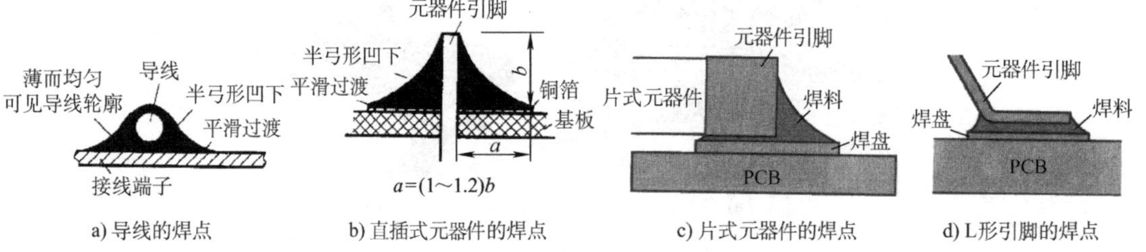

a) 导线的焊点　　b) 直插式元器件的焊点　　c) 片式元器件的焊点　　d) L形引脚的焊点

图2-53　典型焊点的外观

1）焊料的连接面呈半弓形凹面，焊料与焊件交界处平滑，接触角尽可能小。

2）表面有金属光泽且平滑。

3）无裂纹、针孔式夹渣。

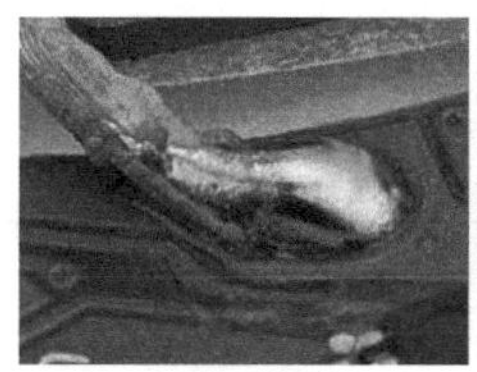
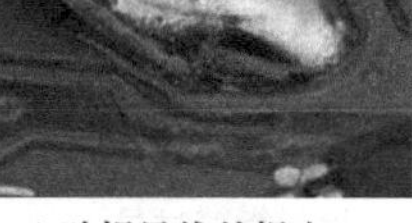

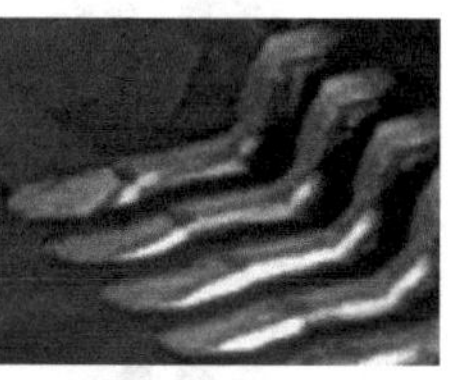

a) 贴焊导线的焊点　b) 直插式元器件的焊点　c) 片式元器件的焊点　d) L形引脚的焊点

图2-54　典型焊点外观实物图

2.6.2　焊点质量检查

在焊接结束后，为保证产品质量，要对焊点进行检查。由于焊接检查与其他生产工序不同，没有一种机械化、自动化的检查测量方法，因此主要通过目视检查、手触检查和通电检查来发现问题。

1）目视检查是从外观上检查焊接质量是否合格，也就是从外观上评价焊点有什么缺陷。

2）手触检查主要是指手触摸、摇动元器件时，看焊点有无松动、不牢、脱落的现象。或用镊子夹住元器件引脚轻轻拉动时，看有无松动现象。

3）通电检查必须是在外观及连线检查无误后才可进行的工作，也是检验电路性能的关键步骤。

1. 常见焊点缺陷与分析

造成焊接缺陷的原因很多，图2-55所示为导线端子焊接常见缺陷，表2-3和表2-4分别列出了插装和贴装中印制电路板焊点缺陷的外观、特点、危害及产生原因，可供焊点检查、分析时参考。

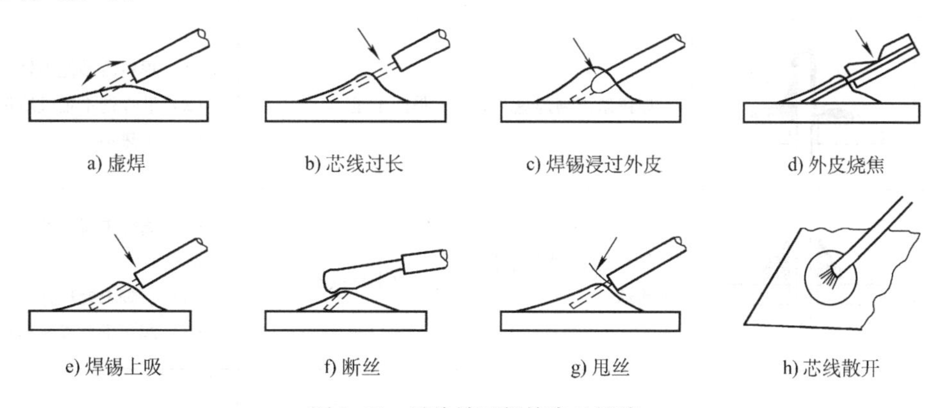

a) 虚焊　b) 芯线过长　c) 焊锡浸过外皮　d) 外皮烧焦

e) 焊锡上吸　f) 断丝　g) 甩丝　h) 芯线散开

图2-55　导线端子焊接常见缺陷

表 2-3　插装常见焊点缺陷及分析

焊点缺陷	外观特点		危　　害	原因分析
焊料过多	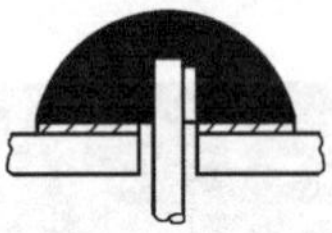	焊料面呈凸形	浪费焊料，且可能隐藏缺陷	焊丝撤离过迟
焊料过少	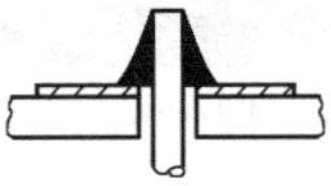	焊料未形成平滑面	机械强度不足	焊丝撤离过早
松香焊	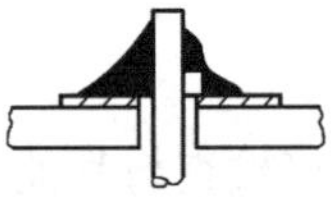	焊点中夹有松香渣	强度不足，导通不良，有可能时通时断	（1）焊剂过多或已失效 （2）焊接时间不足，加热不足
过热		焊点发白，无金属光泽，表面较粗糙	（1）容易剥落，强度降低 （2）造成元器件失效损坏	烙铁功率过大，加热时间过长
扰焊	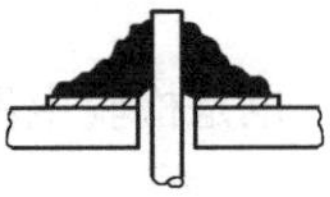	表面呈豆腐渣状颗粒，有时可有裂纹	强度低，导电性不好	焊料未凝固时焊件抖动
冷焊	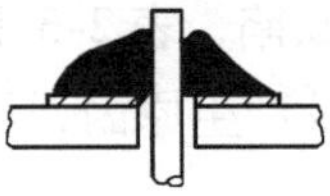	润湿角过大，表面粗糙，界面不平滑	强度低，不导通或时通时断	（1）焊件加热温度不够 （2）焊件清理不干净 （3）助焊剂不足或质量差
不对称	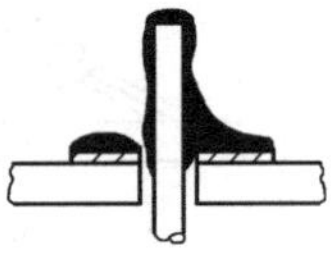	焊锡未流满焊盘	强度不足	（1）焊料流动性不好 （2）助焊剂不足或质量差 （3）加热不足
松动	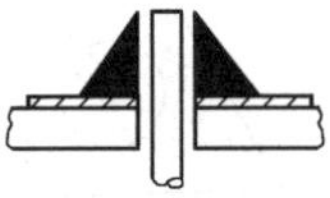	导线或元器件引脚可移动	导通不良或不导通	（1）锡焊未凝固前引脚移动造成空隙 （2）引脚未处理好 （3）润湿不良或不润湿
拉尖	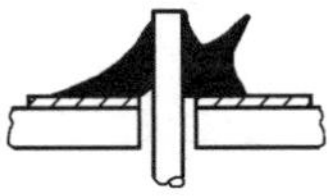	出现尖端	外观不佳，容易造成桥接现象	（1）加热不足 （2）焊料不合格

（续）

焊点缺陷	外观特点		危害	原因分析
针孔		目测或放大镜可见有孔	焊点容易腐蚀	焊盘孔与引脚间隙太大
气泡		引脚根部有时有焊料隆起，内部藏有空洞	暂时导通但长时间容易引起导通不良	引脚与孔间隙过大或引脚润湿性不良
桥接		相邻引脚搭接	电气短路	（1）焊锡过多 （2）烙铁施焊撤离方向不当
焊盘脱落		焊盘与基板脱离	焊盘活动，进而可能断路	（1）烙铁温度过高 （2）烙铁接触时间过长
焊料球		部分焊料成球状散落在印制电路板上	可能引起电气短路	（1）焊孔与引脚间隙太大 （2）波峰焊时，印制电路板通孔较少或小时，各种气体易在焊点成形区产生高压气流 （3）焊料含氧高且焊接后期助焊剂已失效 （4）在表面安装工艺中，焊膏质量差，焊接曲线通热段升温过快，环境相对湿度较高造成焊膏吸湿
丝状桥接		多发生在集成电路焊盘间隔小且密集区域，丝状物多呈脆性，直径数微米至数十微米	电气短路	（1）焊料槽中杂质 Cu 含量超标，Cu 含量越高，丝状物直径越粗 （2）杂质 Cu 所形成松针状的 Cu_3Sn_4 合金的固相点与 $Sn_{53}Pb_{37}$ 焊料的固相点温差较大，因此在较低的温度下进行波峰焊接时，积聚的松针状 Cu_3Sn_4 合金易产生丝状桥接

表2-4　贴装常见焊点缺陷及分析

焊点缺陷	外观特点		原因分析
漏焊		元器件一端或多端未上焊料	（1）波峰焊接时，设备缺少有效驱赶气泡装置或喷射波射出高度不够 （2）印制电路板传送方向设计或选择不恰当
溢胶		胶粘剂从焊点中或焊点边缘渗出造成空洞	（1）胶粘剂失效不可固化 （2）点胶过程中出现拉丝、塌陷、失准或过量现象 （3）返工时，人工补胶未达到固化要求
两端焊点不对称		两端焊点明显不一致，易产生焊点应力集中	（1）印制电路板传送方向设计或选择不恰当 （2）焊料含氧高且焊接后期助焊剂已失效 （3）波峰面不稳有湍流
直立		片状器件呈竖立状	（1）因大器件的屏蔽、反射和遮挡作用，焊盘面积和焊锡膏沉积量不一致，造成两端焊接部位温度不一致 （2）一端器件端子和焊盘的可焊性比另一端差 （3）气相焊接升温速率过快时以上情况均会导致一端的焊料较另一端先熔化，使两端表面张力不一致，先熔的一端将另一端拉起
虹吸		多发生在集成电路焊接中，焊料吸引到器件的引脚上，焊盘上失去焊料呈开路状态	（1）一般原因参考“直立”部分 （2）引脚共面度超标 （3）未经预热直接进入气相焊，器件引脚较焊盘先达到焊接温度
丝状桥接		多发生在集成电路焊盘间隔小且密集区域，丝状物多呈脆性，直径数微米至数十微米	（1）焊料槽中杂质Cu含量超标，Cu含量越高，丝状物直径越粗 （2）杂质Cu所形成松针状的Cu_3Sn_4合金的固相点与$Sn_{53}Pb_{37}$焊料的固相点温差较大，因此在较低的温度下进行波峰焊接时，积聚的松针状Cu_3Sn_4合金易产生丝状桥接

2. 通电检查

通电检查可以发现许多微小的缺陷，如用目测观察不到的电路桥接、虚焊等。表2-5中列出了通电检查时可能出现的故障与焊接缺陷的关系。

表2-5 通电检查结果及原因分析

通电检查结果		原因分析
元器件损坏	失效	过热损坏，电烙铁漏电
	性能降低	电烙铁漏电
导通不良	短路	桥接，焊料飞溅
	断路	焊锡开裂，松香夹渣，虚焊，插座接触不良
	时通时断	导线断丝，焊盘剥落等

2.7 拆焊与维修

在电子产品的生产过程中，不可避免地要因为装错、损坏或因调试、维修的需要而拆换元器件，这就是拆焊，也叫解焊。如果拆焊方法不得当，就会破坏印制电路板，也会使换下而并没失效的元器件无法重新使用。

2.7.1 直插式元器件拆焊

1. 少引脚元器件

一般电阻、电容、晶体管等引脚不多，且每个引脚可相对活动的元器件可用烙铁直接拆焊。如图2-56所示，将印制电路板竖起来夹住，一边用烙铁加热待拆元器件的焊点，一边用镊子或尖嘴钳夹住元器件，将引脚轻轻拉出。

重新焊接时须先用锥子将焊孔在加热熔化焊锡的情况下扎通，需要指出的是这种方法不宜在一个焊点上多次使用，因为印制导线和焊盘经反复加热后很容易脱落，造成印制电路板损坏。在可能多次更换的情况下可采用图2-57所示的方法。

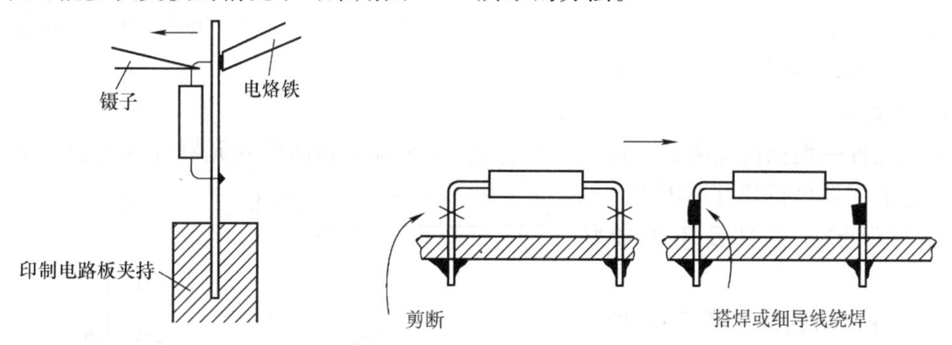

图2-56 一般元器件拆焊方法

图2-57 断线法更换元器件

2. 多引脚元器件

当需要拆下多个焊点且引脚较硬的元器件时，以上方法就不行了。例如要拆下如图2-58所示的集成电路，一般有以下三种方法。

(1) 采用专用工具　如图2-58采用专用烙铁头，用拆焊专用工具可将所有焊点加热熔化取出插座。

（2）采用吸锡烙铁或吸锡器　吸锡烙铁既可以拆下待换的元器件，又可同时不使焊孔堵塞，而且不受元器件种类限制。但这种方法必须逐个焊点除锡，效率不高，而且须及时排除吸入的焊锡。

（3）万能拆焊法　利用铜丝编织的屏蔽线电缆或较粗的多股导线，作为吸锡材料。将吸锡材料浸上松香水贴到待拆焊点上，用烙铁头加热吸锡材料，通过吸锡材料将热传到焊点熔化焊锡。熔化的焊锡沿吸锡材料上升，将焊点拆开，如图2-59所示。这种方法简便易行，且不易烫坏印制电路板。在没有专用工具和吸锡烙铁时是一种适应各种拆焊工作的行之有效的方法。

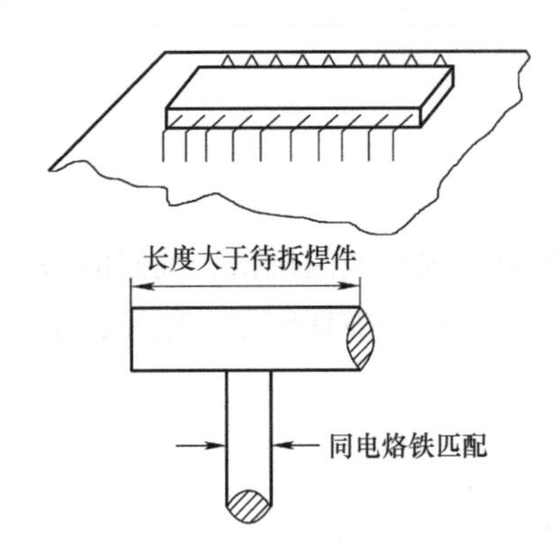

图2-58　集成电路及拆焊专用工具

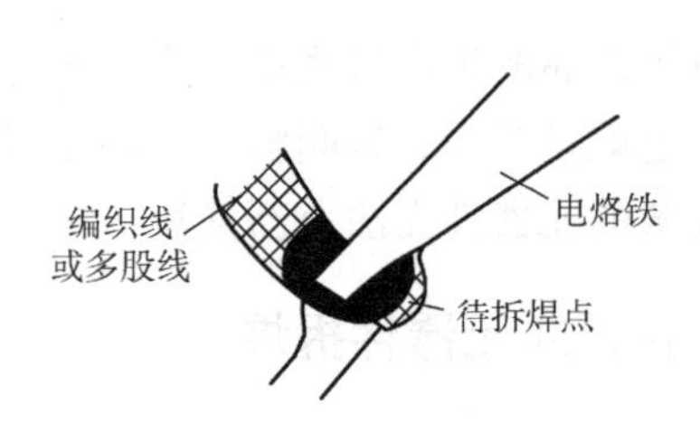

图2-59　万能拆焊法

清理掉旧焊锡以后，该区域应当用浸透溶剂的毛刷进行彻底清洗，以保证良好的焊接点替换，新的元器件安装好以后，重新按工艺要求进行表面涂敷即可。

2.7.2　表贴式元器件拆焊

表贴式元器件体积小、焊点密集，在制造工厂和专业维修拆焊部门一般应用专门工具设备进行拆焊，例如各种返修设备及多功能电焊台。对于不太复杂的印制电路板，在非专业设备条件下也可以拆焊，只是技术要求比较严格。

1. 片式元件

片式元件一般指两端阻抗元件、二极管及3～5端半导体分立元器件或类似封装的集成电路。这类元器件拆焊并不困难，只是要注意保护元器件及不要烫坏焊盘。

（1）专用烙铁头　图2-60所示的为专用烙铁头，可以快速对两端片式元件拆焊。显然，不同封装规格的片式元件需要相应的专用烙铁头。

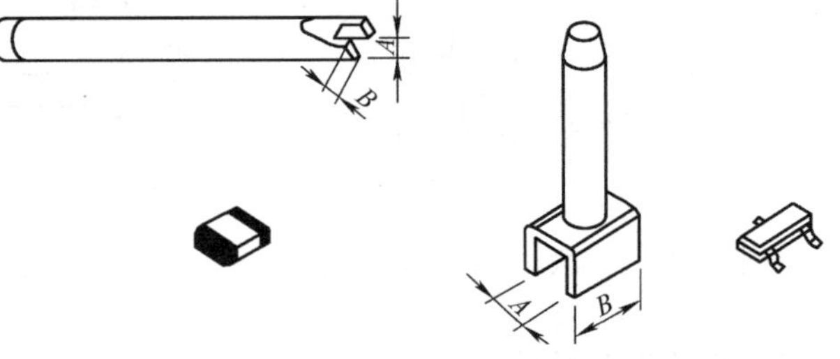

图2-60　拆焊专用烙铁头和拆焊头

（2）热风枪拆焊　热风枪拆焊如图2-61所示。使用热风枪比较简单，操作也方便，不需要专业工具和配置多种附件。但对操作技能和经验要求较高，而且还会影响相邻元器件。

（3）双烙铁拆焊　双烙铁拆焊如图2-62所示。使用两把电烙铁，同时从两边加热，也可进行拆焊。这种方法需要两人操作，不太方便。

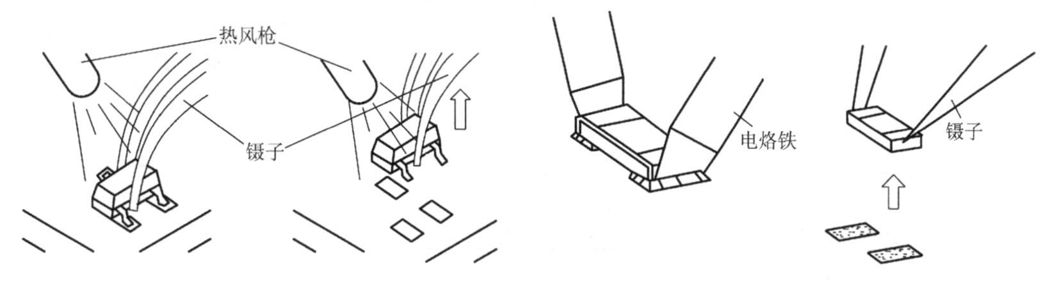

图2-61 热风枪拆焊　　图2-62 双烙铁拆焊

（4）万能拆焊法　用前面介绍的万能拆焊法，一个人就可以操作。

（5）快速移动法　工作中手头器材不方便时，可以用一把电烙铁加热一端后，迅速转移到另一端加热，并用另一只手拿镊子拨开元器件。这种方法简单易行，但需要较高操作技能，并且烫坏元器件和焊盘的风险比较大。

2. SOP/QFP 封装器件

（1）拆焊专用电烙铁和配套拆焊头　拆焊专用电烙铁和配套拆焊头如图2-63所示。一把电烙铁可以配置多种不同规格的拆焊头，以适应不同器件。

图2-63 拆焊专用电烙铁和配套拆焊头

（2）万能拆焊法　虽然比较烦琐，但在业余条件下也不失为一种可行方法。

3. BGA/QFN 封装器件

这类封装器件一般应该采用专业返修设备进行拆焊。在没有专业返修设备时，使用特殊烙铁或热风枪也可以拆焊，只是伤害器件及印制电路板的风险比较大。

（1）专业返修设备　图2-64是用专业返修设备进行拆焊的示意图。

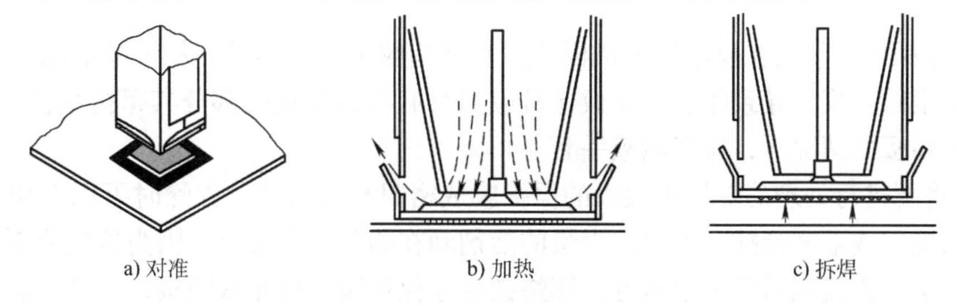

a) 对准　b) 加热　c) 拆焊

图2-64 用专业返修设备进行拆焊示意图

（2）特制烙铁加热法　图2-65是用特制烙铁进行拆焊示意图。

2.7.3 元器件的替换

现代设备中使用的印制电路板通常是双面板及多层板类型，其两面的绝缘材料上都有印制电路和元器件，在进行元器件替换以前，需要全面考虑并按照正确的步骤进行。

1. 元器件替换基本准则

1）避免不必要的元器件替换，因为存在损坏印制电路板或邻近的元器件的风险。

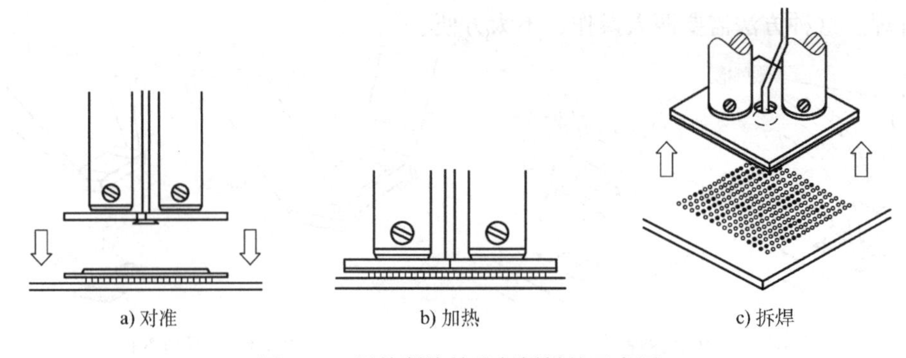

图2-65 用特制烙铁进行拆焊的示意图

2）在非大功率印制电路板上不要使用大功率的焊接电烙铁，过多的热量会使导体松动或破坏印制电路板。

3）通孔操作时只能使用吸锡器或牙签等工具从元器件通孔中去除焊锡，绝不能使用锋利的金属物体来做这项工作，以免破坏通孔中的导体。

4）元器件替换焊接完成后，从焊接区域去除过多的助焊剂并施加保护膜以阻止污染和锈蚀。

2. 元器件替换步骤

1）仔细阅读设备说明书和用户手册上提供的元器件替换程序，注意原印制电路板是否采用无铅技术。

2）操作前必须断开电源，拔出电源插头。

3）尽可能移开印制电路板上其他插件和其他可以分离的部分。

4）给将要去除的元器件做标记。

5）在去除元器件之前仔细观察它是如何放置的，需要记住的信息包括元器件的极性、放置的角度、位置、绝缘需求和相邻元器件，建议对全板及需要进行元器件替换的部位分别照相存档。

6）注意操作中只能触摸印制电路板的边缘（指纹尽管看不见，却可能引起印制电路板上污物和灰尘的积累，导致印制电路板通常应当具有很高阻抗的部分其阻抗变低）；在必须触摸印制电路板的情况下，应当佩戴手套。

7）把将要进行处理的焊接点表面的保护膜或密封材料去除，去除时可以采用蘸有推荐使用溶剂的棉签或毛刷涂抹。不允许大量的溶剂滴在印制电路板上，因为这些溶剂会从印制电路板的一个地方流到另外一个地方。用烙铁烧穿保护膜不仅非常困难，而且会影响印制电路板外观和性能。

8）采用合适的方法拆焊，尽量避免高温和长时间加热，以保护印制电路板铜箔和相邻元器件。

9）将元器件从印制电路板上去除以后，需要用蘸有溶剂的棉签或毛刷进行彻底清洗被去除元器件的周围区域。另外，通孔或印制电路板的其他区域可能还有残留的焊锡，这些也必须予以去除，以便使新的元器件容易插入。

10）用清洗工具对新元器件或新部件的引脚进行清洗，需要时还可以使用机械方法；对于导线端头，还必须去除绝缘皮，对于多股的引线，将其拧成一股，并从距绝缘皮 3mm

的地方镀锡；获得良好焊接点的秘诀就是使所有的焊件都洁净而不仅仅依赖助焊剂达到这一效果。

11）将替换元器件的引脚成形以适合安装焊盘的间距，表贴式元器件对准并进行定位（至少点焊对角线两点），直插式元器件的引脚插入通孔时注意不要用强力将引脚插入通孔，因为尖锐的引脚端可能会破坏通孔导体。

12）采用合适工具设备、正确的焊料（注意区分有铅和无铅）和适用的工艺完成新元器件焊接，注意焊接的温度和焊锡的用量。

13）移开电烙铁或其他加热器使焊锡冷却凝固，这段时间不要振动印制电路板，否则将会产生不良焊接，形成所谓的扰焊缺陷。

14）使用无公害清洗溶剂清洗焊接区域中泼溅的助焊剂和残留物，注意不要将棉花纤维留在印制电路板上，将印制电路板在空气中完全风干。

15）检查焊接点，检测印制电路板功能。

16）如果原印制电路板有保护膜，应该恢复该保护膜。

2.8　电子焊接技术的发展

现代电子焊接技术的发展有以下几个主要特点：

（1）焊件微型化　现代电子产品不断向微型化发展，这促进了微型焊件焊接技术的发展。

（2）焊接方法多样化　锡焊还在继续发展，其他焊接方法，如特种焊接、无铅焊接、无加热焊接也正走向成熟。

（3）设计生产计算机化　现代计算机及相关工业技术的发展，使制造业中从对各个工序的自动控制发展到集中控制，即由计算机系统进行控制，组成计算机集成制造系统（CIMS）。

（4）生产过程绿色化　目前电子焊接中使用的焊剂、焊料及焊接过程，焊后清洗不可避免地影响环境和人们的健康。绿色化进程主要表现在使用无铅焊料和使用免清洗技术两个方面。

本章小结

焊接是电子工艺中的重要环节，电路板设计时需要了解焊接对电路板的要求，电路板装配焊接时需要熟练掌握焊接方法，焊接质量对整个电子产品有重大影响。因此，本章详细阐述了这些内容。首先做了概述，让读者从整体了解焊接技术，详述了各种焊接工具和焊接材料；然后分别对手工焊接技术和自动化焊接技术进行介绍，其中分别对直插器件和表贴器件的手工焊接方法都做了详细描述；最后对焊接质量检查方法及拆换器件方法做了分类阐述，以帮助读者全面掌握手工焊接技术，以及初步了解自动焊接技术。

实践与训练

项目1. 练习板焊接

1. 目的

1）掌握导线的加工技巧。

2）理解锡焊机理，初步掌握焊接的方法及操作技能。

2. 工具

电烙铁、尖嘴钳、剥线钳、斜嘴钳、小刀。

3. 材料

1）练习板 1块

2）电阻或电容 4个

3）排线 1段

4）漆包线 1条

5）锡丝 1条

4. 练习内容

焊接练习板如图2-66所示，要求在练习板上焊接导线（漆包线、多股线等）、直插元器件（电阻等）、贴片元器件（电阻、发光二极管等）。

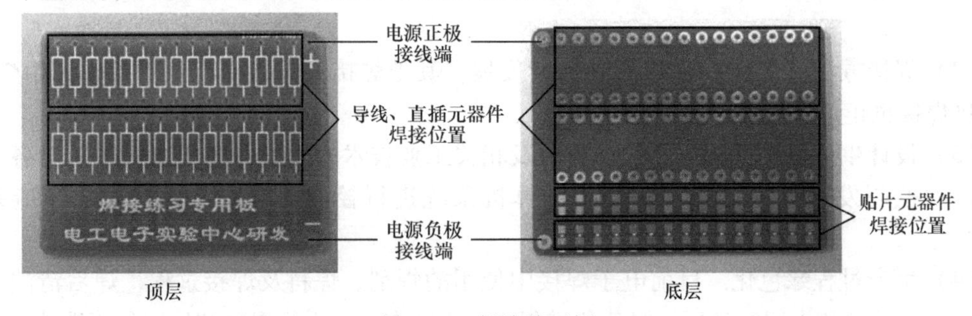

图2-66 焊接练习板

（1）漆包线焊接 按图2-67～图2-72的步骤焊接漆包线。

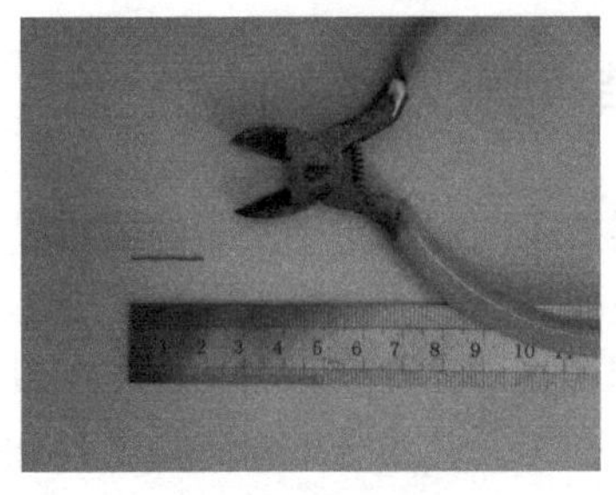

图2-67 裁剪

裁剪时防止漆包线飞走

每段漆包线长度＝两焊孔间距＋电路板厚度×2＋焊点高度（约2～3mm）×2＋预留长度（约1～2mm）×2

图2-68 根据焊接长度刮去绝缘漆

(2) 多股线焊接　按图 2-73 ~ 图 2-80 的步骤焊接多股线。

(3) 电阻焊接　按图 2-81 ~ 图 2-84 的步骤焊接电阻。

(4) 贴片元器件焊接　按图 2-41 的步骤焊接贴片元器件。

图 2-69　上锡

图 2-70　成形、插装

图 2-71　焊接

图 2-72　修剪凸出焊点过长的导线

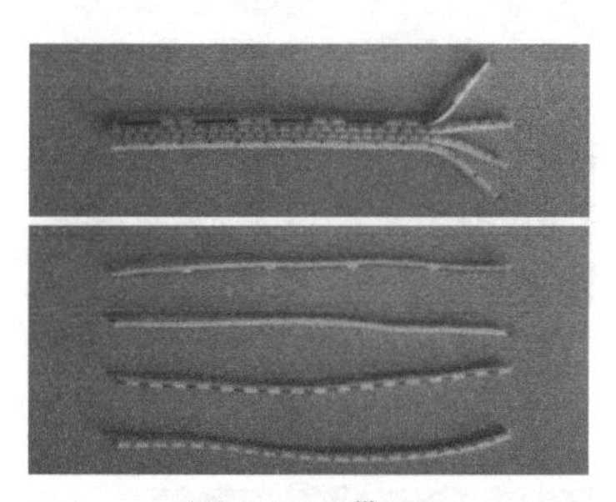

图 2-73　撕开

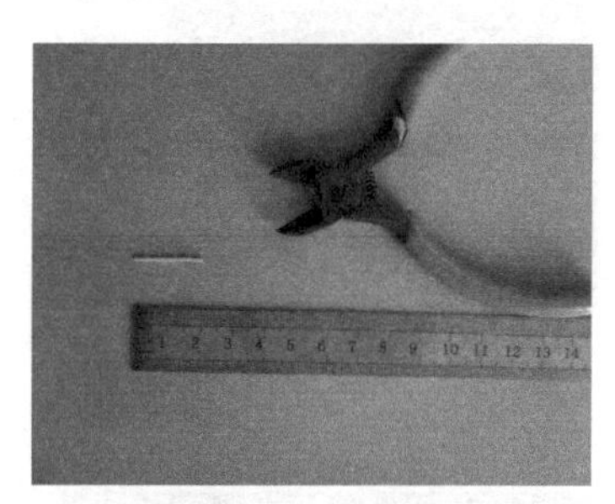

图 2-74　裁剪

裁剪时防止多股线飞走

每段多股线长度 = 两焊孔间距 + 电路板厚度 ×2 + 焊点高度（约 2 ~ 3mm） ×2 + 预留长度（约 1 ~ 2mm） ×2

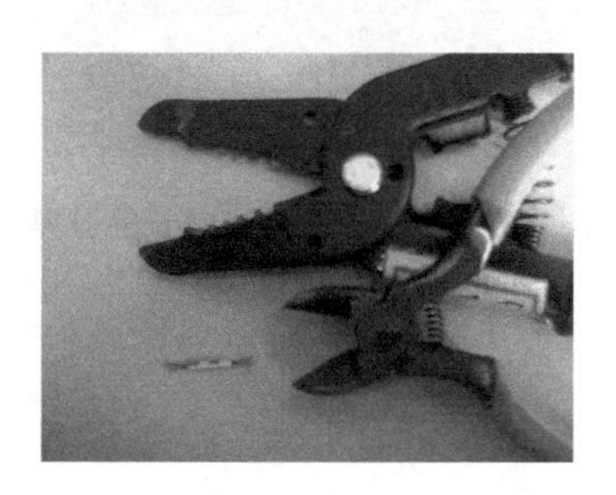

图 2-75　根据焊接长度剥去绝缘层

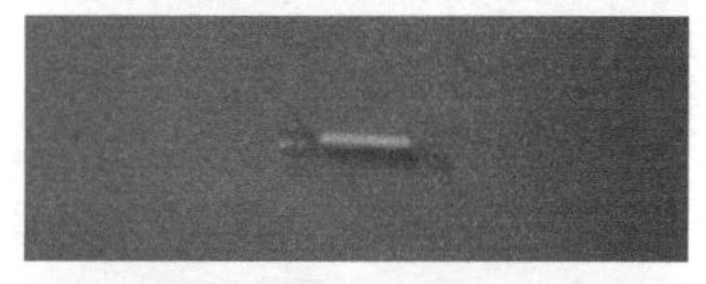

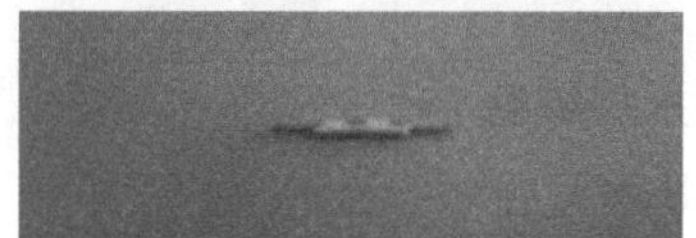

图 2-76　绞紧线芯

图2-77　上锡

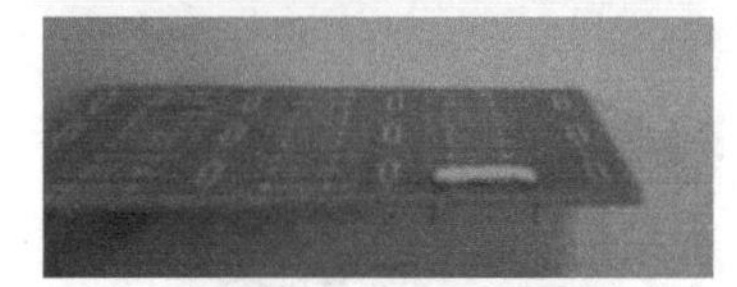

图2-78　成形、插装

图2-79　焊接

图2-80　修剪凸出焊点过长的导线

图2-81　刮去引脚的氧化膜

图2-82　成形、插装

图2-83　焊接

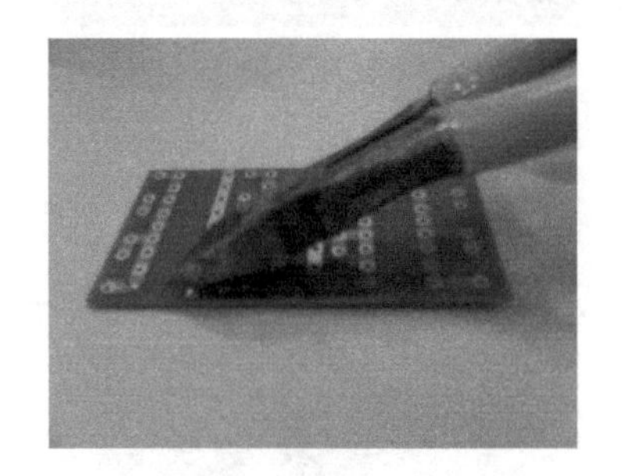

图2-84　修剪凸出焊点过长的引脚

项目2. 拆焊练习

1. 目的

1）进一步理解锡焊机理。

2）初步掌握拆焊的操作技能。

2. 工具

电烙铁、镊子。

3. 材料

拆焊练习板　　1块

4. 练习内容

把拆焊练习板上的元器件全部拆下。

1）参考图2-56以及图2-85，用电烙铁将焊点加热熔化后用镊子把元器件拔出。

2）对于多焊点元器件，可用万能拆焊法拆焊。若焊点间隔小，可通过烙铁在焊点间快速移动，使焊点熔化后用工具将元器件拔出。

3）把焊盘上的焊锡清除。

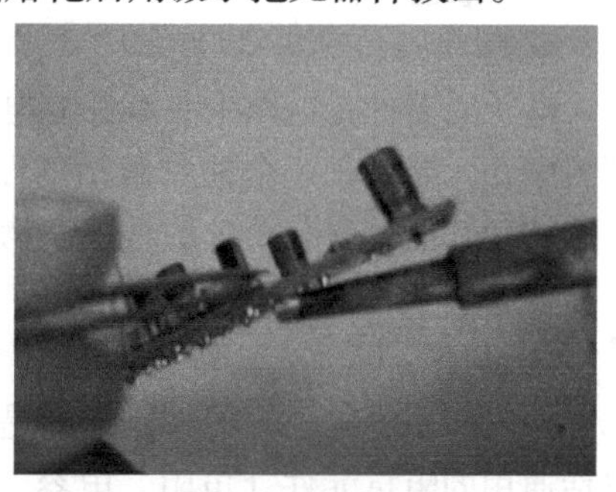

图2-85　拆焊手法

5. 拆焊的基本原则

1）不损坏拆除的元器件、导线、原焊接部位的结构件。

2）不损坏印制电路板上的焊盘与印制导线。

3）对已判断为损坏的元器件可先将引线剪断再拆除。

4）尽量避免拆动其他元器件或变动其他元器件的位置。

6. 拆焊的操作要点

1）严格控制加热的时间和温度。

2）拆焊时不要用力过猛。

第3章 电子元器件的识别与检测

3.1 概述

电子元器件是电路中具有独立电气性能的基本单元，是组成电子产品的基础。在电路原理图中，元器件是一个抽象概括的图形文字符号，而在实际电路中是一个具有不同几何形状、物理性能、安装要求的具体实物。本章从应用角度出发介绍电子元器件。

3.1.1 电子元器件概念

一般所说的电子元器件，指的是具有独立电路功能、构成电路的基本单元。电子元器件包括通用的阻抗元件（电阻、电容、电感）、半导体分立器件、集成电路、机电元件（连接器、开关、继电器等），还包括各种专用元器件（电声器件、光电器件、敏感元器件、显示器件、压电器件、磁性元件以及电池等）。

3.1.2 电子元器件分类

电子元器件有多种分类方式，应用于不同的领域和范围。下面介绍其中几种分类方法：

1. 按电路功能划分——分立与集成

分立器件：具有一定电压电流关系的独立器件，包括基本的阻抗元件、机电元件、半导体分立器件（二极管、晶体管、场效应晶体管、晶闸管）等。

集成器件：通常称为集成电路，指一个完整的功能电路或系统采用集成制造技术制作在一个封装内，组成具有特定电路功能和技术参数指标的器件。

2. 按封装形式划分——直插式与表贴式

直插式：组装到印制电路板上时需要在印制电路板上打通孔，引脚在印制电路板另一面实现焊接连接的元器件，通常有较长的引脚和较大的体积。

表贴式：组装到印制电路板上时无需在印制电路板上打通孔，引脚直接贴装在印制电路板铜箔上的元器件，通常是短引脚或无引脚片式结构。

3. 按使用环境分类——元器件可靠性

民用品：可靠性一般，价格较低，应用在家用、娱乐、办公等领域。

工业品：可靠性较高，价格一般，应用在工业控制、交通、仪器仪表等领域。

军用品：可靠性很高，价格较高，应用在军工、航天航空、医疗等领域。

3.1.3 电子元器件封装

电子元器件的封装，指对制造好的电子元器件的“芯”加上保护外壳和连接引线，使之便于测试、包装、运输和组装到印制电路板上，如图3-1所示。封装不仅起着安装、固定、密封等保护芯片及增强电热性能等方面的作用，而且还通过把元器件的端点用导线连接到封装外壳的引脚上，这些引脚又通过印制电路板上的导线与其他器件相连接，从而实现元器件内部与外部电路的连接。

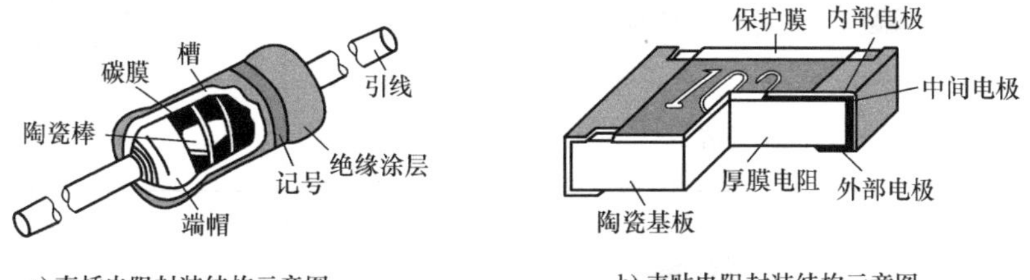

图 3-1　电阻封装结构示意图

元器件类型与封装类型并不是一一对应的。例如，1kΩ、1/4W 的电阻，其封装可以是直插式封装 AXIAL-0.4，也可以是表贴式封装 1206。又如，晶体管外形封装 TO-92，对应的元器件可以是小功率晶体管，也可以是小功率晶闸管。

电子元器件按封装形式可分为直插元器件和表贴元器件两大类，下面分别介绍这两类元器件。

1. 直插元器件

通孔技术（Through Hole Technology，THT）是将元器件插装到印制电路板上，然后再用焊锡焊牢的技术，焊点与元器件分别位于印制电路板两面。直插元器件（Through Hole Component）是电子元器件中适合采用通孔技术进行组装的元器件的总称，如图 3-2 所示。

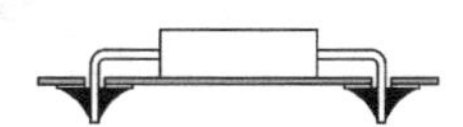

图 3-2　印制电路板上的直插元器件

直插元器件的优点：

1）焊接难度不高，适合手工焊接。

2）焊接牢固，一般不会轻易被外力破坏。

3）若使用直插芯片底座，则元器件更换非常方便。

直插元器件的缺点：

1）体积较大，占用印制电路板的面积较大。

2）需要在印制电路板上为每个引脚准备一个过孔，增加了印制电路板的制作难度。

直插元器件的常见封装类型如表 3-1 所示。

表 3-1　直插元器件的常见封装类型

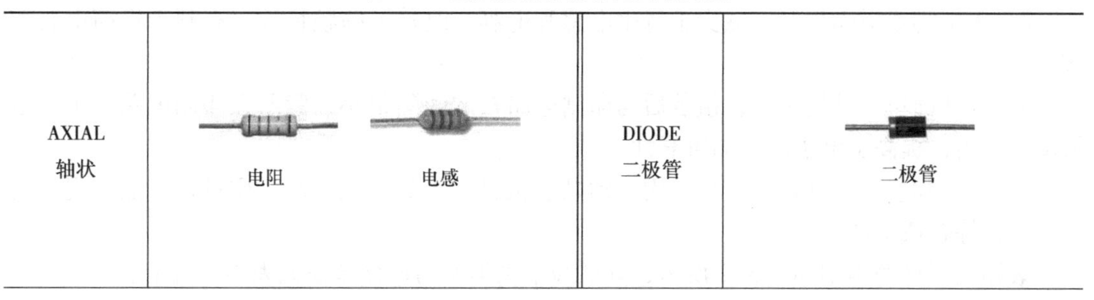

AXIAL 轴状	电阻　电感	DIODE 二极管	二极管

（续）

RAD 方形电容	 无极性电容	RB 电解电容	 电解电容
SIP 单列直插封装	  排阻　　集成电路	DIP 双列直插封装	 集成电路
XTAL 晶振	  晶振　　圆柱形晶振	PGA 针栅阵列	 中央处理器 (CPU)
TO 晶体管外形	 小功率晶体管、晶闸管	 中功率晶体管	 78、79系列三端稳压管

2. 表贴元器件

表面贴装技术（Surface Mount Technology，SMT）是将元器件直接贴装在印制电路板铜箔上的技术，焊点与元器件在印制电路板同一面。表面贴装元器件（简称表贴元器件）是电子元器件中适合采用表面贴装工艺进行组装的元器件的总称，包括表贴元件（SMC）、表贴器件（SMD）。现在几乎所有电子元器件都有表面贴装形式。表贴元器件在功能和主要电性能上与传统直插式元器件并没有什么差别，主要不同之处在于元器件的结构和封装。另外，表贴元器件在焊接时要经受较高的温度，元器件和印制电路板必须具有匹配的热膨胀系数。表贴元器件的主要特点如下：

1）体积、重量比直插式元器件小，提高了集成度。

2）无引脚或引脚很短，减少了寄生电感和电容，改善了高频特性，有利于提高电磁兼容性。

3）形状简单、结构牢固，组装后与印制电路板的间隔很小，紧贴在印制电路板上，耐振动和冲击，提高了电子产品的可靠性。

4）尺寸和包装标准化，适合采用自动贴装机进行组装，效率高，质量好，能实现大批量生产，综合成本低。

表贴元器件的类型如表3-2所示，其引线结构类型与连接特征如表3-3所示。

表 3-2　表贴元器件的类型

矩形片式	2 端无极性	 电阻　电容　电感
	2 端有极性	 电解电容　二极管
	3 ~5 端有极性	 晶体管　集成电路
圆柱形		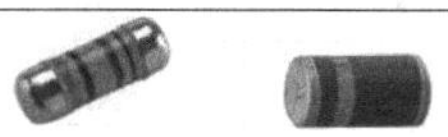 电阻　二极管
异形元件		 电位器　电解电容　电感　开关　连接器
IC 周边引线		 双列 L 型引脚 SOP　双列 J 型引脚 SOJ　方型四周L型引脚 QFP　方型四周J型引脚 PLCC
IC 底部引线		无引脚球栅阵列 BGA　无引脚底部焊片 QFN

表 3-3　表贴元器件的引线结构类型与连接特征

	 片式无引脚	 翼形 (L形) 引脚	 J 形引脚	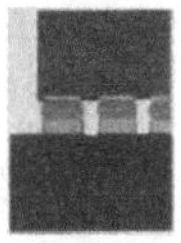 无引脚底部焊片	 无引脚球栅阵列
优点	• 空间利用系数高 • 组装性能好 • 抗振动和冲击	• 能适应薄、小间距组件的发展趋势 • 能使用各种焊接工艺进行焊接	• 较大的空间利用系数 • 引线较硬，在运输和使用过程中不易损坏	• 较大的空间利用系数 • 可设置散热焊盘，利用 PCB 散热	• 较大的空间利用系数 • 适合多引脚 • 间距可以较大
缺点	• 细小尺寸元件对组装设备和工艺要求高	• 占面积较大 • 运输和使用过程中引脚易受损	• 焊接工艺的适应性不及翼形引脚	• 组装设备和工艺要求高 • 检测和返修难度高	• 组装设备和工艺要求高 • 检测返修难度高
封装	长方体元件	SoIC、SOP、QFP	SOJ、PLCC	QFN	BGA

3.1.4 电子元器件计量值的词头

电子元器件的计量值都有单位，而这些计量值中的数值常常较大或较小，导致单位前常需要写长串的数字，例如 100000Ω，这样影响了书写及阅读。所以电子元器件的计量值书写，常在单位之前加词头，即把单位转换中一些因数次方关系用固定的字母表示出来，用于构成十进倍数和分数单位，如表3-4所示。例如，100000Ω 即 $100\times10^{3}\Omega$ 可表示成 100kΩ，0.00001F 即 10×10^{-6}F 可表示成 10μF。如此书写和阅读，既提高了速度，又降低了错误率。

表3-4 电子元器件计量值常用词头

词头	M	k	m	μ	n	p
倍率	10^{6}	10^{3}	10^{-3}	10^{-6}	10^{-9}	10^{-12}
读法	兆	千	毫	微	纳	皮

3.1.5 电子元器件发展趋势

（1）微小型化 各种移动产品、便携式产品以及航空航天、军工、医疗等领域对产品微小型化、多功能化的要求，促使元器件越来越微小型化。

（2）集成化 集成化的最大优势在于实现成熟电路的规模化制造，从而实现电子产品的普及和发展，不断满足信息化社会的各种需求。

（3）柔性化 现代的元器件已经不是纯硬件了，软件器件以及相应的软件电子学的发展，极大拓展了元器件的应用柔性化，适应了现代电子产品个性化、小批量、多品种的柔性化趋势。

（4）系统化 元器件的系统化，是通过集成电路和可编程技术，在一个芯片或封装内实现一个电子系统的功能。

3.2 阻抗元件

3.2.1 电阻器

电阻器（Resistor）简称电阻，是对电流具有一定阻力的元器件，其电路符号如图3-3所示，实物图如图3-4所示。

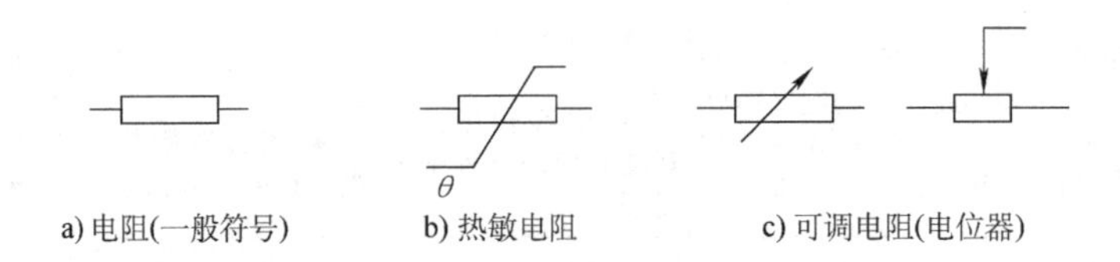

图3-3 电阻的电路符号

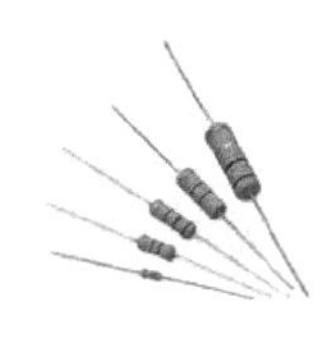

a) 固定电阻

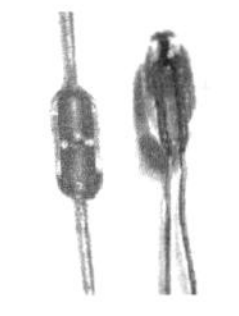

b) 热敏电阻

c) 微调电阻

d) 电位器

e) 排阻

f) 表贴式电阻

图 3-4　电阻的实物图

1. 电阻的分类

常用的电阻分三大类：①阻值固定的电阻称为普通电阻或固定电阻；②阻值连续可变的电阻称为可变电阻，包括微调电阻和电位器；③具有特殊作用的电阻称为敏感电阻或特种电阻，如热敏电阻、光敏电阻及压敏电阻等。

根据制作材料的不同，电阻也可分为碳膜电阻、实心碳质电阻、金属膜电阻及线绕电阻等。

2. 电阻的主要参数

（1）标称阻值　电阻的标称阻值指电阻表面所标的阻值。其单位为 Ω（欧姆，简称“欧”），常用词头是 k（千）和 M（兆）。为了便于生产，同时考虑到能够满足实际使用的需要，国家标准规定了电阻的标准阻值按其允许偏差分为两大系列，分别为 E－24 系列和 E－96 系列，如表 3-5 所示。标称阻值在这两种系列之外的电阻为非标电阻。使用国家规定的标准阻值系列，只需将表中的标准阻值乘以 10^n（n 为整数）就可以构成一系列阻值。例如，E24 系列中有 1.5，即 1.5Ω、15Ω、150Ω、1.5kΩ、15kΩ、150kΩ 等都是标准阻值。

表 3-5　E－24 系列和 E－26 系列

系列代号	允许偏差	标值阻值系列
E－24	±5%	1.0、1.1、1.2、1.3、1.5、1.6、1.8、2.0、2.2、2.4、2.7、3.0、3.3、3.6、3.9、4.3、4.7、5.1、5.6、6.2、6.8、7.5、8.2、9.1
E－96	±1%	100、102、105、107、110、113、115、118、121、124、127、130、133、137、140、143、147、150、154、158、162、165、169、174、178、182、187、191、196、200、205、210、215、221、226、232、237、243、249、255、261、267、274、280、287、294、301、309、316、324、332、340、348、357、365、374、383、392、402、412、422、432、442、453、464、475、478、499、511、523、536、549、562、576、590、604、619、634、649、665、681、698、517、732、750、768、787、806、825、845、866、887、909、931、953、976

（2）允许偏差　电阻的允许偏差指电阻的实际阻值对于标称阻值的最大允许偏差范围，它表示产品的精度。常用的允许偏差等级如表 3-6 所示。

表 3-6　电阻常用的允许偏差等级

级别	B	C	D	F	G	J(Ⅰ)	K(Ⅱ)	M(Ⅲ)	N
允许偏差	±0.1%	±0.25%	±0.5%	±1%	±2%	±5%	±10%	±20%	±30%

（3）额定功率　电阻的额定功率指在规定的环境温度下，假设周围空气不流通，在长期连续工作而不损坏或基本不改变电阻性能的情况下，电阻所允许消耗的最大功率，是电阻

在电路中工作时允许消耗功率的限额。常见的有1/16W、1/8W、1/4W、1/2W、1W、2W、5W、10W。一般情况下，同种电阻中，体积大小与功率大小成正比。

3. 电阻参数的标志方法

(1) 色标法　色标法是在电阻上用四道或五道色环表示其标称阻值和允许偏差的方法。电阻色环的意义如表3-7所示。

表3-7　电阻色环的意义

颜色	黑	棕	红	橙	黄	绿	蓝	紫	灰	白	金	银	无色
有效数字	0	1	2	3	4	5	6	7	8	9			
倍率	10^0	10^1	10^2	10^3	10^4	10^5	10^6	10^7	10^8	10^9	10^{-1}	10^{-2}	
允许偏差级别		F	G			D	C	B			J	K	M

四色环读法：第1、2环表示有效数字，第3环表示倍率，单位为Ω，第4环表示允许偏差。四色环读法如图3-5a所示。

五色环读法：第1、2、3环表示有效数字，第4环表示倍率，单位为Ω，第5环表示允许偏差。五色环读法如图3-5b所示。

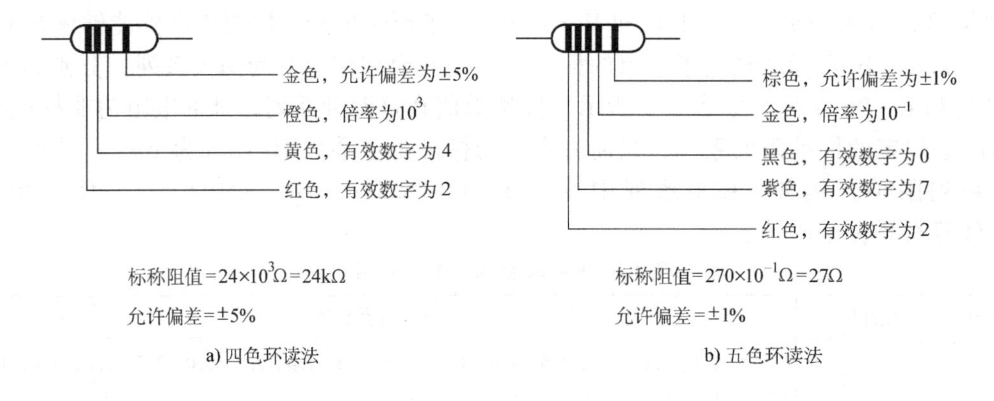

图3-5　电阻的色环读法

辨识色环时，如何确定第一环呢？下面介绍几种方法：

1）第一环距端部较近，偏差环距其他环较远。

2）偏差环较宽。

3）标准化生产的电阻，其标称阻值是符合标称阻值系列的。

4）从色环所代表意义中可知，有效数字环不可能是金色、银色。

5）从色环所代表意义中可知，偏差环不可能是黑色、橙色、黄色、灰色、白色。

(2) 直标法　直标法是按照命名规则，将主要信息用字母和数字标注在电阻表面的方法，电阻参数的直标法如图3-6所示。若电阻表面未标出阻值单位，则其单位为Ω；若未标出允许偏差，则表示允许偏差为±20%。直标法一目了然，但只适用于体积较大的电阻。

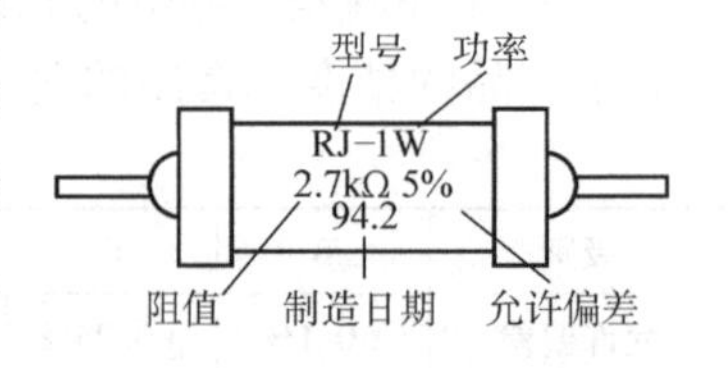

图3-6　电阻参数的直标法

(3) 文字符号法　文字符号法是用阿拉伯数字和文字符号有规律的组合来表示标称阻值和允许偏差的方法。文字符号法的组合规律是：阻值的整数部分—阻值的单位标志符号—阻值的小数部分—允许偏差。电阻标称值的单位标志符号见表3-4，允许偏差见表3-6。阻值的整数部分没有标出时，表示整数部分为零。允许偏差部分没有标出时，表示允许偏差为±20%。例如：

6R2J 表示标称阻值为6.2Ω，允许偏差为±5%。

R15J 表示标称阻值为0.15Ω，允许偏差为±5%。

3k3K 表示标称阻值为3.3kΩ，允许偏差为±10%。

1M5 表示标称阻值为1.5MΩ，允许偏差为±20%。

（4）数码法　数码法是在电阻上用3位或4位数字表示其标称阻值的方法，常见于表贴式电阻。一般电阻用3位数字表示标称阻值，前两位为有效数字，第三位表示倍率，单位为Ω，允许偏差是5%。精密电阻用4位数字表示标称阻值，前三位为有效数字，第四位表示倍率，单位为Ω，允许偏差是1%。当最后一位数字为8、9时，表示倍率分别为10^{-2}、10^{-1}。例如：

473 表示标称阻值为$47\times10^{3}\Omega=47k\Omega$，允许偏差5%。

229 表示标称阻值为$22\times10^{-1}\Omega=2.2\Omega$，允许偏差5%。

1002 表示标称阻值为$100\times10^{2}\Omega=10000\Omega=10k\Omega$，允许偏差1%。

（5）代码法　精密电阻除以上标志方法外，还有用代码表示标称阻值的方法，其数字及字母只是一个代码，并不表示实际的阻值。制造厂商不同，代码对照表也不同。对于这种电阻的换算，应根据厂商提供的代码对照表进行换算。

4. 电阻的检测

首先应对电阻进行外观检查，即查看外观是否完好无损、结构是否完好、标志是否清晰。对接在电路中的电阻，若表面漆层变成棕黄色或黑色，则表示电阻可能过热甚至烧毁，可对其进行重点检查。

用万用表检测电路中的电阻前，应先切断电阻与其他元器件的连接，以免其他元器件影响测量的准确性。然后用万用表电阻档对其进行检测。

（1）用指针万用表检测电阻　根据电阻的标称阻值选择电阻档的适当量程。若标称阻值未知，则先选择最高量程，然后根据测量情况，再选择适当量程。为了测量读数的准确，在每次调整量程后，都需要调零（即短接两表笔，调整电调零电位器，使表针刚好指向0Ω处），再进行测量。

测量时，将万用表的两表笔分别接到被测电阻的两引脚上，根据所调量程和指针所指的刻度读数。一般使指针指向满刻度的1/2～2/3范围时读数最准确，若指针太偏向某一边，可调整量程再测量。

（2）用数字万用表检测电阻　选择电阻档，选择刚好比标称电阻值大的量程。然后将万用表的两表笔分别接到被测电阻的两引脚上，根据屏幕所显示的数值读数。若屏幕显示“OL”或最高位显示“1”，则表示所测电阻超出量程，应把量程调大，再重新测量。

3.2.2　电位器

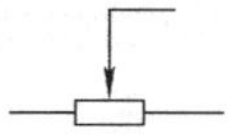

电位器是一个可连续调节的可变电阻，其电路符号如图3-7所示，实物图如图3-8所示。电位器一般有三个引出端，其中两个为固定端，靠一个活动端在固定电阻体上滑动，可以获得与转角或位移成一定比例的电

图3-7　电位器的电路符号

阻值。电位器实际上是一种可变电阻，习惯上人们将带有手柄易于调节的可变电阻称为电位器，将不带手柄或调节不方便的可变电阻称为可调电阻（也称微调电阻）。

a) 普通电位器　b) 线绕电位器　c) 双联电位器

d) 带开关电位器　e) 多圈电位器　f) 直滑式电位器　g) 表贴式电位器

图3-8　电位器的实物图

1. 电位器的分类

根据所用材料不同，电位器可分为线绕电位器和非线绕电位器两大类。

根据结构不同，电位器可分为单圈电位器，多圈电位器，单联、双联和多联电位器，带开关电位器，锁紧和非锁紧电位器。

根据调节方式不同，电位器还可分为旋转式电位器和直滑式电位器两种类型。

2. 电位器的主要参数

（1）标称阻值　电位器的标称阻值指其最大电阻值。例如，标称阻值为500Ω的电位器，其阻值可在0～500Ω内连续变化。

（2）允许偏差　电位器的允许偏差指电位器的实际阻值对于标称阻值的最大允许偏差范围。根据不同精度等级，电位器的允许偏差为±20%、±10%、±5%、±2%、±1%，精密电位器的精度可达±0.1%。

（3）额定功率　电位器的额定功率指电位器两个固定端允许耗散的最大功率。使用中应注意：滑动端与固定端之间所承受的功率应小于额定功率。

（4）机械零位电阻　理论上的机械零位，实际上由于接触电阻和引出端的影响，电阻一般不是零。某些应用场合对此电阻有要求，应选用机械零位电阻尽可能小的电位器。

3. 电位器的检测

首先应对电位器进行外观检查。先查看其外形是否完好，表面有否污垢、凹陷或缺口，标志是否清晰。然后慢慢转动转轴，转动应平滑、松紧适当、无机械杂音。带开关的电位器还应检查开关是否灵活，接触是否良好，开关接通时的“磕哒”声音应当清脆。

用万用表检测电路中的电位器前，应先切断电位器与其他元器件的连接，以免其他元器件影响检测的准确性。然后用万用表电阻档对电位器进行检测：

1）测量两固定端的电阻值，此值应符合标称阻值及在允许偏差范围以内。

2）测量中心抽头（即连接的活动端）与电阻片的接触情况：转动转轴，用万用表检测此时固定端与活动端之间的阻值是否连续、均匀地变化，如变化不连续，则说明接触不良。

3）测量机械零位电阻，即固定端与活动端之间的最小阻值，此值应接近于零；测量极限电阻，即固定端与活动端之间的最大阻值，此值应接近于电位器的标称阻值。

4）测量各端子与外壳、转轴之间的绝缘，看其绝缘电阻是否足够大。

3.2.3　电容器

电容器（Capacitor）简称电容，是一种储能元件，能把电能转换为电场能储存起来，在电路中有阻直流、通交流的作用。其电路符号如图3-9所示，实物图如图3-10所示。

a) 一般符号　b) 极性电容　c) 可变电容　d) 微调电容　e) 双连同轴可变电容

图3-9　电容的电路符号

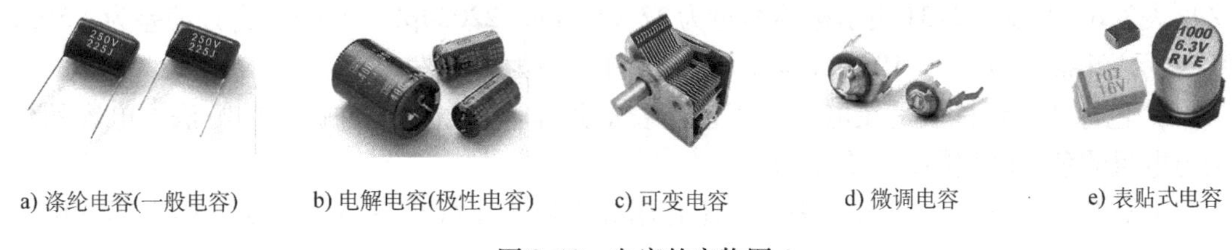

a) 涤纶电容(一般电容)　b) 电解电容(极性电容)　c) 可变电容　d) 微调电容　e) 表贴式电容

图3-10　电容的实物图

1. 电容的分类

根据其结构，电容可分为固定电容、可变电容和半可变电容。目前常用的是固定容量的电容。

按是否有极性来分，电容可分为有极性的电解电容和无极性的普通电容。

根据其介质材料，电容可分为纸介电容、油浸纸介电容、金属化纸介电容、云母电容、薄膜电容、陶瓷电容、独石电容、涤纶（聚酯）电容、空气电容、铝电解电容、钽电解电容、铌电解电容等。

2. 电容的主要参数

（1）标称容量　电容的标称容量指电容表面所标的电容量，其单位为F（法拉，简称“法”），常用词头有μ（微）、n（纳）和p（皮）。

（2）允许偏差　电容的允许偏差指电容的实际容量对于标称容量的最大允许偏差范围。固定电容的允许偏差等级与电阻的允许偏差等级相同（见表3-6），而电解电容允许偏差可达-30%～+100%。

（3）额定直流工作电压　额定直流工作电压是电容在规定的工作温度范围内，长期、可靠地工作所能承受的最高电压，俗称“耐压”。当施加在电容上的电压超过额定直流工作电压时，就可能使介质被击穿从而损坏电容。额定直流工作电压系列随电容种类不同而有所区别，通常在体积较大的电容上会标出。

3. 电容参数的标志方法

（1）直标法　直标法是将标称容量、允许偏差等参数直接标注在电容上的方法，如

图3-11　电容的直标法

图3-11所示。用直标法标注的标称容量，有时会不标注单位，其识读方法为：凡是有极性的电容，其容量单位是μF，例如10表示标称容量为10μF；其他电容标注数值大于1的，其单位为pF，例如4700表示标称容量为4700pF；标注数值小于1的，其单位为μF，例如0.01表示标称容量为0.01μF。有些电容用“R”表示小数点，例如R56表示0.56μF。直标法一目了然，但只适用于体积较大的电容。

（2）文字符号法　文字符号法是用阿拉伯数字和文字符号有规律的组合来表示标称容量和允许偏差的方法。文字符号法的组合规律是：容量的整数部分—容量的单位标志符号—容量的小数部分—允许偏差。允许偏差等级与电阻的允许偏差等级相同，见表3-6。例如，3p3K表示标称容量为3.3pF，允许偏差为±10%；2n7J表示标称容量为2.7nF，允许偏差为±5%。

（3）数码法　数码法是在电容上用3位数码表示其标称阻值的方法。在3位数字中，从左至右第一、第二位为有效数字，第三位表示倍率，单位为pF。需注意的是，若第三位数字为8、9，则分别表示10^{-2}、10^{-1}。数码法也用字母表示容量允许偏差，各字母代表的含义见表3-6。例如，223J表示标称容量为22×10^{3}pF = 22000pF = 22nF，允许偏差为±5%；479K表示标称容量为47×10^{-1}pF = 4.7pF，允许偏差为±10%。

（4）色标法　色标法是在电容上用色环表示其标称容量和允许偏差的方法。电容的色标法与电阻的色标法相同，单位为pF。

（5）代码法　除以上标志方法外，还有用标志码表示标称容量的方法。标志码常由一个或两个字母及一位数字组成。当标志码是两个字母时，第一个字母是生产厂商代码。3位标识码的第二个字母或2位标志码的第一个字母表示标称容量的有效数字，字母与有效数字的对应关系参见有关手册。标志码中最后的数字表示倍率，单位为pF。

（6）极性的识别　电解电容有极性之分，图3-12为几种电解电容的极性标志。

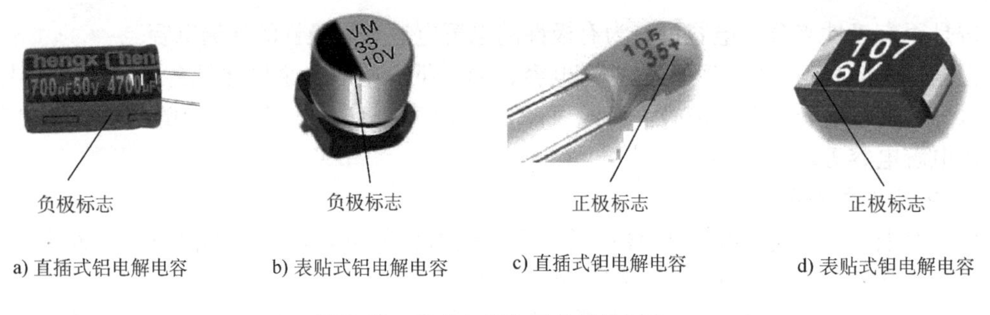

a) 直插式铝电解电容　b) 表贴式铝电解电容　c) 直插式钽电解电容　d) 表贴式钽电解电容

图3-12　几种电解电容的极性标志

4. 电容的检测

首先应对电容进行外观检查，即查看外形是否端正完好，标志是否清晰。对直插式铝电解电容，若其顶端凸起，则表示电容可能已经烧毁，可对其进行重点检查。

用万用表检测电路中的电容前，应先切断电容与其他元器件的连接，以免其他元器件影响测量的准确性。还应该将电容两引脚短路一下，即手拿带有塑料柄的螺钉旋具，用金属部分将引脚短路，以此将电容中储存的电荷释放。否则，可能会损坏测试仪表或出现电击伤人的意外。

（1）无极性固定电容的检测

1）用指针万用表检测。选择电阻档的适当量程：检测1μF以下的电容，选用R×10k档；检测1μF以上的电容，选用R×1k档。

将万用表的两表笔分别接到被测电容的两引脚上。此时：

若指针不向0Ω摆动，说明电容内部已断路而失去容量；

若指针向0Ω摆动，但不返回，说明电容已被击穿；

若指针向0Ω迅速摆动，然后慢慢退回到接近∞，说明电容正常；

若指针向0Ω迅速摆动，然后慢慢退回但不到∞，说明电容漏电电流大，且指针示数即为被测电容的漏电电阻阻值。

用电阻档R×10k检测5nF以下的正常电容时，指针基本不摆动。所以，指针指向∞只能说明此电容没有漏电，是否有容量只能用专用仪器才能检测出来。

2）用数字万用表检测。部分数字万用表具有电容量测量的功能。测量方法为：根据电容表面标注的额定电容量选择电容档的适当量程，将万用表的两表笔接到被测电容的两个引脚上，根据屏幕所显示的数值读数。

若测量的实际电容量符合额定电容量及在允许偏差范围以内，则可以判断该电容基本正常。但有些电容在测量时正常，而接入电路工作时却会出现问题，这是因为测量时所施加的电压与实际工作电压相差很大。若实际电容量与标称电容量相差很多，则说明该电容已经损坏。

（2）电解电容的检测　用指针万用表检测电解电容的方法与检测无极性固定电容的方法雷同，其中检测1~100μF的电容选用R×1k档，检测100μF以上的电容选用R×100档。需注意的是，选用电阻档时要注意万用表内电池电压不应高于电解电容的额定直流工作电压，否则检测出来的结果是不准确的。另外，检测电解电容时指针一般都回不到∞处。这是因为电解电容本身的结构、特性，决定了它存在一定的漏电现象。一般情况下，电解电容的漏电电阻大于500kΩ时性能较好，在200~500kΩ时性能一般，小于200kΩ时漏电较为严重。

用指针万用表的欧姆档，还能判断电解电容的极性。将万用表的两表笔接到被测电解电容的两引脚上，读出漏电电阻值；反接，再次读出漏电电阻值。对比两次测得的漏电电阻值，漏电电阻值较大的一次，黑表笔接的是电解电容的正极，红表笔接的是电解电容的负极。

（3）可调电容的检测　首先检查可调电容的力学性能：观察动片和定片，应没有松动。然后轻轻旋动转轴时感觉应十分平滑，不应有卡滞现象。可调电容的旋转范围一般为180°，若小于180°，说明它的容量范围不足，这样的电容在接入电路后，会出现高频（小容量时）或低频（大容量时）段的缺陷，不能覆盖整个频率范围。

测量时，指针万用表调到最高电阻档，两表笔分别接到被测可调电容的动片和定片上，将转轴缓缓旋动几个来回，此时万用表指针都应指向∞处，且表针不能摆动。在旋动转轴过程中，如果指针有时不指向∞而是出现一定阻值，说明可调电容动片与定片之间存在漏电现象；如果指针有时指向零，则说明动片和定片之间存在短路点。对于双联或四联可调电容，须对每组可调电容分别进行检测。

3.2.4　电感器

电感器（Inductor）又称电感线圈，简称电感，是一种储能元件，能把电能转换为磁场能储存起来，在电路中有阻交流、通直流的作用，其电路符号如图3-13所示，实物图如图3-14所示。

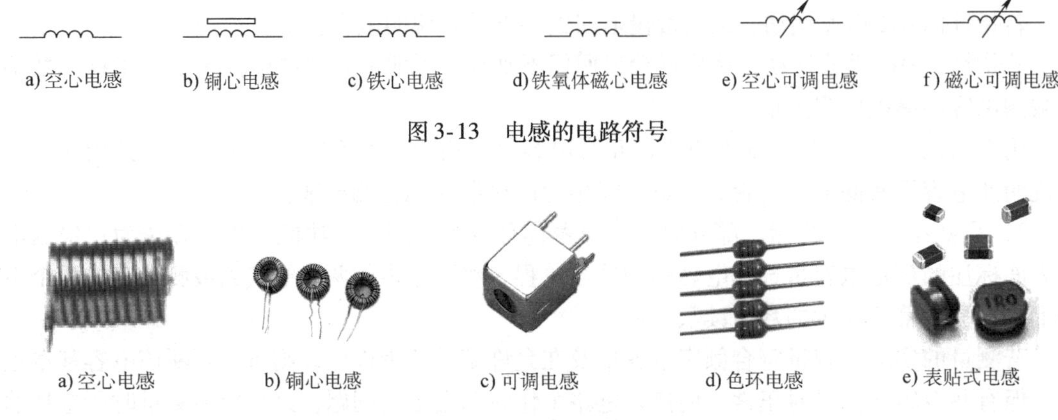

图3-13　电感的电路符号

图3-14　电感的实物图

1. 电感的分类

按是否可调，电感可分为固定电感、可调电感和微调电感。

按导磁性质，电感可分为空心电感、磁心电感和铁心电感。

按工作性质，电感可分为高频电感、低频电感、退耦电感、提升电感和稳频电感。

按结构特点，电感可分为单层、多层、蜂房式和磁心式电感。

2. 电感的主要参数

（1）标称电感量　电感的标称电感量指电感表面所标的电感量，主要取决于线圈的圈数、结构及绕制方法等。其单位为H（亨利，简称“亨”），常用词头有m(毫)、μ(微）和n(纳)。

（2）允许偏差　电感量的允许偏差是指标称电感量与实际电感的允许误差值，它表示产品的精度。电感的允许偏差等级与电阻的允许偏差等级相同，见表3-6。

（3）额定电流　电感的额定电流指电感在规定的温度下，连续正常工作时的最大工作电流。若工作电流大于额定工作电流，电感会因发热而改变参数，甚至烧毁。

3. 电感参数的标志方法

（1）直标法　直标法是将标称电感量、允许偏差及额定电流等参数直接标注在电感上的方法。电感的额定电流标志如表3-8所示；允许偏差等级与电阻的允许偏差等级相同，见表3-5。例如，330μH，CⅡ表示标称电感量为330μH，允许偏差为±10%，额定电流为300mA。

表3-8　电感的额定电流标志

字母	A	B	C	D	E
额定电流/mA	50	150	300	700	1600

（2）文字符号法　文字符号法是用阿拉伯数字和文字符号有规律的组合来表示标称电感量和允许偏差的方法。文字符号法的组合规律是：电感量的整数部分—电感量的单位标志符号—电感量的小数部分—允许偏差。允许偏差等级与电阻相同见表3-6。例如，4n7K表示标称电感量为4.7nH，允许偏差为±10%。

（3）色标法　色标法是在电感上用四道色环表示其标称电感量和允许偏差的方法。电感色环的意义如表3-9所示。

表3-9　电感色环的意义

颜色	黑	棕	红	橙	黄	绿	蓝	紫	灰	白	金	银
有效数字	0	1	2	3	4	5	6	7	8	9		
倍率	10^0	10^1	10^2	10^3	10^4	10^5	10^6	10^7	10^8	10^9	10^{-1}	10^{-2}
允许偏差	±20%	±1%	±2%	±3%	±4%						±5%	±10%

距端部较近的色环是第一环，第一、二环表示有效数字，第三环表示倍率，单位为μH，第四环表示允许偏差，如图3-15所示。

（4）数码法　数码法是在电感上用3位数码表示其标称电感量的方法。在3位数字中，从左至右第一、第二位为有效数字，第三位表示倍率，单位为μH。例如，470J表示标称电感量为$47\times10^0\mu H=47\mu H$，允许偏差为±5%；183K表示标称电感量为$18\times10^3\mu H=18000\mu H=18mH$，允许偏差为±10%。

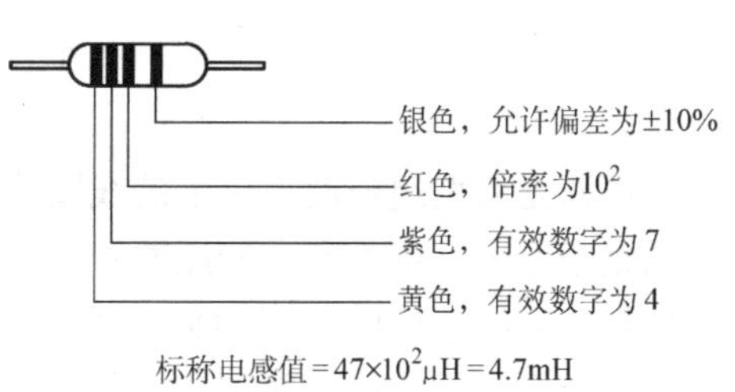

图3-15　电感色环的读法

4. 电感的检测

首先应对电感进行外观检查，即查看线圈引线是否断裂、脱焊，绝缘材料是否烧焦，表面是否破损等。对于磁心可变电感，其可变磁心应不松动、未断裂，应能用无感旋具进行伸缩调整。

用万用表检测电路中的电感前，应先把电感的一端与电路断开，以免其他元器件影响检测的准确性。

（1）阻值检测　通过用万用表测量线圈阻值来判断其好坏。一般电感线圈的直流电阻值很小，应为零点几欧至几欧；大电感线圈的直流电阻相对较大，约为几百至几千欧。若测得电感线圈电阻为零，说明电感内部短路；若测得电感线圈电阻无穷大，说明线圈内部或引出线端已断路；若万用表指示电阻不稳定，则说明线圈引线接触不良。

（2）绝缘检查　对于有铁心或金属屏蔽罩的电感，应检测线圈引出端与铁心或壳体的绝缘情况。其阻值应为兆欧级，否则说明该电感线圈的绝缘不良。

（3）电感量测量　部分数字万用表是有电感档的，可用来测量电感量。测量时，须选择与标称电感量相近的量程，然后将万用表的两表笔分别接到被测电感的两引脚上，根据屏幕所显示的数值读出电感量。另外，也可以用万用电桥或电感测试仪来测量电感量，在此不做详述。

3.2.5　变压器

变压器也是一种电感。它是利用两个电感线圈靠近时的互感现象工作的，在电路中起到电压变换和阻抗变换的作用。其电路符号如图3-16所示，实物图如图3-17所示。

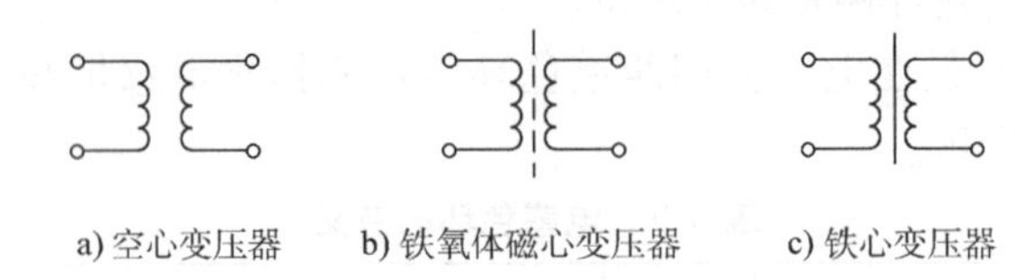

a) 空心变压器　b) 铁氧体磁心变压器　c) 铁心变压器

图3-16　变压器的电路符号

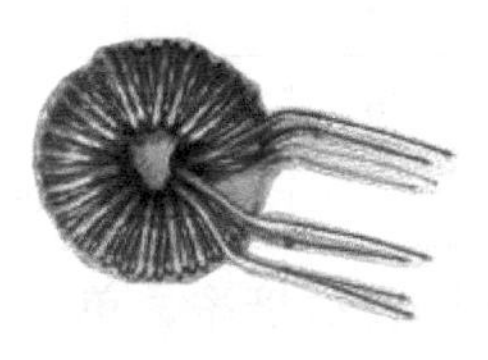

a) 磁环变压器

b) 电源变压器

c) 开关电源变压器

d) 三相变压器

图3-17　变压器的实物图

变压器是将两组或两组以上的线圈绕在同一个线圈骨架上，或绕在同一铁心上制成的。若线圈是空心的，则为空心变压器；若在绕好的线圈中插入了铁氧体磁心的，则为铁氧体磁心变压器；若在绕好的线圈中插入了铁心的，则为铁心变压器。变压器的铁心通常由硅钢片、坡莫合金或铁氧体材料制成，其形状如图3-18所示。

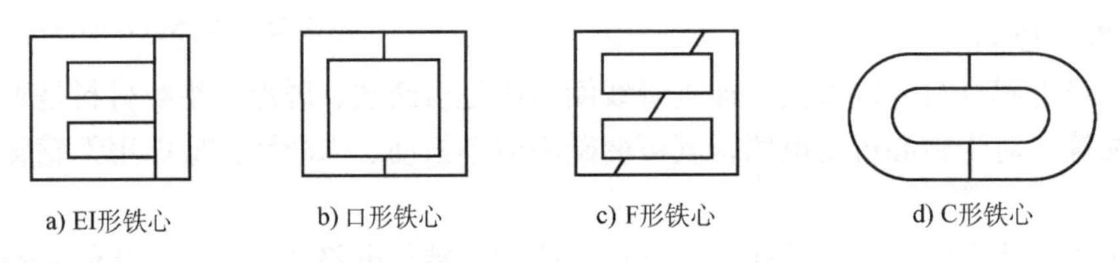

a) EI形铁心　b) 口形铁心　c) F形铁心　d) C形铁心

图3-18　变压器常用铁心形状

1. 变压器的分类

按工作频率，变压器可分为高频变压器、中频变压器和低频变压器。

按用途，变压器可分为电源变压器、音频变压器、脉冲变压器、恒压变压器、耦合变压器、自耦变压器、升压变压器、降压变压器、隔离变压器、输入变压器和输出变压器等。

按铁心形状，变压器可分为EI形变压器、口形变压器、F形变压器和C形变压器。

2. 变压器的主要参数

（1）电压比、匝比、变阻比

电压比是变压器一次电压与二次电压的比值，通常直接标出电压变换值，如220V/10V。

匝比是变压器一次绕组匝数与二次绕组匝数的比值，通常以比值表示，如22∶1。

变阻比是变压器一次阻抗与二次阻抗的比值，通常以比值表示，如3∶1表示一、二次阻抗比为3∶1。

（2）额定电压　额定电压指变压器的一次绕组上所允许施加的电压。正常工作时，变压器一次绕组上施加的电压不得大于额定电压。

（3）额定功率　额定功率指变压器在规定频率和电压下能长期连续工作，而不超过规定温升的输出功率，用V·A表示。电子产品中变压器功率一般都在数百伏安以下。

（4）效率　效率指变压器输出功率与输入功率之比。一般变压器的效率与设计参数、材料、制造工艺及功率有关。一般电源、音频变压器要注意效率，而中频、高频变压器不考虑效率。

3. 变压器的检测

首先应对变压器进行外观检查，即查看线圈引线是否断裂、脱焊，绝缘材料是否有烧焦痕迹，铁心紧固螺钉是否有松动，硅钢片有无锈蚀，绕组线圈是否有外露等。

用万用表检测电路中的变压器前，应先切断变压器与其他元器件的连接，以免其他元器件影响检测的准确性。然后用万用表对变压器进行检测。

（1）线圈通断检测　用万用表电阻档测量各绕组两个接线端子之间的阻值。一般输入变压器的直流电阻值较大，一次侧多为几百欧姆，二次侧多为1～200Ω；输出变压器的一次侧多为几十至上百欧姆，二次侧多为零点几至几欧姆。若测出某绕组的直流电阻过大，说明该绕组断路。

用万用表电阻档检测变压器有否短路有两种方法：①空载通电法：切断变压器的一切负载，接通电源，看变压器的空载温升，如果温升较高，就说明变压器内部局部短路。如果接通电源15～30min温升正常，则说明变压器正常；②在变压器一次绕组内串联一个100W灯泡，接通电源时，灯泡只微微发红，则变压器正常；如果灯泡很亮或较亮，则说明变压器内部有局部短路现象。

（2）绝缘性能检测　用万用表电阻档分别测量变压器铁心与一次绕组、各二次绕组，静电屏蔽层与一次绕组、各二次绕组，一次绕组与各二次绕组之间的电阻值。这些阻值都应大于100MΩ，否则说明变压器绝缘性能不良。

（3）一、二次绕组的判别　一般降压电源变压器一次绕组接于交流220V，匝数较多，直流电阻较大，而二次侧为降压输出，匝数较少，直流电阻也小，利用这一点可以用万用表电阻档判断出一、二次绕组。

（4）同名端的判别　如图3-19所示连接电路，其中万用表应选用指针万用表。一般阻值较小的绕组可直接与电池B相接。若电池B接在变压器的升压绕组（即匝数较多的绕组），则万用表应选择直流毫安档的最小的量程，使指针摆动幅度较大，可利于观察；若电池B接在变压器的降压绕组（即匝数较少的绕组），则万用表应选择直流毫安档的较大的量程，以免损坏表头。在开关S闭合的一瞬间，万用表指针若正偏，则说明1、4脚为同名端；若反偏，则说明1、3脚为同名端。需注意的是，接通开关S的瞬间，指针会向某一个方向偏转，但断开开关S时，由于自感作用，指针将向相反方向偏转。如果接通和断开开关的间隔时间太短，很可能只看到断开时指针的偏转方向，而把检测结果搞错。所以接通开关后要等几秒后再断开开关，也可以多测几次，以保证检测结果的准确。

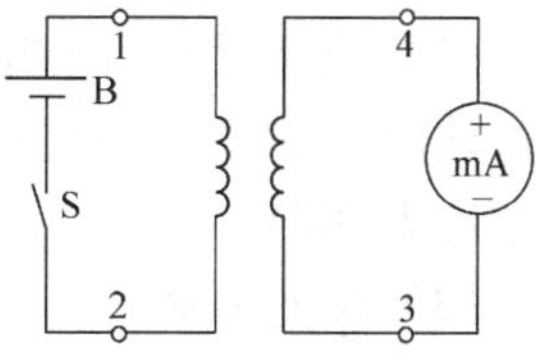

图3-19　变压器同名端的检测

3.3　半导体分立器件

半导体分立器件包括二极管、晶体管、晶闸管及场效应晶体管。尽管近年来由于集成电路的发展使它退出了相当多的应用领域，但受频率、功率等因素制约，半导体分立器件仍然是电子元器件家族中不可或缺的成员。

3.3.1　二极管

二极管（Diode）是一种具有单向导电性的非线性器件，其电路符号如图3-20所示，实物如图3-21所示。

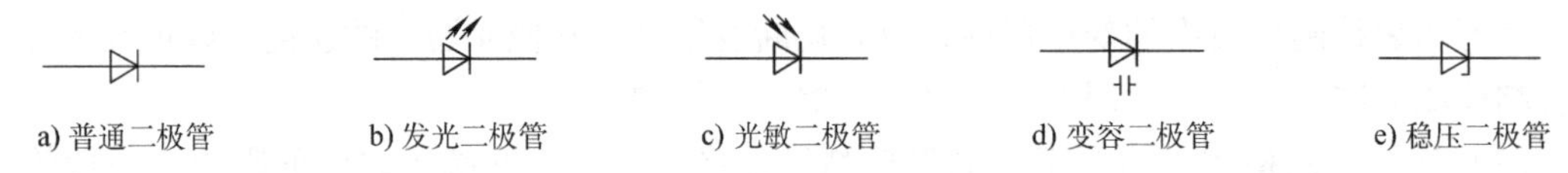

a) 普通二极管　b) 发光二极管　c) 光敏二极管　d) 变容二极管　e) 稳压二极管

图3-20　二极管的电路符号

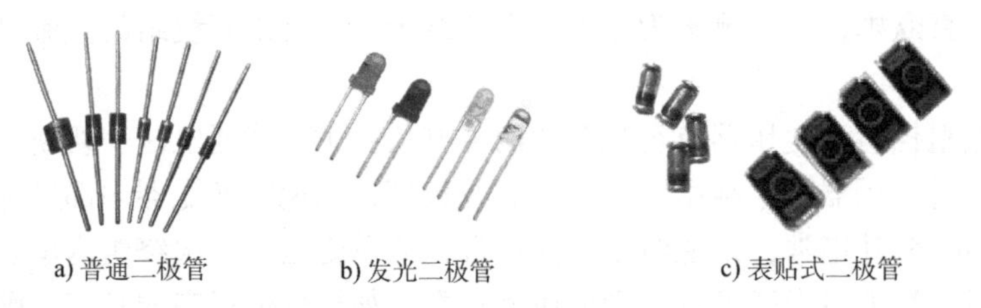

a) 普通二极管　b) 发光二极管　c) 表贴式二极管

图3-21　二极管的实物图

1. 二极管的分类

按材料分，二极管可分为锗二极管、硅二极管和砷化镓二极管。

按用途分，二极管可分为整流二极管、检波二极管、稳压二极管、变容二极管、光敏二极管、发光二极管、开关二极管、快速恢复二极管等。

2. 二极管的主要参数

（1）额定正向工作电流　额定正向工作电流指二极管长期连续工作时允许通过的最大正向电流值。二极管使用过程中不能超过其额定正向工作电流值，否则会使二极管烧坏。常用的1N4001的额定正向工作电流为1A。

（2）最高反向工作电压　最高反向工作电压指二极管工作时所承受的最高反向电压，超过该值二极管可能被反向击穿。常用的1N4001的反向工作电压为50V，1N4007的反向工作电压为700V。

（3）反向击穿电压　二极管产生击穿时的电压称为反向击穿电压。二极管手册上给出的最高反向工作电压一般是反向击穿电压的1/2或2/3。

（4）反向电流　反向电流又称反向漏电流，是指二极管在规定的温度和最高反向电压作用下，流过二极管的反向电流。反向电流越小，二极管的单向导电性能越好。锗管的反向电流比硅管大几十到几百倍，因此硅二极管比锗二极管在高温下的稳定性要好。

3. 二极管极性的识别

图3-22为几种二极管的极性标志。

小功率二极管的负极通常在表面用一个色环标出。

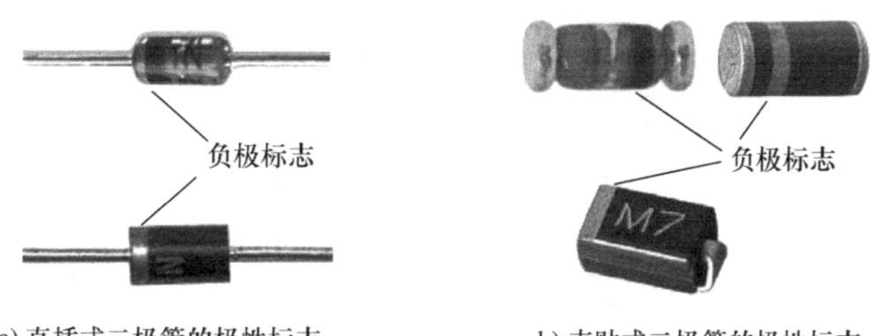

a) 直插式二极管的极性标志　　b) 表贴式二极管的极性标志

图3-22　几种二极管的极性标志

金属封装二极管的螺母部分通常为负极引脚。

表贴式二极管的极性有多种标注方法。有引脚的表贴式二极管，若管体有白色色环，则色环一端为负极；若没有色环，引脚较长的一端为正极。没有引脚的表贴式二极管，表面有色带或者缺口的一端为负极。

4. 二极管的检测

首先应对二极管进行外观检查，即查看外观是否完好无损，结构是否完好，标志是否清晰。对接在电路中的二极管，若表面漆层变成棕黄色或黑色，则表示二极管可能过热甚至烧毁，可对其进行重点检查。

用万用表检测电路中的二极管前，应先切断二极管与其他元器件的连接，以免其他元器件影响测量的准确性。

（1）用指针万用表检测　选择电阻档的适当量程：对一般小功率二极管使用 R×100 或 R×1k，而不宜使用 R×1 档，因为万用表内阻较小，通过二极管的正向电流较大，可能烧坏二极管；也不宜使用 R×10k 档，因为万用表电池的电压较高，加在二极管两端的反向电压也较高，易击穿二极管。对大功率二极管，可选 R×1 档。

将万用表的红表笔接到二极管负极，黑表笔接到二极管正极，读出正向电阻值；红表笔接到二极管正极，黑表笔接到二极管负极，读出反向电阻值。

若测得的正向电阻、反向电阻差别较大，则二极管正常。二极管是非线性器件，不同万用表，使用不同量程的测量结果都不同。一般锗管的正向电阻约为 200～600Ω，反向电阻大于 20kΩ；硅管的正向电阻约为 900Ω～2kΩ，反向电阻大于 500kΩ。

若测得的正向电阻、反向电阻差别不大，说明二极管失去了单向导电的功能。

若测得的正向电阻、反向电阻都很大，说明二极管内部断路。

若测得的正向电阻、反向电阻都很小，说明二极管内部短路。

（2）用数字万用表检测　选择二极管档，红表笔接到二极管正极，黑表笔接到二极管负极，读出正向压降值，一般锗管的正向压降约为 100～300mV，硅管的正向压降约为 500～700mV。红表笔接到二极管负极，黑表笔接到二极管正极，此时二极管不导通，万用表应显示“OL”或最高位显示“1”。

3.3.2　晶体管

晶体管（Transistor）是双极型晶体管的简称，亦称三极管，具有电流放大和开关作用。晶体管有三个电极，分别是基极 B、集电极 C、发射极 E。其电路符号如图 3-23 所示，实物图如图 3-24 所示。

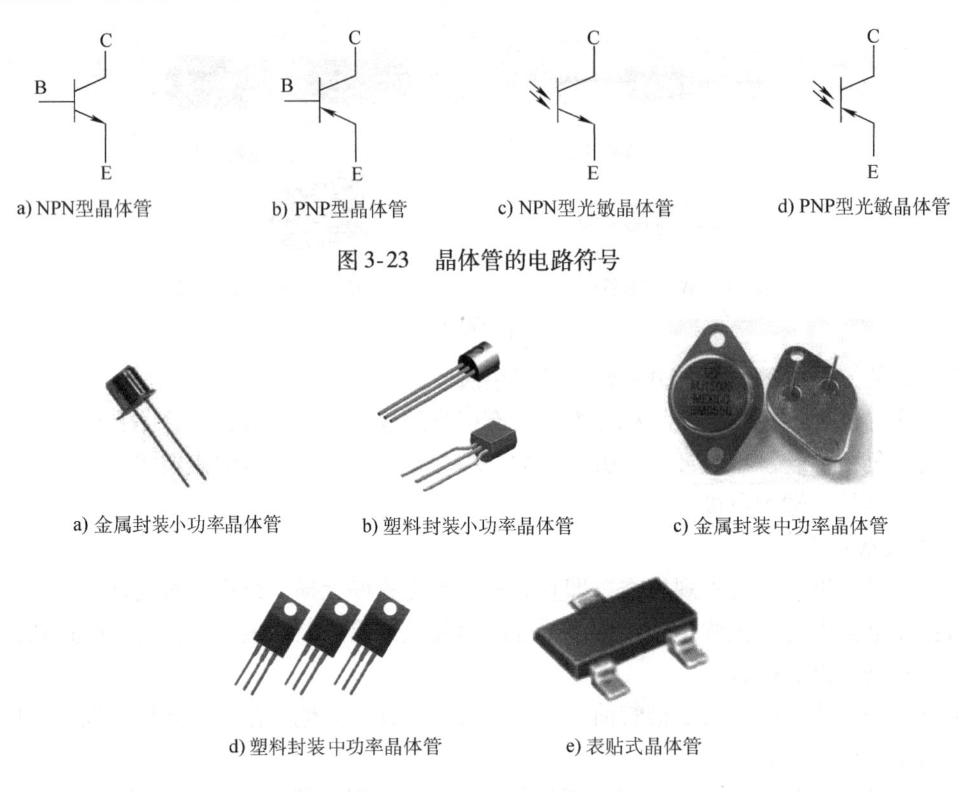

a) NPN型晶体管　b) PNP型晶体管　c) NPN型光敏晶体管　d) PNP型光敏晶体管

图3-23　晶体管的电路符号

a) 金属封装小功率晶体管　b) 塑料封装小功率晶体管　c) 金属封装中功率晶体管

d) 塑料封装中功率晶体管　e) 表贴式晶体管

图3-24　晶体管的实物图

1. 晶体管的分类

按材料分，晶体管可分为锗晶体管、硅晶体管等。

按极性分，晶体管可分为NPN型晶体管、PNP型晶体管。

按用途分，晶体管可分为大功率晶体管、小功率晶体管、高频晶体管、低频晶体管、光敏晶体管等。

2. 晶体管的主要参数

（1）电流放大系数　电流放大系数也称电流放大倍数，表示晶体管的放大能力。根据晶体管工作状态的不同，电流放大系数又分为直流电流放大系数和交流电流放大系数。直流电流放大系数也称静态电流放大系数或直流放大倍数，指在静态无变化信号输入时，晶体管集电极电流与基极电流的比值。交流电流放大系数也称动态电流放大系数或交流放大倍数或共射交流电流放大倍数，指在交流状态下，晶体管集电极电流变化量与基极电流变化量的比值。

（2）耗散功率　耗散功率也称集电极最大允许耗散功率，指晶体管参数变化不超过规定允许值时的最大集电极耗散功率。使用晶体管时，其实际功耗不允许超过耗散功率，否则会造成晶体管因过载而损坏。通常将耗散功率小于1W的晶体管称为小功率晶体管；将耗散功率大于1W、小于10W的晶体管称为中功率晶体管；将耗散功率大于10W的晶体管称为大功率晶体管。

（3）集电极最大电流　集电极最大电流指晶体管集电极所允许流过的最大电流。当集电极电流超过此值，晶体管的电流放大系数等参数将发生明显变化，影响其正常工作，甚至损坏晶体管。

（4）最大反向电压　最大反向电压指晶体管在工作时所允许施加的最高工作电压。它包括三个参数：

集电极-发射极反向击穿电压，指当晶体管的基极开路时，集电极与发射极之间的最大允许反向电压。

集电极-基极反向击穿电压，指当晶体管的发射极开路时，集电极与基极之间的最大允许反向电压。

发射极-基极反向击穿电压，指当晶体管的集电极开路时，发射极与基极之间的最大允许反向电压。

3. 晶体管的检测

（1）晶体管管型、材料和引脚排列的检测

1）用指针万用表检测。

① 判断基极B：使用指针万用表电阻档R×100或R×1k检测。用黑表笔接晶体管的某一电极，然后用红表笔分别接触其余两电极，直到出现测得的两个电阻值均很小（或者很大），则黑表笔所接的那一电极就是基极B。为了进一步确定基极B，可将红、黑表笔对调，这时测得的电阻值应与之前的情况相反，即都很大（或都很小），则晶体管的基极B确定无疑。

② 判断管型：当黑表笔接基极B时，红表笔分别接其余两电极。若测得的电阻值都很小，说明此晶体管的管型为NPN；若测得的电阻值都很大，说明此晶体管的管型为PNP。

③ 判断集电极C与发射极E：对于NPN型晶体管，选择万用表电阻档R×1k或R×10k，用红、黑表笔分别接集电极C和发射极E，然后用手搭接基极B和黑表笔所接电极（注意两电极间不要短路），如图3-25所示，记下这次表针偏转角度；调换表笔，仍用手搭接基极B和黑表笔所接电极，记下这次表针偏转角度。比较两次测量时指针偏转角度，偏转角度大的一次，黑表笔所接的电极是集电极C，另一电极为发射极E。对于PNP型晶体管，检测方法与NPN型晶体管大致相同，区别在于：一是万用表应选择电阻档R×100或R×1k；二是用手搭接基极B和红表笔所接电极；三是表针偏转角度大的一次红表笔所接的是集电极C，黑表笔所接的是发射极E。

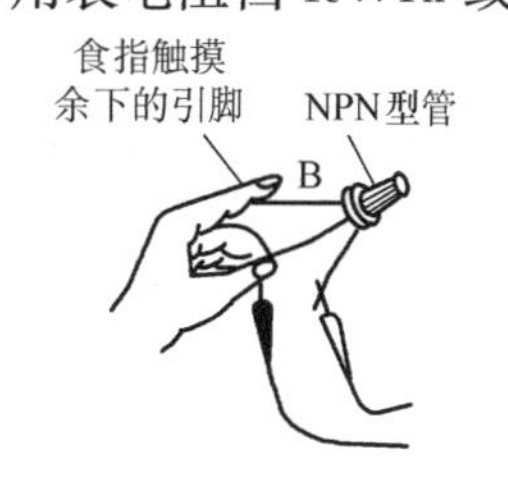

图3-25　确定C、E极

2）用数字万用表检测。

① 判断基极B、管型：使用数字万用表二极管档检测。用两表笔检测晶体管的电极，找出两组使万用表显示数值的接法。若红表笔接某一电极，黑笔接分别触其余两电极，两次都出现读数，则红表笔接触的电极为基极B，管型为NPN；若黑表笔接某一电极，红表笔分别接触其余两电极，两次都出现读数，则黑表笔接触的电极为基极B，管型为PNP。

② 判断材料：若两次读数都约为500～700mV，则晶体管的材料为硅；若两次读数都约为100～300mV，则晶体管的材料为锗。

③ 判断集电极C与发射极E：比较两读数，读数较大时，两表笔接的分别是基极B和发射极E；读数较小时，两表笔接的分别是基极B和集电极C。部分数字万用表有h_{FE}档

（测量电流放大系数的档位），在已判断基极 B 之后把万用表置 h_{FE} 档，按晶体管的 NPN/PNP 类型选择一排插孔，把晶体管的基极 B 插入 B 孔，另两管脚分别插入 E、C 孔，测出 h_{FE} 值，再将插入 E、C 孔的两管脚对调，测出另一 h_{FE} 值。比较数值，较大的一次属正确接法，由此可知晶体管的集电极 C 与发射极 E，同时也测出了晶体管的电流放大系数 h_{FE}。

（2）晶体管质量的检测　检测 NPN 型晶体管时，使用指针万用表电阻档 R×100 或 R×1k 检测。将黑表笔接基极 B，红表笔分别接集电极 C 和发射极 E，测其 PN 结正向电阻，此值应为几百欧至几千欧。调换表笔，测其 PN 结反向电阻，此值应为几千欧至几百千欧以上。检测集电极 C 和发射极 E 间的电阻，无论表笔如何接，其值均应在几百千欧以上。

检测 PNP 型晶体管时，检测方法与 NPN 型晶体管大致相同，区别在于：一是万用表应选择电阻档 R×100；二是测出的各组阻值应小于 NPN 型晶体管的检测值。

（3）电流放大系数的估计　对于 NPN 型晶体管，选用指针万用表电阻档 R×1k，将黑表笔接集电极 C，红表笔接发射极 E，此时指针应指向几兆欧。然后用手或一只 100kΩ 左右的电阻搭接晶体管集电极 C 和基极 B（注意两电极间不要短路），此时，万用表指示值应明显减小。表针摆动幅度越大，则该晶体管电流放大能力越强，电流放大系数越大。

对于 PNP 型晶体管，检测方法与 NPN 型晶体管类似，只需将万用表两表笔对调即可。

3.3.3　场效应晶体管

场效应晶体管（Field-Effect Transistor，FET）是一种电压控制型半导体器件，即场效应晶体管的电流受控于栅极电压。场效应晶体管有三个电极，分别是栅极 G、漏极 D、源极 S。其电路符号如图 3-26 所示，实物图如图 3-27 所示。

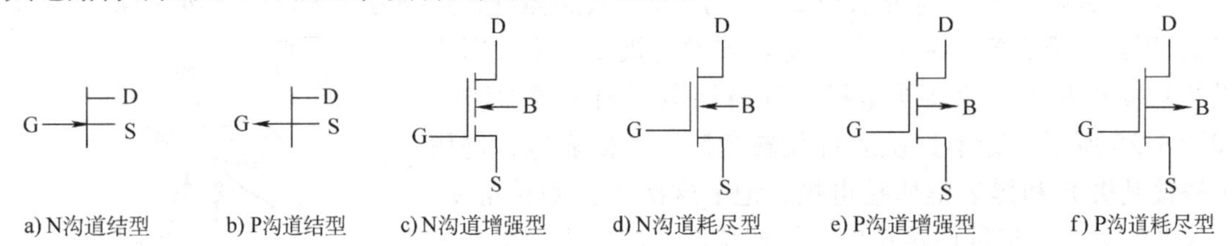

图 3-26　场效应晶体管的电路符号

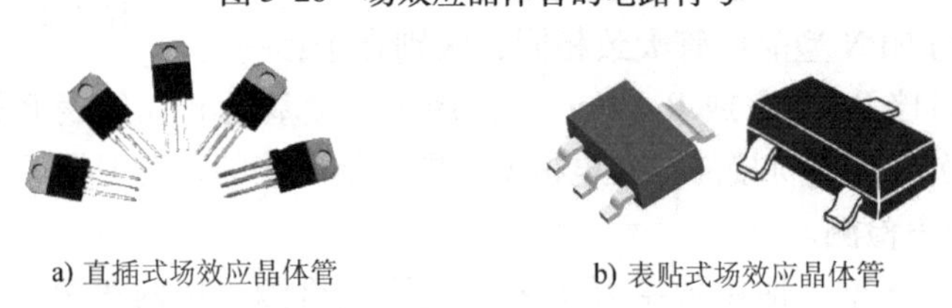

图 3-27　场效应晶体管的实物图

1. 场效应晶体管的分类

场效应晶体管分结型、绝缘栅型两大类。结型场效应晶体管又分为 N 沟道和 P 沟道两种。绝缘栅型场效应晶体管除有 N 沟道和 P 沟道之分外，还有增强型与耗尽型之分。

2. 场效应晶体管的主要参数

（1）跨导　漏极电流的微变量与引起这个变化的栅-源电压微变量之比，称为跨导。它是衡量场效应晶体管栅-源电压对漏极电流控制能力的一个参数，也是衡量放大作用的重要参数。

（2）极限漏极电流　极限漏极电流是漏极D能够输出的最大电流。其值与温度有关。通常手册上标注的是温度为25℃时的值，一般指的是连续工作电流。

（3）最大漏-源电压　最大漏-源电压是场效应晶体管漏-源极之间可以承受的最大电压。

3. 场效应晶体管的检测

（1）场效应晶体管极性、管型的检测　使用指针万用表电阻档R×1k检测。

1）判断极性。

方法一：任选两电极，分别测出它们之间的正、反向电阻。若正、反向电阻值相等（约几千欧），则该两极为漏极D和源极S（结型场效应晶体管的漏极和源极可互换），余下的则为栅极G。

方法二：用黑表笔接场效应晶体管的任一电极，另一表笔依次接触其余两个电极，测其阻值。若两次测得的阻值近似相等，则黑表笔接的是栅极G，其余两极为漏极D和源极S。

2）判断管型。用黑表笔接栅极G，用红表笔分别接其余两极。若两次测出的电阻值均很大，则说明是N沟道场效应晶体管；若两次测出的电阻值均很小，则说明是P沟道场效应晶体管。

（2）场效应晶体管质量的检测

1）选择指针万用表电阻档R×10k，将黑表笔接栅极G，红表笔接源极S。必须同时接触一次，其目的是开通导电沟道。之后撤出表笔，此时栅极G不要与任何金属物体或人体接触。

2）选择指针万用表电阻档R×1k，将黑表笔连接漏极D，红表笔接源极S。此时测量的电阻值接近零，说明导电沟道已经导通。黑、红表笔对调，测出的阻值也应该接近零。

3）将场效应晶体管的3个引脚短接一下，再测量漏极D与栅极G之间的电阻又变成无穷大。

此时，可确定此场效应晶体管是好的。

（3）场效应晶体管放大能力的检测　使用数字万用表的h_{FE}档检测，N沟道管选择NPN插座，P沟道管选择PNP插座。将场效应晶体管的栅极G、漏极D、源极S分别插入h_{FE}测量插座的B、C、E孔中。此时，万用表显示的数值即场效应晶体管的跨导（放大系数）。

3.3.4　晶闸管

晶闸管（Thyristor）是晶体闸流管的简称，旧称可控硅。它是一个可控导电开关，能以弱电去控制强电的各种电路。其电路符号如图3-28所示，实物图如图3-29所示。

a) 单向晶闸管　b) 双向晶闸管

图3-28　晶闸管的电路符号

a) 中功率晶闸管　b) 小功率晶闸管　c) 表贴式晶闸管

图3-29　晶闸管的实物图

单向晶闸管是一种 PNPN 四层半导体器件，共有三个电极，分别为阳极 A、阴极 K 和门极 G。双向晶闸管是一种 NPNPN 五层半导体器件，共有三个电极，分别为第一阳极 T_1、第二阳极 T_2 和门极 G。

1. 晶闸管的分类

按关断、导通及控制方式，晶闸管可分为单向晶闸管、双向晶闸管、逆导晶闸管、门极关断晶闸管、BTG 晶闸管、温控晶闸管及光控晶闸管等。

按引脚和极性，晶闸管可分为二极晶闸管、三极晶闸管和四极晶闸管。

按电流容量，晶闸管可分为大功率晶闸管、中功率晶闸管和小功率晶闸管。

2. 晶闸管的主要参数

（1）额定正向平均电流　额定正向平均电流指阳极和阴极间可以连续通过的 50Hz 正弦半波电流的平均值。应选用额定正向平均电流大于电路工作电流的晶闸管。

（2）正向阻断峰值电压　正向阻断峰值电压指正向转折电压减去 100V 后的值。使用时正向电压峰值不允许超过此值。

（3）反向阻断峰值电压　反向阻断峰值电压指反向击穿电压减去 100V 后的值。使用时反向电压峰值不允许超过此值。

（4）维持电流　维持电流指在规定条件下，维持晶闸管导通所必需的最小正向电流。

（5）门极触发电压　门极触发电压指在规定条件下使晶闸管导通所必需的最小门极直流电压值。

（6）门极触发电流　门极触发电流指在规定条件下使晶闸管导通所必需的最小门极直流电流值。

3. 晶闸管的检测

（1）晶闸管极性、管型的检测

1）用指针万用表检测。选择指针万用表电阻档 R×1 或 R×10，测量任意两个极之间的电阻值。

若有一组电极测得阻值为几十欧至几百欧，且反向测量时阻值较大，则所测的晶闸管为单向晶闸管，且红表笔所接的为阴极 K，黑表笔所接的为门极 G，余下的即为阳极 A。

若有一组电极测得正、反向阻值均为几十欧至几百欧，则所测的晶闸管为双向晶闸管，且阻值较大的一次，红表笔所接的为门极 G，黑表笔所接的为第一阳极 T_1，余下的即为第二阳极 T_2。

2）用数字万用表检测。选择数字万用表二极管档，测量任意两个极。

若只有一组电极测得正向电压为 600～800mV，且反向测量时万用表显示“OL”或最高位显示“1”，则所测的晶闸管必为单向晶闸管，红表笔所接的为门极 G，且黑表笔所接的为阴极 K，余下的即为阳极 A。

若只有一组电极测得正、反向电压均为 200～600mV，则所测的晶闸管为双向晶闸管，且电压较大的一次，红表笔所接的为第一阳极 T_1，黑表笔所接的为门极 G，余下的即为第二阳极 T_2。

（2）晶闸管质量的检测

1）单向晶闸管。选择指针万用表电阻档 R×1，黑表笔接阳极 A、红表笔接阴极 K，黑表笔在保持和阳极 A 接触的情况下，再与门极 G 接触，即给门极 G 加上触发电压。此时，单向晶闸管导通，阻值减小，表针偏转。然后，黑表笔保持和阳极A接触，并断开与门极G的接触。若此时晶闸管仍维持导通状态，即表针偏转状况不发生变化，则晶闸管基本正常。

2）双向晶闸管。对于工作电流为8A以下的小功率双向晶闸管，可用指针万用表电阻档 R×1 直接检测。

先将黑表笔接第二阳极 T_2，红表笔接第一阳极 T_1，黑表笔在保持和第二阳极 T_2 接触的情况下，再与门极G接触，即给门极G加上触发电压。此时，双向晶闸管导通，阻值减小，表针由无穷大偏转至十几欧。

再将黑表笔接第一阳极 T_1，红表笔接第二阳极 T_2，红表笔在保持和第二阳极 T_2 接触的情况下，再与门极G接触，即给门极G加上触发电压。此时，双向晶闸管导通，阻值减小，表针由无穷大偏转至十几欧。此时可断定晶闸管基本正常。

若在晶闸管被触发导通后断开门极G，第二阳极 T_2、第一阳极 T_1 间不能维持低阻导通状态而阻值变为无穷大，则说明该双向晶闸管性能不良或已经损坏。若给门极G加上正（或负）极性触发信号后，晶闸管仍不导通，即第一阳极 T_1 与第二阳极 T_2 间的正、反向电阻值仍为无穷大，则说明该晶闸管已损坏，无触发导通能力。

对于工作电流为8A以上的中、大功率双向晶闸管，在检测其触发能力时，可先在万用表的某支表笔上串接1～3节1.5V干电池，然后再按上述方法检测。

3.3.5　单结晶体管

单结晶体管（Unijunction Transistor，UJT）是由一个PN结和两只内电阻构成的三端半导体器件，广泛地用于振荡、双稳态、定时等电路中。其电路符号如图3-30a所示，实物图如图3-30b所示。由单结晶管组成的电路具有电路简单、稳定性好等优点。

单结晶体管内只有一个PN结，故称为单结晶体管。单结晶体管有三个电极，一个为发射极，另两个为基极，因其有两个基极，又称为双基极二极管。单结晶体管的主要参数为分压比 η，其值一般在0.3～0.9之间。单结晶体管具有负阻特性，即单结晶体管内部电流增加时，其电压降随电流增加而减小。

单结晶管的检测，可选用万用表 R×100Ω 档，分别测发射极对两个基极的正反向电阻。利用测得的正向电阻 r_{b1}、r_{b2} 可计算出该管的分压比 η。

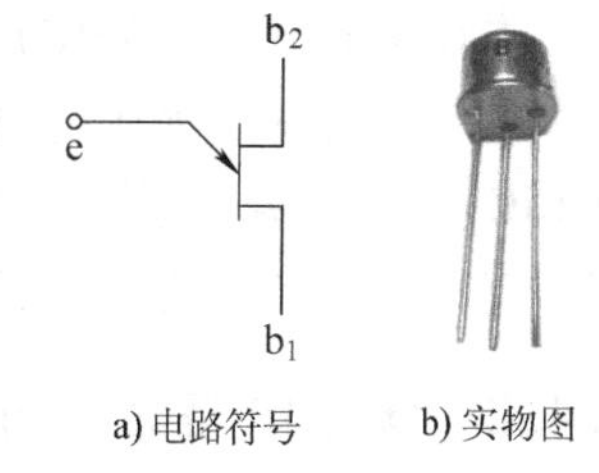

a) 电路符号　　b) 实物图

图3-30　单结晶体管

3.4　集成电路

集成电路（Integrated Circuits，IC）是最能体现电子产业飞速发展的一类电子元器件。通常在极小的硅单晶片上，利用半导体工艺制作上许多晶体二极管、晶体管、电阻器、电容器等，并连成能完成特定功能的电子电路，然后封装在一个外壳中，就构成了集成电路。

3.4.1　集成电路的分类

1. 按制造工艺和结构分

集成电路可分为半导体集成电路、膜集成电路（又可细分为薄膜、厚膜两类）和混合集成电路。通常提到的集成电路指的是半导体集成电路，也是应用最广泛、品种最多的集成电路。膜集成电路和混合集成电路一般用于专用集成电路，通常称为模块。

2. 按集成度分

集成度指一个硅片上含有的元器件数目。按集成度分，集成电路可分为小规模、中规模、大规模、超大规模4种。中、大规模集成电路最为常用，超大规模集成电路主要用于存储器及计算机CPU等专用芯片中。

3. 按使用功能分

很多国外公司常按使用功能划分集成电路。按这种分类方法，集成电路可分为音频/视频电路、数字电路、线性电路、微处理器、存储器、接口电路、光电电路。

4. 按半导体工艺分

集成电路按半导体工艺，可分为双极型电路、MOS电路和双极型-MOS电路。

双极型电路是在硅片上制作双极型晶体管构成的集成电路，由空穴和电子两种载流子导电。

MOS电路由空穴或电子一种载流子导电，可细分为三种：NMOS由N沟道MOS器件构成；PMOS由P沟道MOS器件构成；CMOS由N、P沟道MOS器件构成互补形式的电路。NMOS和PMOS已趋于淘汰。

双极型-MOS电路是由双极型晶体管和MOS电路混合构成的集成电路，一般前者作为输出极，后者作为输入极。

双极型电路驱动能力强但功耗较大，MOS电路反之。双极型-MOS电路则兼有二者优点。

5. 专用集成电路

专用集成电路（ASIC）是相对于通用集成电路而言的，它是为特定应用领域或特定电子产品专门研制的集成电路，目前应用较多的有：①门阵列（GA）；②标准单元集成电路（CBIC）；③可编程逻辑器件（PLD）；④模拟阵列和数字模拟混合阵列；⑤全定制集成电路。专用集成电路性能稳定、功能强、保密性好。

3.4.2 集成电路命名与替换

集成电路的命名与分立器件相比规律性较强，绝大部分国内外厂商生产的同一种集成电路，采用基本相同的数字标号，而以不同的字头代表不同的厂商，例如NE555、LM555、μpc1555、SG555分别是由不同国家和厂商生产的定时器电路，它们的功能、性能、封装、引脚排列都一致，可以相互替换。

我国集成电路的型号命名采用与国际接轨的准则，但是也有一些厂商按自己的标准命名，例如型号为D7642和YS414实际上是同一种微型调幅单片收音机电路，因此在选择集成电路时要以相应产品手册为准。另外，我国早年生产的集成电路型号命名另有一套标准，现在仍可在一些技术资料中见到，可查阅有关新老型号对照手册。

3.4.3 集成电路封装与引脚识别

集成电路封装种类繁多，不同国家和地区的分类和命名方法也不一样，具体应用时需要查阅相关资料。图3-31为常见集成电路的封装、引脚识别方法。

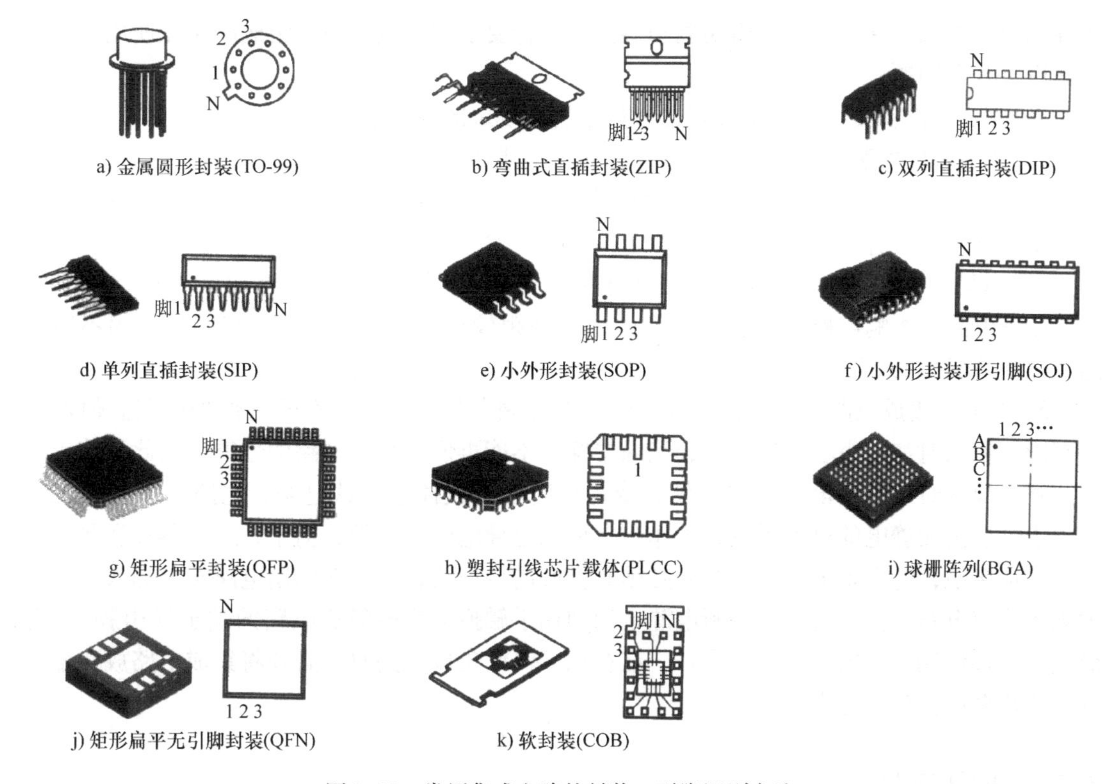

图 3-31　常用集成电路的封装、引脚识别方法

3.4.4　集成电路质量的判别

1. 电阻法

1）通过测量集成电路各引脚对地正反向电阻，与参考资料或另一块好的集成电路进行比较，从而作出判断。注意：必须使用同一万用表和同一档测量，结果才准确。

2）在没有对比资料的情况下只能使用间接电阻法测量，即在印制电路板上通过测量集成电路引脚外围元器件（如电阻、电容、晶体管）好坏来判断，若外围元器件没有损坏，则集成电路有可能已损坏。

2. 电压法

测量集成电路引脚对地的动、静态电压，与电路图或其他资料所提供的参考电压进行比较，若引脚电压有较大差别，其外围元器件又没有损坏，则集成电路有可能已损坏。

3. 波形法

检测集成电路各引脚的波形是否与原设计相符，若发现有较大区别，其外围元器件又没有损坏，则集成电路有可能已损坏。

4. 替换法

用相同型号集成电路替换试验，若电路恢复正常，则集成电路已损坏。

3.4.5　集成电路的选用和使用

集成电路的种类五花八门，各种功能的集成电路应有尽有。在选用集成电路时，应根据实际情况，查阅器件手册，选用功能和参数都符合要求的集成电路。集成电路在使用时，应注意以下几个问题：

1）集成电路在使用时，不许超过参数手册中规定的参数数值。

2）集成电路插装时要注意引脚序号方向，不能插错。

3）当扁平型集成电路外引出线成型、焊接时，引脚要与印制电路板平行，不得穿引扭焊，不得从根部弯折。

4）当集成电路焊接时，不得使用大于45W的电烙铁，每次焊接的时间不得超过10s，以免损坏电路或影响电路性能。集成电路引脚间距较小，在焊接时各焊点间的焊锡不能相连，以免造成短路。

5）CMOS集成电路为了保护栅极的绝缘氧化膜免遭击穿，备有输入保护电路。但保护也有限，使用时如不小心，仍会引起绝缘击穿，不能再恢复集成电路的性能。因此，使用时应注意：焊接时采用漏电小的电烙铁，或焊接时暂时拔掉电烙铁电源；电路操作者的工作服、手套应由无静电的材料制成，工作台上要铺上导电的金属板，椅子、工夹器具和测量仪器等均应接地，特别是电烙铁的外壳必须有良好的接地线；当要在印制电路板上插入或拔出大规模集成电路时，一定要先切断电源；切勿用手触摸大规模集成电路的端子（引脚）；直流电压的接地端子一定要接地。另外，在存储CMOS集成电路时，必须将集成电路放在金属盒内或用金属箔包装起来。

3.5　机电元件

利用机械力或电信号的作用，使电路完成接通、断开或转接等功能的元件，称为机电元件。机电元件工作原理及结构较为直观简明，实际上机电元件与电子产品安全性、可靠性及整机水平的关系很大，而且是故障多发点。正确选择、使用和维护机电元件是提高电子工艺水平的关键之一。

3.5.1　开关

开关（Switch）是利用机械力接通或断开电路的一种元器件。其电路符号如图3-32所示，实物图如图3-33所示。

开关的极和位是了解开关必须掌握的概念。极（旧称刀）指的是开关的活动触点；位（旧称掷）指的是开关的静止触点。例如图3-32a、b、c、d、e为单极单位开关，只能通断一条电路；图3-32f为单极多位开关，可选择接通多条电路中的一条；图3-32g为多极多位开关，可同时接通或断开多条独立的电路。

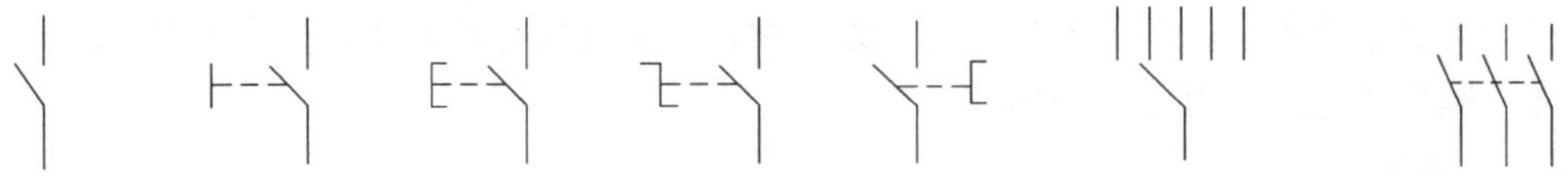

a) 一般开关　b) 手动开关　c) 按钮　d) 旋钮开关　e) 拉拨开关　f) 单极多位开关　g) 多极多位开关

图3-32　开关的电路符号

a) 钮子开关　b) 波动开关　c) 旋转开关　d) 按钮开关　e) 滑动开关

f) 轻触开关　g) 拨动开关　h) 微型按键开关　i) 薄膜开关　j) 表贴式开关

图3-33　开关的实物图

选用开关时，应注意两个参数：①额定电压：额定电压指开关在正常工作状态可以承受的最大电压，对交流电源开关来说，则指交流电压有效值；②额定电流：额定电流指开关在正常工作状态所允许通过的最大电流，在交流电路中指交流电流有效值。

可以用万用表对开关进行检测：①通断检测：用万用表电阻档或蜂鸣档测量开关的引脚，接通的引脚间的电阻值应接近零，断开的引脚间的电阻值应为无穷大。在开关的各种通断方式下，都应对所有引脚进行此通断检测；②绝缘电阻的检测：用万用表电阻档最高量程，检测外壳与引脚间、各引脚间的绝缘电阻。一般开关的绝缘电阻应大于100MΩ。

3.5.2　熔断器

熔断器（Fuse）俗称保险丝。它是一种短路保护器，当电流超过规定值时，以本身产生的热量使熔体熔断，断开电路的一种元器件。熔断器广泛用于配电系统和控制系统，主要进行短路保护或严重过载保护。熔断器的电路符号及实物图如图3-34所示。

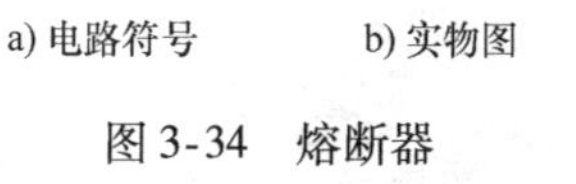

a) 电路符号　b) 实物图

图3-34　熔断器

选用熔断器时，熔断器的额定电压应大于被保护回路的输入电压。另外，应特别注意熔断器的额定电流，额定电流指熔断器所能承载的工作电流，当流过熔断器的电流超过此值时，熔体产生的热量就会使自身熔断。选用时，当熔断器的额定电流太大时，起不到保护的作用；当熔断器的额定电流太小时，容易在电流正常时熔断，影响被保护回路的正常工作。因此，应选择适当的额定电流。

可以用万用表对熔断器的通断进行检测：用万用表电阻档或蜂鸣档测量熔断器的两端，测得的电阻值应接近零。

3.5.3　继电器

继电器（Relay）是一种由输入参量（如电、磁、光、声等物理量）控制的开关。它通常应用在自动控制电路中，在电路中起着自动调节、安全保护及转换电路等作用。其电路符号如图3-35所示，典型实物图如图3-36所示。常见继电器有以下几种：

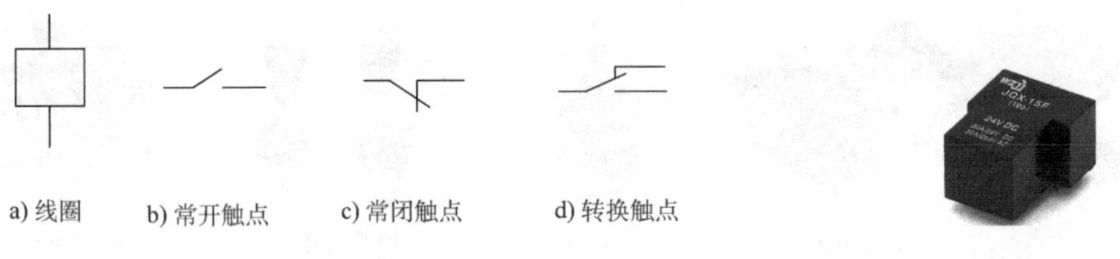

图 3-35　继电器的电路符号　　　图 3-36　典型继电器的实物图

(1) 电磁继电器　由一个带铁心的线圈、一组以上带触点的簧片和衔铁等组成。利用电磁原理，当线圈中流过电流时，线圈周围产生磁场，铁心被磁化后，其磁力吸引衔铁吸合并带动触点簧片，使动触点与静触点接通或断开。

(2) 固态继电器　利用了双向晶闸管或晶体管等元器件的开关特性，用微弱的控制信号对几十安培以上的负载电路进行无触点接通和断开。

(3) 舌簧继电器　由线圈及导磁材料所制成的舌簧管组成。当线圈中流过电流时，线圈周围产生磁场，舌簧管内的舌簧片被磁化，使舌簧片吸合，触点接通。除用线圈产生磁场吸引舌簧片外，也可用永久磁铁替代线圈而构成干簧管继电器。

3.5.4　连接器

连接器（Connector）又称为接插件，是电子产品中用于电气连接的一类机电元件，使用十分广泛，其实物图如图 3-37 所示。

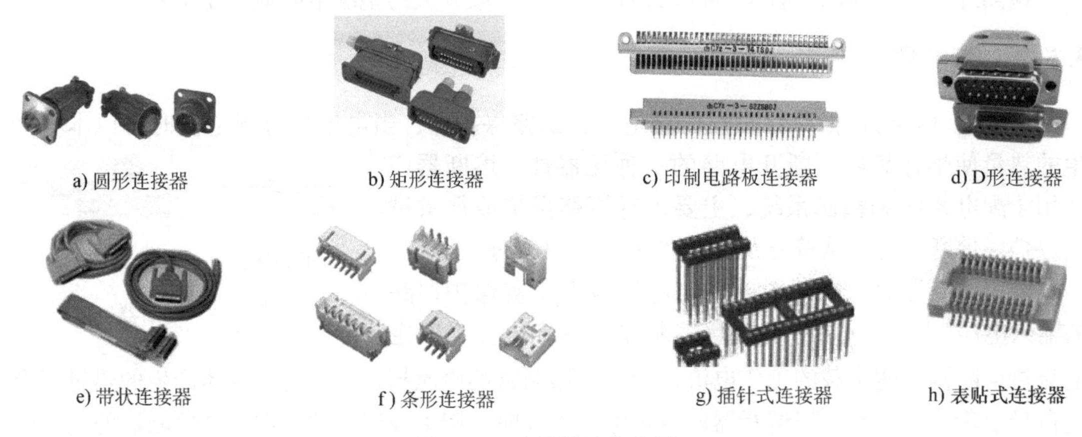

图 3-37　连接器的实物图

按外形分类，连接器可分为以下几种：

1）圆形连接器，主要用于系统内各种设备之间的连接，外形为圆筒形。

2）矩形连接器，主要用于同一机壳内各功能单元相互之间的连接，外形为矩形或梯形。

3）条形连接器，主要用于印制电路板与印制电路板或导线之间的连接，外形为长条形。

4）印制电路板连接器，主要用印制电路板与印制电路板或导线之间的连接，包括边缘连接器、板装连接器、板间连接器。

5）IC连接器，用于元器件与印制电路板之间的连接，通常称插座。

6）导电橡胶连接器，用于液晶显示器件与印制电路板之间的连接。

3.6　其他元器件

3.6.1　谐振元件

1. 石英晶体振荡器

石英晶体振荡器又称石英晶体谐振器，简称石英晶振或晶振。其电路符号及实物图如图3-38所示。

晶振是用具有压电效应的石英晶体片制成的。晶体片在外加交变电场的作用下会产生机械振动。若交变电场的频率与晶体片的固有频率相同，则振动会变得强烈，这就是晶体的谐振特性。由于石英晶体具有高稳定的物理、化学特性，晶振频率极其稳定。晶振常作为稳定频率和选择频率的谐振元件，广泛应用于收音机、电视机、通信电子设备中。

2. 陶瓷谐振器

陶瓷谐振器是由压电陶瓷制成的谐振器。其电路符号如图3-39所示。

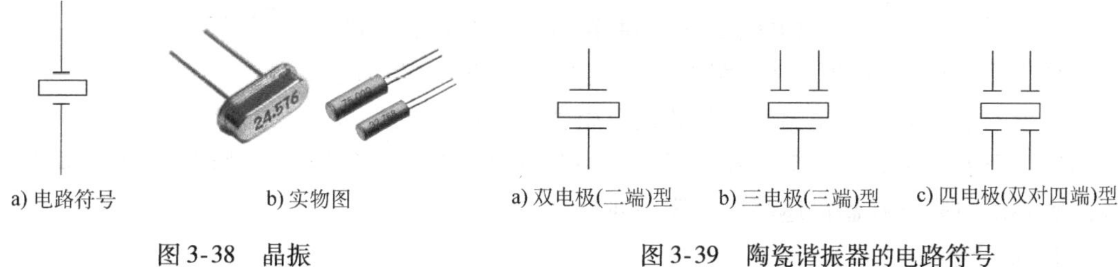

a) 电路符号　b) 实物图

图3-38　晶振

a) 双电极(二端)型　b) 三电极(三端)型　c) 四电极(双对四端)型

图3-39　陶瓷谐振器的电路符号

陶瓷谐振器的基本结构、工作原理、特性及应用范围与晶振相似。由于陶瓷谐振器的某些性能不及晶振，所以在要求（主要是频率精度、稳定度）较高的电路中不能采用陶瓷谐振器，必须使用晶振。除此之外，陶瓷谐振器几乎都可以代替晶振。陶瓷谐振器价格低廉，所以近年来应用非常广泛，如在收音机的中放电路、电视机的中频伴音电路及遥控器中都有应用陶瓷谐振器。

3.6.2　传感器

传感器是可以将一些变化的参量（温度、速度、亮度、磁场等）转换为电信号的元器件。它的种类很多，在此简要介绍其中的温度传感器、光传感器、磁传感器。

1. 温度传感器

（1）集成温度传感器　集成温度传感器包括模拟输出和数字输出两种类型，其中一种集成温度传感器如图3-40所示。模拟输出集成温度传感器具有很高的线性度、低成本、高精度、小尺寸和高分辨率等优点。它的不足之处在于温度范围有限，并且需要一个外部参考源。数字输出集成温度传感器带有一个内置参考源，但响应速度也相当慢。虽然它们自身会发热，但可以采用自动关闭和单次转换模式使其在需要测量之前将集成电路设置为低功耗状态，从而将自身发热降到最低。

（2）热电偶　将两种不同的金属接在一起，在升高接合点的温度时，即产生电压而使电流流动，这种电压称为热电动势。能产生热电动势的接合在一起的这两种金属被称为热电偶，如图3-41所示。使用时，热电偶直接测量温度，并把温度信号转换成热电动势信号，通过电气仪表转换成被测介质的温度。热电偶的直接测温端被称为测量端，接线端子端被称为参比端。热电偶的种类有压簧固定热电偶、铠装热电偶及装配式热电偶等。

图3-40　集成温度传感器

图3-41　热电偶

（3）双金属温度传感器　双金属温度传感器又称双金属温度开关。它是将两种不同的金属片熔接在一起，因为金属的热膨胀系数不同，当加热时，膨胀系数大的一方，因迅速膨胀而使得材料的长度变长，而膨胀系数小的一方，材料的长度略微伸长。但由于两片金属片是熔接在一起的，因此两金属片上作用的结果使得材料弯曲，继而接通或断开触点，达到接通或断开电路的目的。

（4）热敏电阻　热敏电阻器对温度敏感，在不同的温度下会表现出不同的电阻值，其电路符号及实物图如图3-42所示。按照温度系数不同分为正温度系数热敏电阻器和负温度系数热敏电阻器。正温度系数热敏电阻器在温度越高时电阻值越大，负温度系数热敏电阻器在温度越高时电阻值越低。

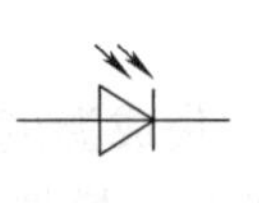

a) 电路符号

b) 实物图

图3-42　热敏电阻

2. 光传感器

（1）光敏电阻　光敏电阻又称光导管，是利用半导体的光电效应制成的一种电阻值随入射光的强弱而改变的电阻器：入射光强，电阻减小；入射光弱，电阻增大。根据光敏电阻的光谱特性，可分为三种光敏电阻器：紫外光光敏电阻器、红外光光敏电阻器、可见光光敏电阻器。光敏电阻器一般用于光的测量、光的控制和光电转换。其电路符号及实物图如图3-43所示。

（2）光敏二极管　光敏二极管也叫光电二极管。光敏二极管与半导体二极管在结构上是类似的，其管芯是一个具有光敏特征的PN结，具有单向导电性，因此工作时需加上反向电压。无光照时，有很小的饱和反向漏电流，即暗电流，此时光敏二极管截止。当受到光照时，饱和反向漏电流大大增加，形成光电流，它随入射光强度的变化而变化。其电路符号及实物图如图3-44所示。

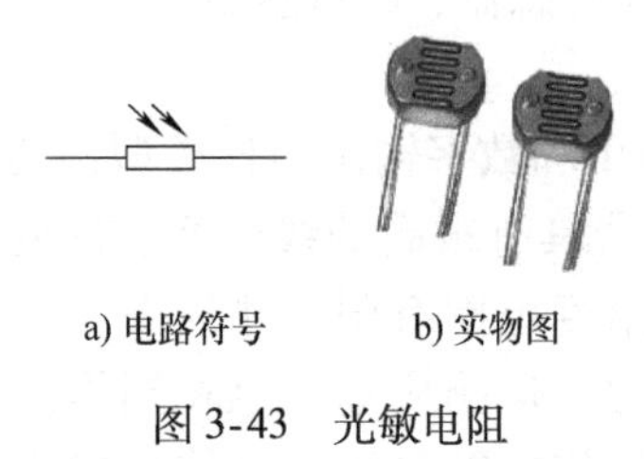

a) 电路符号　b) 实物图

图3-43　光敏电阻

a) 电路符号　b) 实物图

图3-44　光敏二极管

（3）光敏晶体管　光敏晶体管和普通晶体管相似，也有电流放大作用，只是它的集电极电流不只是受基极电路和电流控制，同时也受光辐射的控制。通常基极不引出，但一些光敏晶体管的基极有引出，用于温度补偿和附加控制等作用。当具有光敏特性的 PN 结受到光辐射时，形成光电流，由此产生的光生电流由基极进入发射极，从而在集电极回路中得到一个放大了 β 倍的信号电流。不同材料制成的光敏晶体管具有不同的光谱特性。与光敏二极管相比，光敏晶体管具有很大的光电流放大作用，即很高的灵敏度。其电路符号及实物图如图 3-45 所示。

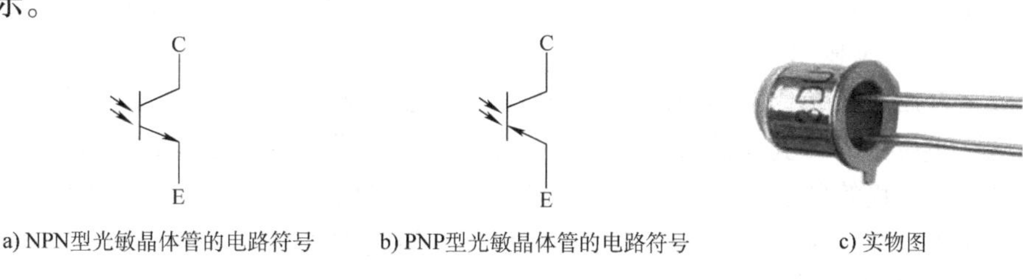

a) NPN型光敏晶体管的电路符号　b) PNP型光敏晶体管的电路符号　c) 实物图

图 3-45　光敏晶体管

3. 磁传感器

（1）霍尔传感器　霍尔传感器可以检测磁场及其变化，将其转换成电压信号。霍尔传感器具有许多优点：结构牢固、体积小、重量轻、寿命长、安装方便、功耗小、频率高、耐震动、不怕污染或腐蚀，可在各种与磁场有关的场合中使用。

（2）干簧管　干簧管是干式舌簧管的简称，是一种有触点的磁敏的特殊开关，具有结构简单、体积小、便于控制等优点。其电路符号及实物图如图 3-46 所示。干簧管与永磁体配合可制成磁控开关，用于报警装置及电子玩具中；与线圈配合可制成干簧继电器，在电子设备中迅速切换电路。

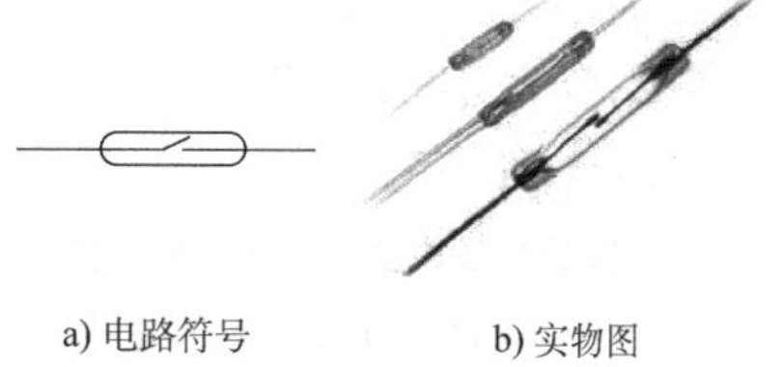

a) 电路符号　b) 实物图

图 3-46　干簧管

3.6.3　显示器件

1. 发光二极管

发光二极管与普通二极管一样具有单向导电性，当通过一定的电流时，它就会发光。其电路符号及实物图如图 3-47 所示。发光二极管分为单色、双色、组合、单闪和七彩，又可分为普通和超亮两种，体积大小也有多种类型。

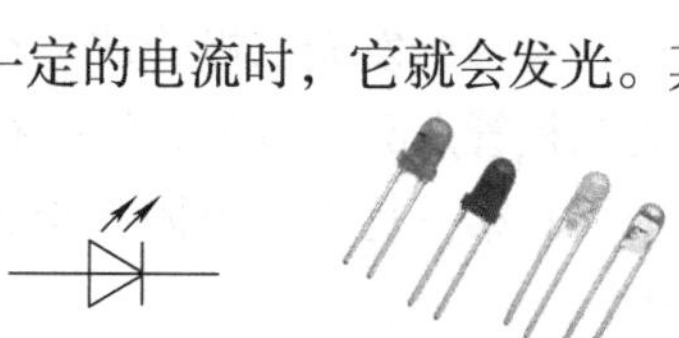

a) 电路符号　b) 实物图

图 3-47　发光二极管

（1）发光二极管的极性识别　发光二极管通常长引脚为正极，短引脚为负极。也可以通过观察发光二极管内部电极来判断正负：一般来说，电极较小、个头较矮的一个是正极，电极较大的一个是负极。还可以通过观察发光二极管的外形来判断正负：通常来说，管体直径最大的一圈，有一段平的部分，那一边的电极为负极。对于表贴式发光二极管，有缺口的一端为负极。

（2）发光二极管的检测

1）用指针万用表检测。用电阻档 R×1 检测发光二极管正向电阻时，发光二极管会被点亮。利用这一特性既可以判断发光二极管的好坏，也可以判断其极性。点亮时，黑表笔所接的引脚为发光二极管的正极。若 R×1 档不能使发光二极管点亮，则只能用 R×10k 档检测其正、反向阻值，看其是否具有二极管特性，才能判断其好坏。

2）用数字万用表检测。选择二极管档，红表笔接到发光二极管正极，黑表笔接到发光二极管负极，此时发光二极管应被点亮，万用表显示其正向压降值，一般为 1.2～2.5V。红表笔接到发光二极管负极，黑表笔接到发光二极管正极，此时发光二极管不导通，万用表应显示“OL”或最高位显示“1”。

部分数字万用表有 h_{FE} 档，可以利用此档检测发光二极管。将发光二极管两个极分别插入 NPN 型测试座的 C、E 孔，若发光二极管被点亮，则 C 孔插入的是发光二极管的正极，E 孔插入的是发光二极管的负极；若发光二极管不亮，交换两个极的位置再检测，若此时发光二极管还不能被点亮，则可以判断发光二极管损坏。用此方法时须注意：由于电流较大，点亮发光二极管的时间不能太长。

2. LED 数码管

LED 数码管是将若干发光二极管按一定图形组织在一起的显示器件。应用较多的是八段数码管（七段笔画和一个小数点），其实物图如图 3-48a 所示。八段数码管分为共阴极和共阳极两种，其结构及内部电路如图 3-48b、c、d 所示。以共阴极数码管为例，它的内部是 8 个负极连接在一起的 LED，通过给不同笔画的 LED 正极加上正电压，可以使其显示出相应的数字。

以小型共阴极数码管为例，说明数码管的检测方法。若用指针万用表检测，应选用电阻档 R×10k，红表笔接公共端，黑表笔逐个触碰其他各端都应是低电阻，否则说明数码管损坏。若用数字万用表检测，应选用二极管档，黑表笔接公共端，红表笔逐个触碰其他各端都应使相应的 LED 发光，否则说明数码管损坏。

3. LED 矩阵显示屏

LED 矩阵显示屏由很多个发光二极管组成，靠控制每个发光二极管的亮灭来显示字符，其实物如图 3-49a 所示。LED 矩阵显示屏按矩阵的 LED 个数分，常用的有 8×8、16×16、5×7；按颜色分，常用的有单色和双色。

图 3-49b 是 8×8 LED 单色矩阵显示屏的内部电路。从图中看出，它由 64 个发光二极管组成，且每个发光二极管放置在行线和列线的交叉点上，当行、列呈现不同电平时，相应的发光二极管点亮。例如，第一行串联电阻接电源正极，第一列接电源负极时，VD_1 点亮，其余熄灭；第一行串联电阻接电源正极，第八列接电源负极时，VD_8 点亮，其余熄灭，以此类推。

LED 点阵由很多发光二极管组成，只要检测这些发光二极管是否正常，就能判断点阵是否正常。判别时，将 3～6V 直流电源与一只 100Ω 电阻串联，如图 3-50 所示，再用导线将行①～⑤引脚短接，并将电源正极（串有电阻）与行某引脚连接，然后将电源负极接列①引脚，列①五个 LED 应全亮，若某个 LED 不亮，则表明该 LED 损坏，用同样方法将电源负极依次接列②～⑤引脚，若点阵正常，则列①～⑤的每列 LED 会依次点亮。

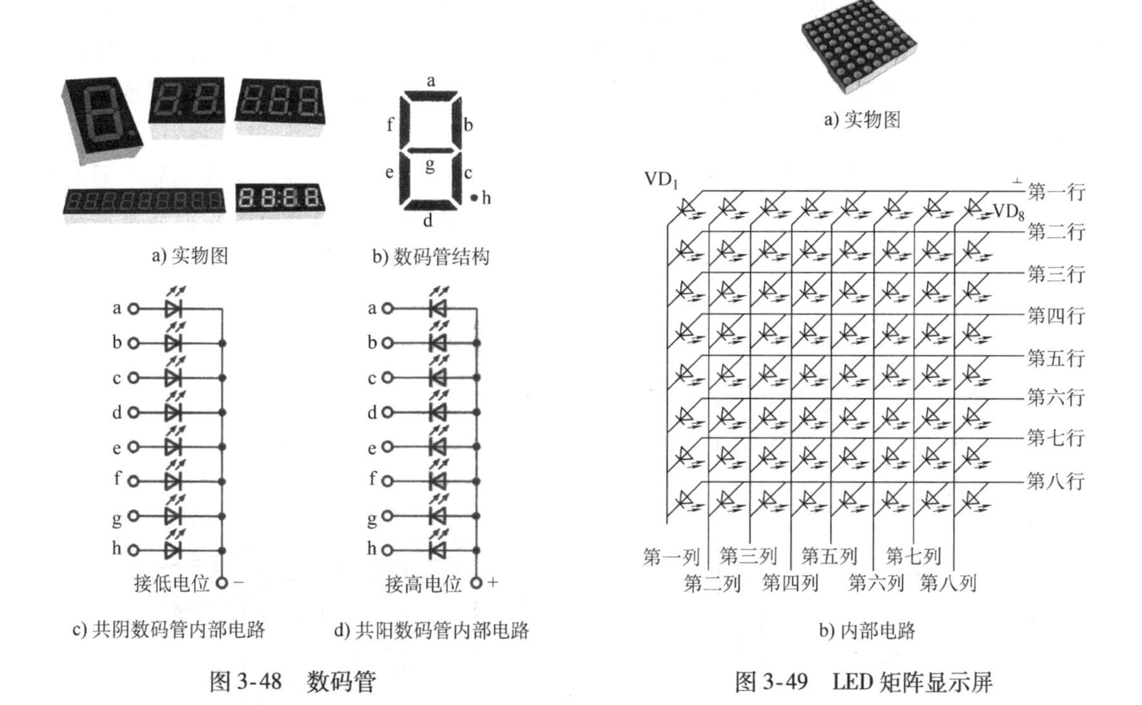

a) 实物图　b) 数码管结构

c) 共阴数码管内部电路　d) 共阳数码管内部电路

图3-48　数码管

a) 实物图

b) 内部电路

图3-49　LED矩阵显示屏

4. 真空荧光显示器

真空荧光显示器（VFD）常用在家用电器、办公自动化设备、工业仪器仪表及汽车等各种领域中，用来显示机器的状态和时间等信息。其实物图如图3-51所示。真空荧光显示器有一位荧光显示器和多位荧光显示器。

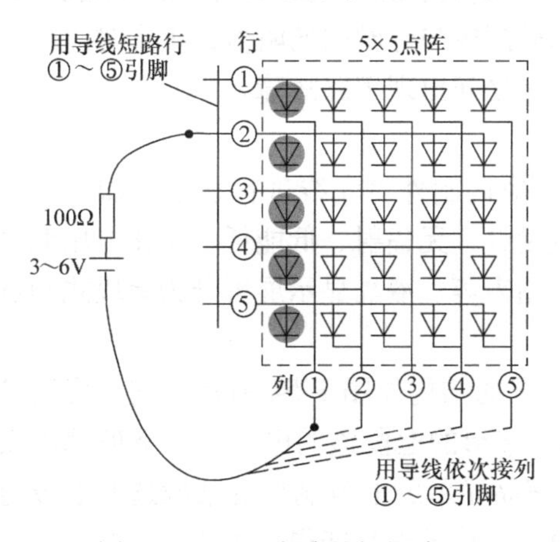

图3-50　LED点阵的好坏检测

图3-51　真空荧光显示器

一位真空荧光显示器的结构示意图如图3-52所示，它内部有灯丝、栅极（控制极）和a、b、c、d、e、f、g七个阳极，这七个阳极上都涂有荧光粉并排列成“8”字样。工作时，要给灯丝提供3V左右的交流电压，栅极加上较高电压后吸引电子并让其穿过栅极往阳极方向运动，这时若某个或某几个阳极为高电压，则电子轰击该阳极，使阳极上的荧光粉发光。

一个一位真空荧光显示器能显示一位数字，若需要显示多位数字或字符，则可以使用多位真空荧光显示器。例如四位真空荧光显示器，其结构示意图如图3-53所示，显示器有A、B、C、D四个位区，每个位区都有单独的栅极，分别引出G1、G2、G3、G4；每个位区的灯丝在内部以并联的形式连接起来，对外只引出F1、F2两个引脚；A、B、C位区数字相应各段的阳极都连接在一起，再与外面的引脚相连，D区“消毒”图形与文字为一个阳极，与引脚f相连，“干燥”图形与文字为一个阳极，与引脚g相连。多位真空荧光显示器的显示与多位LED数码管一样，通常采用扫描方式，即A、B、C、D四个位区轮流显示，利用人眼视觉暂留的特性，使人感觉所有位区一起显示。

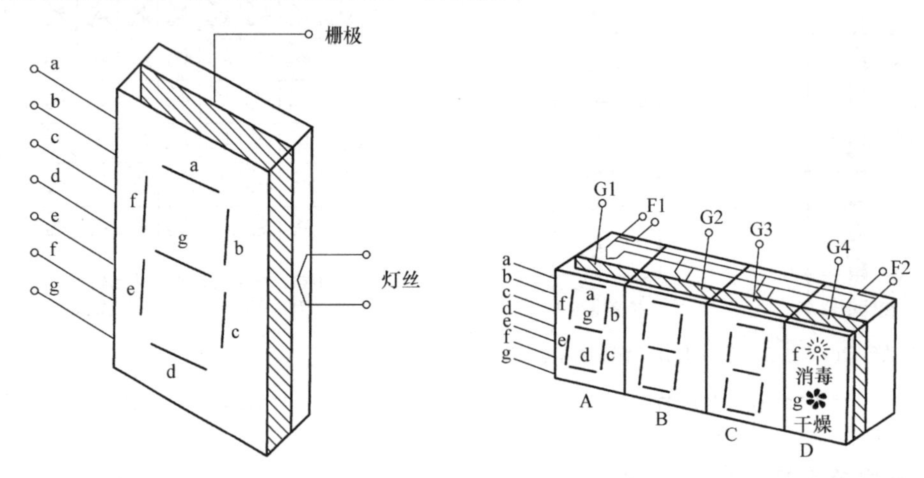

图3-52　一位真空荧光显示器的结构示意图　　图3-53　四位真空荧光显示器的结构示意图

在检测VFD时，可用万用表R×1或R×10档测量灯丝的阻值，正常时阻值应很小，如果阻值无穷大，则表明灯丝开路或引脚开路。在检测各栅极和阳极时，使用万用表R×1k档，测量各栅极之间、各阳极之间、栅阳极之间和栅阳极与灯丝间的阻值，正常时应均为无穷大，若出现阻值为0或较小的情况，则表明所测极之间出现短路故障。

5. *液晶显示屏*

液晶显示屏又称LCD屏，是利用液晶的电光效应调制外界光线进行显示的器件。液晶显示屏具有图像清晰精确、平面显示、厚度薄、重量轻、无辐射、低能耗、工作电压低等优点，常用于各种数字式仪表的显示器件，如数字万用表等。液晶显示屏可分为笔段式和点阵式两种。

（1）笔段式液晶显示屏　一位笔段式液晶显示屏的结构如图3-54所示，它是将液晶材料封装在两块玻璃之间，在上玻璃内表面涂上“8”字形的七段透明电极，在下玻璃内表面整个涂上导电层作公共电极（或称背电极）。当给液晶显示屏上玻璃板的某段透明电极与下玻璃的公共电极之间加上适当大小的电压时，该段所夹持的液晶变得不透明，就会显示出该段形状。

多位笔段式液晶显示屏如图3-55所示，分为静态和动态（扫描）两种驱动方式。采用静态驱动方式时，整个显示屏使用一个公共背电极并接出一个引脚，各段电极都需要独立接出引脚，故而引脚数量较多。采用动态驱动方式时，各位都有独立的背极，各位相应的段电极在内部连接在一起再接出一个引脚，与多位LED数码管、多位真空荧光显示器一样采用逐位快速显示的扫描方式，利用人眼的视觉暂留特性来产生屏幕整体显示的效果。

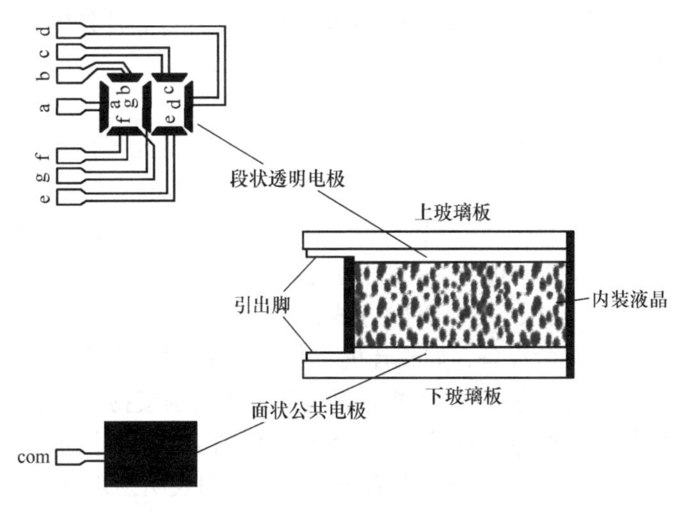

图3-54　一位笔段式液晶显示屏的结构

(2) 点阵式液晶显示屏　笔段式液晶显示屏结构简单、价格低廉，但显示的内容简单且可变化性小，而点阵式液晶显示屏以点的形式显示，几乎可以显示任何字符图形内容，如图3-56所示。而图3-57所示为5×5点阵式液晶显示屏的结构示意图，封装有液晶的下玻璃内表面涂有5条行电极，在上玻璃内表面有5条透明电极，行电极与列电极有25个交叉点，每个交叉点相当于一个点(又称像素)。其显示方式与点阵LED显示屏一样，采用扫描方式，可分为行扫描、列扫描、点扫描。

图3-55　多位笔段式液晶显示屏

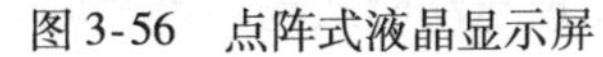

图3-56　点阵式液晶显示屏

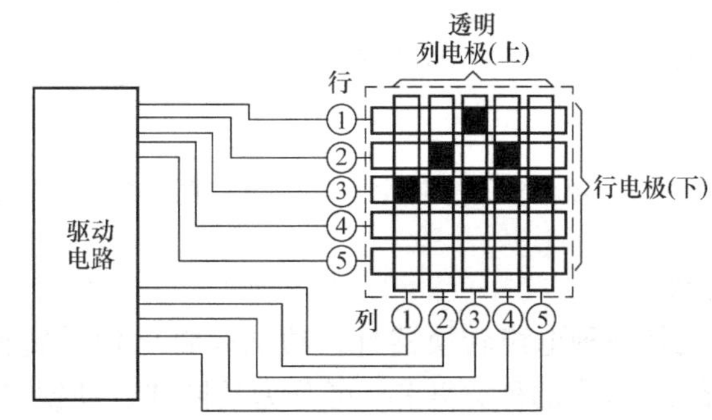

图3-57　5×5点阵式液晶显示屏的结构示意图

点阵式液晶显示屏的引脚数量很多，并且需要专门的电路来驱动，市面上的这种液晶显示屏通常与配套的驱动电路集成做在一块电路板上，再从这个电路板上接出引脚，单独用万用表很难检测其好坏，一般的做法是将这种带驱动电路的显示屏直接安装在应用系统中，观察显示屏是否显示正常来判别其好坏。

3.6.4　电声器件

电声器件包括两大类：一类用于将音频电信号转换成相应的声音信号；另一类用于将声

音信号转换成相应的电信号。这些电声器件在收音机、电视机、计算机、电话机等电子设备中得到了广泛应用。

1. 扬声器

扬声器俗称喇叭，是一种将音频电信号转换成声音信号的元器件，其电路符号及实物图如图3-58所示。扬声器工作原理为：音频电能通过电磁、压电或静电效应，使其纸盆或膜片振动并与周围的空气产生共振（共鸣）而发出声音。扬声器按磁场供给的方式，可分为永磁式、励磁式；按频率特性，可分为高音扬声器和低音扬声器；根据能量的转换方式，可分为电动式、电磁式、压电式；按声辐射方式，可分为直射式（又称纸盆式）和反射式（又称号筒式）。扬声器是视听设备，如收音机、音响设备、电视机等的重要元器件。

在检测扬声器时，万用表选择R×1档，红、黑表笔分别接扬声器的两个接线端，测量扬声器内部线圈的电阻。如果扬声器正常，则测得的阻值应与标称阻抗相同或相近，同时扬声器会发出轻微的“嚓嚓”声；若测得阻值为无穷大，则表明扬声器线圈开路或接线端脱焊；若测得阻值为0，则表明扬声器线圈短路。

使用时，若单个扬声器接在电路中，可以不用考虑两个接线端的极性，但如果将多个扬声器并联或串联起来使用，则应按图3-59的方法连接，否则扬声器发出的声音会抵消一部分。

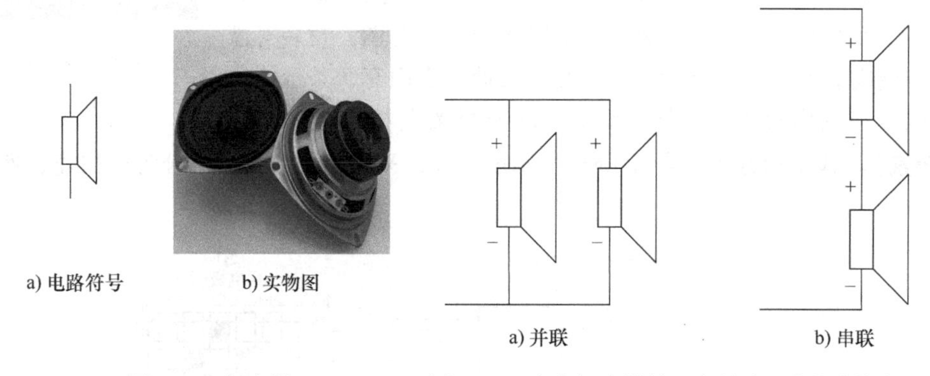

图3-58　扬声器

图3-59　多个扬声器并、串联时正确的连接方法

2. 耳机

耳机也是一种电声转换器件，功能是将电信号转换成声音。其电路符号及实物图如图3-60所示。耳机的种类很多，可分为动圈式、动铁式、压电式、静电式、气动式、等磁式和驻极式七类。其中动圈式耳机使用最为广泛，其工作原理与动圈式扬声器相同，可以看作是微型动圈式扬声器，其特点是制作相对容易，且线性好、失真小、频响宽。

图3-61所示是双声道耳机的接线示意图。从图中可以看出，耳机插头有L、R、公共三个导电环，由两个绝缘环隔开，三个导电环内部接出三根导线，一根导线引出后一分为二，三根导线变为四根后两两与左、右声道耳机线圈连接。

在检测耳机时，万用表选择R×1或R×10档，先用黑表笔接耳机插头的公共导电环，红表笔间断接触L导电环，听左声道耳机有无声音，正常时耳机有“嚓嚓”声发出，红、黑表笔接触两导电环不动时，测得左声道耳机线圈阻值应为几欧姆至几百欧姆。如果阻值为0或无穷大，则表明左声道耳机线圈短路或开路。然后黑表笔不动，红表笔间断接触R导电环，检测右声道耳机是否正常。

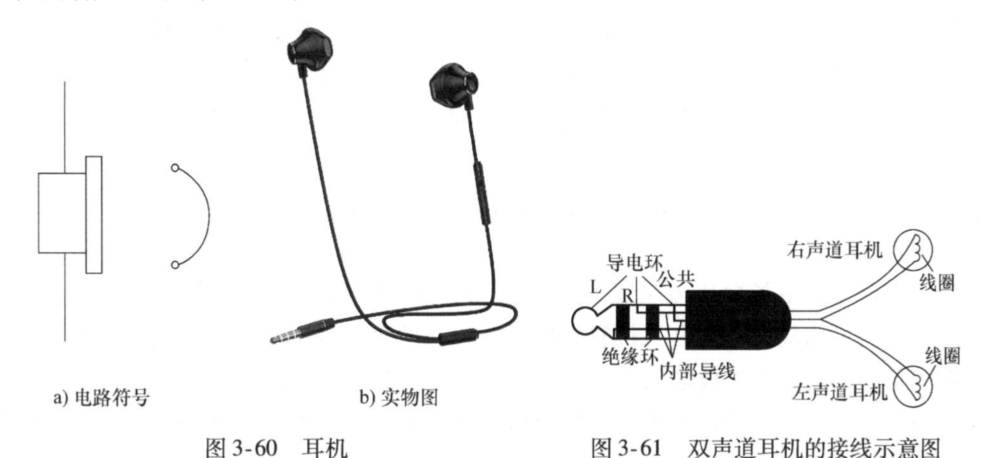

a) 电路符号　b) 实物图

图3-60　耳机

图3-61　双声道耳机的接线示意图

3. 蜂鸣器

蜂鸣器是一种一体化结构的电子讯响器，采用直流电压供电，广泛应用于计算机、报警器、电子玩具、汽车电子设备、定时器等电子产品中作发声器件。其电路符号及实物图如图3-62所示。蜂鸣器在电路中用字母“H”或“HA”表示。

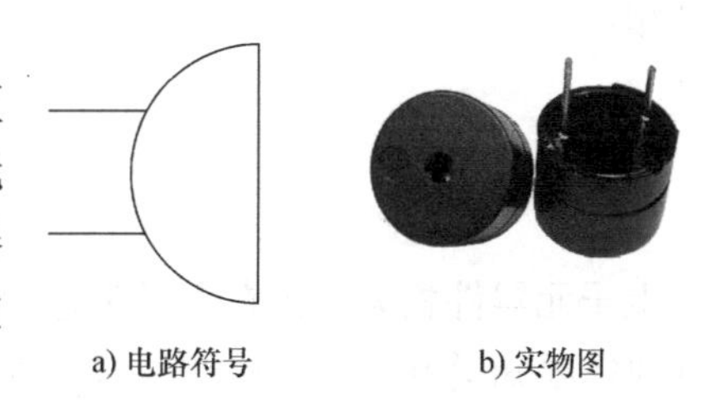

a) 电路符号　b) 实物图

图3-62　蜂鸣器

蜂鸣器的种类很多。根据发声材料的不同，可分为压电式蜂鸣器和电磁式蜂鸣器；根据是否含有音源电路，可分为无源蜂鸣器和有源蜂鸣器。无源他激型蜂鸣器的工作发声原理是：方波信号输入谐振装置转换为声音信号输出。有源自激型蜂鸣器的工作发声原理是：直流电源输入经过振荡系统的放大取样电路，在谐振装置作用下产生声音信号。

蜂鸣器的类型可以从以下几个方面进行判别。

1）从外观上看，有源蜂鸣器的引脚有正、负极性之分（引脚旁会标注极性或用不同颜色引线），无源蜂鸣器的引脚无极性，这是因为有源蜂鸣器内部音源电路的供电有极性要求。

2）给蜂鸣器两引脚加合适的电压（3～24V），能连续发声的为有源蜂鸣器，仅接通或断开电源时发出“咔咔”声的为无源电磁式蜂鸣器，不发声的为无源压电式蜂鸣器。

3）用万用表合适的欧姆档测量蜂鸣器两引脚间的正、反向电阻，正、反向电阻相同且很小（一般8Ω或16Ω左右，用R×1档测量）的为无源电磁式蜂鸣器，正、反向电阻均为无穷大（用R×10k档测量）的为无源压电式蜂鸣器，正、反向电阻在几百欧以上且测量时可能会发出连续音的为有源蜂鸣器。

4. 传声器

传声器又称话筒或微音器，旧称麦克风，是一种将声音信号转换成音频电信号的元器件，其电路符号及实物图如图3-63所示。传声器可分为电动传声器和静电传声器两类。

a) 电路符号　b) 实物图

图3-63　传声器

电动传声器是用电磁感应原理，从在磁场中运动的导体上获得输出电压的传声器，常见的为动圈式传声器。动圈式话筒的外部接线端与内部线圈相连接，根据线圈电阻大小，动圈式话筒可分为低阻抗话筒（几十至几百欧）和高阻抗话筒（几百至几千欧）。在检测低阻抗话筒时，万用表选择 R×10 档；检测高阻抗话筒时，可选择 R×100 或 R×1k 档，然后测量话筒两接线端之间的电阻。若话筒正常，则阻值应在几十至几千欧，同时话筒有轻微的“嚓嚓”声发出；若阻值为 0，则说明话筒线圈短路；若阻值为无穷大，则表明话筒线圈开路。

静电传声器是以电场变化为原理的传声器，常见的为电容式。驻极式话筒是电容式传声器的一种，它内部由场效应管和二极管组成，对外有两个接线端。检测时，万用表选择 R×100 或 R×1k 档，测量两电极之间的正、反向电阻，正常时测得阻值应一大一小。若正、反向电阻均为无穷大，则表明话筒内部的场效应管开路；若正、反向电阻均为 0，则表明话筒内部的场效应管短路；若正、反向电阻相等，则表明话筒内部场效应管 G、S 极之间的二极管开路。

本章小结

电子元器件相关知识在电子工艺中起到基础作用，电路设计时需要熟悉其原理，电路板设计时需要知道其封装，电路板装配焊接时需要掌握其检测方法及焊接方法。因此，本章详细阐述了这些内容，对常用电子元器件首先从概念、分类、封装、单位词头、发展趋势等做了概括性描述，然后把电子元器件分成阻抗元件、半导体分立器件、集成电路、机电元件、其他元器件几大类，逐个元器件讲述其原理、分类、参数、测试方法等知识。

实践与训练

1. 目的

1）了解常用元器件的外形与参数标志。

2）初步掌握常用元器件的检测方法。

2. 工具

数字万用表。

3. 材料

具有过电流保护功能的直流可调稳压电源中的电子元器件。

（1）固定电阻

1）读出并在表 3-10 中记录各电阻的标称方法、标称阻值、允许偏差及额定功率。

2）用万用表电阻档测量阻值是否与标称阻值相符。计算相对误差，判断相对误差是否在允许偏差的范围之内，从而判别各电阻的质量。

表3-10　固定电阻的识别与检测记录

序号	标称方法(色环情况)	标称阻值	允许偏差	额定功率	测量阻值	相对误差
1						
2						
3						
4						
5						
6						
7						

（2）电位器　为方便说明，在此先标记电位器的引脚，如图3-64所示。其中，1、3为电位器固定端引出端，2为电位器活动端引出端。分别检测下列各项并将结果填入表3-11中。

1）用万用表电阻档测量1、3端间的阻值，看此值是否符合标称阻值及在允许偏差范围以内。

2）用万用表电阻档检测1、2端间，2、3端间是否接触良好。

3）用万用表电阻档测量并记录1、2端间，2、3端间的电阻最小值、最大值，即阻值范围。最小阻值应接近于零；最大值应接近于电位器的标称阻值。

图3-64　被测电位器

4）用万用表电阻档最高量程，检查各端子与外壳、转轴之间的绝缘是否良好。

表3-11　电位器的识别与检测记录

标称阻值	1、3端间阻值		接触是否良好	阻值范围	绝缘是否良好
		1、2端间			
		2、3端间			

（3）电容

1）读出并在表3-12中记录各电容器的容量标称方法、标称容量、耐压值以及有无极性标志。

2）测量电容量，观察其充电、放电过程。

表3-12　电容的识别与检测记录

序号	容量标志方法	标称容量	耐压值	有无极性标志	测量容量	有无充放电过程
1						
2						
3						
4						
5						

(4) 变压器

变压器标称的电压比____________。

变压器的一次绕组匝数______，变压器的二次绕组匝数______。(少/多)

变压器的一次绕组线径______，变压器的二次绕组线径______。(小/大)

变压器的一次绕组电阻______，变压器的二次绕组电阻______。(小/大)

用万用表电阻档检测变压器的绝缘性能：

金属外壳与一次绕组之间绝缘______。(良好/不良)

金属外壳与二次绕组之间绝缘______。(良好/不良)

一次绕组与二次绕组之间绝缘______。(良好/不良)

(5) 二极管

分别检测下列各项并将结果填入表3-13中。

表3-13　二极管的识别与检测记录

型号	类型	序号	正向测量	反向测量
1N4001	普通二极管	1		
		2		
		3		
		4		
LED	发光二极管	是否发光		

1）1N4001：识别其极性标志。用万用表二极管档检测1N4001。1N4001为硅管，因此正向压降范围应为500~700mV；反向测量时应为不导通。

2）LED：识别其极性标志。用万用表二极管档检测LED。正向测量时，LED应发光，正向压降约为1.2~2.5V；反向测量时应为不导通。

(6) 晶体管

为方便说明，在此先标记晶体管的引脚，如图3-65所示。用万用表二极管档判别其管型、材料和引脚排列。

1）TIP42C型晶体管。

① 用______（红/黑）表笔接______（1/2/3）引脚，另一表笔分别接触其余两引脚。两次都出现读数，所以______（1/2/3）引脚为基极B。这个晶体管的管型为______（NPN/PNP）。

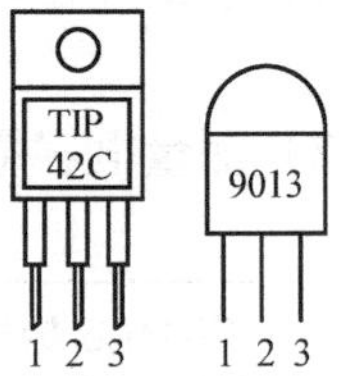

② 两读数为__________和__________，因此这个晶体管的材料为__________（硅/锗）。

图3-65　被测晶体管

③ 根据两读数，______引脚为发射极E，______引脚为集电极C（1/2/3）。

2）9013型晶体管。

① 用______（红/黑）表笔接______（1/2/3）引脚，另一表笔分别接触其余两引脚。两次都出现读数，所以______（1/2/3）引脚为基极B。这个晶体管的管型为__________（NPN/PNP）。

② 两读数为__________和__________，因此这个晶体管的材料为__________（硅/锗）。

③ 根据两读数，______引脚为发射极 E，______引脚为集电极 C（1/2/3）。

（7）晶闸管　为方便说明，在此先标记 MCR100-6 的引脚，如图 3-66 所示。用万用表二极管档判别其引脚排列：

红表笔接______引脚，黑表笔接______引脚时读数为______，且反向测量时万用表显示“OL”或最高位显示“1”。

所以 MCR100-6 为______（单向/双向）晶闸管，1 引脚为______，2 引脚为______，3 引脚为______（门极 G/阳极 A/阴极 K）。

图 3-66　被测晶闸管

（8）钮子开关

1）开关外观______（有/无）破损。

2）开关工作______（正常/不正常）：开关打向一端，用万用表电阻档（或蜂鸣档）测量引脚，中间引脚应与一端引脚导通，与另一引脚断开；把开关打向另一端，情况应相反。

3）用电阻档最高量程，检测开关的绝缘电阻：

外壳与引脚间的绝缘______（良好/不良）；

处于断开状态的引脚间的绝缘______（良好/不良）。

第4章　印制电路板设计与制作技术

印制电路板是电子工业重要的电子部件之一，几乎所有的电子设备都要使用印制电路板。在众多电子产品研制过程中，最基本的成功因素之一就是该产品的印制电路板的设计。印制电路板产品的质量直接影响到整个产品的可靠性和成本，甚至会改变一个企业的前景。

4.1　印制电路板及设计基础

4.1.1　印制电路板概述

印制电路板（Printed Circuit Board，PCB）简称印制板或电路板。印制电路板是通过印制在板上的印制导线、焊盘以及金属化过孔、填充区、敷铜区等导电图形实现元器件引脚之间的电气互连。由于印制电路板上的导电图形、元器件轮廓线以及说明性文字（如元器件序号、型号）等均通过印制方法实现，因此称为印制电路板。

通过一定的工艺，在绝缘性能很高的基材上覆盖一层导电性能良好的铜薄膜，就构成了生产印制电路板所需的材料——覆铜板，如图4-1所示。按电路要求，在覆铜板上刻蚀出导电图形，并钻出元器件引脚安装孔、实现电气互连的金属化过孔、固定大尺寸元器件以及整个电路板所需的螺钉孔等，就获得电子产品所需的印制电路板，如图4-2所示。

图4-1　覆铜板

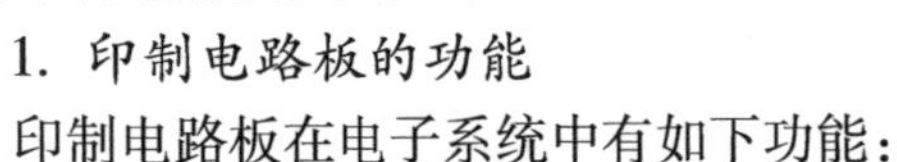

1. 印制电路板的功能

印制电路板在电子系统中有如下功能：

1）供集成电路等各种电子元器件固定、装配的机械支撑。

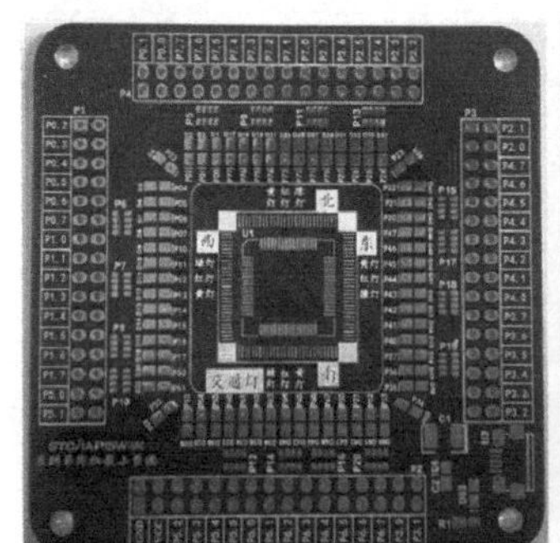

图4-2　印制电路板

2）实现集成电路等各种电子元器件之间的布线和电气连接或电气绝缘，提供所要求的电气特性，如特性阻抗等。

3）为自动锡焊提供阻焊图形，为元器件插装、检查、维修提供识别字符和图形。

2. 印制电路板的优点

从印制电路板的功能可知，与使用普通的万能板（见图4-3）相比，采用印制电路板具有很多突出的优点：

图4-3　万能板

1）产品的一致性、重现性好，成品率大大提高。

2）由于可以实现机械化和自动化生产，生产效率高。

3）可以大大减少布线和装配的错误。

4）在电子设备贴装时，易于实现自动化生产，能显著节省装配、检修工时。

5）容易实现电子设备、产品的小型化、轻量化、薄型化。

6）可以实现设计标准化。

7）可以使电子设计实现单元组合化。

8）能大大降低电子设备的价格、成本。

4.1.2　印制电路板的种类及结构

1. 印制电路板的种类

（1）按结构分类　习惯上按印制电路的导电层分布划分印制电路板，如图4-4所示。

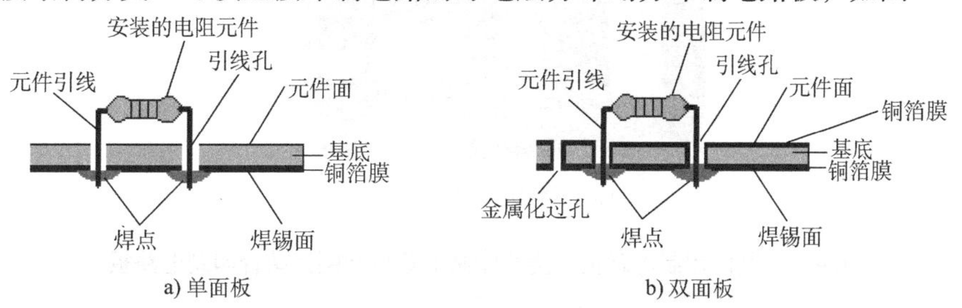

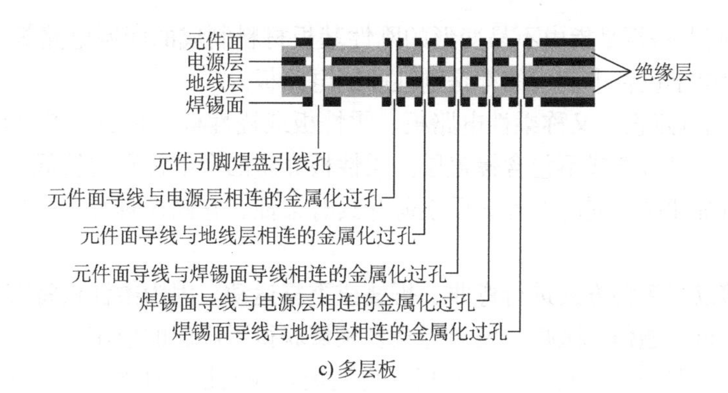

图4-4　单面、双面及多层印制电路板剖面图

1）单面板：基板只有一面敷铜箔，另一面空白，因而也只能在敷铜箔面上制作导电图形。

2）双面板：基板的上下两面都敷铜箔，因此上下两面都可印制导电图形。

3）多层板：由四层或四层以上导电图形和绝缘材料层压合成的印制电路板，通俗来说，即电路板中间有线路层的电路板。

（2）按材质分类　分为有机类基板材料和无机类基板材料。

1）有机材质：酚醛树脂、玻璃纤维/环氧树脂、聚酰亚胺（Polymide）、BT树脂等。

2）无机材质：铝基板、铜基板、铁基板、陶瓷基板等，主要取其散热功能。

（3）按机械性能分类　可分为刚性印制电路板（Rigid PCB）、挠性印制电路板（Flexible PCB）和刚挠结合印制电路板（Rigid-Flexible PCB），如图4-5所示。

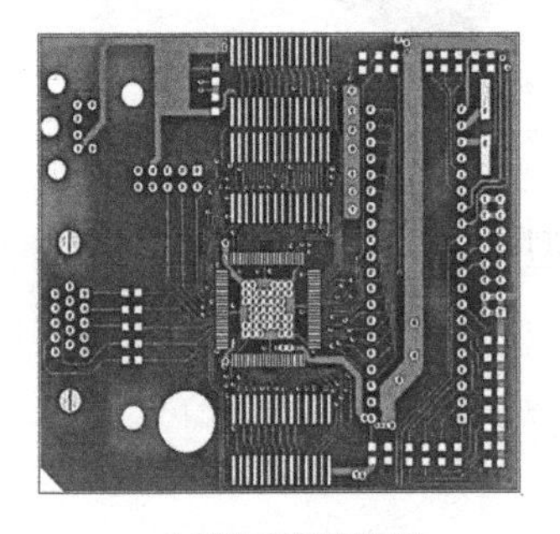

a）刚性印制电路板

b）挠性印制电路板

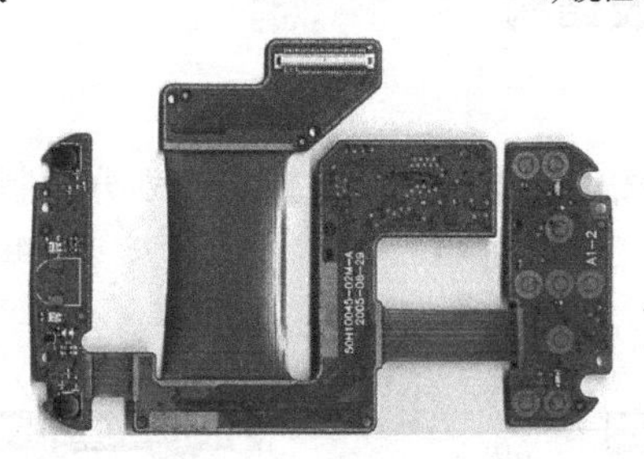

c）刚挠结合印制电路板

图4-5　刚性印制电路板、挠性印制电路板和刚挠结合印制电路板

1）刚性印制电路板是指由不易变形的刚性基板材料制成的印制电路板，在使用时处于平展状态。一般电子设备中使用的都是刚性印制电路板。

2）挠性印制电路板，又称柔性电路板、柔性板或挠性板，是由在柔性的绝缘基材制成的印制电路板，可以包含或不包含覆盖层。柔性板介质的介电常数比较低，可以给导体提供良好的绝缘和阻抗性能。同时柔性介质很薄并具有柔性，它同样具有良好的拉抗力、多功能性和散热性能。

柔性板能够以很多种方式进行弯曲、折叠或重复运动。因为柔性板特有的特性，它在汽车、便携机、手机、通信、医疗、航天等众多领域获得了广泛的应用。

（4）按过孔属性分类　可分为通孔板、盲孔板和埋孔板，如图4-6所示。

1）通孔板：指导通孔（via）从板的顶层（top）直接到底层（bottom）。

2）盲孔板：只存在于多层板，对于单、双面板不存在盲孔。盲孔指的是从印制电路板内仅延展到一个表层的导通孔；通俗来说即孔在一边能看得见，另一边则看不见。

3）埋孔板：埋孔指的是未延伸到印制电路板表面的一种导通孔。通俗来说，就是孔埋在板的中间，底层及顶层都看不到此孔。

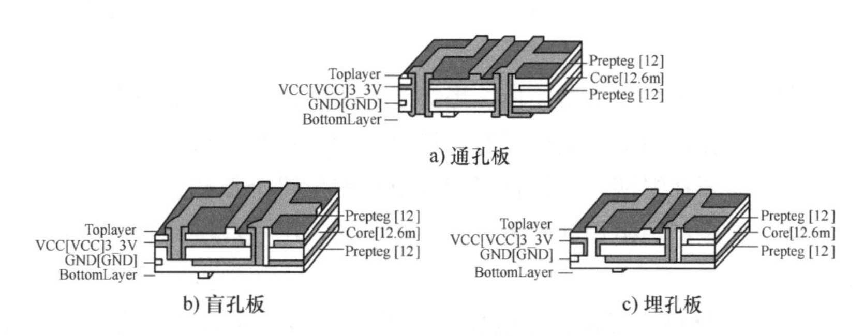

图4-6　通孔板、盲孔板和埋孔板结构图

2. 印制电路板的组成及材料

（1）印制电路板的组成　印制电路板由黏附铜箔的绝缘基板经过十几道工序加工而成，普通印制电路板主要由基板、导电图形、孔、金属表面镀层及保护涂覆层等组成。其结构示意图如图4-7所示。

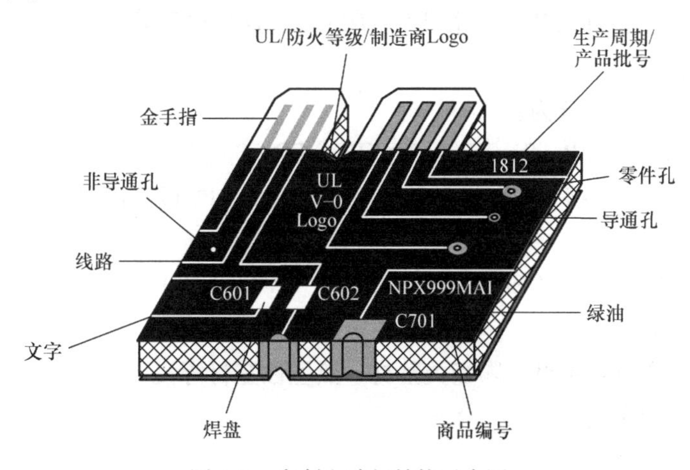

图4-7　印制电路板结构示意图

1）电介质：用来保持线路及各层之间的绝缘性，俗称为基材。

2）导电图形：覆铜的线路及图案，是元器件之间导通的工具。

3）孔：包括元器件引脚的安装孔、实现电气互连的金属化过孔、固定大尺寸元器件以及整个电路板所需的螺钉孔，另外有非导通孔（NPTH）通常用来作为表面贴装定位。

4）丝印：主要功能是在电路板上标注各元器件的标志图案、名称、位置框，方便电路的安装和维修。

5）金属表面镀层：利用电解作用使金属的表面附着一层金属膜，从而起到防止金属氧化（如锈蚀），提高耐磨性、导电性、反光性、抗腐蚀性及增进美观等作用。常见的处理方式有：喷锡，也叫热风整平（HASL）；化学镍金（Electroless Ni/Au）；化学沉锡（Immersion Tin）；化银（Immersion Silver）；有机保焊剂（OSP）。这些处理方式各有优缺点，统称为表面处理。

6）保护涂覆层：常用的方法是使用阻焊油墨作为导体的保护、绝缘层。作为一种保护层，涂覆在印制电路板不需焊接的线路和基材上，或用作阻焊剂。目的是长期保护所形成的线路图形。

阻焊颜色分别有红、蓝、绿、紫、白、黑等多种颜色，而绿色最为常用，很多人也将阻焊称为绿油，阻焊油墨在使用前是黏稠状态，通过印刷、预烘、对位、曝光、显影、后固化等多道作业流程，将需要在终端客户进行焊接或组装的位置全部裸露出来，而不需要焊接或组装的基材、铜箔位置全部用阻焊油墨覆盖住，这样的一层阻焊层具有优良的耐酸碱、耐溶剂、抗高温等性能。

（2）印制电路板的材料　覆铜板是制作印制电路板的主要材料，覆铜板全称为覆铜箔层压板（Copper Clad Laminate，CCL），是指在绝缘的基板上单面或双面覆以铜箔，由木浆纸或玻纤布等作为增强材料，浸以树脂，再经热压而制成的一种板状材料。

覆铜板主要由铜箔、树脂（黏合剂）和增强材料三部分组成。

1）铜箔：纯度大于99.8%，厚度为12~105μm（常用35~50μm）的纯铜箔。

2）树脂（黏合剂）：主要有酚醛树脂、环氧树脂、聚四氟乙烯树脂和聚酰亚胺等。

3）增强材料：主要有纸基（木浆纸）、玻纤布、复合材料等。

覆铜板的分类如下：

1）按增强材料不同可分为：

① 纸基板（FR-1、FR-2、XPC、XXXPC、FR-3等）。

② 玻纤布基板（FR-4、FR-5、G-10、G-11、PI板、PTFE板、BT板、PPE板、CE板等）。

③ 复合基板（CEM-1、CEM-2、CEM-3、CEM-4等）。

④ HDI板材（RCC）。

⑤ 特殊基材（金属类基材、陶瓷类基材、热塑性基材等）。

2）按树脂不同可分为：

① 酚醛树脂板。

② 环氧树脂板。

③ 聚酯树脂板。

④ BT树脂板。

⑤ PI树脂板。

3）按阻燃性能可分为：

① 阻燃型（UL94-V-0、UL94-V-1）。

② 非阻燃型（UL94-HB级）。

阻燃等级，也叫防火等级，即物质具有的或材料经处理后具有的明显推迟火焰蔓延的性质，并以此划分的等级制度。阻燃等级由HB、V-2、V-1向V-0逐级递增：

① HB：UL94 标准中最低的阻燃等级。要求对于 3 ~ 13mm 厚的样品，燃烧速度小于 40mm/min；小于 3mm 厚的样品，燃烧速度小于 70mm/min；或者在 100mm 的标志前熄灭。

② V－2：对样品进行两次 10s 的燃烧测试后，火焰在 60s 内熄灭。可有燃烧物掉下。

③ V－1：对样品进行两次 10s 的燃烧测试后，火焰在 60s 内熄灭。不能有燃烧物掉下。

④ V－0：对样品进行两次 10s 的燃烧测试后，火焰在 30s 内熄灭。不能有燃烧物掉下。

表 4-1 列出了常用覆铜板的材质、型号、特点、结构及其应用领域。

表 4-1　常用覆铜板的材质、型号、特点、结构及其应用领域

<table>
<tr><th colspan="2">材质</th><th>型号</th><th>特点</th><th>结构</th><th>应用领域</th></tr>
<tr><td rowspan="2">纸基板</td><td>酚醛纸覆铜板</td><td>阻燃型：FR－1、FR－2
非阻燃型：XPC、XXXPC</td><td>主要是单面板
一般电性能
成本低廉
耐热性差
抗吸湿性差</td><td>铜箔
酚醛树脂＋浸渍纤维纸</td><td>低温、经济型电源板
中低档民用电器，如电视、音响、键盘、鼠标、计算器、显示器等</td></tr>
<tr><td>环氧纸覆铜板</td><td>阻燃型：FR－3</td><td>主要是单面板
高电性能
成本低廉但高于酚醛纸
耐热性一般
抗吸湿性一般</td><td>铜箔
环氧树脂＋浸渍纤维纸</td><td>工作环境好的仪器、仪表，中档以上民用电器，电视、音响、键盘、鼠标、计算器、显示器等</td></tr>
<tr><td colspan="2" rowspan="2">环氧玻纤布覆铜板</td><td>阻燃型：FR－4
非阻燃型：G－10</td><td>机械强度高
基板通孔可以镀金属
耐热性好
介电性好
抗吸湿性强
用途广泛</td><td>铜箔
环氧树脂＋玻璃纤维布
铜箔</td><td>常规电源板
通信、移动通信、计算机、数字电视、数控音响等</td></tr>
<tr><td>阻燃型：FR－5
非阻燃型：G－11</td><td>相比 FR－4 或 G10
耐热性更强
抗吸湿性极强
热应力更好
热膨胀系数更小</td><td>铜箔
芳香基多官能环氧树脂＋玻璃纤维布
铜箔</td><td>需工作在高温条件下，芯片采用 CSP 封装、BGA 封装的电子产品</td></tr>
<tr><td rowspan="2">复合基板</td><td>环氧纸玻纤布复合覆铜板</td><td>阻燃型：CEM－1
非阻燃型：CEM－2</td><td>性能优于纸基覆铜板
具有优秀的机械加工特性
成本低于玻纤布覆铜板</td><td>铜箔
环氧树脂＋玻璃纤维
木浆纸＋环氧树脂
环氧树脂＋玻璃纤维</td><td>主要用于高频特性要求高的 PCB 上，例如电视、汽车电子、洗衣机等</td></tr>
<tr><td>环氧玻纤纸玻纤布复合覆铜板</td><td>阻燃型：CEM－3
非阻燃型：CEM－4</td><td>基本性能与 FR－4 相当，优于 CEM－1
优良的机械加工特性
可以按 FR－4 的工艺流程加工
可进行孔金属化
表面平整度优于 FR－4，布纹浅
重量比 FR－4 轻
成本低于玻纤布覆铜板</td><td>铜箔
环氧树脂＋玻璃纤维
玻璃纤维纸＋环氧树脂
环氧树脂＋玻璃纤维
铜箔</td><td>中高档民用电器，如计算机、通信设备、汽车设备、电源基板、球泡灯板等</td></tr>
</table>

注：FR－4 按照等级从低到高可分为 B 级、AB 级、A3 级、A2 级和 A1 级，不同等级的 FR－4 有各自不同的应用领域。

4.1.3　印制电路板的形成

在基板上再现导电图形有两种基本方式，如图4-8所示。

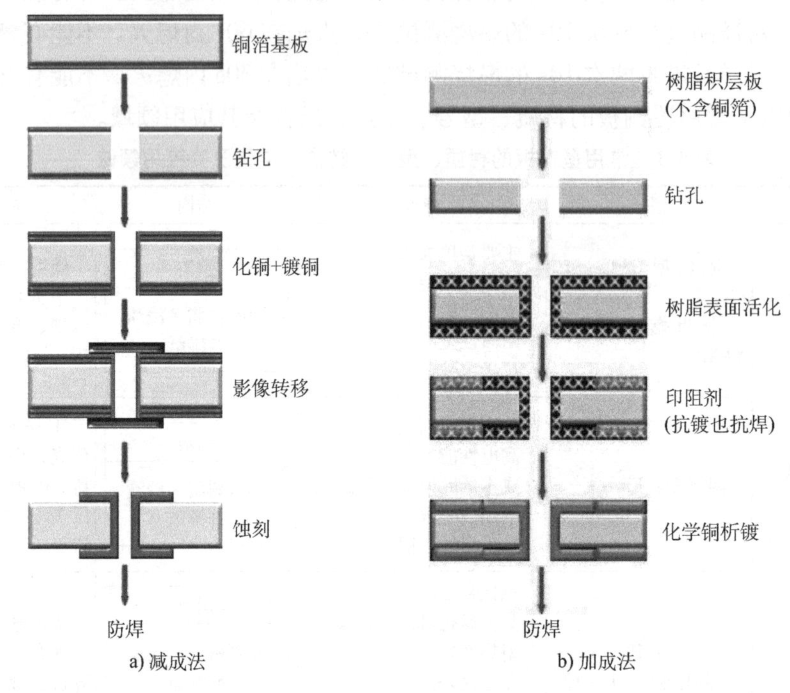

图4-8　制作印制电路板的方法

1. 减成法

减成法是最常采用的方式，即先将基板上敷满铜箔，然后用化学或机械方式除去不需要的部分。减成法又可分为：

1）蚀刻法：采用化学腐蚀方法除去不需要的铜箔，这是目前最主要的制作方法。

2）雕刻法：用机械加工方法除去不需要的铜箔，在单件试制或业余条件下可快速制出印制电路板。

2. 加成法

在绝缘基板上敷设所需的印制电路图形，敷设印制电路的方法有丝印电镀法、粘贴法等。

4.2　印制电路板的设计

印制电路板的设计是将电路原理图转换成印制电路板图，并确定技术加工要求的过程。

4.2.1　印制电路板设计的基本要求

1. 正确

这是印制电路板设计最基本、最重要的要求，准确实现电原理图的连接关系，避免出现

"短路"和"断路"这两种简单而致命的错误。这一基本要求在手工设计和用简单CAD软件设计的PCB中并不容易做到，一般较好的产品都要经过两轮以上试制修改，功能较强的CAD软件则有检验功能，可以保证电气连接的正确性。

2. 可靠

这是PCB设计中较高一层的要求。从可靠性的角度讲，结构越简单，使用元器件越少，板子层数越少，可靠性越高。

3. 合理

这是PCB设计中更深一层，更不容易达到的要求。没有绝对合理的设计，只有不断合理化的过程。它需要设计者的责任心和严谨的作风，以及在实践中不断总结和提高。

4. 经济

这是一个不难达到、又不易达到，但必须达到的目标。一个原理先进，技术高新的产品可能因为经济性原因而夭折。

4.2.2 印制电路板的设计准备

印制电路板设计是电子产品整机工艺设计中的重要一环，其设计质量不仅关系到元器件在焊接、装配、调试中是否方便，而且直接影响整机技术性能。印制电路板设计的主要工作是排版设计，但排版之前必须先考虑以下准备工作。

1. 电路要求及参数的确认

1）电路原理。了解电路工作原理和组成，各功能电路的相互关系及信号流向等内容，对电路工作时可能发热、可能产生干扰等情况把握准确。

2）印制电路板工作环境（是否密封，工作环境温度变化，是否有腐蚀性气体等）及工作机制（连续工作还是断续工作等）。

3）主要电路参数，如最高工作电压、最大电流及工作频率等。

4）主要元器件和部件的型号、外形尺寸、封装，必要时取得样品或产品样品。

2. 印制电路板结构、种类的确定

（1）印制电路板结构的确定　印制电路板整体结构有两种，即单板结构和多板结构。

1）单板结构：是指将所有元器件布设在一块印制电路板上。当电路较简单或整机电路功能唯一确定的情况下，可以采用单板结构。单板结构的优点是结构简单、可靠性高、使用方便；不足之处是改动困难，功能扩展、工艺调试和维修性较差。单板结构如图4-9所示。

2）多板结构：也称积木结构，是将整机电路按原理功能分为若干部分，分别设计为各自功能独立的印制电路板。大部分中等复杂程度以上电子产品都采用多板结构的方式。多板结构优缺点与单板结构正好相反。目前使用相当广泛的台式计算机就是多板结构。如图4-10所示，主板上集中了CPU、RAM、ROM、多功能适配器等计算机基本功能，其他功能则由插接到主板上的不同插卡完成。

（2）印制电路板种类的确定　对于复杂程度较大的电子产品，设计人员一般都会选择多层板。对于中小复杂程度的电子产品，则可以选择单面印制电路板或双面印制电路板。

3. 印制电路板基材、形状、尺寸和厚度的确定

（1）基材的确定　印制电路板基材要根据产品类型和性能要求确定，不同材料的性能、价格有很大差别。总体上说，可把各种各样的电子产品归纳为以下三种类型：

图 4-9　单板结构

图 4-10　多板结构

1）消费类产品：要求成本低、功能强、美观时尚，对使用寿命与可靠性要求不高。

2）一般工业品与仪器仪表：对价格敏感度低于消费类产品，但对使用寿命与可靠性要求高于消费类产品，并且使用环境差别较大，印制电路板基材要能满足对使用寿命、可靠性及不同环境的要求。

3）高性能产品：要求高品质、高可靠性，成本相对不重要。印制电路板基材要能满足恶劣严酷环境下的可靠性要求，例如军用产品、航空航天、医疗系统等。

（2）印制电路板的外形　理论上印制电路板的外形可以是任意的，长方形、圆形、多边形或其他形状都可以。但是考虑到美观和工艺性，在满足整机空间布局要求的前提下，外形应尽量简单。最经济、最实惠的外形是长、宽比例不太悬殊的长方形（常用的比例有 3∶2、4∶3）。

（3）印制电路板尺寸　印制电路板尺寸的确定要从整机的内部结构和板上元器件的数量、尺寸及安装、排列方式来决定，在满足安装空间前提下同时要考虑结构稳定性和提高材料利用率。

具体应当综合以下几个因素来权衡：

1）成本：印制电路板的面积越大，造价越高。

2）机箱外壳尺寸：在设计有机壳的印制电路板时，印制电路板尺寸受到机箱外壳尺寸的限制，一定要在确定印制电路板尺寸之前确定机壳大小，否则无法确定印制电路板的尺寸。

3）抗噪能力：印制电路板上的元器件之间要留有一定的间隔，特别是在高压电路中，更应该留有足够的间距；在考虑元器件所占用的面积时，要注意发热元器件安装散热片的尺寸；在确定了净面积以后，还应当向外扩出 5 ~ 10mm，以便于印制电路板在整机中的安装固定。印制电路板尺寸过小，则散热不好，并且相邻印制导线之间易引起干扰；如印制电路板过长，印制导线也较长时同样易引起高速信号的波形畸变。

4）机械强度：当印制电路板的面积较大、元器件较重或在振动环境中时，应考虑印制电路板的机械强度。可以采用边框、加强筋或多点支撑等形式加固，或将大而重的元器件移出印制电路板放在机箱底座或固定在牢固的位置上。

（4）印制电路板厚度　常用的基板标准厚度有 0.2mm、0.5mm、0.7mm、0.8mm、1.5mm、1.6mm、2.4mm、3.2mm、6.4mm 等多种，除非特殊需要，一般不要选非标准厚度的基板。在确定板的厚度时，应该考虑以下因素：

1）印制电路板的电气性能（电流密度、耐电压和绝缘）。

2）机械特性的要求，PCB 单位面积承受的元器件重量。

3）配套连接器的规格、尺寸。

通常，在能满足使用性能的前提下，应选择比较薄的基材以免提高成本和增加产品的重量。

4. 印制电路板对外连接方式的选择

一块印制电路板作为整机的一个组成部分，一般不能构成一个电子产品，必然存在对外连接的问题。如印制电路板之间，印制电路板与板外元器件、印制电路板与设备面板之间都需要电气连接。当然，这些连接线的总数要尽量少并根据整体结构选择连接方式。总的原则应该是连接可靠，安装、调试、维修方便，成本低廉。

（1）焊接方式

1）导线焊接方式：导线焊接方式如图 4-11 所示。此方式不需要任何接插件，只要用导线将印制电路板上的对外连接点与板外的元器件或其他部件直接焊牢即可。例如收音机中的扬声器、电池盒等。

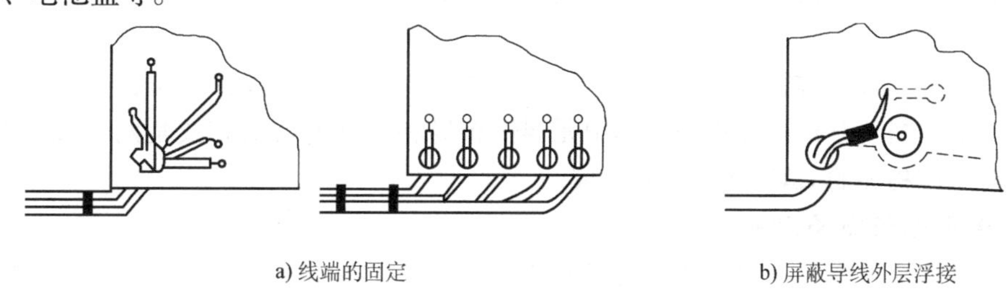

a) 线端的固定　　b) 屏蔽导线外层浮接

图 4-11　导线焊接方式

印制电路板互连焊接时应注意：

① 焊接导线的焊盘应尽可能在印制电路板的边缘，并按统一尺寸排列，以利于焊接与维修。

② 为提高导线连接的机械强度，避免因导线受到拉扯将焊盘或印制导线拽掉，应在印制电路板上焊点的附近钻孔，让导线从印制电路板的焊接面穿过通孔，再从元器件面插入焊盘孔进行焊接。

③ 将导线排列或捆扎整齐，通过线卡或其他紧固件与板固定，避免导线因移动而折断。

2）印制电路板之间排线焊接：印制电路板之间排线焊接如图 4-12 所示，两块印制电路板之间采用排线连接，既可靠又不易出现连接错误，且两块印制电路板相对位置不受限制。

3）印制电路板之间直接焊接：印制电路板之间直接焊接常用于两块印制电路板之间为 90°夹角的连接。连接后成为一个整体印制电路板部件。

（2）接插件连接　在比较复杂的仪器中，经常采用接插件连接方式，不仅保证了产品批量生产的质量，降低了最小系统的成本，并且为调试、维修提供了极为方便的条件。下面介绍几种常见的接插件连接。

1）印制电路板接插件：接插件连接是在印制电路板边缘做出印制插头，俗称“金手指”，通常含有定位槽，如图4-13所示，与专用印制电路板插座相配。

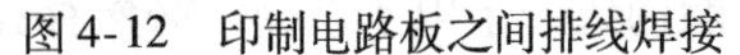

图4-12　印制电路板之间排线焊接

图4-13　印制电路板接插件

2）其他接插件：有许多接插件可用于印制电路板的对外连接，如常用的有插针式接插件、条形接插件、矩形接插件和带状电缆接插件。

4.2.3　印制电路板的设计流程和原则

一般印制电路板（PCB）基本设计流程为：

前期准备→PCB结构设计→布局→布线→布线优化和丝印→网络和DRC检查、结构检查→制版。

经过第一步“前期准备”和第二步“PCB结构设计”（这两步在前面已经进行了介绍）后，就进入了印制电路板设计程序，其中元器件布局和电路连接的布线是两个关键的环节，它们也都需要在相关的CAD软件上去完成。

1. 印制电路板布局原则

为使整机能够稳定可靠地工作，要对元器件及其连线在印制电路板上进行合理的排版布局。布局就是将电路元器件放在印制电路板布线区内，布局是否合理不仅影响后面的布线工作，而且对整个印制电路板的性能也有重要作用。下面介绍的布局要求、原则和方法，无论手工还是CAD都适用。

（1）布局的重要性　布局的重要性体现在以下三个方面：

1）布局决定设计质量。

2）布局缺陷不容易修改。

3）CAD自动布局并不尽如人意，相对布线而言，布局仍然是计算机软件的弱项。

（2）布局要求

1）首先要保证电路功能和性能指标。

2）在此基础上满足工艺性、检测、维修方面的要求。工艺性包括元器件排列顺序、方向、引线间距等生产方面的考虑，在批量生产以及采用自动插装机时尤为突出。考虑到印制电路板间测试信号注入或测试，设置必要的测试点或调整空间，以便有关元器件的替换和维护。

3）适当兼顾美观性，元器件排列整齐，疏密得当。

（3）布局的一般原则

1）流向原则：按照电路的流程安排各个功能电路单元的位置，使布局便于信号流通，并使信号尽可能保持一致的方向，避免输入/输出、高低电平部分交叉。在多数情况下，信号流向安排成从左到右或从上到下。

2）最近相邻原则：布局的最重要的原则之一是保证布线的布通率，移动元器件时要注意网络的连接，把有网络关系的元器件放在一起，而且能大致达成互连最短，要注意如果两个元器件有多个网络的连接时要通过旋转来使网线的交叉最少。

3）布放顺序原则：先主后次，先大后小，先特殊后一般，先集成后分立。

4）均布原则：放置元器件时要考虑以后的焊接，不要太密集，元器件分布要尽可能均匀，例如大的元器件再流焊时热容量比较大，过于集中容易使局部温度低而造成虚焊。

5）抗干扰原则：数字器件和模拟器件要分开，尽量远离；尽可能缩短高频元器件之间的连线，设法减少它们的分布参数和相互间的电磁干扰，易受干扰的元器件不能相互挨得太近，输入和输出元件应尽量远离；去耦电容尽量靠近器件的电源 VCC，贴片器件的退耦电容最好布在板子另一面的器件中间位置等，这一原则涉及很多方面的知识，都是依靠经验来进行的，读者可以参阅本章4.3节关于电磁兼容设计的内容。

6）散热原则：发热元器件应尽可能远离其他元器件，一般放置在边角，机箱内通风位置，发热元器件一般都要用散热片，所以要考虑留出合适的空间安装散热片，此外发热元器件的发热部位与印制电路板的距离一般不小于2mm。对温度敏感的元器件要远离发热元器件。

7）易调节原则：对于电位器、可调电感线圈、可变电容器、微动开关等可调元件的布局应考虑整机的结构要求。若是机内调节，应放在印制电路板上方便于调节的地方；若是机外调节，其位置要与调节旋钮在机箱面板上的位置相适应。

8）抵抗受力原则：固定孔一般放在接线端子、插拔器件、长串端子等经常受力作用的器件中央，并留出相应的空间；重量超过15g的元器件，应当用支架加以固定，然后焊接。

9）安全原则：如带高电压的元器件应尽量布置在调试时手不易触及的地方，某些元器件或导线之间可能有较高的电位差，应加大它们之间的距离，以免放电而引起意外短路造成火灾，一般环境中的间隙安全电压是200V/mm。

10）易维修原则：大型器件的四周要留出一定的维修空间（如留出SMD返修设备加热头能够进行操作的尺寸），需要经常更换的元器件（如熔断器等）应置于便于更换的位置。

最后还要考虑整体的美观性等，一个产品的成功与否，一是要注重内在质量，二是兼顾整体的美观，两者都较完美才能认为该产品是成功的。

（4）一般元器件布局与组装原则

1）元器件的布设原则：布设元器件一般遵循以下几条原则：

① 元器件在整个板面上应分布均匀、疏密一致。

② 元器件不要占满板面，注意板边四周要留有一定空隙，空隙大小根据印制电路板的大小及固定方式决定。

③ 在通常条件下，所有的元器件均应布置在印制电路板的同一面上，只有在顶层元器件过密时，才能将一些高度有限并且发热量小的元器件，如贴片电阻、贴片电容、贴片 IC 等放在底层。

④ 元器件的布设不能上下交叉。相邻的两个元器件之间要保持一定间距，间距不得过小以免碰接。

⑤ 在保证电气性能的前提下，元器件应放置在栅格上且相互平行或垂直排列，以求整齐、美观，一般情况下不允许元器件重叠；元器件排列要紧凑，输入和输出元器件尽量远离。

⑥ 元器件的安装高度要尽量低，一般元器件体和引线离开板面不要超过 5mm，过高则承受振动和冲击的稳定性变差，容易倒伏或与相邻元器件碰接。

⑦ 根据印制电路板在整机中的安装位置及状态确定元器件的轴线方向。规则排列的元器件，应该使体积较大的元器件的轴线方向在整机中处于竖立状态，这样可以提高元器件在印制电路板上固定的稳定性。

2）表面贴装印制电路板的元器件布局特点与要求：

① 距离：表面贴装印制电路板同种类元器件距离如表 4-2 所示。

同种类贴片元器件之间的最小间距规定要求：≥0.3mm。

表 4-2　表面贴装印制电路板同种类元器件距离

封装尺寸	元器件本体间距 B/mm		焊盘间距 L/mm	
	最小间距	推荐间距	最小间距	推荐间距
0603	0.76	1.27	0.76	1.27
0805	0.89	1.27	0.89	1.27
1206	1.02	1.27	1.02	1.27
≥1206	1.02	1.27	1.02	1.27
SOT 封装	1.02	1.27	1.02	1.27
钽电容 3216、3528	1.02	1.27	1.02	1.27
钽电容 6032、7343	2.03	2.54	1.27	1.52
SOP			1.27	1.52

表面贴装印制电路板不同种类元器件距离如表 4-3 所示。

不同种类贴片元器件之间的最小间距规定要求：$\geq 0.13 \times h + 0.3$mm，其中 h 为周围近邻元器件最大的高度差。

表 4-3　表面贴装印制电路板不同种类元器件距离　　（单位：mm）

封装尺寸	通孔	SOIC	钽电容 6032、7343	钽电容 3216、3528	SOT 封装	≥1206	1206	0805	0603
0603	1.27	2.54	2.54	1.52	1.52	1.27	1.27	1.27	
0805	1.27	2.54	2.54	1.52	1.52	1.27	1.27		1.27
1206	1.27	2.54	2.54	1.52	1.52	1.27		1.27	1.27
≥1206	1.27	2.54	2.54	1.52	1.52		1.27	1.27	1.27
SOT 封装	1.27	2.54	2.54	1.52		1.52	1.52	1.52	1.52

（续）

封装尺寸	通孔	SOIC	钽电容 3216、7343	钽电容 3216、3528	SOT 封装	≥1206	1206	0805	0603
钽电容 3216、3528	1. 27	2. 54	2. 54		1. 52	1. 52	1. 52	1. 52	1. 52
钽电容 6032、7343	1. 27	2. 54		2. 54	2. 54	2. 54	2. 54	2. 54	2. 54
SOIC	1. 27		2. 54	2. 54	2. 54	2. 54	2. 54	2. 54	2. 54
通孔		1. 27	1. 27	1. 27	1. 27	1. 27	1. 27	1. 27	1. 27

表面贴装印制电路板元器件距离图解如图 4-14 所示。

另外，只能手工贴片的元器件之间距离要求：≥1. 5mm。

经常插拔器件，板边连接器周围 3mm 范围内尽量不布置贴片元器件，以防止连接器插拔时产生应力损坏器件。

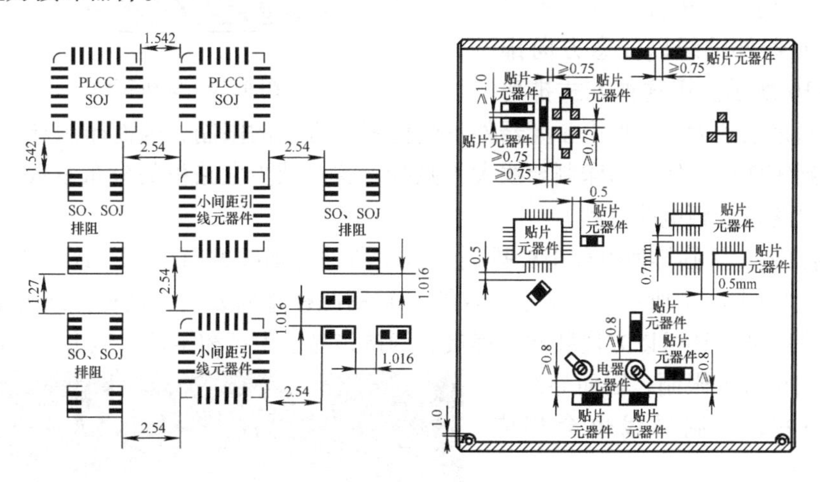

图 4-14　表面贴装印制电路板元器件距离图解

② 方向：片式全端子器件的电阻、电容对过波峰方向没有特别要求。

片式非全端子器件的钽电容、二极管过波峰时最佳方向需满足轴向与进板方向平行，如图 4-15 所示。

图 4-15　片式非全端子器件方向

③ 表面贴装印制电路板元器件布局时要考虑热问题：

◇ 高热元器件应布局在出风口、对流位置。

◇ 体积较大的元器件布局时，注意不要挡住风路。

◇ 不要把贴片元器件安排到印制电路板受机械应力高的位置。

◇ 贴片元器件的两焊点确定的直线方向应与其所受的机械应力方向平行，不得呈直角。

◇ 温度敏感元器件注意考虑远离热源。

◇ 为了保证“制成板过波峰焊或回流焊时，传送轨道的卡爪不碰到元器件”，元器件的外侧距板边距离应大于或等于5mm。

◇ 贴片元器件注意要垂直印制电路板力的作用方向放置。PCB翘曲规格不超过其对角线的0.7%。

3）元器件排列方式：元器件在印制电路板上的排列是布局设计的重要环节，与产品种类和性能要求有关，常用的有以下两种方式：

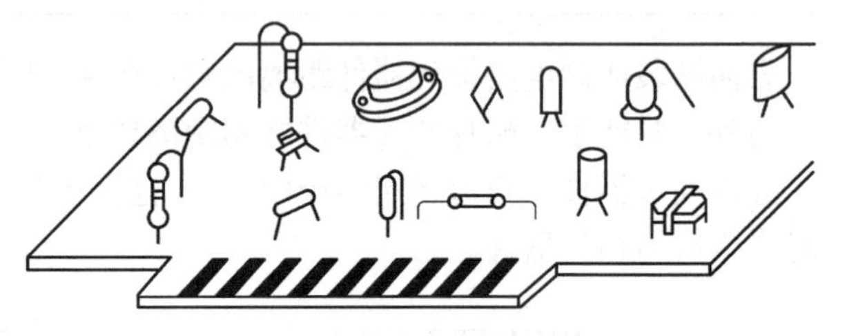

图4-16 随机排列

① 随机排列：随机排列也称不规则排列，即元器件轴线以任意方向排放，如图4-16所示。用这种方式排列元器件，看起来杂乱无章，但由于元器件不受位置与方向的限制，因而印制导线布设方便，并且可以做到短而少，使版面印制导线大为减少，这对减少电路板的分布参数，抑制干扰，特别对高频电路及音频电路有利。

② 规则排列：规则排列也称坐标排列，即元器件的轴线方向排列一致，并与板的四边垂直、平行，如图4-17所示。一般电子仪器中常用此种排列方式。这种方式元器件排列规范，版面美观整齐，还可以方便装配、焊接、调试，易于生产和维护。但由于元器件排列要受一定方向或位置的限制，因而导线布设要复杂一些，印制导线也会相应增加。

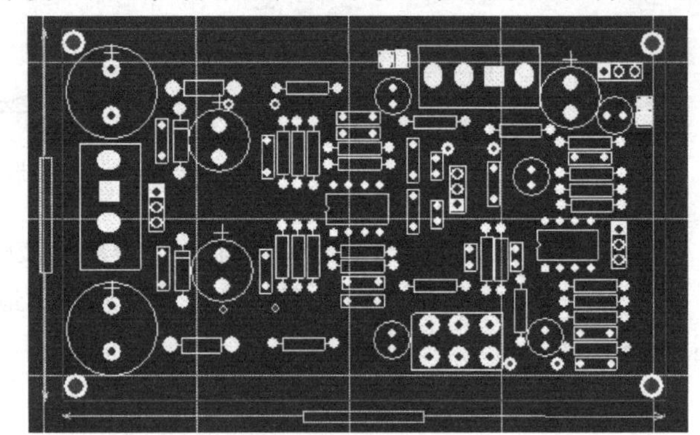

图4-17 规则排列

目前印制电路板设计中绝大多数板子都采用规则排列方式。

（5）布局的检查 布局完成之后，为保障布局的合理性有必要进行下面一些检查：

1）PCB尺寸是否与加工图样尺寸相符，能否符合PCB制造工艺要求，有无定位标记。

2）元件在二维、三维空间上有无冲突。

3）元件布局是否疏密有序、排列整齐，是否全部布完。

4）需经常更换的元件能否方便更换，插件板插入设备是否方便。

5）热敏元件与发热元件之间是否有适当的距离。

6）调整可调元件是否方便。

7）在需要散热的地方是否装了散热器，空气流动是否通畅。

8）信号流是否顺畅且互连最短。

9）插头、插座等与机械设计是否矛盾。

2. 印制电路板布线原则

所谓“布线”，就是利用印制导线完成原理图中元器件的连接关系。与布局类似，布线也是印制电路板设计过程中的关键环节，不良的布线可能降低电路系统抗干扰性能指标，甚至不能工作。因此，操作者除了要灵活运用 PCB 软件相关布线功能外，还必须牢记一般布线规律。

同样，在 PCB 的设计过程中，布线一般有以下三种层次的划分：

首先是布通，这是 PCB 设计时的最基本的要求。如果线路都没布通，到处是飞线，那将是一块不合格的板子，可以说还没入门。

其次是电气性能的满足，这是衡量一块印制电路板是否合格的标准。在布通之后，需要认真调整布线，使其能达到最佳的电气性能。

最后是美观。如果布线布通了，也满足电气性能，但板子一眼看过去杂乱无章，这样的板子会给测试和维修带来极大的不便。所以，布线要整齐划一，不能纵横交错、毫无章法。

若要达到一个良好的布线境界，必须遵循一些布线原则与规律。

（1）进行 PCB 设计时应该遵循的规则

1）地线回路规则：即信号线与其回路构成的环面积要尽可能小。环面积越小，对外的辐射越小，接收外界的干扰也越小，如图 4-18 所示。针对这一规则，在地平面分割时，要考虑到地平面与重要信号走线的分布，防止由于地平面开槽等带来的问题。双层板设计中，在为电源留下足够空间的情况下，应该将留下的部分用参考地填充，且增加一些必要的孔，将双面地信号有效连接起来，对一些关键信号尽量采用地线隔离。对一些频率较高的设计，需特别考虑其地平面信号回路问题，建议采用多层板。

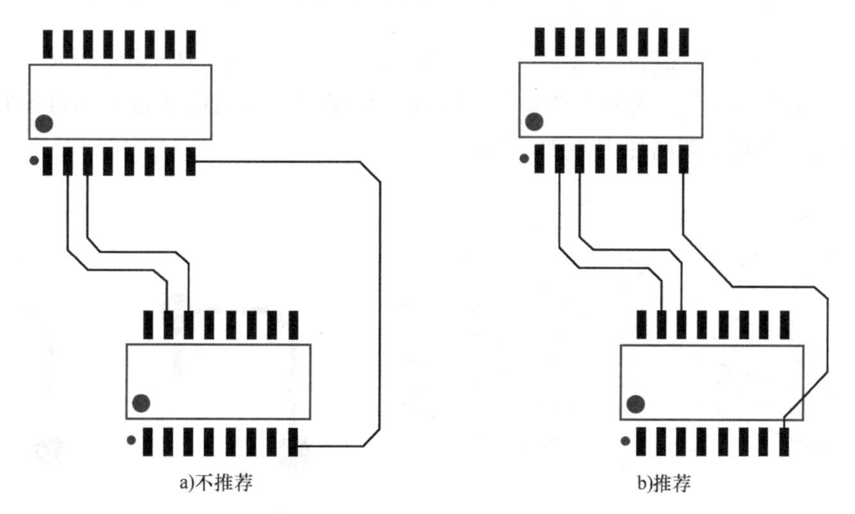

图 4-18　地线回路规则示意图

2）串扰控制：串扰（Cross Talk）是指 PCB 上不同网络之间因较长的平行布线引起的相互干扰，主要是由于平行线间的分布电容和分布电感的作用。克服串扰的主要措施有：

① 加大平行布线的间距，遵循 3W 规则。

② 在平行线间插入接地的隔离线。

③ 减小布线层与地平面的距离。

3）屏蔽保护：对应地线回路规则，实际上也是为了尽量减小信号的回路面积，多见于一些比较重要的信号，如时钟信号和同步信号。对一些特别重要，频率特别高的信号，应该考虑采用同轴电缆屏蔽结构设计，即将所布的线上下左右用地线隔离，如图 4-19 所示，而且还要考虑好如何有效地让屏蔽地与实际地平面有效结合。

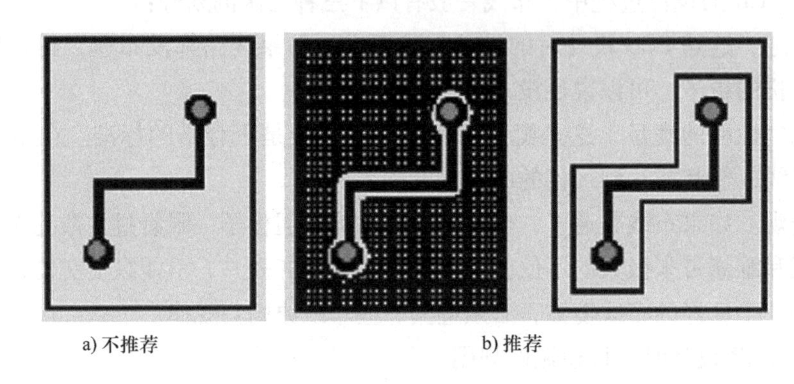

a) 不推荐　　b) 推荐

图 4-19　屏蔽保护示意图

4）走线的方向控制规则：在双面、多层印制电路板中，上下两层信号线的走线方向要相互垂直或斜交叉，尽量避免平行走线。对于数字、模拟混合系统来说，模拟信号走线和数字信号走线应分别位于不同面内，且走线方向垂直，以减少相互间的信号耦合。尽量避免强、弱信号（或模拟、数字信号）线并行走线，当实在无法避免时，可在两者之间加屏蔽地隔离。相邻层的走线示意图如图 4-20 所示。

5）走线的开环检查规则：一般不允许出现一端浮空的布线（Dangling Line），主要是为了避免产生“天线效应”，减少不必要的干扰辐射和接收，否则可能带来不可预知的结果。走线的开环检查规则示意图如图 4-21 所示。

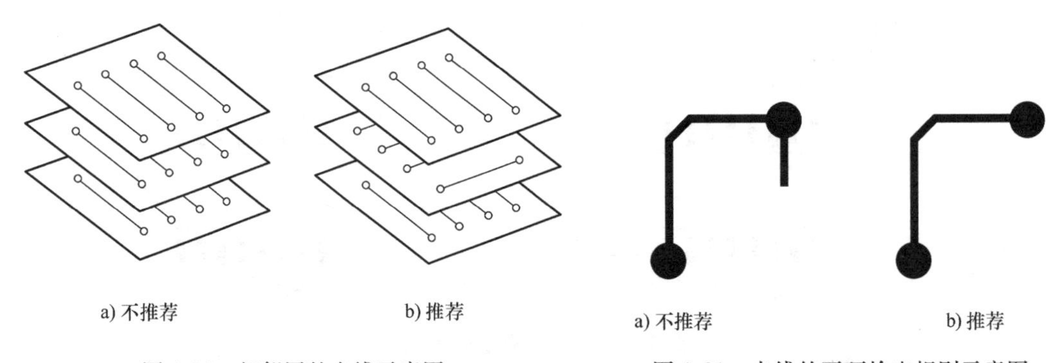

a) 不推荐　　b) 推荐

图 4-20　相邻层的走线示意图

a) 不推荐　　b) 推荐

图 4-21　走线的开环检查规则示意图

6）阻抗匹配检查规则：同一网络的布线宽度应保持一致，线宽的变化会造成线路特性阻抗的不均匀，当传输的速度较高时会产生反射，在设计中应该尽量避免这种情况。在某些条件下，如存在接插件引出线或 BGA 封装的引出线等类似的结构时，可能无法避免线宽的变化，应该尽量减少中间不一致部分的有效长度。

7）走线闭环检查规则：防止信号线在不同层间形成自环。在多层板设计中容易发生此类问题，自环将引起辐射干扰。

8）走线的分支长度控制规则：尽量控制分支的长度，使分支的长度尽量短，如图 4-22 所示。

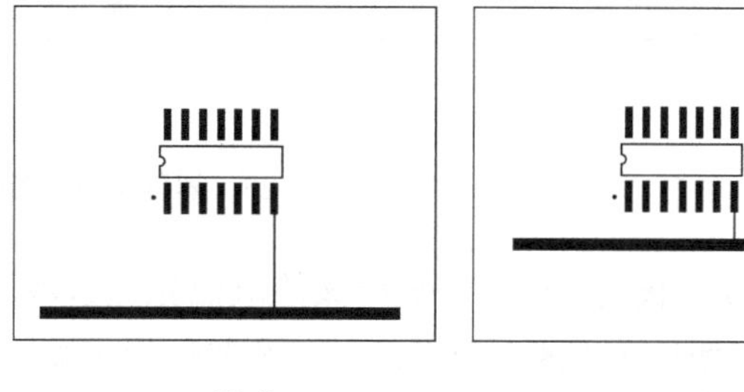

图 4-22　走线分支长度控制示意图

9）走线的谐振规则：主要针对高频信号设计而言，即布线长度不得与其波长成整数倍关系，以免产生谐振现象。

10）走线长度控制规则：即短线规则，如图 4-23 所示，在设计时应让布线长度尽量短，以减少由于走线过长带来的干扰问题，特别是一些重要信号线，如时钟线，务必将其振荡器放在离器件很近的地方。对驱动多个器件的情况，应根据具体情况决定采用何种网络拓扑结构。

11）倒角规则：PCB 设计中应避免产生锐角和直角，以免产生不必要的辐射。另外，锐角和直角的工艺性能也不好，很小的锐角在制板时难以腐蚀，且在过于尖锐的外角处，铜箔容易剥离或翘起。要求所有线与线的夹角应不小于 135°，此外在拐弯处采用圆形方式也是一种非常好的布线方法。倒角规则如图 4-24 所示。

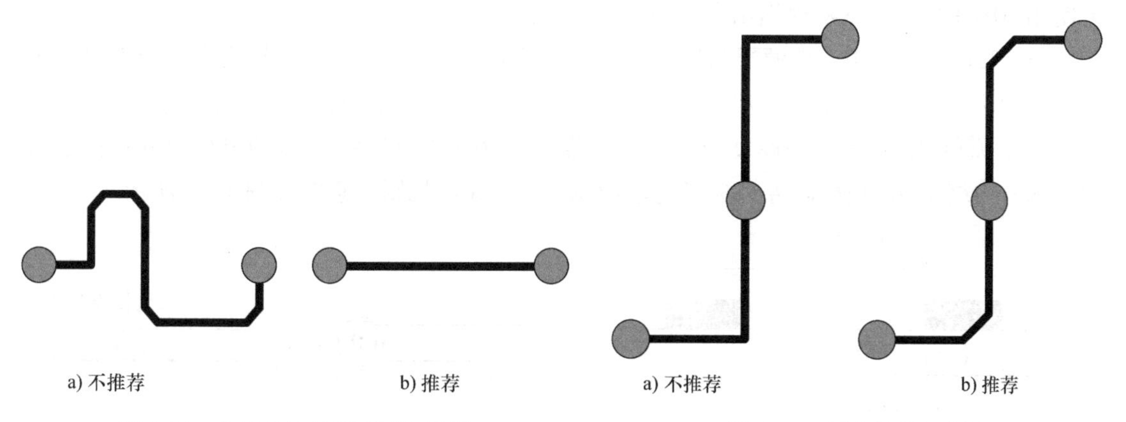

图 4-23　走线长度控制规则示意图

图 4-24　倒角规则示意图

12）器件去耦规则。

① 在印制电路板上增加必要的去耦电容，滤除电源上的干扰信号，使电源信号稳定。在多层板中，对去耦电容的位置一般要求不太高；但对于双层板，去耦电容的布局及电源的布线方式将直接影响到整个系统的稳定性，有时甚至关系到设计的成败。器件去耦规则示意图如图 4-25 所示。

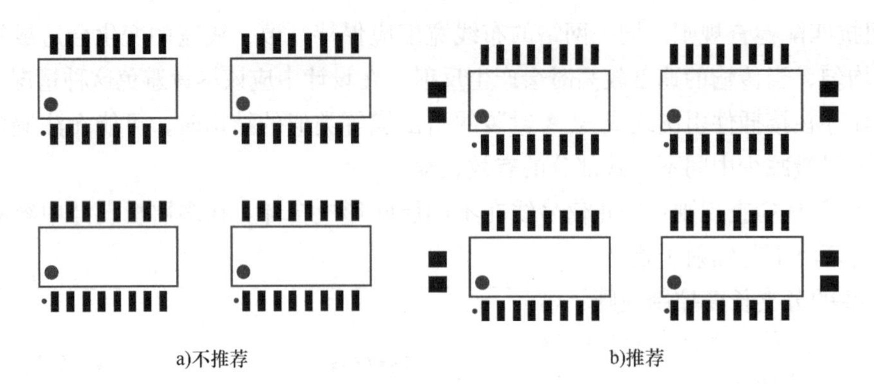

a)不推荐　　b)推荐

图 4-25　器件去耦规则示意图

② 在双层板设计中，一般应该使电流先经过滤波电容滤波再供器件使用，同时还要充分考虑由于器件产生的电源噪声对下游器件的影响。一般来说，采用总线结构设计比较好。在设计时，还要考虑由于传输距离过长而带来的电压跌落给器件造成的影响，必要时应增加一些电源滤波环路，避免产生电位差。

③ 在高速电路设计中，正确地使用去耦电容关系到整个板的稳定性。

13）孤立铜区控制规则：孤立铜区的出现会带来一些不可预知的问题，因此将孤立铜区与别的信号相接，有助于改善信号质量。通常是将孤立铜区接地或删除。在实际的制作中，PCB 厂家将一些板的空置部分增加了一些铜箔，这主要是为了方便印制板加工，同时对防止印制板翘曲也有一定的作用。

14）3W 规则：为了减少线间串扰，应保证线间距足够大，当线中心间距不少于 3 倍线宽时，则可保持 70% 的电场不互相干扰，称为 3W 规则。如要达到 98% 的电场不互相干扰，可使用 10W 的间距。3W 规则示意图如图 4-26 所示。

15）20H 规则：由于电源层与地层之间的电场是变化的，在板的边缘会向外辐射电磁干扰，称为边沿效应。解决的办法是将电源层内缩，使得电场只在接地层的范围内传导。以一个 H（电源和地之间的介质厚度）为单位，若内缩 20H 则可以将 70% 的电场限制在接地层边沿内；内缩 100H 则可以将 98% 的电场限制在内。20H 规则示意图如图 4-27 所示。

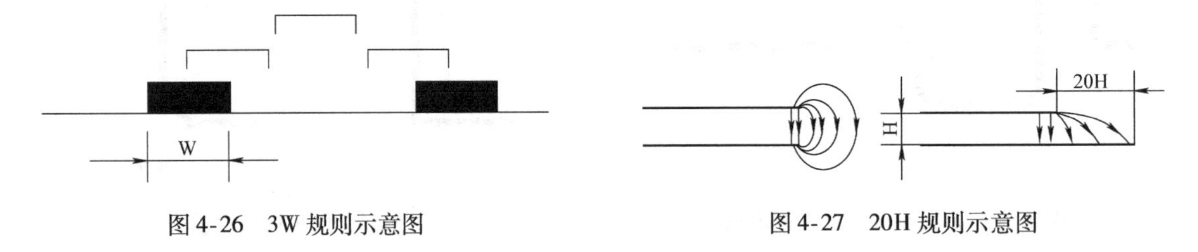

图 4-26　3W 规则示意图　　图 4-27　20H 规则示意图

16）五 - 五规则：印制板层数选择规则，即时钟频率到 5MHz 或脉冲上升时间小于 5ns，则 PCB 须采用多层板。这是一般的规则，有的时候出于成本等因素的考虑，采用双层板结构时，最好将印制板的一面作为一个完整的地平面层。

为了便于比较，图 4-28 给出印制导线走线与形状的部分实例。

（2）PCB 布线的一些工艺要求

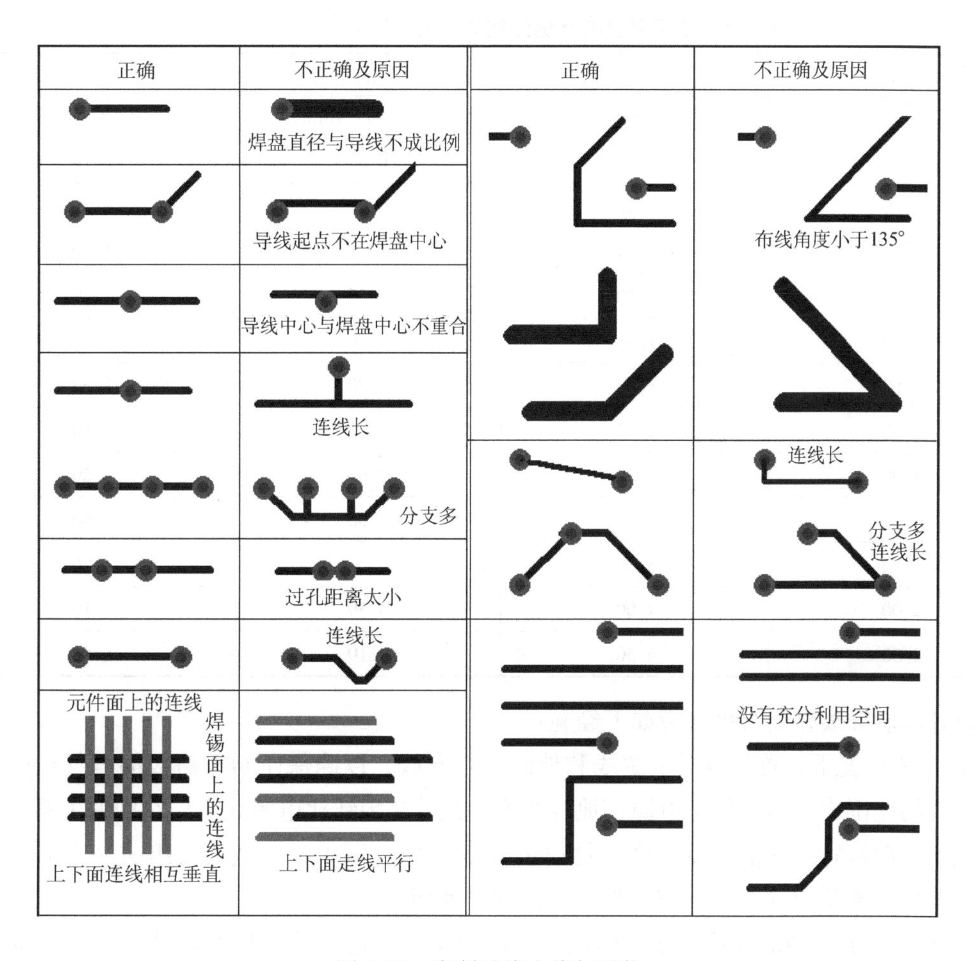

图 4-28　印制导线走线与形状

1）布线范围：布线范围尺寸要求如表 4-4 所示，包括内外层线路及铜箔到板边、非金属化孔壁的尺寸。

表 4-4　布线范围尺寸要求　[单位:mm(mil)]

板外形要素			内层线路及铜箔	外层线路及铜箔
距边最小尺寸	一般边		≥0.5(20)	≥0.5(20)
	导槽边		≥1(40)	导轨深 +2
	拼板分离边	V 槽中心	≥1(20)	≥1(40)
		邮票孔孔边	≥0.5(20)	≥0.5(20)
距非金属化孔壁最小尺寸	一般孔		0.5(20)(隔离圈)	0.3(12)(封孔圈)
	单板起拨扳手轴孔		2(80)	扳手活动区不能布线

2）线宽：印制导线的宽度由铜箔与绝缘基板之间的附着强度和该导线工作电流决定。在大多数电子电路，特别是数字系统中，电流通常比较小，因而导线的电阻可以忽略。但当信号平均电流较大时，如电源线和功率电路，必须考虑导线的电阻。导线的宽度决定了其载流能力，表 4-5 给出了常用厚度的基板线宽与最大允许工作电流的关系。

表 4-5　常用厚度的基板线宽与最大允许工作电流的关系

线宽/mm	最大允许电流/A		
	铜箔厚度(35μm)	铜箔厚度(50μm)	铜箔厚度(70μm)
0.15	0.20	0.50	0.70
0.20	0.55	0.70	0.90
0.30	0.80	1.10	1.30
0.40	1.10	1.35	1.70
0.50	1.35	1.70	2.00
0.60	1.60	1.90	2.30
0.80	2.00	2.40	2.80
1.00	2.30	2.60	3.20
1.20	2.70	3.00	3.60
1.50	3.20	3.50	4.20
2.00	4.00	4.30	5.10
2.50	4.50	5.10	6.00

设计印制导线宽度时可参考如下经验：

① 一般情况下，首先应对电源线和地线进行布线，以确保印制电路板的电气性能。在条件允许的范围内，尽量加宽电源、地线宽度，最佳是地线比电源线宽，它们的关系是：地线宽度 > 电源线宽度 > 信号线宽度。对数字电路的 PCB 可用宽的地导线组成一个回路，即构成一个地网来使用（模拟电路的地则不能这样使用）。

② 对长度超过 80mm 的导线，即使工作电流不大，也应适当加宽以减小导线压降对电路的影响。

③ 一般安装密度不大的印制电路板，线宽应不小于 0.5mm，手工制作的板子应不小于 0.8mm。

④ 一般信号获取和处理电路，包括常用 TTL、CMOS、非功率运放、RAM、ROM、微处理器等电路部分，可不考虑导线宽度。

3）间距：相邻导电图形之间的间距（包括印制导线、焊盘、印制元件）由它们之间电位差决定。印制电路板基板的种类、制作质量及表面涂覆都影响导电图形间安全工作电压。表 4-6 给出的印制导线间距与最大允许工作电压参考值在一般设计中是安全的，但考虑到 PCB 制造中不可预料的缺陷，应该在实际设计中留有余地。

表 4-6　印制导线间距与最大允许工作电压

导线间距/mm	0.5	1	1.5	2	3
最大允许工作电压/V	100	200	300	500	700

4）密度：在组装密度许可的情况下，应尽量选用较低密度布线设计，以提高无缺陷和可靠性的制造能力。目前一般厂家加工能力为最小线宽 0.127mm（5mil），最小线距 0.127mm（5mil）。常用的布线密度如表 4-7 所示。

表4-7　布线密度　[单位:mm(mil)]

名称	12/10	8/8	6/6	5/5
线宽	0.3(12)	0.2(8)	0.15(6)	0.127(5)
线距	0.25(10)	0.2(8)	0.15(6)	0.127(5)
线—焊盘间距	0.25(10)	0.2(8)	0.15(6)	0.127(5)
焊盘间距	0.25(10)	0.2(8)	0.15(6)	0.127(5)

（3）表面贴装印制电路板设计的一些规范

1）导线转弯处一般采用钝角。贴片元器件焊盘一般采用方形，如果是混装板，则插孔元器件依然要留有规范的插孔。

2）平行线不宜太长，由于平行线间分布电容与分布电感的存在，因此相互间存在干扰。

3）信号线与其回路构成的环面积要尽可能小。

4）耦合电容的采用可以消除一些干扰信号。

5）为减少不必要的层间窜扰，相邻层的走线方向应成正交状态。

3. 布线优化和丝印

“没有最佳的，只有更好的”！不管怎么用心设计，当画完PCB之后，可能还是会觉得有非常多的地方要修改。一般设计的经验是：优化布线时间是初次布线时间的两倍。感觉没什么地方需要修改之后，就能铺铜了。铺铜一般铺地线（注意模拟地和数字地的分离），多层板时还可能需要铺电源。

丝印是表面安装印制电路板的基本工序。其具体要求如下：

1）PCB名、Logo、日期、版本号、二维码等制成板信息，丝印位置应明确、醒目、位置正确。

2）PCB上应有防静电标志。

3）丝印字符遵循从左至右、从下往上的原则。

4）所有元器件、安装孔、定位孔一般均有对应的丝印标号。

5）贴片元器件的焊盘不能有丝印。

6）贴片元器件的位号不应被安装后的元器件遮挡。

7）有电极方向的贴片元器件在每个功能单元内尽量保持方向一致。

4. 网络检查、DRC检查和结构检查

首先，在确定电路原理图设计无误的前提下，将所生成的PCB网络文件和原理图网络文件进行物理连接关系的网络检查，并根据输出文件结果及时对设计进行修正，以确保布线连接关系的正确性。网络检查正确通过后，对PCB设计进行DRC检查，并根据输出文件结果及时对设计进行修正，以确保PCB布线的电气性能。最后需进一步对PCB的机械安装结构进行检查和确认。

5. 制版

PCB设计可以输出到打印机或输出光绘文件。打印机可以把PCB分层打印，便于设计者和复查者检查；光绘文件交给制版厂家。

PCB设计是个缜密的工作，设计时要极其细心，充分考虑各方面的因素（比如说便于维修和检查这一项很多人常常忽略)，精益求精，就能设计出好的印制电路板。

4.3　印制电路板的电磁兼容

电磁兼容（EMC）包括两方面，即电磁干扰（EMI）和电磁敏感度（EMS)。概括来说，就是指电子设备或系统在规定的电磁环境电平下，不因电磁干扰而降低性能指标，同时它们工作时产生的电磁辐射不会对外界产生不良的干扰，不影响其他设备或系统的正常运行，即达到设备与设备之间、系统与系统之间互不干扰、可靠共存、共同工作的目的。

4.3.1　PCB 中的电磁干扰

随着电子技术的发展，各种电子产品经常在一起工作，它们之间的干扰越来越严重，所以，电磁兼容问题也就成为一个电子系统能否正常工作的关键，电子设备和系统的电磁兼容性指标已成为电子设备和系统设计研制时的一个重要的技术要求。印制电路板的性能直接关系到电子设备质量的好坏。解决 PCB 设计中的电磁兼容（EMC）问题，成了整个系统设计的关键。

任何电磁兼容问题都包含三个要素，即干扰源、耦合通道和敏感设备。一个简单的电磁干扰模型如图 4-29 所示。

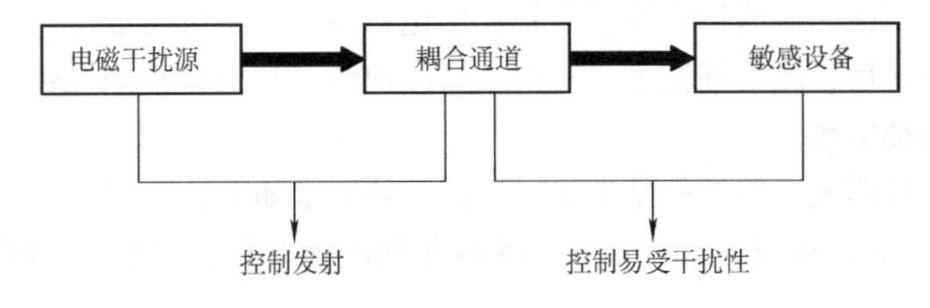

图 4-29　电磁干扰模型

1. 电磁干扰源

电磁干扰源包括微处理器、微控制器、静电放电、传送器、瞬时功率执行元件，如继电器、开关电源、雷电等。在一个微控制器系统里，时钟电路通常是最大的宽带噪声发生器，而这个噪声被分散到了整个频谱。随着大量的高速半导体器件的应用，其边沿跳变速率非常快，这种电路可以产生高达 300MHz 的谐波干扰。

2. 耦合通道

噪声被耦合到电路中最简单的方式是通过导体的传递。如果一条导线在一个有噪声的环境中经过，这条导线通过感应将接收这个噪声并且将它传递到电路的其余部分。噪声通过电源线进入系统，就是这种耦合的一种情况。由电源线携带的噪声就被传到了整个电路。

耦合也能发生在有共享负载（阻抗）的电路中。例如，两个电路共享一条提供电源电压的导线，并且共享一条接地的导线。如果一个电路要求提供一个突发的电流，由于两个电路共享共同的电源线和同一个电源内阻，则另一个电路的电源电压将会下降。该耦合的影响能通过减少共同的阻抗来削弱。但是，电源内阻抗是固定的而不能降低，这种情况也同样发生在接地的导线中。在一个电路中流动的数字信号返回电流在另一个电路的接地回路中产生了地电位的变动。若接地不稳定，则将会严重降低运算放大器、模－数转换器和传感器等低电平模拟电路的性能。

同样，对每个电路都共享的电磁场的辐射也能产生耦合。当电流改变时，就会产生电磁波。这些电磁波能耦合到附近的导体中并且干扰电路中的其他信号。

3. 敏感设备（受体）

敏感设备（受体）主要指敏感源、易扰设备等。所有的电子电路都可以接收传送的电磁干扰。虽然一部分电磁干扰可通过射频被直接接收，但大多数是通过瞬时传导被接收的。在数字电路中，临界信号最容易受到电磁干扰的影响，这些信号包括复位、中断和控制信号。模拟电路的低级放大器、控制电路和电源调整电路也容易受到噪声的影响。

为了进行电磁兼容性设计并符合电磁兼容性标准，设计者需要将辐射（从产品中泄露的射频能量）减到最小，增强其对辐射（进入产品中的射频能量）的易感性和抗干扰能力。发射和抗干扰都可根据辐射和传导的耦合来分类。辐射耦合在高频中十分常见，而传导耦合路径在低频中更为常见。

由电磁干扰模型可见，抑制电磁干扰的方法有三种：一是设法降低电磁波辐射源或是传导源；二是切断耦合通道；三是增加接收器的抗干扰能力。

4.3.2　PCB中电磁干扰的抑制措施

1. 了解PCB设计信息

在设计PCB时，需要了解印制电路板的设计信息，其包括如下：

1）元器件数量，元器件大，元器件封装。

2）整体布局的要求，元器件布局位置，有无大功率元器件，芯片器件散热的特殊要求。

3）数字芯片的速率，PCB是否分为低速、中速、高速区，哪些是接口输入输出区。

4）信号线的种类、速率及传送方向，信号线的阻抗控制要求，总线速率走向及驱动情况、关键信号及保护措施。

5）电源种类、地的种类，对电源和地的噪声容限要求，电源和地平面的设置及分割。

6）时钟线的种类和速率，时钟线的来源和去向，时钟延时要求，最长走线要求。

2. PCB的选取和分层

首先要确定在可以接受的成本范围内实现功能所需的布线层数和电源层数。印制电路板的层数是由详细的功能要求、抗扰度、信号种类的分离、器件密度、总线的布线等因素确定的。目前印制电路板已由单层、双层、四层板逐步向更多层电路板方向发展，多层印制电路板设计是达到电磁兼容标准的主要措施，要求如下：

1）分配单独的电源层和地层，可以很好地抑制固有共模干扰，并减小电源阻抗。

2）电源平面和接地平面尽量相互邻近，一般地平面在电源平面之上。

3）最好在不同层内对数字电路和模拟电路进行布局。

4）布线层最好与整块金属平面相邻。

5）时钟电路和高频电路是主要的干扰源，应单独处理。

3. PCB布局

元器件的布局非常重要。合理的布局，不仅更容易实现原理电路的连通，而且可以保证信号的完整性，满足电磁兼容的标准。反之，布局上的疏忽则可能带来一系列的问题，轻者可能延长研发周期，严重者可能会导致项目失败。

元器件布局首先按照系统的机械结构定位，把所有严格定位的元器件（如变压器、传感器、散热器、显示器、可调式电位器、按键等）放好、锁定，然后应根据电源电压、电流大小、数字器件与模拟器件、混合数字/模拟器件、高速器件与低速器件，对印制电路板上的不同电气单元进行分组。对应原理图的信号走向，把各组元器件放入印制电路板。这样，就基本上为各组元器件在印制电路板上划定了区域。

元器件布局时，注意以下几点可以避免出现许多的电磁兼容问题：

1）发热元器件远离关键集成电路。

2）某些敏感器件例如锁相环，对噪声干扰特别敏感，它们需要更高层次的隔离。解决的方法是在敏感器件周围的电源铜箔上蚀刻出马蹄形。该器件使用的所有信号进出都通过狭窄的马蹄形根部的开口，噪声电流必然在开口周围经过而不会接近敏感部分。使用这种方法时，应确保所有其他信号都远离被隔离的部分。这种设计方法可以避免引起干扰的噪声信号的产生。

3）连接器及其引脚应根据元器件在印制电路板上的位置确定。所有连接器最好放在印制电路板的一侧，尽量避免从两侧引出电缆，以减小共模电流辐射。

4）高速器件（频率大于 10MHz 或上升时间小于 2ns 的器件）在印制电路板上的走线尽可能短。

5）I/O 驱动器应紧靠连接器，避免 I/O 信号在印制电路板上长距离走线，耦合不必要的干扰信号。

印制电路板元器件布置图如图 4-30 所示。

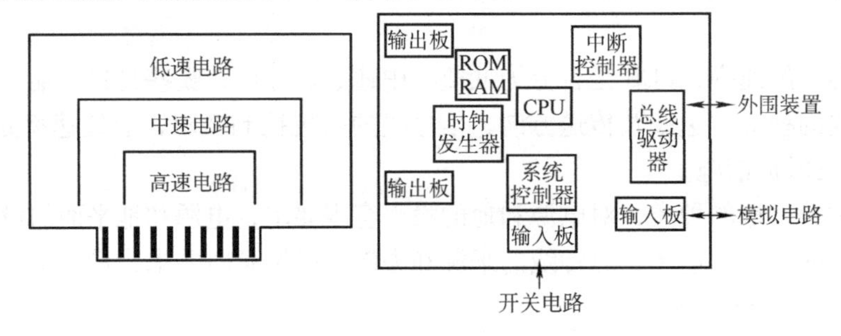

图 4-30　印制电路板元器件布置图

4. PCB 布线

布线时，要对所有信号线进行分类。先布时钟、敏感信号线，再布高速信号线；在确保此类信号的过孔足够少、分布参数特性好以后，再布一般的不重要的信号线。

5. 接地设计

地线不仅是电路工作的电位参考点，还可以作为信号的低阻抗回路。地线上较常见的干扰就是地环路电流导致的地环路干扰。解决好这一类干扰问题，就等于解决了大部分的电磁兼容问题。

地线上的噪声主要对数字电路的地电平造成影响，而数字电路输出低电平时，对地线的噪声更为敏感。地线上的干扰不仅可能引起电路的误动作，还会造成传导和辐射发射。因此，减小这些干扰的重点就在于尽可能地减小地线的阻抗（对于数字电路，减小地线电感尤为重要)。

在 PCB 上，导线的电感与其长度和长度的对数成正比，与其宽度的对数成反比。因此，缩短导线的长度能有效地减小电感，而增加导线的宽度对减小电感的作用则很有限。

地线的布局要注意以下几点：

1）根据不同的电源电压，数字电路和模拟电路分别设置地线。

2）多层板中，专门设置一层地线面。

3）对于数字电路，在双面板中设置地线网格，即在双面板的两面分别布置尽量多的平行地线，上下两层的平行线互相垂直。然后在交叉的地方用镀通孔连接。地线网格能有效减小信号电流的环路面积，有利于降低辐射。

4）一般来讲，当电路处于 10MHz 以上的较高频率时，电流返回路径中的有限阻抗会导致出现不希望有的射频电流，应尽量选用多点接地，如图 4-31a 所示；当电路工作在 1MHz 或更低频率范围时，单点接地是最好的选择，如图 4-31b 所示。

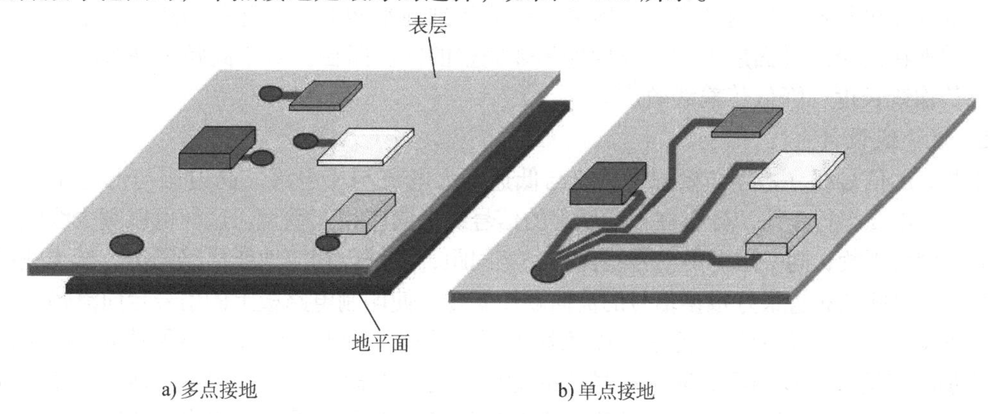

a) 多点接地　　b) 单点接地

图 4-31　多点接地和单点接地

5）同时具有模拟和数字功能的印制电路板，模拟地和数字地的电源铜箔通常是分离的，两种铜箔只在电源处连接。

6）对于数字/模拟共存的器件，例如 DAC 或者电压比较器，这种分离方式存在一个问题，即信号线必须穿越铜皮边界线，这些边界线迫使信号回流到器件前首先到达电源。解决的方法是在信号穿越的地线铜箔处放置跳线。这些跳线在分离的铜箔中为信号回路提供桥梁，有助于缩小电流环路。

6. 电源部分设计

在抑制电磁干扰方面，应该遵循的原则如下：

1）供电环路面积应减小到最低程度，不同电源的供电环路不要相互重叠。

2）若印制电路板上布线密度较高，不易达到上述要求，则可采用小型电源母线条插在板上供电。

3）印制电路板上的供电线路应加上滤波器和去耦电容。在板的电源引入端使用较大容量的电解电容作低频滤波，再并联一只容量较小的瓷片电容作高频滤波。

4）印制电路板上集成块的电源引脚和地线引脚之间应进行去耦。去耦电容采用 0.01μF 的瓷片电容，应贴近集成块安装，必要时还可以把去耦电容安装在集成块的背面，就在集成块的正下方，使去耦电容的回路面积尽可能减小。

5）尽量选用电源引脚与地引脚靠得较近的集成块，尽量不使用芯片座。选用贴片集成块，可以进一步减小去耦电容的供电回路面积，有利于实现电磁兼容。

6）对于多电源多地的器件，去耦的效果取决于器件本身，尤其取决于器件的电源脚是否在内部相连。对于电源脚内部相连的器件，只需旁路它的一个地线引脚和一个电源引脚；如果内部电源分离，则每个分离的电源引脚都必须分别去耦。

7）不要把数字电源与模拟电源重叠放置。模拟电源和数字电源分离是为了相互隔离，避免互相干扰。如果两种铜箔重叠，就会产生耦合电容，破坏分离度。

7. 时钟电路设计

合理布局时钟系统是EMC设计的关键，不合理的时钟布局会导致PCB不能稳定工作。

在设计时钟系统时，时钟晶体和相关电路应与其他电路分开并布置在PCB的中央位置，特别应注意时钟发生器的位置尽量不要靠近对外的连接器。必要时在时钟晶体下铺设地层，有利于散热并可将振荡器内部产生的射频电流泄放到地平面上。时钟线和高速信号线尽量走内层，并夹在两个地平面层中间，以确保相邻完整的回流路径。对于高频时钟布线，要求尽量减小传输线长度，降低传输线效应。

8. 信号线设计

不相容的信号线（数字与模拟、高速与低速、大电流与小电流、高电压与低电压等）应相互远离，不要平行走线。分布在不同层上的信号线走向应相互垂直，这样可以减少线间的电场和磁场耦合干扰；同一层上的信号线保持一定间距，最好以相应地线回路隔离，减少线间信号串扰。信号线的布置最好根据信号的流向顺序安排，使印制电路板上的信号走向流畅。

高速信号的回路面积尽可能小，以免发生辐射干扰。对于双面板，必要时可在高速信号线两边加隔离地线。双面板的时钟信号线的背面，还可以紧贴着布置相应的地线，使时钟信号回路面积最小。不要采用菊花链结构传送时钟信号，而应采用星形结构，即所有的时钟负载直接与时钟功率驱动器相互连接。避免使用任何的残端或T形端印制线。

电磁兼容是一门综合性的快速发展的学科，本书对电磁兼容设计的探讨只是概念性的。良好的PCB设计需要以电磁兼容为原则，在设计初期就进行全面考虑，并在实践中不断总结经验。

4.4　印制电路板制作技术

4.4.1　实验室制作印制电路板

目前，工业界PCB制作工艺发展得很快，可以较快地制作大批量的印制电路板。但是对于高校师生及一般业余电子设计人员来说，由于只需要制作数量较少的印制电路板，一些简单、易操作且成本低的PCB制作方法则更为实用，下面将介绍几种在实验室可行的印制电路板制作方法，供读者参考。实际做板时，往往需要因地制宜，采用各种方法灵活地制作电路板。只要能够达到设计的要求，采用哪种方法，甚至是否使用印制电路板都并不重要，不要被本书中介绍的一些具体方法所限制。

1. 雕刻法

雕刻法最直接。将设计好的铜箔图形用复写纸复写到覆铜板铜箔面，使用钢锯片磨制的特殊雕刻刀具，直接在覆铜板上沿着铜箔图形的边缘用力刻划，尽量切割到深处，然后撕去图形以外不需要的铜箔，再打上元件的插孔就可以了。此法的关键是刻划的力度要够；撕去多余铜箔要从板的边缘开始，操作得好时，可以成片地逐步撕去，可以使用指甲剪来完成这个步骤。一些小电路实验板适合用此法制作。

2. 手工描绘法

手工描绘法就是用笔直接将印刷图形画在覆铜板上，然后进行化学腐蚀等步骤。此法看似简单，实际操作起来很不容易。现在的电子元器件体积小，引脚间距更小（毫米量级），铜箔走线也同样细小，而且画上去的线条还很难修改，要画好这样的板就完全看设计者的笔头功夫了。经验是："颜料"和画笔的选用都很关键。用红色指甲油装在医用注射器中，描绘电路板，效果不错，但针头的尖端要适当加工；也可以用漆片溶于无水酒精中，使用鸭嘴笔勾画，具体方法如下：

将漆片（即虫胶，化工原料店有售）一份，溶于三份无水酒精中，并适当搅拌，待其全部溶解后，滴上几滴医用紫药水，使其呈现一定的颜色，搅拌均匀后，即可作为保护漆用来描绘电路板。

先用细砂纸把敷铜板擦亮，然后采用绘图仪器中的鸭嘴笔（或圆规上用来画图形的墨水鸭嘴笔）进行描绘，鸭嘴笔上有调整线条粗细的螺母，线条粗细可调，并可借用直尺、三角尺描绘出很细的直线，且描绘出的线条光滑、均匀，无边缘锯齿，给人以顺畅、流利的感觉。

同时，还可以在印制电路板的空白处写上汉字、英语、拼音或符号描绘出的线条，若向周围浸润，则是浓度太小，可以加一点漆片；若是拖笔困难，则是太稠了，需滴上几滴无水酒精。万一描错了也没关系，只要用一小棍（火柴杆）做一个小棉签，蘸上一点无水酒精，即可方便地擦掉，然后重新描绘即可。

一旦印制电路板图绘好后，即可在三氯化铁溶液中腐蚀。电路板腐蚀好后，去漆也很方便，用棉球蘸上无水酒精，就可以将保护漆擦掉，略一晾干，就可随即涂上松香水使用。

由于酒精挥发快，配制好的保护漆应放在小瓶中（如墨水瓶）密封保存，用完后别忘了盖上瓶盖，若在下次使用时，发现变稠了，只要加上适量无水酒精即可。

3. 感光板法制作电路板

使用一种专用的覆铜板，其铜箔层表面预先涂布了一层感光材料，故称为"预涂布感光敷铜板"，也叫"感光板"。

感光板法制作印制电路板操作较为简便，所制作的印制电路板线条较为精细，在大面积接地和粗线条电路上比热转印效果更好，但在细线条上需要有一定的曝光经验才可以制作出与热转印法制作印制电路板相媲美的细线条。总体来说这也是一种很方便且成功率高的印制电路板制作方法。如果有激光打印机，那么这种方法应该是目前手工自制印制电路板的最佳方法。制作方法如下：

（1）单面面板的制作　将计算机画好的 PCB 图，用喷墨专用纸打印出 1:1 黑白 720dpi 图样（元器件面），用激光打印机输出图样也可以。取一块与图样大小相当的光敏板，撕去保护膜。用玻璃板或塑料透明板把图样与光敏 PCB 压紧，在阳光下曝光 5 ~ 10min。用附带的显影药 1:20 配水进行显影，当曝光部分（不需要的敷铜皮）完全裸露出来时，用水冲净，即可用三氯化铁进行腐蚀了。操作熟练后，可制出精度达 0.1mm 的走线。

(2) 双面板的制作　步骤参考单面板，双面板主要是两面定位要准确。可以两面分别曝光，但时间要一致，一面在曝光时另一面要用黑纸保护。

4. 热转印法

使用激光打印机，将设计的PCB铜箔图形打印到热转印纸上，再将热转印纸紧贴在覆铜板的铜箔面上，以适当的温度加热，转印纸上原先打印上去的图形（其实是碳粉）就会受热融化，并转移到铜箔面上，形成腐蚀保护层。这种方法比常规制版印刷的方法更简单，而且现在大多数的电路都是使用计算机CAD设计，激光打印机也相当普及，这个工艺还比较容易实现。

4.4.2　工厂生产印制电路板

现代PCB的生产，涉及化工、电子、计算机、机械和印刷等多方面技术设备。在电路板行业内，有两种成熟的工艺，一种是湿膜制程，另一种是干膜制程。它们各有优点，也各存在不足之处，详细对比见表4-8。

表4-8　干膜制程和湿膜制程的对比

	干膜制程	湿膜制程
采用主要原料	干膜	线路油
控制难度	良品率高，生产好控制	良品率相对低，成产不好控制
成本	唯一不足：成本高，比湿膜高20元/m^2	成本低
孔无铜	无	有，很难控制，控制不好有批量性的孔无铜
精密度	线路公差小	线路公差大
线路品质	较好，走线边缘光滑	相对来说较差，不是很光滑
非金属化过孔	可直接做非金属化孔	不能直接做非金属化孔，需要进行二钻或是锣铣
发展趋势	采用的工厂将越来越多	将慢慢被淘汰
适合生成规模	样板、小批量、大批量	样板，完全不适合样板以上的批量

从表中可以看出，干膜制程采用成本较高的干膜原料，相比湿膜来说唯一不足是成本高，其他优点特别突出。采用自动化生产线、干膜制程来生产印制电路板，已然成为一种趋势。

下面简单地介绍一下电路板干膜生成流程，如图4-32所示。

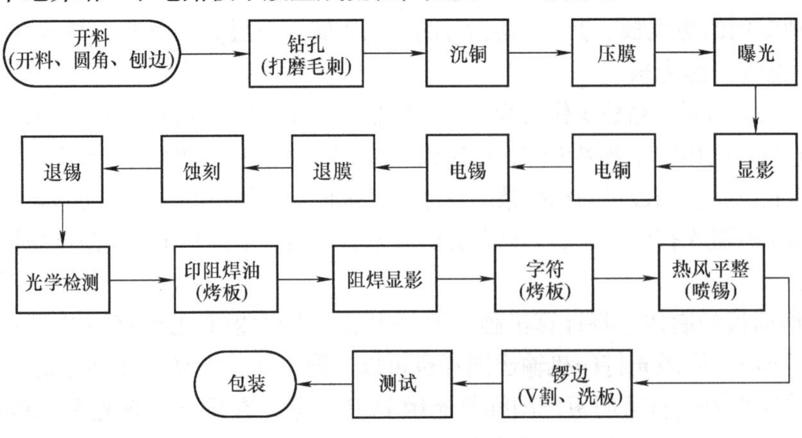

图4-32　电路板干膜生成流程

（1）开料　比如：整张大料尺寸为 1024mm × 1245mm，开料将其裁剪成 400mm × 500mm 左右的工作板。

（2）钻孔　按要求给工作板钻孔，此时板子的孔内壁是无铜的。

（3）沉铜　钻完孔后的工作板过孔是没有电气功能的，因其孔内壁无金属铜，此时通过沉铜工序将铜附着在孔内壁，实现电气功能。

（4）压膜　给工作板上压一层蓝色的干膜，干膜是一个载体，从此步骤起电路板已开始进入线路环节，压膜即为做线路而准备。

（5）曝光　先将线路胶片跟压好干膜的电路板对好位，然后放在曝光机上进行曝光，干膜在曝光机灯管的能量下，把线路胶片没有线路的地方（有线路的地方是黑色的，没有线路的地方是透明的）进行充分曝光。经过这步后，线路就转移到干膜上了，此时的状态是，干膜有线路的地方没有被曝光，没有线路的地方则被曝光。

（6）显影　通过显影机里的显影液显影没有曝光的部分，显影液对被曝光的部分是不起反映的。所以最终做出来的效果是线路部分出了黄色铜，而没有线路的部分则还是蓝色（被曝光过的干膜覆盖）。

（7）电铜　把板子放进电铜设备里，有铜的部分被电上了铜，被干膜挡住的部分则没有反应。电铜的目的是加厚线路及孔内的铜箔厚度。

（8）电锡　到电锡工序时，板子上的线路已经呈现，但板上多了蓝色干膜部分，此时需要将蓝色干膜去除。电锡是为保护线路在去除蓝色干膜时免受药水影响。

（9）退膜　线路区域已附着上锡，此时用退膜液将线路上的干膜退掉。将电路板放入退膜机中，退膜液对曝光过的干膜起反应作用便将其退掉。

（10）蚀刻　电路板经过第 9 步工序后线路部分已被锡保护住，没有线路的部分则是裸露的铜箔。此时通过蚀刻液蚀刻裸露的铜箔，因锡不与蚀刻液产生反应，因此线路部分的铜箔是不会被蚀刻的。

（11）退锡　退锡是用一种药水（退锡水）退掉线路上的锡，使线路回到本色——铜。

（12）光学 AOI 线路扫描　在制程中，因人、机、料、法、环等各方面的原因，不良品在所难免。保证线路的品质一般有两种检测方法，一种是用肉眼观察，另一种就是嘉立创公司采用的光学 AOI。AOI 工作原理是先用高清图像摄像头进行快速拍摄，然后用拍摄的图片跟原文件进行对比，能从根本上解决开路、短路及微开、微短等隐患的发生。

线路到第 12 步时基本上结束了，后面是做一些辅助性的工作，如印绿油、字符、喷锡、锣边等。

（13）印阻焊油（烤板）　将板子所有的地方印上阻焊油（包括焊盘）。

（14）阻焊曝光　通过阻焊曝光将焊盘上的阻焊油去掉。阻焊曝光流程为：将阻焊菲林与印上阻焊油的电路板定位对齐后放在曝光机上进行曝光，因菲林上有焊盘的部分呈黑色，阻挡了光线的照射而不会被曝光，没有焊盘的部分呈透明状，无法阻挡光线，被光线照射并参与曝光反应。此时板上的阻焊油状态已发生改变：一部分是已被曝光的，另一部分是未被曝光的，但从表面观察仍是绿色的。

（15）阻焊显影　用显影液将未被曝光的阻焊油去掉使得焊盘裸露出来。

（16）字符（烤板）　本工序是将器件标识丝印到板上并进行高温烘烤。

（17）喷锡/热风平整　对焊盘进行喷锡、沉金等表面处理，让其具有更好的可焊性。

（18）锣边 将拼的大板锣成小板，以及相应的外形处理等。

（19）测试及FQC 测试是用针测或是通用机对电路板进行测试。最终品质管制（Final Quality Control，FQC）是指制造过程最终检查验证。FQC是在产品完成所有制程或工序后，对于产品本身的品质状况，包括外观（颜色、光泽、粗糙度、毛边、是否有刮伤）、尺寸/孔径的量测，性能测试（材料的物理/化学特性、电气特性、机械特性、操作控制），进行全面且最后一次检验与测试，目的在于确保产品符合出货规格及客户使用上的要求。

（20）包装、出货 将测试、检验合格的产品包装好后出货。

本章小结

本章首先讲述了印制电路板的基本概念、功能及相比于万能板的突出优点；接着讲述了印制电路板的种类、组成及材料，并对常用覆铜板的特点、结构及应用领域做了总结性的对比；然后详细阐述了印制电路板设计的基本要求、流程和基本原则；初步探讨了印制电路板的电磁兼容问题和电磁干扰常见的抑制措施；最后分别简单地介绍了实验室环境和工厂环境下印制电路板的制作技术及基本流程。

实践与训练

1. 什么是覆铜板？什么是印制电路板？
2. 什么是挠性印制电路板？它与刚性印制电路板相比有什么不同？
3. 简述印制电路板设计时元器件布局的一般原则。
4. 简述印制电路板设计时布线的一般原则。
5. 简述印制电路板干膜制程的生产流程。

第 5 章　Multisim 电路仿真软件的基本应用

20 世纪 80 年代，随着计算机技术的飞速发展，电子和计算机技术专家致力于探索新的电子电路设计方法，使得越来越多的电路设计可以通过计算机辅助分析和仿真技术来完成，电子设计自动化（Electronic Design Automation，EDA）技术应运而生。EDA 技术是以计算机为工作平台，融合应用电子技术、计算机技术、信息处理及智能化技术的最新成果，用计算机帮助设计人员完成电子线路的原理性设计和仿真，从而提高设计效率、缩短开发周期。在众多的 EDA 仿真软件中，Multisim 是一个原理图设计、电路测试的虚拟仿真软件，用软件方法虚拟电子元器件及仪器仪表，将元器件和仪器集合为一体，其辅助分析与仿真技术为电子电路功能的设计、仿真和验证开辟了一条快捷高效的新途径，受到越来越多的电子电路设计开发人员的青睐。

Multisim 来源于加拿大图像交互技术（Interactive Image Technologies，IIT）公司推出的以 Windows 为基础的仿真工具。IIT 公司于 1988 年推出一个用于电子电路仿真和设计的 EDA 工具软件 Electronics Work Bench（电子工作台，EWB），以界面形象直观、操作方便、分析功能强大、易学易用而得到迅速推广。1996 年，其推出了 EWB5. 0 版本，将名称改为 Multisim（多功能仿真软件）。美国国家仪器（National Instruments，NI）公司收购 IIT 公司，并将软件更名为 NI Multisim，Multisim 经历了多个版本的升级，已经有 Multisim2001、Multisim7、Multisim8、Multisim9 、Multisim10、Multisim14 等多个版本。在 Multisim 不断推出的新版本中，Multisim10 以其简单、易学、实用、对计算机硬件要求不高等特点，至今仍为众多电路设计人员的首选工具软件。因此，本章以 Multisim 10. 0 为蓝本，着重介绍该软件的各种仿真设计功能和基本操作方法，并提供了各种电路仿真实验综合练习。

5. 1　Multisim 10. 0 基本界面

5. 1. 1　主窗口

单击 Windows “开始” → “National Instruments” → “Circuit Design Suite 10. 0” → “Multisim” 选项，启动 Multisim10. 0，可以看到图 5-1 所示的 Multisim10. 0 主窗口。从图中可以看出，Multisim10. 0 的主窗口如同一个实际的电子实验台。Multisim 10. 0 主窗口主要由菜单栏、工具栏、元器件栏、仪器仪表栏、仿真开关和电路工作区构成。

5. 1. 2　菜单栏

与所有 Windows 应用程序类似，Multisim 的菜单栏提供了本软件几乎所有的功能命令，包括 File（文件）、Edit（编辑）、View（视图）、Place（放置）、MCU（微控制器）、Simulate（仿真）、Transfer（文件输出）、Tools（工具）、Reports（报告）、Options（选项）、Window（窗口）、Help（帮助）等 12 个主菜单，如图 5-2 所示。

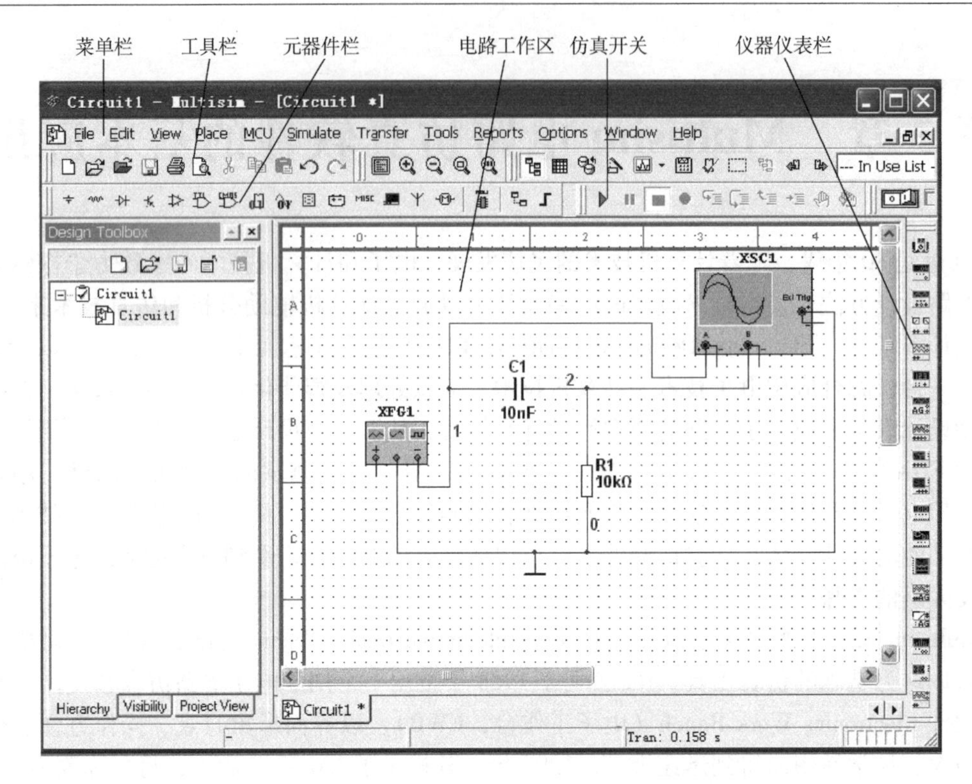

图 5-1　Multisim10.0 主窗口

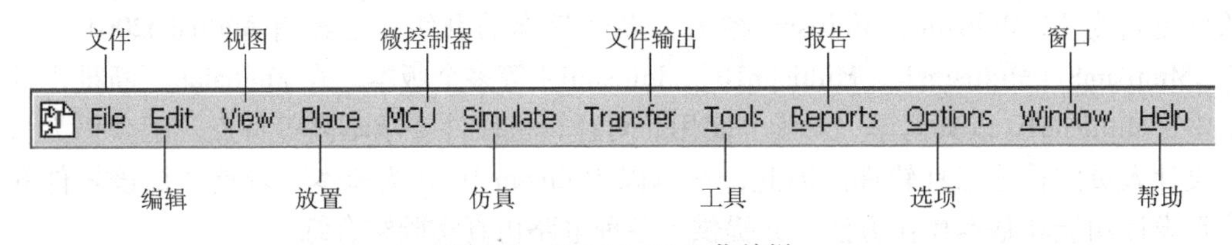

图 5-2　Multisim10.0 菜单栏

（1）File（文件）菜单　提供 19 个文件操作命令，主要用于管理所创建的电路文件，如打开、保存和打印等操作命令。

（2）Edit（编辑）菜单　提供 21 个用于在电路绘制过程中对电路和元器件进行剪切、粘贴、旋转等各种技术性处理的操作命令。

（3）View（视图）菜单　提供 19 个用于控制仿真界面上显示的内容的操作命令，如确定仿真界面上显示的内容、电路图的缩放和元器件的查找等操作命令。

（4）Place（放置）菜单　提供在电路工作区内放置元器件、连接点、总线和文字等 17 个命令。

（5）MCU（微控制器）菜单　提供在电路工作窗口内 MCU 的调试操作命令。

（6）Simulate（仿真）菜单　提供 18 个电路仿真设置与操作命令。

（7）Transfer（文件输出）菜单　提供 8 个传输命令。

（8）Tools（工具）菜单　提供 17 个元器件和电路编辑或管理命令。

（9）Reports（报告）菜单　提供材料清单等 6 个报告命令。

（10）Options（选项）菜单　提供电路界面和电路某些功能的设定命令。

（11）Window（窗口）菜单　提供 9 个窗口操作命令。

（12）Help（帮助）菜单　为用户提供在线技术帮助和使用指导。

5.1.3　工具栏

Multisim 的工具栏提供了常用命令的快捷操作方式，如图 5-3 所示。

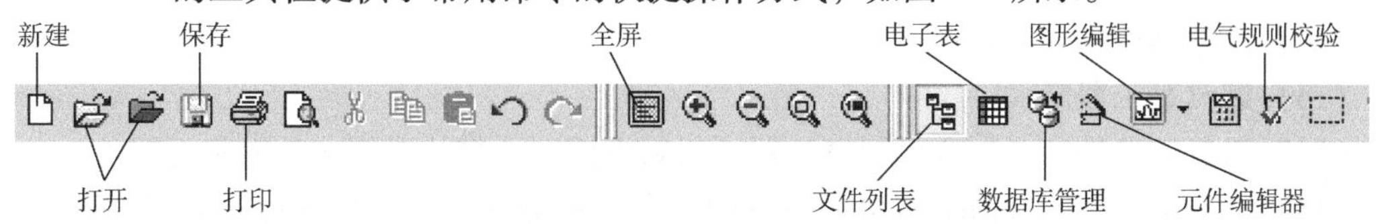

图 5-3　Multisim10.0 工具栏

5.1.4　元器件栏

Multisim 的元器件栏提供电路仿真所需的各种元器件，分别放在 16 个元器件里，如图 5-4 所示。单击元器件栏的某一个元器件图标，即可打开该元器件库。

图 5-4　Multisim10.0 元器件栏

（1）电源库（Source）　电源库包括接地端、直流电压源、正弦交流电压源、方波电压源等多种电源与信号源。

（2）基本元器件库（Basic）　基本元器件库包含电阻、电容等多种元器件。包括：基本虚拟元器件、定额虚拟元器件、电阻器组件、开关、变压器、非线性变压器、插座、电阻、电容、电解电容、电感器、继电器、连接器等。基本元器件库中的虚拟元器件的参数可以任意设置，非虚拟元器件的参数是固定的，但是可以选择。

（3）二极管库（Diode）　二极管库包含二极管、晶闸管等多种元器件。二极管库中的虚拟元器件的参数可以任意设置，非虚拟元器件的参数是固定的，但是可以选择。二极管库包括：二极管虚拟元器件、二极管、齐纳二极管、发光二极管、二极管整流桥、肖特基二极管、晶闸管整流器、双向二极管开关等。

（4）晶体管库（Transistor）　晶体管库包含各种 NPN 型晶体管、PNP 型晶体管、达林顿 NPN 型晶体管、达林顿 PNP 型晶体管和场效应晶体管等。

（5）模拟集成电路库（Analog）　模拟集成电路库包含多种运算放大器、比较器等。

（6）TTL 器件库（TTL）

（7）CMOS 器件库（CMOS）

（8）数字器件库（Miscellaneous Digital）

（9）数模集成电路库（Mixed）

（10）指示器件库（Indicator）　包含电压表、电流表、探针、蜂鸣器、灯、虚拟灯、十六进制显示器（七段数码管）、条柱显示器等。

（11）电源器件库（Power）　包含三端稳压器、PWM 控制器、熔断器等器件。

（12）其他器件库（Miscellaneous）

（13）键盘显示器库

（14）射频元器件库　包含射频电容器、射频电感器、带状线等多种射频元器件。

（15）机电类器件库（Electro Mechanical）　包含检测开关、辅助开关、线性变压器、保护装置、输出装置等多种机电类器件。

（16）微控制器器件库（MCU Module）　包含 805x 等微控制器和存储器，如 51 单片机、PIC 单片机、数据存储器、程序存储器等。

5.1.5　仪器仪表栏

Multisim 的仪器仪表栏提供了在电路仿真过程中经常用到的各种虚拟仪器仪表，是进行虚拟电子实验和电子设计仿真最快捷而又形象的特殊窗口，如图 5-5 所示。

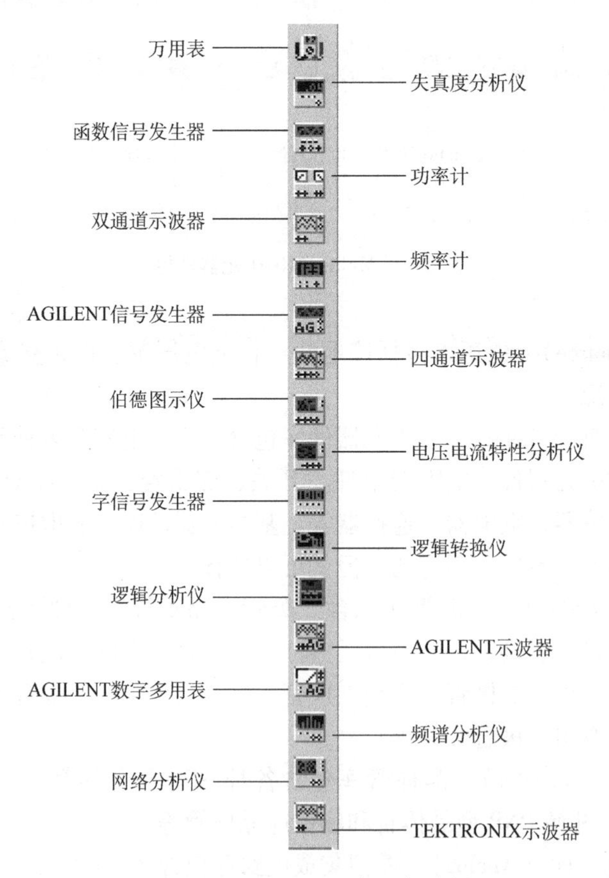

图 5-5　Multisim10.0 仪器仪表栏

5.2 Multisim 10.0 的基本操作

5.2.1 Multisim 10.0 界面的设置

1. 基本界面的设置

选择【Options】→【Preferences】菜单命令，弹出【Preferences】对话框，选择设置选项卡【Parts】，如图5-6所示。该选项卡包含4项基本的设计内容。

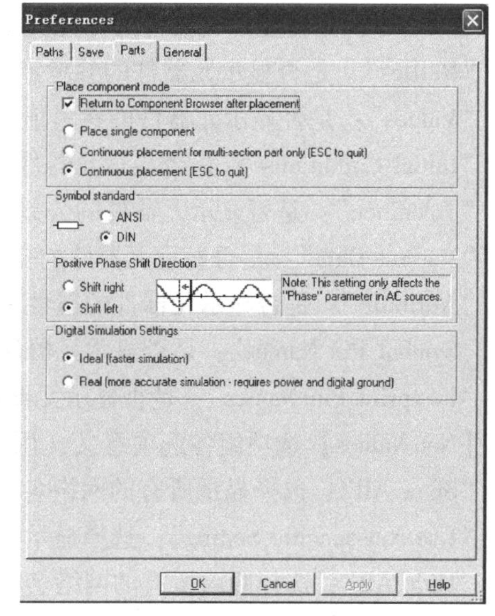

图5-6 【Parts】选项卡

（1）【Place component mode】选项　可以设置放置元器件的方式，用户可以通过勾选“Return to Component Browser after placement”的选项来选择是否在放置一个元器件后，返回元器件浏览对话框。

1）“Place single component”：表示一次放置一个元器件。

2）“Continuous placement for multi-section part only（ESC to quit）”：表示在放置复合封装的元器件时，可以连续放置各个封装的模块，直至放置完毕。例如，7400N由4个与非门构成，使用这个选项意味着每次放置7400N的一个与非门，而不是整个7400N。

3）“Continuous placement（ESC to quit）”：表示用户可以在放置每个元器件后，通过连续单击工作区而放置多个该元器件。

（2）【Symbol standard】选项　选取所采用的元器件符号的符号标准，其中的ANSI选项设置采用美国标准，而DIN选项设置采用欧洲标准。由于我国的电气符号标准与欧洲标准相近，所以选择DIN较好。

（3）【Positive Phase Shift Direction】选项　可以设置正相的转换确定方向，这项设置只是在交流电源的时候作参考相位参数。

（4）【Digital Simulation Settings】选项　设置数字电路仿真的方式，提供了“Ideal”和“Real”两种方式，通常默认选择“Ideal”选项可以对数字器件进行理想化处理，仿真速度快。

2. 工作页面设置

单击【Options】→【Sheet Properties】菜单

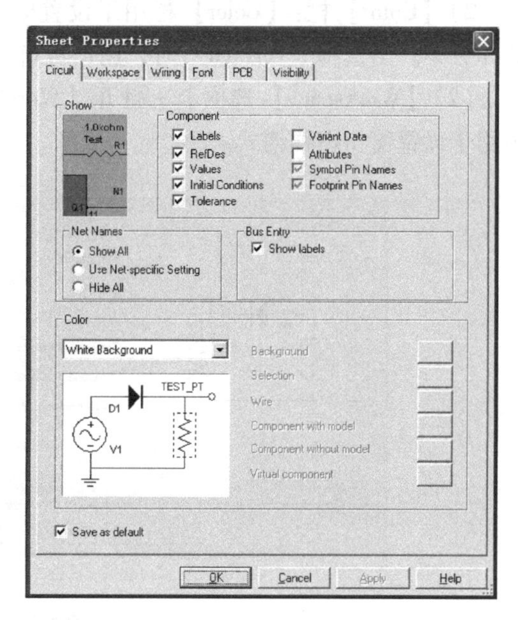

图5-7 【Sheet Properties】菜单

命令，弹出【Sheet Properties】对话框，包含6个选项卡，可以设置与电路显示方式相关的选项，如图5-7所示。

（1）【Circuit】选项卡 打开【Circuit】选项卡，该选项卡下有两栏，【Show】栏用于设定需要显示的电路参数；【Color】栏用于设定电路显示的颜色。

1）【Show】栏：包含3组基本的显示内容，分别是元器件参数【Component】、网络名称【Net Names】和总线入口【Bus Entry】选项。

【Component】选项组各选项意义：

“Labels”：是否显示元器件的标注文字。

“RefDes”：是否显示元器件的参考定义。

“Values”：是否显示元器件的参考值。

“Initial Conditions”：是否显示元器件的初始条件。

“Tolerance”：是否显示元器件的公差。

“Variant Data”：是否显示元器件的变量数据。

“Attribute”：是否显示元器件的属性。

“Symbol Pin Names”：是否显示元器件的引脚名称。

“Footprint Pin Names”：是否显示元器件的引脚序号。

【Net Names】选项组各选项意义（用户只能选择其中的某一项）：

“Show All”：选择显示所有的网络名称。

“Use Net-specific Setting”：选择显示某个具体的网络名称。

“Hide All”：选择隐藏所有的网络名称。

【Bus Entry】选项，只有一个可选项“Show Labels”，用于设置是否显示总线入口的标签名称。

2）【Color】栏：【Color】栏用于设置电路图的颜色，在下拉列表框可以有5种不同的选择方案。当选择“Custom”时，用户可自行定制配色方案，如图5-8所示。

（2）【Workspace】选项卡 打开【Workspace】选项卡，如图5-9所示。【Show】选项组用于设置窗口图样格式。

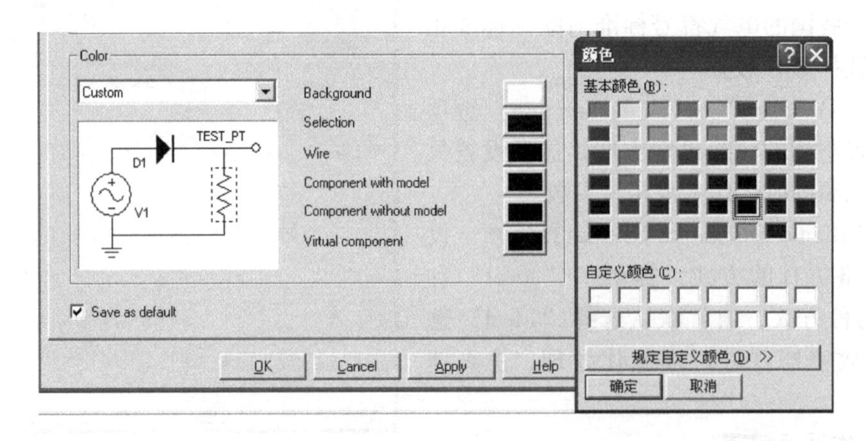

图5-8 【Color】栏

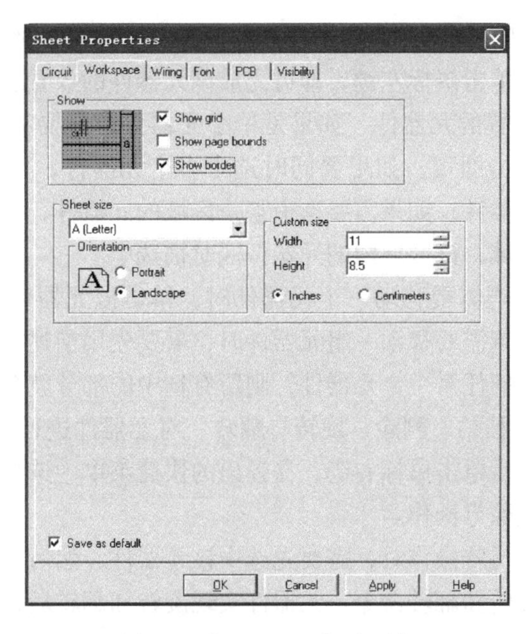

图 5-9 【Workspace】选项卡

1）“Show grid”：用于设置是否显示栅格。

2）“Show page bounds”：用于设置是否显示图样的边界。

3）“Show border”：用于设置是否显示图样的标题栏。

5.2.2 电路创建的基础

1. 元器件的操作

（1）元器件的选用　元器件选取最直接的方法就是通过“元器件栏”完成。选用元器件时，单击“元器件栏”中包含该元器件的图标，打开该元器件库，然后从选中的元器件库对话框中选取元器件。例如，如图 5-10 所示，在“电源库”对话框中，单击所选元器

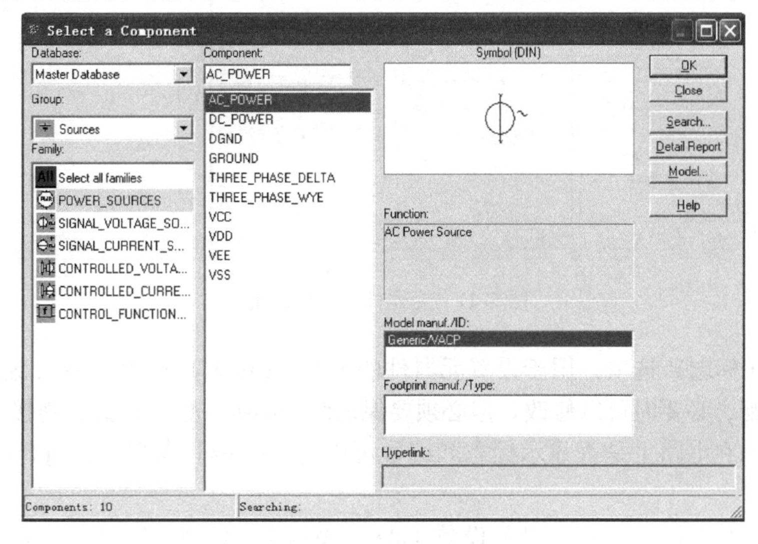

图 5-10　元器件的选用

件，然后单击“OK”按钮，切换到电路图设计窗口下，可以看到光标上黏附着该元器件的电路图符号，在适当位置单击鼠标左键，即可完成该元器件的放置。

（2）选中需要调整位置的元器件　如果是单个元器件，只要将鼠标指针指向所需要调整位置的元器件，然后单击即可；如果要同时选中多个元器件，可在按住 < Shift > 键的同时，依次单击要选中的元器件；如果需要选中某一区域的元器件，可按住鼠标左键，在电路工作区中拖出一个矩形区域，该区域内的元器件同时被选中。

（3）元器件的移动　当需要移动一个元器件时，单击该元器件并按住鼠标左键，拖动该元器件即可进行移动；当需要移动一组元器件时，需要先用前述方法选中这些元器件，然后按住鼠标左键拖动其中的任意一个元器件，则所有选中的部分就会一起移动。

（4）元器件的复制、粘贴、删除、旋转与翻转　对元器件进行复制、粘贴和删除操作，需要先选中该元器件，然后单击鼠标右键，在弹出的快捷菜单中选择相应的命令，即可完成元器件的复制、粘贴、删除等操作。

对元器件进行旋转或反转操作时，需要先选中该元器件，然后单击鼠标右键，在弹出的快捷菜单中选择相应的旋转和翻转命令。元器件实现旋转和翻转后，与其相连接的导线会自动重新排列。旋转和翻转命令如下：

1）顺时针旋转（90 Clockwise，快捷键 Ctrl + R）。

2）逆时针旋转（90 CounterCW，快捷键 Shift + Ctrl + R）。

3）水平翻转（Flip Horizontal）。

4）垂直翻转（Flip Vertical）。

（5）元器件标签、编号、数值、模型参数等属性的设置　选中元器件后，双击该元器件图标，会弹出相关的对话框，有多种选项可供选择，如图5-11所示。

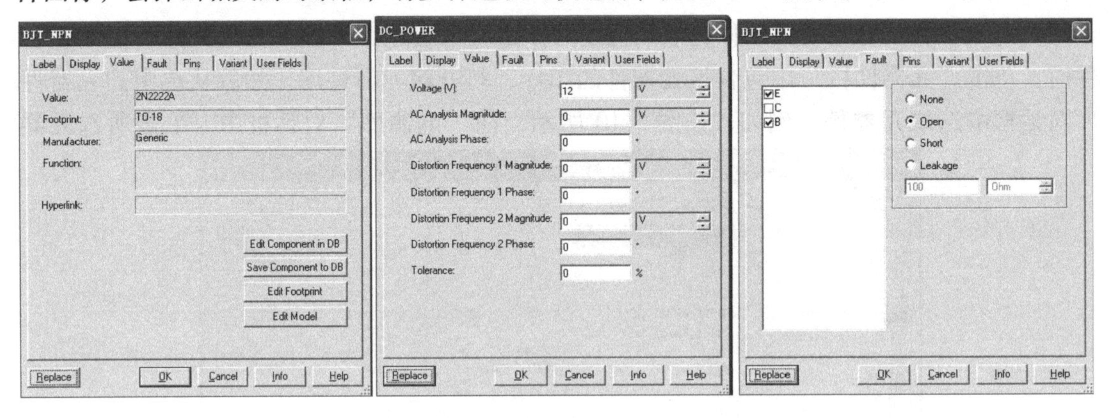

图5-11　元器件属性的设置

1）Label（标志）选项：用于设置元器件的 Label（标志）和 RefDes（编号）。编号可由系统自动分配，必要时可以修改，但必须要保证编号的唯一性。注意，连接点、接地等元器件没有编号。在电路上是否显示标志和编号可由【Options】菜单中的【Sheet Properties】对话框设置。

2）Display（显示）选项：用于设置 Label、Model、RefDes 的显示方法，可由【Options】菜单中的【Sheet Properties】对话框设置。

3）Value（数值）选项：可以直接对元器件的参数进行修改。

4）Fault（故障设置）选项：可供人为设置元器件的隐含故障。例如，在晶体管的故障设置对话框中，E、B、C为故障设置有关的引脚号，对话框提供Leakage（漏电）、Short（短路）、Open（开路）、None（无故障）等设置。如果选择Open（开路）设置，即设置引脚E和引脚B为Open（开路）状态，尽管该晶体管仍连接在电路中，但实际上隐含了开路的故障，可以为电路的故障分析提供方便。

2. 导线与连接点的操作

（1）两个元器件之间的连接　只要将光标指针移近所要连接的元器件引脚一端，这时光标指针自动变为一个小红点，单击并拖动指针至另一个元器件的引脚，出现一个小红点时单击，系统即自动连接这两个引脚之间的线路。

（2）元器件与某一线路的中间连接　从元器件引脚开始，指针指向该引脚并单击，然后拖向所要连接的线路上再单击，系统不但自动连接这两个点，同时在所连接线路的交叉点上自动放置一个连接点，如图5-12所示。

（3）两条连线不相交　除了上述情况外，对于两条线交叉而过的情况，不会产生连接点，即两条交叉线并不相连。

1）如果要让交叉线相连，可在交叉点上放置一个连接点。操作方法是：启动菜单栏的【Place】菜单中的“Junction”命令，单击所要放置连接点的位置，即可在该处放置一个连接点，两条导线就会连接起来。

2）如果要删除导线和连接点，将光标指针指向所要删除的连接点或导线，单击右键选取该点或导线，此时将自动打开对话框，选择“Delect”即可。

（4）改变导线和连接点颜色　将光标指针指向某一条连线或连接点，单击右键选中，出现快捷菜单。选择“Colors….”命令，将打开“Colors”对话框，选取所需的颜色，然后单击“OK”按钮，如图5-13所示。

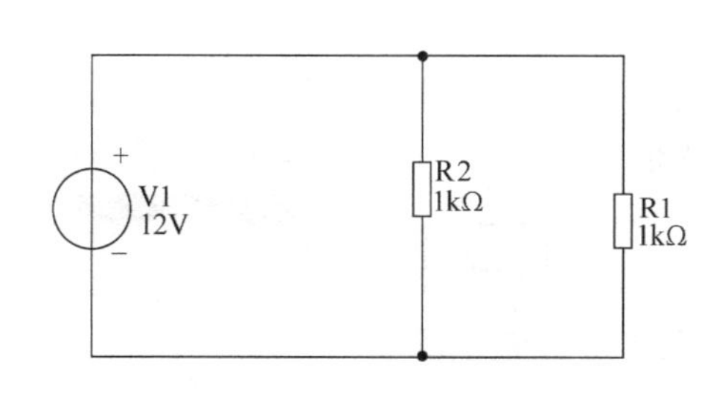

图5-12　导线的连接

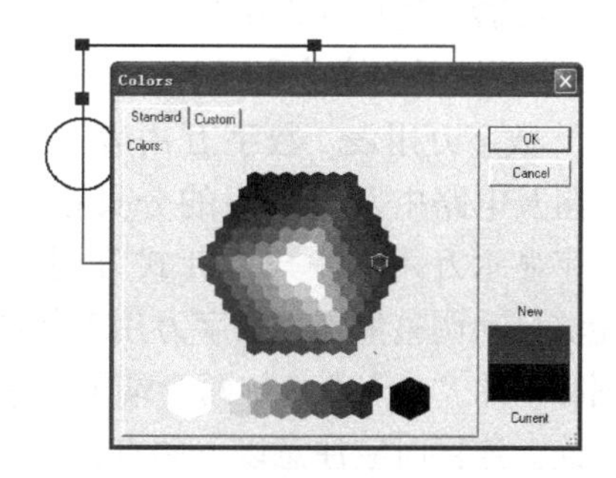

图5-13　导线颜色的设置

5.2.3　Multisim 10.0仪器仪表的使用

Multisim的仪器仪表栏存放有数字万用表、函数信号发生器、示波器、逻辑分析仪、逻辑转换仪等21种仪器仪表可供使用，各种仪器仪表以图标方式存在，每种类型可有多台。

1. 仪器仪表的基本操作

（1）仪器仪表的选用与连接　从仪器仪表栏中单击将要选用的仪器图标，然后用鼠标将仪器“拖放”到电路工作区即可。将仪器图标上的连接端（接线柱）与相应电路的连接点相连，连线过程类似元器件的连线，如图5-14所示。在电路测量中，有时可能用到多个仪器仪表，只要在电路中放置这些仪器仪表即可。如果需要用到相同的仪器仪表，可以分别设置和调整，互不干扰。

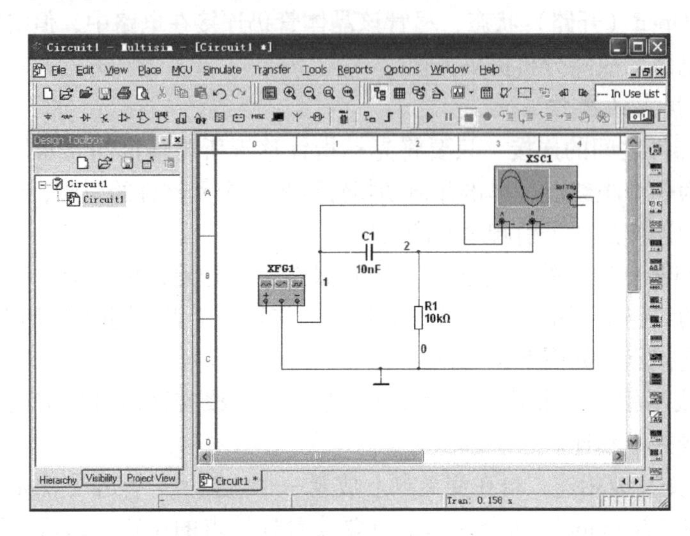

图5-14　仪器仪表在电路中的连接

（2）仪器仪表参数的设置

1）设置仪器仪表参数：双击仪器图标即可打开仪器面板，用鼠标操作仪器面板上相应按钮及参数设置对话窗口的设置数据。

2）改变仪器仪表参数：在测量或观察过程中，可根据需要来改变仪器仪表参数的设置，如示波器、逻辑分析仪等。

2. 常用仪器仪表介绍

（1）数字万用表　数字万用表（Multimeter）是一种用来测量交直流电压、交直流电流、电阻及电路中两点之间的分贝损耗、自动调整量程的数字显示万用表。与指针式万用表相比，其优势在于能够自动调整量程，数字万用表如图5-15所示。

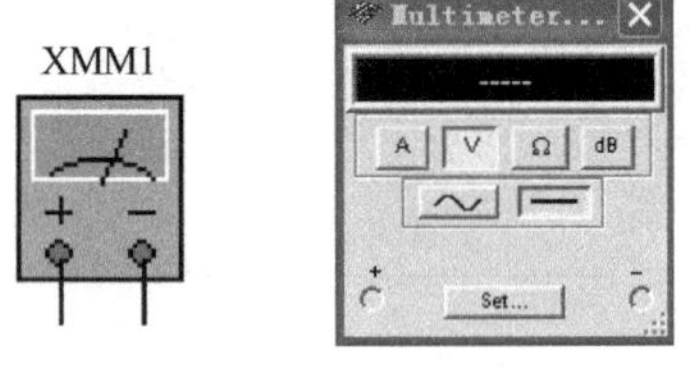

a) 面板　　　　b) 操作界面

图5-15　数字万用表面板和操作界面

图标中的“+”“-”两个端子用来与待测设备的端点相连。连接时应注意以下两点：

1）测量电阻和电压时，应将数字万用表与待测的端点并联。

2）测量电流时，应将数字万用表串联在待测电路中。

数字万用表的使用步骤如下：

1）单击数字万用表工具栏按钮，将其图标放置在电路工作区，按照要求将万用表与电路相连接，双击图标打开万用表操作界面。

2）从操作界面中选择测量所用的选项（测量电压、电流或电阻等）。

3）单击万用表操作面板上的功能按钮 A V Ω dB，选择万用表的测量类型，从左到右分别是电流、电压、电阻和分贝。单击信号模式按钮 ～ —，选择测量信号的类型是交流还是直流。

（2）函数信号发生器　Multisim 的数字信号发生器（Function Generator）是可以提供正弦波、三角波和方波电压信号的信号源，如图 5-16所示。

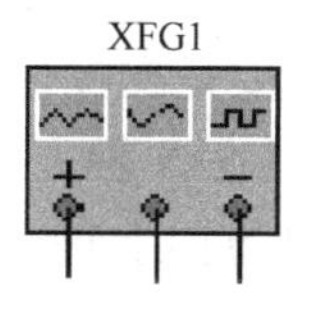

a) 面板

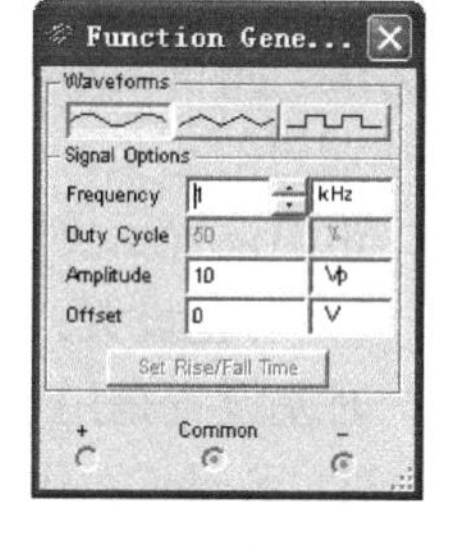

b) 操作界面

图 5-16　函数信号发生器面板和操作界面

函数信号发生器的电路连接有三个端子，分别是“+”　“Common”和“-”。其中，“Common”端子提供了电路的参考电平，如果该端子接地（与电路中的公共地“Ground”符号相连），则在“+”端输出正向信号的波形，“-”端输出反向信号的波形。

函数信号发生器的使用步骤如下：

1）单击波形选择按钮，选择函数信号发生器的输出波形，从左到右分别是正弦波、三角波和方波。

2）当选择正弦波时，用户可以对波形的频率、幅度和偏移电压进行设置；当选择三角波和方波时，用户可以对波形的频率、幅度、占空比和偏移电压进行设置：

Frequency：设置信号的频率，选择范围在 0.001pHz ~ 1000THz；

Duty Cycle：设置信号的占空比，选择范围在 1% ~99%；

Amplitude：设置信号的最大值，选择范围为 0.001pV ~ 1000TV；

Offset：设置偏置电压值，也就是把正弦波、三角波、方波叠加在设置的偏置电压上输出，其选择范围为 -999 ~999kV。

（3）两通道示波器　示波器是电子线路测量中使用最广泛的仪器之一，可以用于实时显示信号的波形、频率、幅值等。两通道示波器（Oscilloscope）可以同时显示两路信号随时间变化的波形等参数，其面板和操作界面如图 5-17 所示。

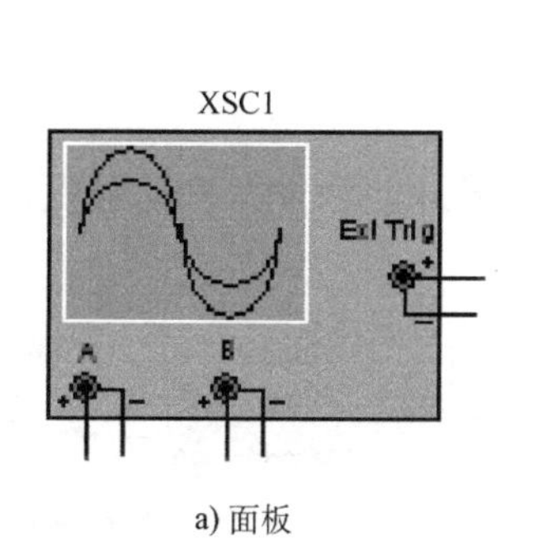

a) 面板

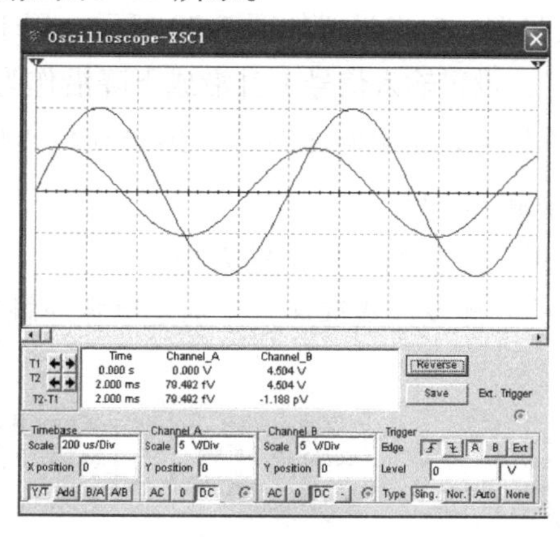

b) 操作界面

图 5-17　两通道示波器的面板和操作界面

两通道示波器图标上有三对端子，分别是 A 通道的正负端、B 通道的正负端和外触发信号的正负端。在进行电路测量时，只需要将 A 或 B 通道的正端用一根导线与电路的待测点相连接，测量显示的就是该点与地之间的波形；若需测量元器件两端的信号波形，只需将 A 或 B 通道的正负两端与该元器件的两端相连即可。

正确设置示波器的参数是使用示波器的必要条件，示波器的设置包括以下主要内容：

1）时基设置：时基设置主要是在操作面板的“Timebase”区内进行设置，如图 5-18 所示。时基设置是用于设置示波器在 X 轴方向（即水平方向）的时间尺度的。

①“Scale”：用于设置 X 轴方向上每个刻度代表的时间。单击“Scale”文本框，出现上下翻页按钮，单击上下翻页按钮，可以更改“Scale”的设置。

②“X position”：用于设置在 X 轴上的时间起始位置。当设为“0”时，信号的起始点从显示区的左侧开始；如果设置为正值（如 1.00）则信号的起始点向右移位；当设为负值（如 -2.00）时，信号的起始点向左移位。

③“Y/T”：表示在 Y 轴方向上显示的输入信号，在 X 轴方向上显示时间基线。

④“Add”：在 Y 轴方向上显示 A 通道和 B 通道两个通道的信号相加的波形，X 轴为时间基线。

⑤“B/A”：表示将 A 通道的信号作为 X 轴扫描信号，将 B 通道信号施加给 Y 轴。

⑥“A/B”：表示将 B 通道的信号作为 X 轴扫描信号，将 A 通道信号施加给 Y 轴。

2）A 通道和 B 通道设置：通道设置如图 5-19 所示。

①“Scale”：用于设置 Y 轴（垂直方向）上每个刻度代表的电压。单击“Scale”文本框，出现上下翻页按钮，单击上下翻页按钮，可以更改“Scale”的设置。

②“Y position”：设置 Y 轴原点的起始位置，用于上下移动显示的信号波形，便于信号的观察和比较。

③“AC”：AC 耦合，仅显示输入信号的交流分量。

④“0”：0 耦合，表示输入信号对地短路，在 Y 轴设置的原点位置显示一条水平直线。

⑤“DC”：DC 耦合，表示信号的交直流分量全部显示。

⑥ B 通道的 - ：表示将 B 通道信号进行 180°反向操作。

3）触发设置：触发设置如图 5-20 所示，用于设置示波器的触发方式。

① ：设置输入信号上升沿或下降沿作为触发信号。

② A B Ext：用于选择同步 X 轴时基扫描信号的触发信号是 A 通道信号、B 通道信号或触发端子输入信号。

③“Level”：设置触发电平的大小。

④“Type”：触发方式选择，分别是单脉冲触发、一般脉冲触发、自动触发、不设定触发方式。

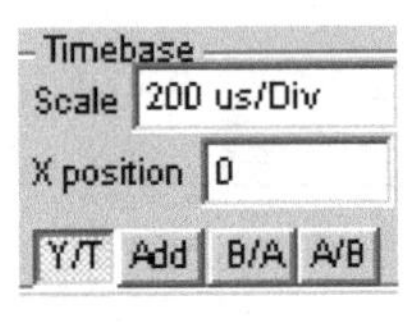

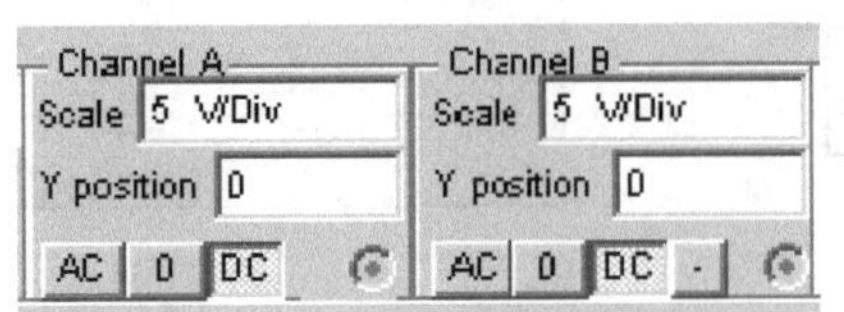

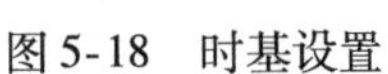

图 5-18　时基设置　　图 5-19　通道设置　　图 5-20　触发设置

4）显示和保存：单击示波器操作面板上的 Reverse 按钮，可以改变示波器屏幕的背景颜色。示波器上显示的数据，用户可以按 ASCII 码格式存储波形读数，单击 Save 按钮，弹出【Save Scope Data】对话框，用于设定文件路径和文件名称。

5）游标：示波器的显示屏上，有两条垂直的游标 T1 和 T2，可以在 X 轴方向上进行拖动。当用鼠标拖动游标时，显示屏幕下方的方框内，显示游标与波形垂直相交点处的时间和电压值，以及两游标之间的时间、电压的差值，如图 5-21所示。

	Time	Channel_A	Channel_B
T1	227.790 us	9.898 V	-3.773 V
T2	751.708 us	-9.998 V	3.554 V
T2-T1	523.918 us	-19.895 V	7.327 V

图 5-21　游标测量

（4）其他仪器仪表

1）伯德图示仪（Bode Plotter）：伯德图示仪可以用来测量和显示电路的幅频特性（Magnitude）和相频特性（Phase）。

2）逻辑转换仪（Logic Converter）：逻辑转换仪是 Multisim 特有的仪器，是数字电路仿真中非常实用的一种仪器，可以实现逻辑电路、真值表、逻辑表达式之间的转换等。

3）四通道示波器（Four Channel Oscilloscope）：四通道示波器可以同时监视四路不同的输入信号，使用方法和两通道示波器的使用类似。

4）功率表（Wattmeter）：功率表用来测量电路的功率，交流电路或者直流电路均可测量。

5）字信号发生器（Word Generator）：字信号发生器又称为数字逻辑信号源，在数字电路测试中，通常用于提供所需的数字信号源。

6）逻辑分析仪（Logic Analyzer）：逻辑分析仪用于对数字逻辑信号的高速采集和时序分析，可以同步记录和显示 16 路数字信号。

7）频谱分析仪（Spectrum Analyzer）：频谱分析仪是用来分析信号的频谱特性的仪器。

8）网络分析仪（Network Analyzer）：网络分析仪是一种用来分析双端口网络的仪器，可以测量衰减器、放大器、混频器、功率分配器等电子电路及元件的特性。

9）IV（电压/电流）分析仪：可用来分析二极管、晶体管、MOS 管的伏安特性曲线。

5.2.4　电路原理图的建立及仿真

仿真电路的建立主要包括以下几个过程：

1）新建电路原理图文件。

2）选择和放置元器件。

3）连接线路。

4）设置元器件参数，保存文件。

5）调用和连接仪器，进行仿真测量和分析。

下面以分压式偏置单管交流电压放大电路的研究为例，介绍 Multisim 的仿真设计过程，使大家对 Multisim 仿真软件的使用有一个初步的了解。

图 5-22 所示为分压式偏置单管交流电压放大电路的电路图，要求测量静态工作点和电压放大倍数。在本电路中，晶体管基极的上偏置电阻是由（R_1+R_6）构成，其中 R_6 是可调电位器，调节电位器 R_6 的大小，就可以改变电路的静态工作点，用示波器观察电路的输出电压波形的变化情况，就可以知道电路的工作状态。

（1）编辑原理图

1）建立电路文件：启动 Multisim 系统，在 Multisim 基本界面上自动打开一个空白的电路文件。在 Multisim 正常运行时只需要单击【系统工具栏】的【File】菜单，单击“New”按钮，同样将出现一个空白的电路文件，系统自动命名为“Circuit 1”，可以在保存其电路文件时再重新命名。

2）设计电路界面：Multisim 的电路界面好比实际电路实验的工作台面，所以 Multisim 又形象地把电路界面上的电路窗口称为“Workspace”。在进行某个实际电路实验之前，通常会考虑这个工作台面如何布置，如需要多大的操作空间，元件箱及仪器仪表放在什么位置等。初次打开 Multisim 的时候，Multisim 仅提供一个基本界面，新文件的电路窗口是一片空白。在设计电路界面时，可通过菜单【View】的各个命令，或【Options/Preferences】对话框中的若干个选项来实现。本例则包含如下选项：

① 选取【Options】中的【Preferences】选项，如图 5-23 所示。在【Preferences】选项的【Parts】设置中，【Place component mode】栏中可以设置放置元器件的方式，可以通过勾选选项来选择是否在放置一个元器件后，返回元器件浏览对话框，用户可以根据自己的设计习惯进行相应的选择，如图 5-24 所示。

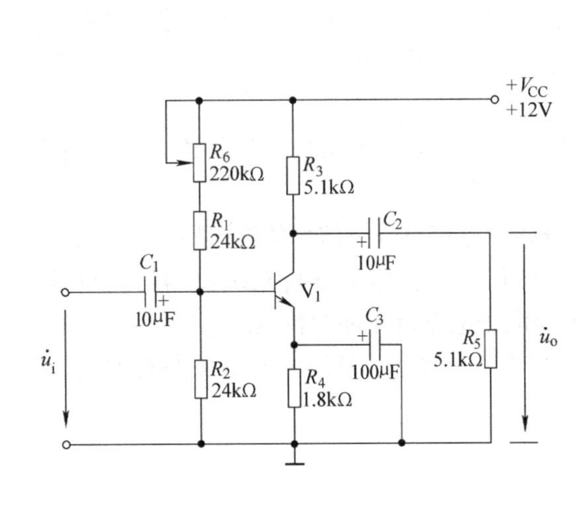

图 5-22　分压式偏置单管交流电压放大电路

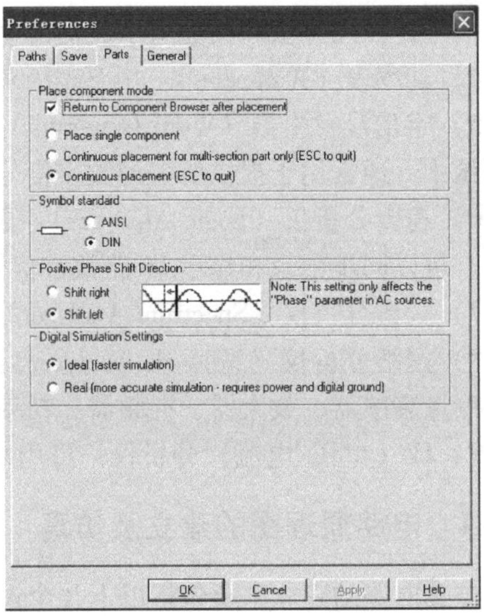

图 5-23　【Options】菜单中的【Preferences】选项

在【Symbol standard】栏中可以设置放置在原理图中的元器件符号的模式。DIN 项与我国现行的标准非常相近，所以建议采用 DIN 项，如图 5-25 所示。

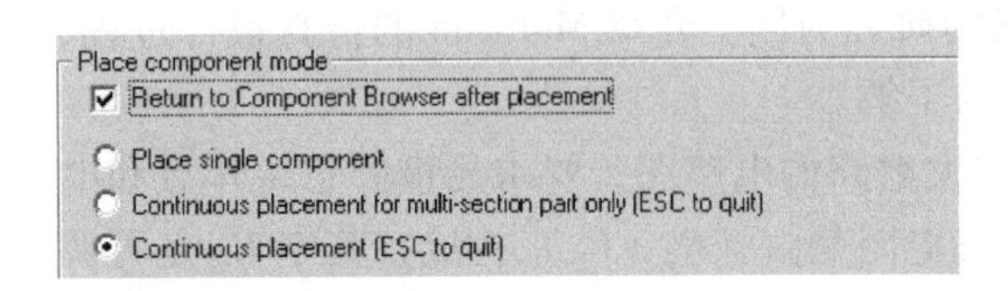

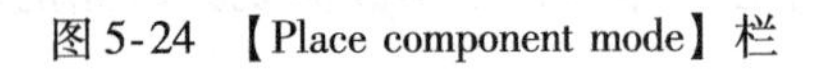

图 5-24　【Place component mode】栏

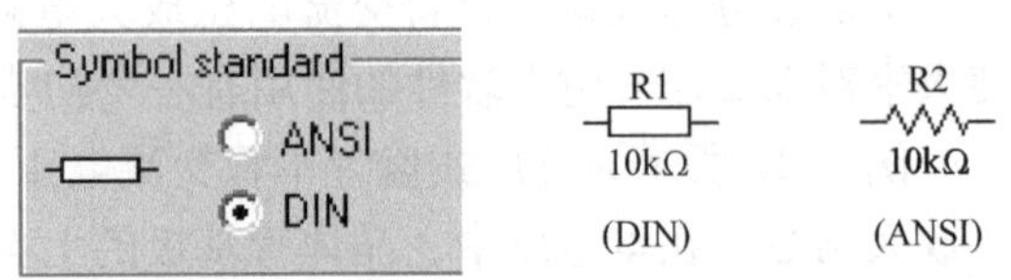

图 5-25　【Parts】选项中【Symbol standard】栏

② 选取【Options】中的【Sheet Properties】选项，如图5-26所示。

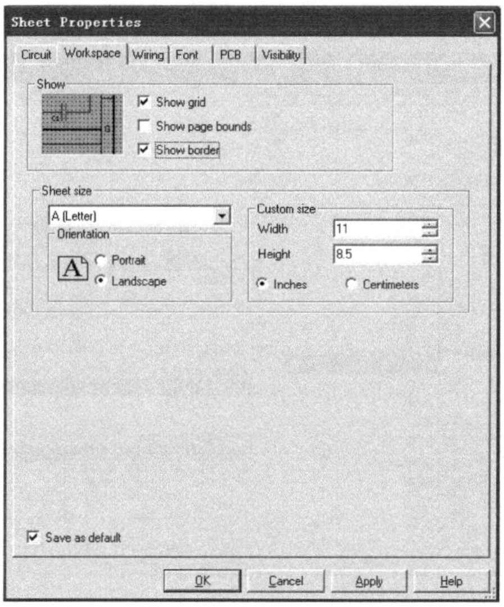

图5-26　【Options】中的【Sheet Properties】选项

打开【Workspace】页，选中【Show】区内的选项【Show grid】，在电路窗口中将会出现栅格，使用栅格可方便电路元器件之间的连接，使创建出的电路图整齐美观。

经过以上简单的设置后，电路界面就设置好了，如图5-27所示。

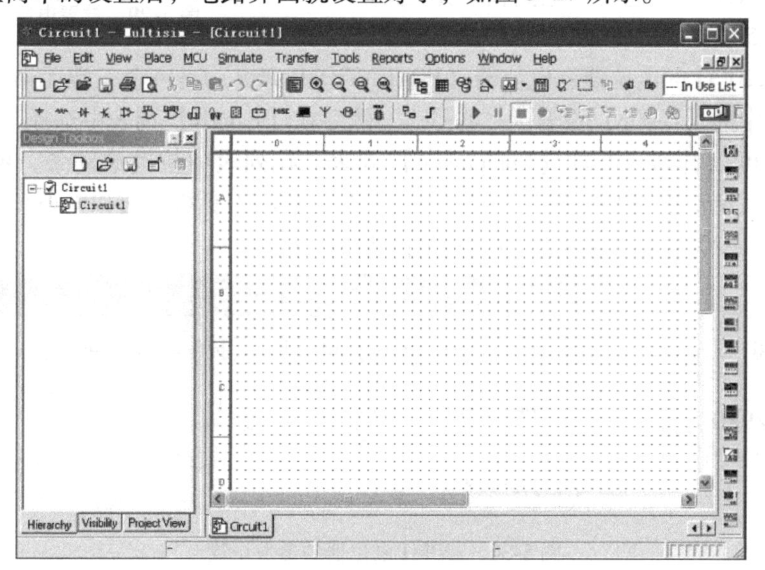

图5-27　电路界面设置

(2) 在电路窗口内放置元器件

1) 放置电阻：单击【元器件栏】上基本元器件组按钮，弹出【Select a Component】对话框。把对话框的【Group】设置为“Basic”，然后在【Family】列表中选择“RESIS-

TOR”。此时可以看到在元器件【Component】列表中，列出了众多电阻元件，在列表中拉动滚动条，单击选择相应的24kΩ电阻元件，如图5-28所示。

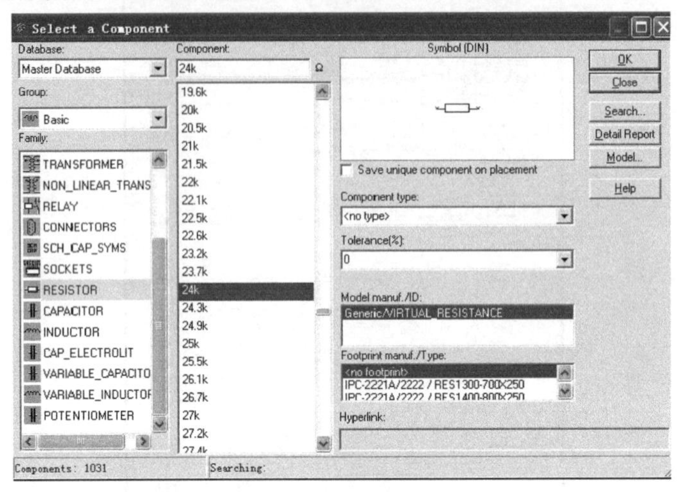

图5-28　基本元器件库

单击对话框上的“OK”按钮，切换到电路图设计窗口下，可以看到光标上黏附着一个电阻的电路图符号，在适当位置单击鼠标左键，即可完成电阻元件R1的放置。同样地，将其他电阻元件R2～R5一一选放到电路窗口适当的位置上，如图5-29所示。

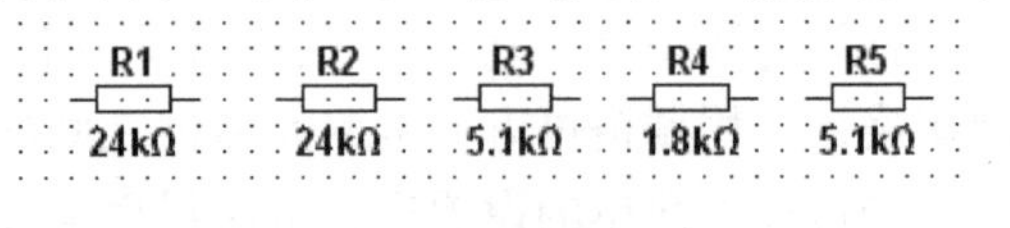

图5-29　放置电阻

2）放置220kΩ的电位器：电位器（POTENTIOMETER）是一个三端元器件，在基本元器件库对话框中的【Group】设置为“Basic”，然后在【Family】列表中选择“POTENTIOMETER”。此时可以看到元器件【Component】列表。在列表中拉动滚动条，单击选择电位器，选放到电路窗口适当的位置上，双击电位器后，出现对话框，可以对电位器的变量参数进行修改设置，220kΩ电位器的参数设置如图5-30所示。

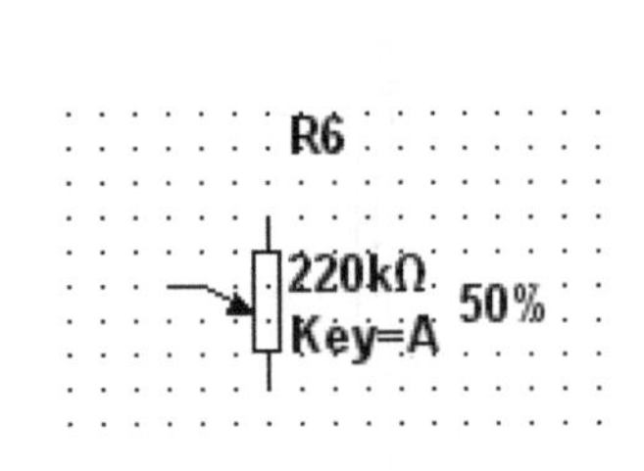

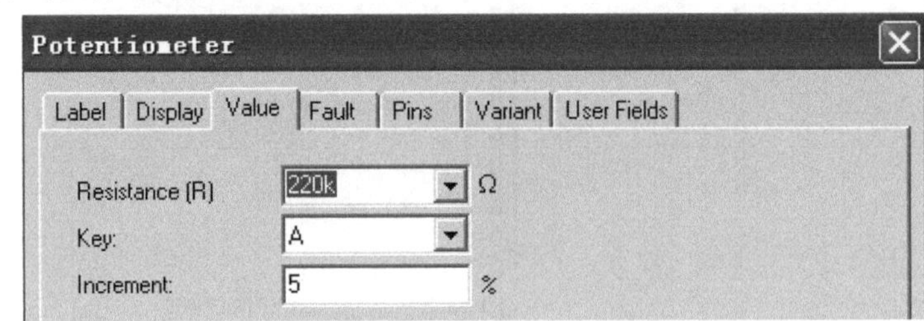

图5-30　220kΩ电位器的参数设置

3）放置极性电容：在基本元器件库对话框中的【Group】设置为“Basic”，然后在【Family】列表中选择“CAP_ ELECTROLIT”。此时可以看到元器件【Component】列表，在列表中拉动滚动条，单击选择10μF电容，完成极性电容C1的放置。同理，将其他的电容C2和C3选放到电路窗口适当的位置上。

4）放置12V的直流电压源：直流电压源为放大电路提供电能。单击【元器件栏】上电源库按钮，弹出【Select a Component】对话框。把对话框的【Group】设置为“Sources”，然后在【Family】列表中选择“POWER_ SOURCES”。此时可以看到元器件【Component】列表，在列表中，列出了电压源元器件和接地，在列表中拉动滚动条，单击选择电压源VCC，选放到电路窗口适当的位置上。双击电压源VCC后，出现了对话框，可以对电压源的变量参数进行修改设置，直流电压源参数的设置如图5-31所示。

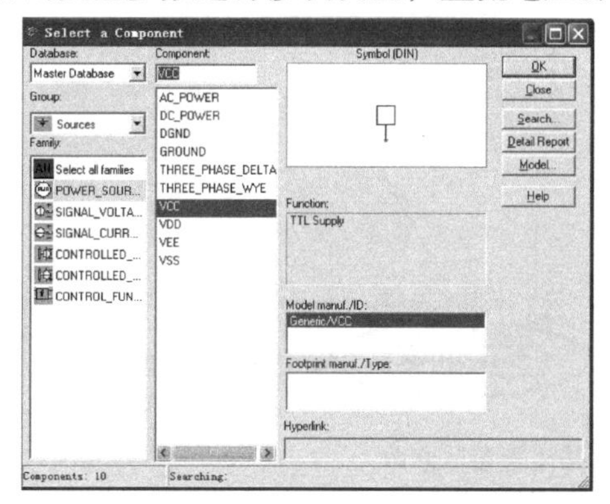

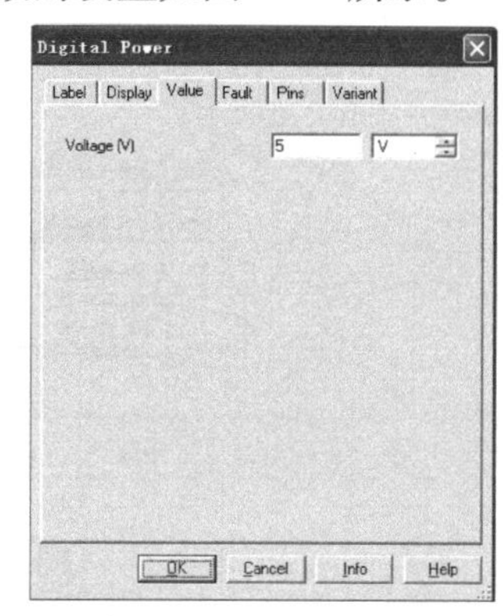

图5-31　直流电压源参数的设置

5）放置接地端：对于一个电路来说，接地端就是一个公共参考点，这一点的电位值是0V。一般来说，一个电路必须有一个公共参考点，而且只能有一个。如果一个电路中没有接地端，通常不能有效地进行仿真分析。调用接地端非常方便，只需在【Component】列表中，单击接地“GROUND”按钮后再将其拖放到电路即可。为了电路的测试方便，公共参考点（接地端）在一根线上可以设置多个点。

6）放置NPN型晶体管：NPN型晶体管是放大电路的核心，单击【元器件栏】上的晶体管库图标，弹出【Select a Component】对话框。把对话框的【Group】设置为 Transistors，然后在【Family】列表中选择“BJT_ NPN”。此时可以看到元器件【Component】列表中列出了众多晶体管元器件，在列表中拉动滚动条，单击选择相应型号的晶体管“2N2222A”，将其放到电路窗口适当位置上。本电路需要设定晶体管“2N2222A”的放大倍数$\beta=40$，需要修改其参数。修改β参数的方法是：双击晶体管的电路图符号，选择“Value”选项卡，单击“Edit Model”键，在弹出的页面“Edit Model”中将“BF”的“Value”值改为“40”，并单击“Change Part Model”键确定，如图5-32所示。

放置完所有的元器件，如图5-33所示。

（3）连接线路　连接电路前首先要调整元器件位置。调整位置的方法是：选中这些元器件，单个元器件只要将光标指针指向所要调整位置的元器件，然后单击即可；若要同时选中多个元器件时，可按住鼠标左键，拖出一个虚线框，框住所要移动的元器件，松开左键即可。然后按住鼠标左键拖动其中的任意一个元器件，则所有选中的部分就会一起移动。

对元器件进行旋转或反转操作，需要先选中该元器件，然后单击鼠标右键，在弹出的快捷菜单中选择相应的旋转和翻转命令。

放置完所有元器件后，需要对其进行线路连接，操作步骤如下：

1）将光标指向所要连接的元器件引脚上，光标就会变成圆圈状。

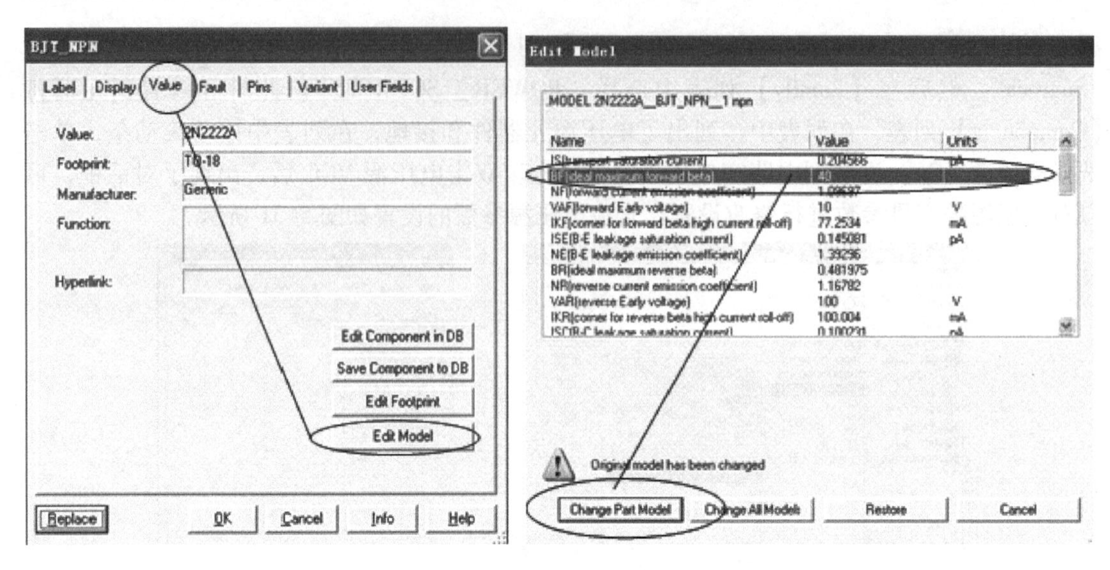

图 5-32　晶体管参数修改

2）开始连接线路。单击并移动鼠标，即可拉出一条虚线，如果要从某点转弯，则先单击鼠标，固定该点，然后移动鼠标。

3）到达终点后单击即可完成，如图 5-34 所示为连接好的比较理想的电路图。

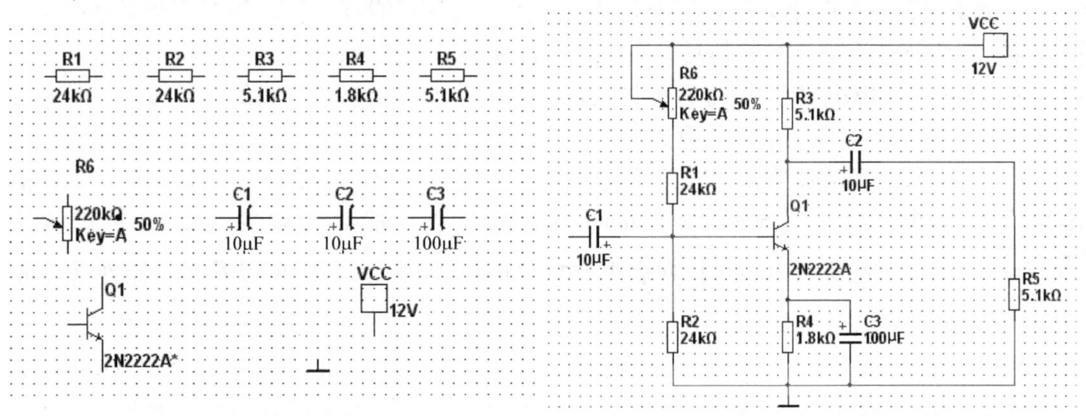

图 5-33　分压式偏置单管交流电压放大电路元器件

图 5-34　连接好的电路图

（4）对电路图进一步编辑处理，保存文件　为了使电路窗口中已编辑的电路图更整洁，更便于仿真分析，可以对电路图做如下编辑处理：

1）显示电路的节点号：电路元器件连接后，系统会自动给出各个节点的序号。有时这些节点号并未出现在电路图上，这时可启动【Options】菜单中的【Sheet Properties】命令，打开对话框，然后打开【Circuit】页，选中【Net Names】框内的【Show All】，如图 5-35 所示。

2）编辑电路图之后可以将其换名保存，方法与保存一般文件相同。对于本例，原来系统自动命名为“Circuit 1”，单击菜单栏【File】下面的【Save】命令，重新命名为“分压式偏置单管交流电压放大电路”，保存类型自动默认为（ *. ms10），并保存在适当的路径下。

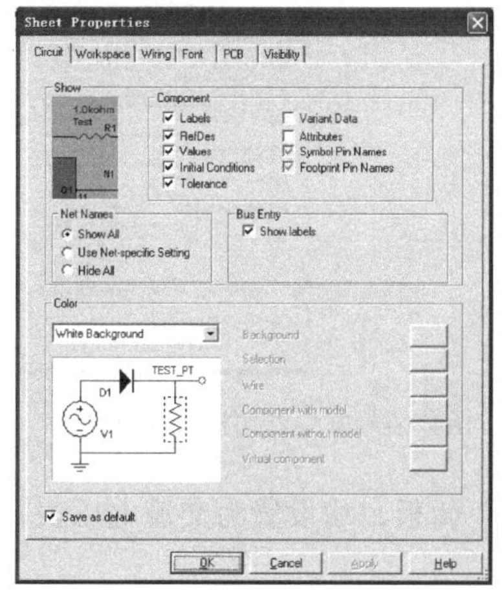

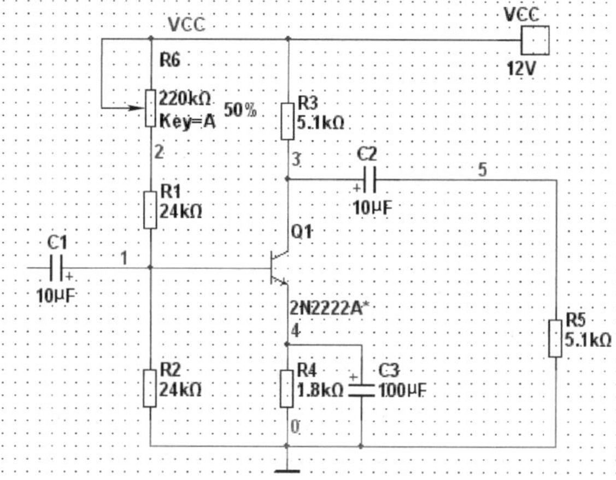

图 5-35　显示电路的节点号的电路图

（5）进行仿真测量

1）静态工作点的测量：在单管交流电压放大电路中，如需满足较大信号幅度的要求，要求静态工作点最好尽量靠近交流负载线的中点。此时将放大电路的输入端对地短路，并进行静态工作点的调试和测量。若晶体管的集电极与发射极之间的电压 U_{CEQ} 不在电源工作电压 V_{CC} 的一半左右，需调节电位器 R6，直至合适为止。

在 Multisim 10 中，放大电路的静态工作点的测量可采用直接测量法。首先从窗口右边的仪器仪表栏中调出三个数字万用表，分别设置为直流电压表和直流电流表，再接入电路中，分别测量晶体管的集电极与发射极之间的电压 U_{CEQ}、基极电流 I_{BQ} 以及集电极电流 I_{CQ}，如图 5-36 所示。分别改变电位器 R6 的数值，电位器 R6 旁边标注的文字“Key = A”，表明按动键盘上“A”键，电位器的阻值按 5% 的速度递增；按动“Shift + A”，阻值将以 5% 速度递减。电位器阻值的数值大小直接以百分比的形式显示在一旁。

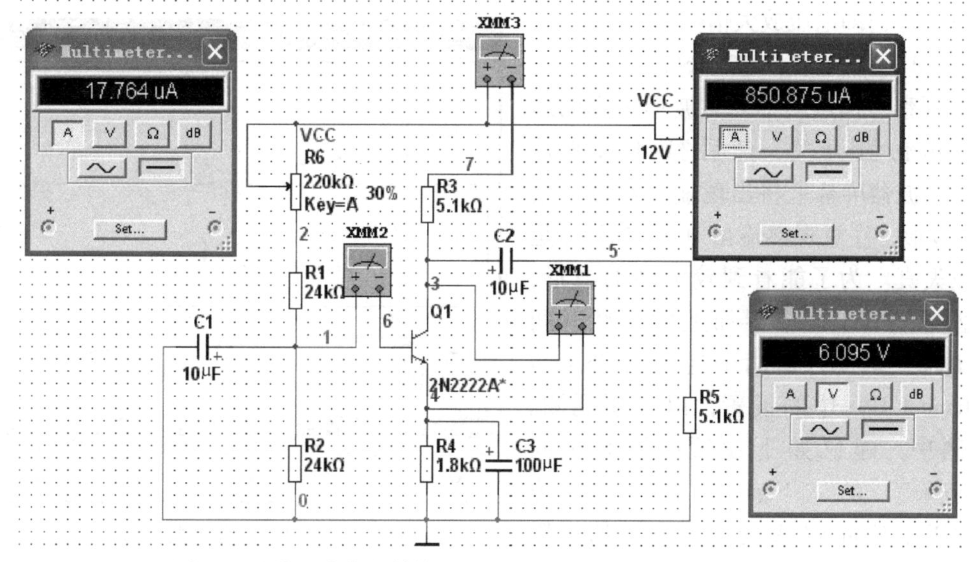

图 5-36　分压式偏置单管交流电压放大电路静态工作点的测量

单击仿真开关，改变电位器 R6 的数值，直至 U_{CEQ} 的测量值约为 6V。通过不断调试，找到最佳的工作点，测得此时的 $U_{CEQ}=6.095V$，$I_{BQ}=17.76\mu A$，$I_{CQ}=0.851mA$，电位器 R6 的比值为 30%。

2）单管交流电压放大电路的动态测量：将放大器调整到合适的静态工作点上，不改变元器件参数，只是去掉三个数字万用表。首先，添加一台函数信号发生器 XFG1，双击打开函数信号发生器的界面，将其设置为正弦波，输入电压幅值为 10mV，频率为 1kHz，如图 5-37 所示。

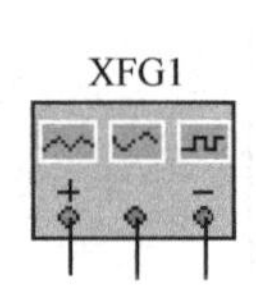

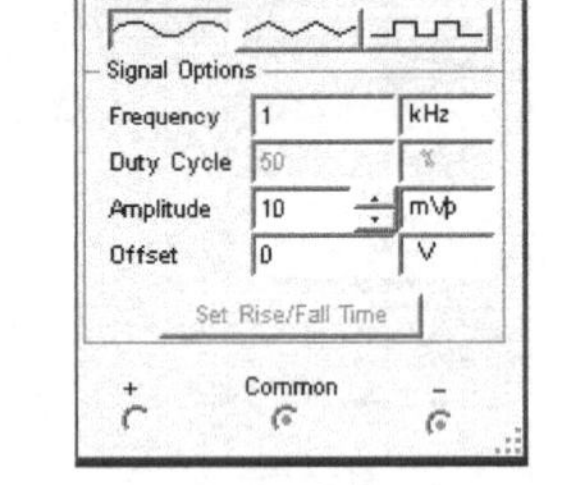

图 5-37　函数信号发生器面板及参数设置

然后再添加数字万用表两个（双击打开 XMM1 和 XMM2 面板，均设置为交流电压表）、双踪示波器 XSC1，接入电路，如图 5-38 所示。

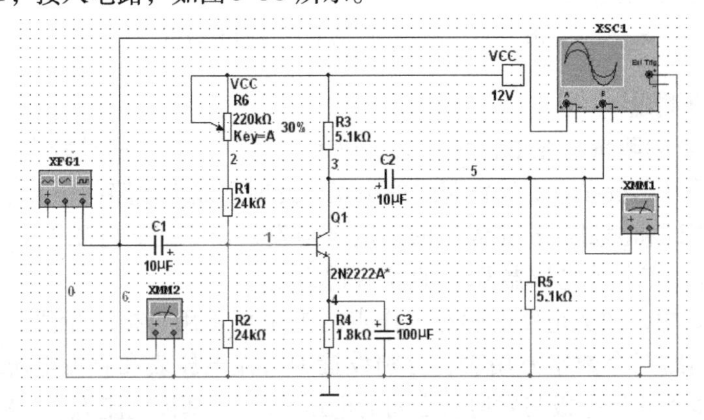

图 5-38　分压式偏置单管交流电压放大电路的动态测量

① 交流电压放大倍数 A_V 的测量：单击仿真开关，双击打开数字万用表 XMM1 和 XMM2 的图标，用万用表测出电路输出、输入端交流电压信号的有效值分别为：$U_o=463.73mV$，$U_i=7.07mV$，即电压放大倍数为

$$A_V=463.73/7.07=65.6$$

② 观察工作点的不同对波形失真的影响：单击仿真开关，然后打开示波器 XSC1，示波器屏幕上将出现输入和输出信号两个波形，注意观察输出电压波形 u_o 是否出现失真。为了能看到较清晰的波形，需要适当调节示波器界面上的基准时间（Timebase）和 A、B 两个通道（Channel A、Channel B）中的设置，以方便观测。在本例中，建议如下设置：基准时间（Timebase）的"Scale"值设置为 500μs/Div；Channel A 的"Scale"值设置为 20mV/ Div；Channel B 的"Scale"值设

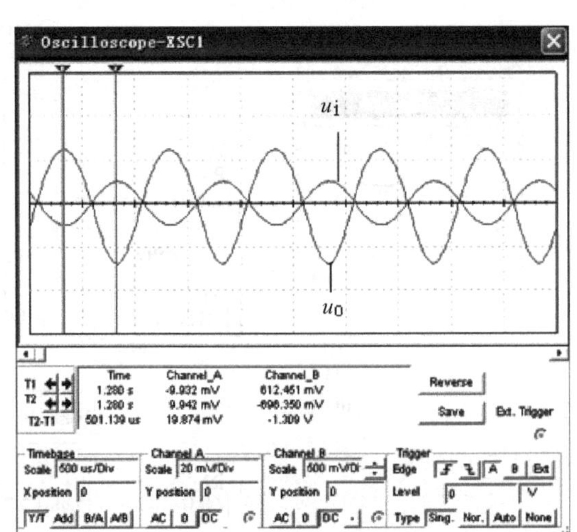

图 5-39　正常放大状态
（输出波形幅度放大，相位相反）

置为 500mV/Div。此时得到的输出波形幅度最大而且不失真，电路处于放大状态，说明静态工作点选定是合适的，如图 5-39 所示。

调节 R6，改变电位器的阻值，使得静态工作点的位置过高或过低，用示波器观察输出电压波形的变化。当按动“Shift + A”键，电位器 R6 一旁显示的电位器阻值百分比减小到 5% 时，输出电压波形产生了饱和失真现象，说明静态工作点过高，如图 5-40 所示。

当按动“A”键，电位器 R6 一旁显示的电位器阻值百分比增大到 80% 时，输出波形产生了截止失真现象，说明静态工作点过低，如图 5-41 所示（为了明显观察到截止失真现象，可考虑适当加大输入正弦电压信号的幅值为 50mV）。

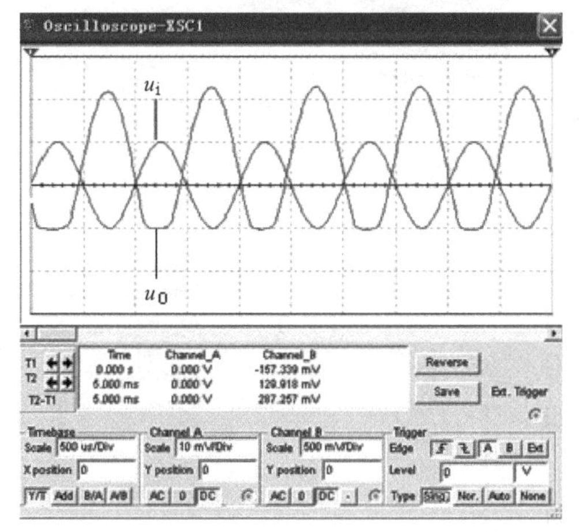

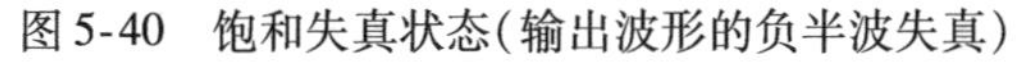

图 5-40　饱和失真状态（输出波形的负半波失真）

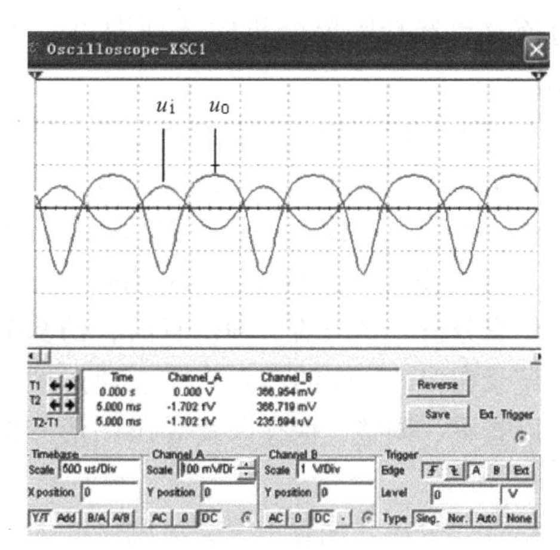

图 5-41　截止失真状态（输出波形的正半波失真）

③ 观察输入信号幅值过大对波形失真的影响：即使工作点选取合适，但输入信号电压过大也会产生失真。将电位器 R6 百分比调回 30%，双击打开函数信号发生器 XFG1 的界面，将输入电压幅值设置为 200mV，频率为 1kHz。单击仿真开关，然后双击打开示波器 XSC1 界面，示波器屏幕上将产生输入和输出信号两个波形，将示波器 Channel A 的“Scale”值设置为 200mV/Div；Channel B 的“Scale”值设置为 5V/Div，可以观察到输出波形正负半波都失真了，其失真波形如图 5-42 所示。

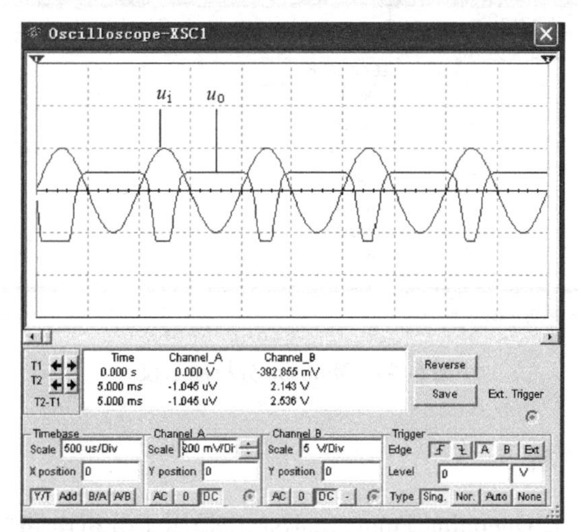

图 5-42　输入电压过大导致的波形失真（输出波形既有饱和失真又有截止失真）

5.3　Multisim 10.0 基本分析方法

Multisim 具有较强的分析功能，可以对仿真得到的数据进行分析，并提供了大量的分析方法，从最基本的到非常复杂的分析，Multisim 都可以胜任。单击菜单栏的【Simulate】（仿真）菜单中的【Analysis】（分析）命令，可以弹出电路分析菜单，通过该菜单选择需要分析的选项即可，如图 5-43 所示。

对于每一种分析，在执行相应的菜单命令后，都会弹出一个对话框，用户需要通过对话框对当前的分析进行相应的设置，告诉 Multisim 所需分析的内容，设置完成后，单击“Simulate”按钮，即可进行仿真分析。当激活一种仿真时，仿真分析的结果会记录在 Multisim 的图示仪中。通过图示仪，用户可以查看、调整、保存以及导出图形和图表，如图 5-44 所示。

结合“分压式偏置单管交流电压放大电路”的仿真结果（电路图可参见图 5-38），下面着重介绍几种常用的分析方法。

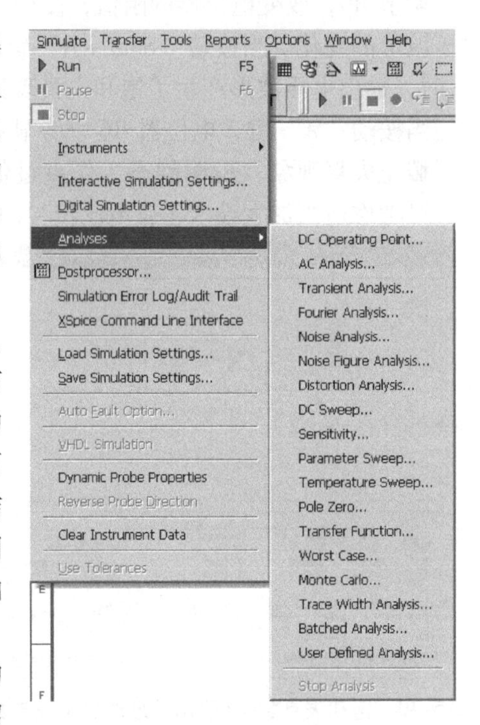

图 5-43　Multisim 常用分析方法

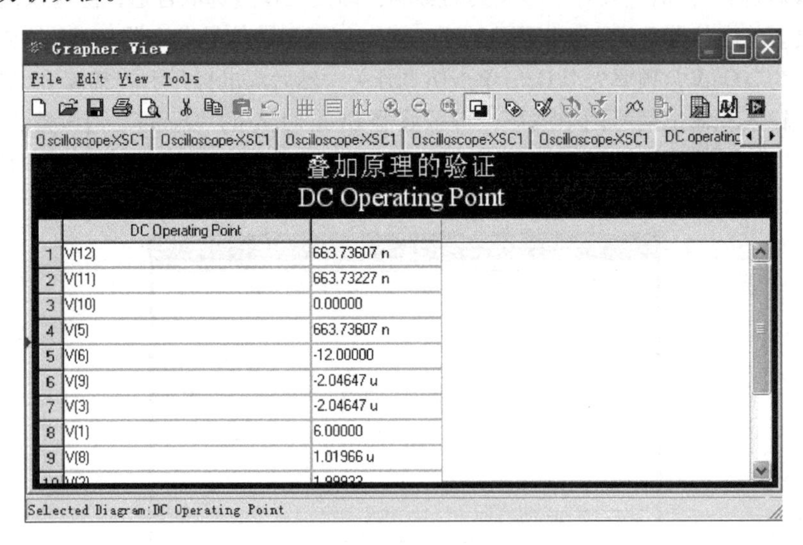

图 5-44　Multisim 分析图示仪

5.3.1　直流工作点分析

直流工作点分析（DC Operating Point Analysis）是用于分析电路的各个节点在直流工作状态时的状况。在进行直流分析时，电路中的交流电源将被视为零输出，电容被视为开路，电感被视为短路，电路中的数字器件将被视为高阻接地。

单击菜单栏【Simulate】→【Analysis】→【DC Operating Point】命令，弹出【DC Operating Point】对话框，如图 5-45 所示。在“Output”对话框选择需要分析的节点和变量，具体方法如下：

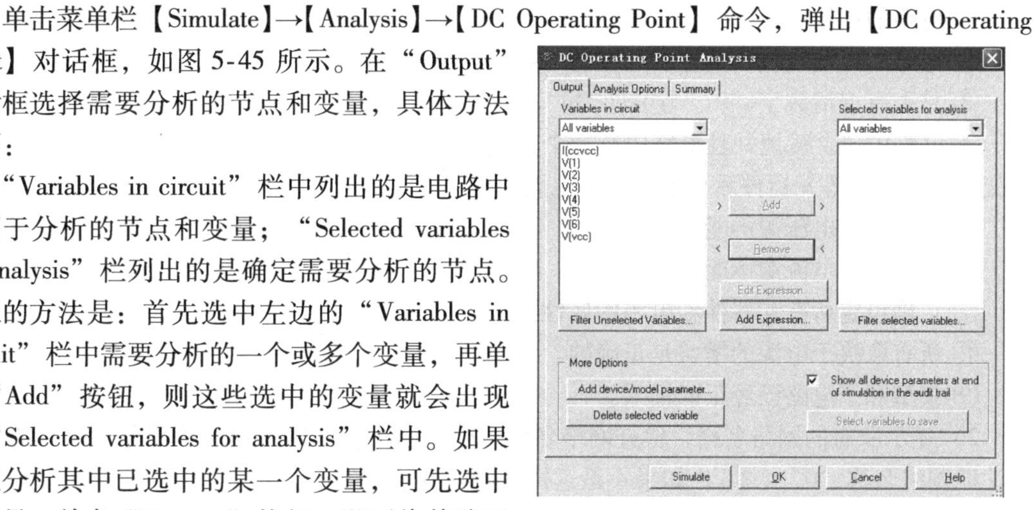

图 5-45 【DC Operating Point】对话框

“Variables in circuit”栏中列出的是电路中可用于分析的节点和变量；“Selected variables for analysis”栏列出的是确定需要分析的节点。选取的方法是：首先选中左边的“Variables in circuit”栏中需要分析的一个或多个变量，再单击“Add”按钮，则这些选中的变量就会出现在“Selected variables for analysis”栏中。如果不想分析其中已选中的某一个变量，可先选中该变量，单击“Remove”按钮，即可将其移回“Variables in circuit”栏内。

单击【DC Operating Point】对话框中的“Simulate”按钮，即可进行仿真分析，得到仿真分析结果。在弹出的图示仪“Grapher View”窗口可以看到直流工作点分析的结果。

在“分压式偏置单管交流电压放大电路”的直流工作点分析中，将“Variables in circuit”栏的所有节点变量都选中，单击“Add”按钮，移到“Selected variables for analysis”栏，然后单击“Simulate”按钮，系统自动显示运行结果，如图 5-46 所示。

取其中一组分析数据与仿真测量的结果进行比较，$U_{CE}=V_C-V_E=V[3]-V[4]=7.64\text{V}-1.57\text{V}=6.07\text{V}$，而在仿真时直接用万用表测量的 $U_{CEQ}=6.095\text{V}$，结果是一致的。

Grapher View

File Edit View Tools

Oscilloscope-XSC1 | Oscilloscope-XSC1 | DC operating point | DC operating point | DC operating point | DC operating

分压式偏置单管放大电路

DC Operating Point

	DC Operating Point	
1	V(3)	7.64144
2	V(1)	2.18718
3	V(4)	1.57053
4	V(2)	4.80393
5	V(vcc)	12.00000
6	V(5)	0.00000
7	V(6)	0.00000
8	I(ccvcc)	-963.65003 u

Selected Diagram:DC Operating Point

图 5-46 图示仪显示直流工作点分析的结果

在直流工作点分析的过程中，有许多原因会导致分析失败。例如，节点初始电压过高、电路存在不稳定或双稳态、模型中有可能存在不连续模式或电路中包含不现实的阻抗，这些都有可能导致分析发生错误。

在分析过程中，如果遇到错误，用户可以通过以下方法进行分析，查找错误。

1）检查电路拓扑和连通性，可以依据以下项目进行检查确认：

① 电路的接地。

② 电路的正确连线，不包括悬挂网络或杂散部分。

③ 是否有混淆数字“0”与字母“o”。

④ 电路中包含接地并且电路中每一个节点都有DC通路连接到地。确定电路中不存在通过变压器、电容等元器件后与地隔离的电路部分。

⑤ 电容器与电压源不能并联。

⑥ 电感器与电流源不能串联。

⑦ 正确设定所有元器件和电源的属性。

⑧ 所有取决于电源的增益是正确的。

⑨ 模型和子电路已经正确输入。

2）显示所有的网络名称，检查网络名称，检查网络名称连接到地的部分，所有的地必须注明网络名称“0”（零），如果不是这样则删除并修改。

3）检查电路中复制网络的名称。每个网络必须有一个唯一的名称。如果有必要可双击配线，修改网络名称。

4）如果存在数字电路，应确保数字地和模拟地在工作区左侧。

5）复制，然后粘贴到一个新的文件中，尝试再运行电路仿真。

5.3.2　交流分析

交流分析（AC Analysis）用于分析放大电路的频率特性。当输入信号的频率不同时，放大电路输出电压的幅值和相位也会随之发生变化，即放大电路输出电压的幅值和相位与信号的频率有关。放大电路的电压放大倍数与频率的关系称为幅频特性；输出电压和输入电压的相位差与频率的关系称为相频特性，两者统称为频率特性。

做交流分析时，需要先选定被分析的电路节点，电路中的直流电源将自动置零，交流信号源、电容、电感等均处在交流模式，输入信号也设定为正弦波形式。若把函数信号发生器的其他信号作为输入激励信号，在进行交流频率分析时，会自动把其作为正弦信号输入。因此，输出响应也是该电路交流频率的函数。

单击菜单栏【Simulate】→【Analysis】→【AC Analysis...】选项，将弹出【AC Analysis】对话框，进入交流分析状态。

（1）参数设置　在“Frequency Parameters”参数设置对话框中，可以确定分析的起始频率、终点频率、扫描形式、分析采样点数和纵向坐标（Vertical scale）等参数，如图5-47所示。

1）在“Start frequency（FSTART）”中，设置分析的起始频率，默认设置为1Hz。

2）在“Stop frequency（FSTOP）”中，设置扫描终点频率，默认设置为10GHz。

3）在“Sweep type”中，设置分析的扫描方式，包括“Decade”（10倍程扫描）、“Octave”（8倍程扫描）和“Linear”（线性扫描）。默认设置为10倍程扫描（Decade选项），以对数方式展现。

4）在“Number of points per decade”中，设置每10倍频率分析采样数，默认为10。

5）在“Vertical scale”中，选择纵坐标刻度形式：坐标刻度形式有“Decibel”（分贝)、“Octave”(8 倍)、“Linear”(线性)和“Logarithmic”(对数)形式。默认设置为对数形式。

6)单击“Reset to default”按钮，即可恢复默认值。

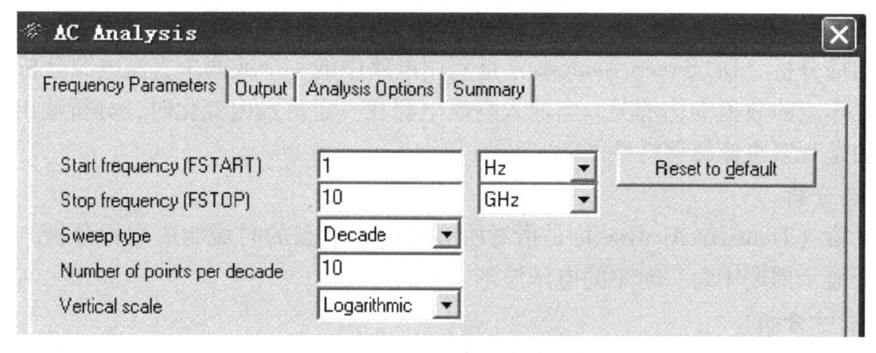

图 5-47　【Frequency Parameters】参数设置对话框

(2)选择需要分析的节点　打开【Output】选项卡，在【Variables in circuit】列表中选择节点。在“分压式偏置单管交流电压放大电路”中选择“V［3］”，即晶体管的集电极(本电路的节点“3”)做交流分析。单击“Add”按钮，可以看到在【Selected variables for analysis】栏中出现了“V[3]”，表明需要对电路的“节点 3”进行交流分析，如图 5-48 所示。

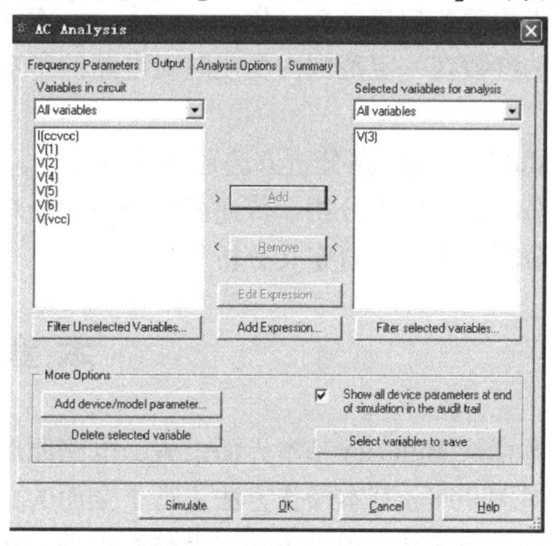

图 5-48　选择需要分析的节点

(3)单击对话框中的【Simulate】按钮　开始进行交流分析，即可在显示图上获得被分析的“节点 3”的频率特性。交流分析的结果，可以显示幅频特性(Magnitude)和相频特性(Phase)，如图 5-49 所示。

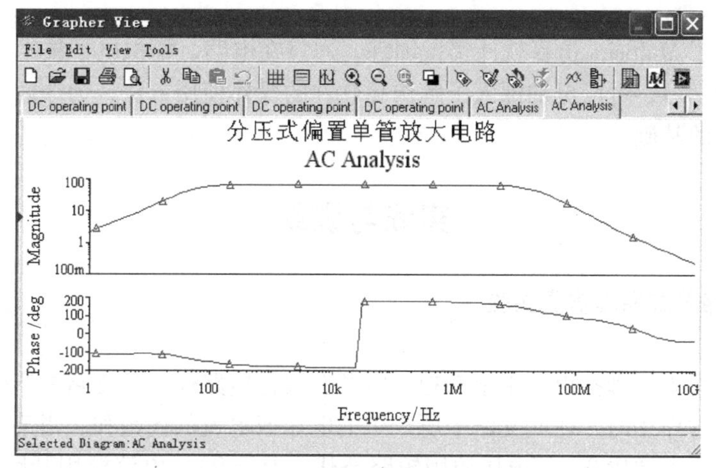

图 5-49　交流分析的结果(幅频特性和相频特性)

5.3.3 其他分析方法

1. 直流扫描分析

直流扫描分析（DC Sweep Analysis）是利用电路中的一个或两个直流电源分析某一节点上的直流工作点的数值变化情况。当输入直流电源在一定范围内变化时，分析输出的变化情况，其目的是观察直流转移特性。

2. 瞬态分析

瞬态分析（Transient Analysis）是指对所有的电路节点的时域响应进行分析，即观察该节点在整个显示周期中每一时刻的电压波形。

3. 傅里叶分析

傅里叶分析（Fourier Analysis）用于分析一个时域信号的直流分量、基频分量和谐波分量，即把被测节点处的时域变化信号进行离散傅里叶变换，求出其频域变化规律。

4. 参数扫描分析

采用参数扫描分析（Parameter Sweep Analysis）方法分析电路，可以较快地获得某个元器件的参数在一定范围内变化时对电路的影响，相当于该元器件每次取不同的值，进行多次仿真。

Multisim 的电路分析方法还有噪声分析、噪声系数分析、失真分析、灵敏度分析、温度扫描分析、零极点分析、传递函数分析、最坏情况分析、蒙特卡罗分析、导线宽度分析、批处理分析以及用户自定义分析等。

本章小结

本章从 Multisim 基本界面设置、电路原理图搭建、元件库选用及仪器仪表设置等方面入手，对 Multisim 基本操作方法进行了全面的介绍，并结合电路设计实例，对 Multisim 电路原理图创建的步骤、设计方法以及仿真电路分析方法进行学习。通过 Multisim 和虚拟仪器技术学习，初学者可以很快完成从理论到原理图的创建和仿真，再到电路设计和测试的完整综合开发设计全过程。

本章还提供了 Multisim 仿真软件实操训练，通过在电路、模拟电子技术、数字电子技术等电路设计中的学习，可以更加深入了解仿真软件的操作使用方法，为今后开展电子电路综合设计打下良好的基础。

实践与训练

项目1. 线性电路叠加原理仿真实验

1. 工作原理

线性电路的叠加原理指出，由全部独立电源在线性电路任一条支路中产生的电压或电流等于各个电源单独作用时，在此支路中所产生的电压或电流的代数和。当某一独立电源作用时，应将其他独立电源置0，即电压源用短路替代（$U_{\mathrm{i}}=0$）、电流源用开路替代（$I_{\mathrm{S}}=0$）。

叠加原理电路图如图 5-50a 所示，电压源 U1 和电压源 U2 单独作用时的电路如图 5-50b、c 所示。

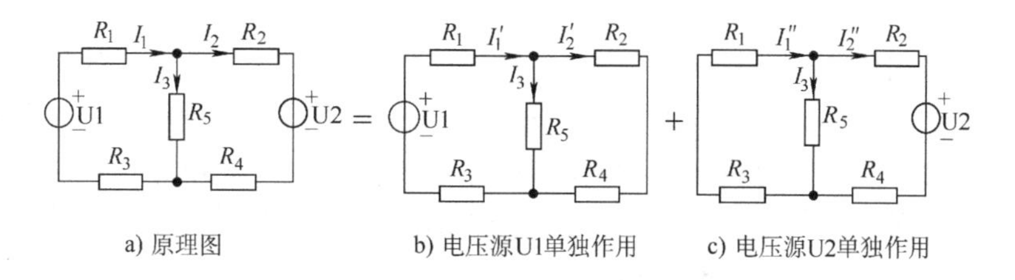

图 5-50　线性电路叠加原理

2. 仿真分析

1）根据图 5-50a 原理图搭建仿真测试分析电路，如图 5-51 所示。

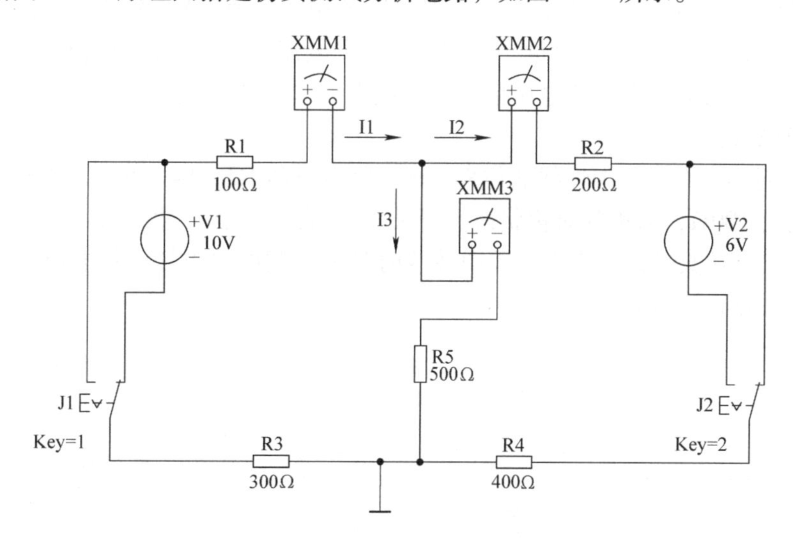

图 5-51　叠加原理仿真电路图

2）在图 5-51 中，令电源 V1 单独作用（将开关 J1 打向 V1 侧，开关 J2 打向短路侧），将三个万用表都设置为直流电流档，起动仿真开关，分别测量当电源 V1 单独作用时，电路中各支路的电流值（I_1、I_2、I_3），并将数据记入表 5-1。

3）令电源 V2 单独作用（将开关 J1 打向短路侧，开关 J2 打向 V2 侧），起动仿真开关，测量当电源 V2 单独作用时，电路各支路的电流值（I_1、I_2、I_3），并将数据记入表 5-1。

4）令电源 V1、V2 共同作用（将开关 J1 打向 V1 侧，开关 J2 打向 V2 侧），起动仿真开关，测量当电源 V1、V2 共同作用时，电路各支路的电流值（I_1、I_2、I_3），并将数据记入表 5-1。

表 5-1　线性电路叠加原理测试表

测试项目	I_1/mA	I_2/mA	I_3/mA
电源 V1 单独作用			
电源 V2 单独作用			
电源 V1、V2 共同作用			

5）从表5-1中任意选取一组数据验证叠加原理。

项目2. 三相交流电路仿真实验

1. 工作原理

实验目的：采用仿真的方法研究与观测三相四线制供电系统中中性线的作用。生活中常见的主要是单相供电电路，而电能的产生、输送和分配基本上都采用三相交流电路，要求各相的负载应该对称分配。但是由于实际使用中存在的分散性，三相电路仍难以完全做到负载对称。因此，为了保证三相电路正常工作，通常采用三相四线制供电系统，以中性线来维持各相负载的相电压都等于电源的相电压。

2. 三相交流电路（电阻负载）仿真实验

搭建用电阻作为负载的三相交流电路的仿真电路，如图5-52所示。图中以电阻及电位器模拟各相负载，开关J1可选择线路缺相运行，开关J2可选择线路中性线的通断，图中XMM1、XMM3、XMM5为交流电流表，分别测试各相电流值，XMM7为交流电流表，测试中性线上的电流值；XMM2、XMM4、XMM6为交流电压表，分别测试各相电压值，XMM8为交流电压表，测试中性线上的电压值。连接线路并检查无误后，单击“仿真”按钮，开始仿真，并记录数据。

（1）负载对称，有、无中性线的仿真测试　将电位器R2、R4、R6均取值“50%”，这时各相负载均为100Ω，为负载对称状态。开关J2闭合时为有中性线状态；开关J2断开时为无中性线状态。仿真分别测得有、无中性线时各相负载的相电压、相电流、中性线电压、中性线电流的数据，记入表5-2。

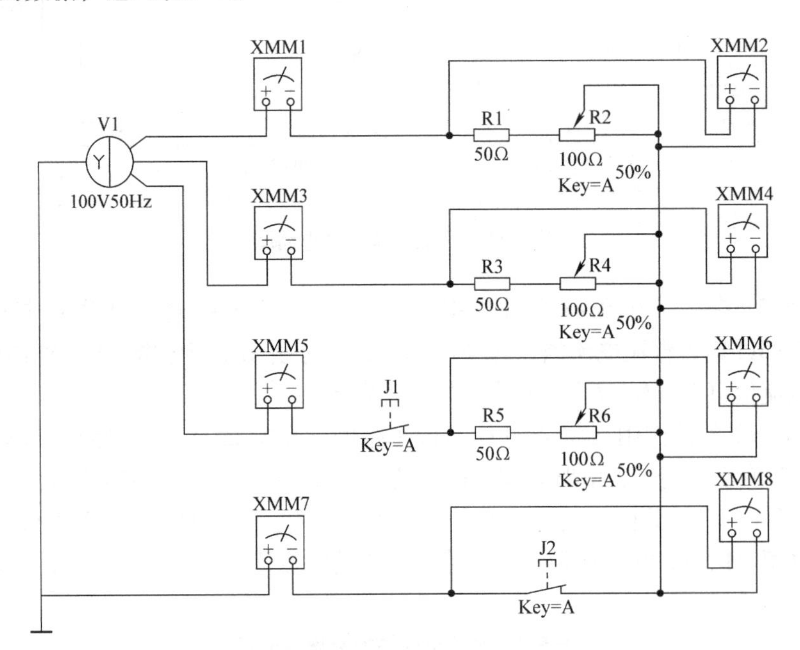

图5-52　三相交流电路的仿真电路（电阻负载）

（2）负载不对称，有、无中性线的仿真测试　将电位器R2、R4、R6分别取值“0%”“50%”“100%”，这时各相负载分别为50Ω、100Ω、150Ω，为负载不对称状态。仿真测得有、无中性线时各相负载的相电压、相电流、中性线电压、中性线电流的数据，记入表

5-2。

（3）负载不对称且缺相运行，有、无中性线的仿真测试　将开关 J1 断开，此时为负载不对称且缺相运行。仿真测得有、无中性线时各相负载的相电压、相电流、中性线电压、中性线电流的数据，记入表 5-2。

表 5-2　三相交流电路的仿真数据

负载情况		中性线	相电压			相电流			中性线电压	中性线电流
			U_1/V	U_2/V	U_3/V	I_1/A	I_2/A	I_3/A	U_N/V	I_N/A
负载对称	三相负载都是 100Ω	有								
		无								
负载不对称	三相负载分别是 50Ω、100Ω、150Ω	有								
		无								
	断相运行	有								
		无								

3. 三相交流电路（白炽灯负载）仿真实验

选择白炽灯作为三相负载的仿真电路，如图 5-53 所示，观察仿真实验现象。

1）开关 J1 断开，其他开关均为闭合，显示为负载不对称，有中性线状态。此时，各相白炽灯均正常工作。

2）开关 J1 断开，开关 J7 断开，显示为负载不对称，无中性线状态。此时，由于白炽灯 X2 所承担的电压超过额定值 100V，故立刻被烧断了；剩余两相白炽灯虽然继续点亮，但因其电压低于额定值 100V，亮度会变暗。

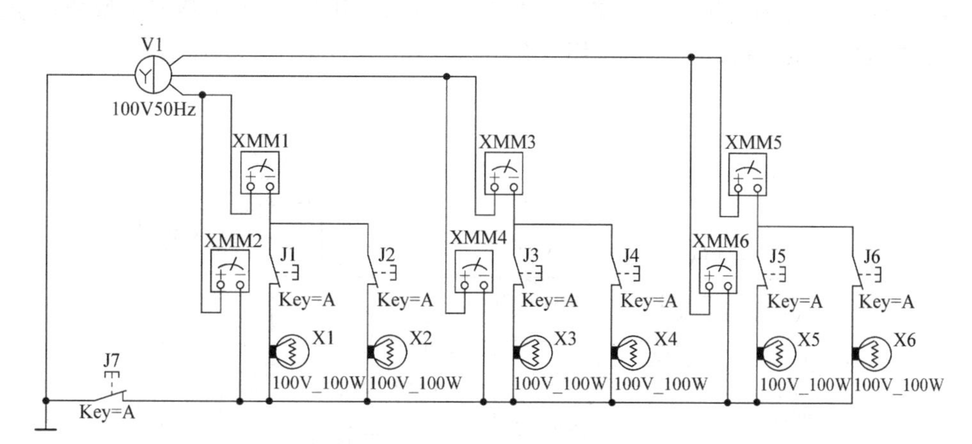

图 5-53　三相交流电路的仿真电路（白炽灯负载）

4. 仿真结果分析

根据表 5-2 的仿真数据，以及图 5-53 的实验现象，可得到如下结论：

1）有中性线时，无论负载是否对称，负载上始终承受的是对称的相电压，故任何情况下，负载均能正常工作。

2）无中性线时，负载若对称，则与有中性线时一样，承受的是对称的相电压。

3）当负载不对称，而中性线出现断路时，各相负载上的相电压就不相等了，会导致某相电压的增大，当负载电压超过额定工作电压时，负载就可能烧毁。

4）保证中性线不断开对于三相四线制供电系统意义重大，三相四线制供电系统可以依靠中性线来维持各相负载的相电压等于电源的相电压。

项目 3. 整流滤波电路仿真实验

1. 工作原理

整流电路的原理是利用二极管单向导通的特性，将输入的交流电压变换为脉动直流电压；滤波电路的原理是使用电容器将整流后单向脉动电压中的交流成分滤除，使输出电压为平滑的直流电压。图 5-54 为整流滤波电路原理图。

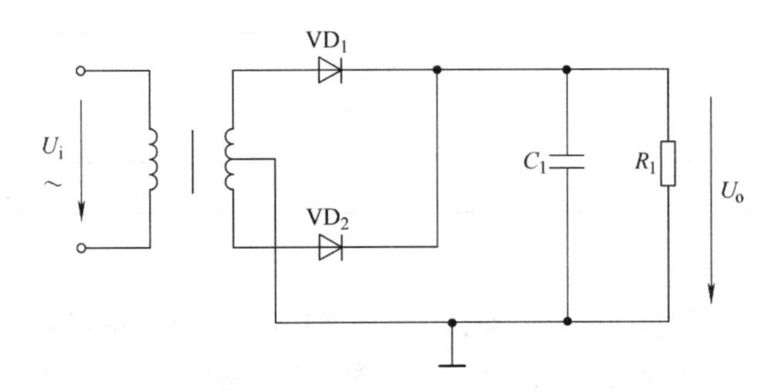

图 5-54　整流滤波电路原理图

2. 仿真分析

通过数据测量和波形观察，进一步了解整流、滤波电路的功能。

根据图 5-54 原理图搭建仿真电路，如图 5-55 所示。开关 J1 用于整流类型的转换，开关 J2 用于滤波电容的切换，变压器选用“TS _ POWER _ VIRTUAL”，匝数比为 4。

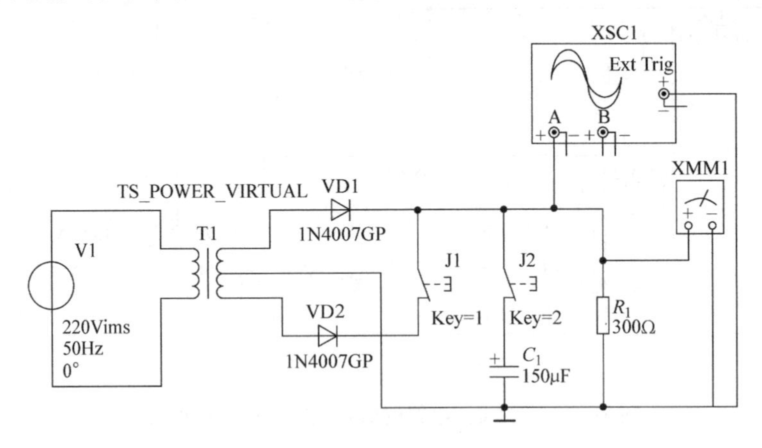

图 5-55　整流滤波仿真电路图

（1）启动仿真开关，观察半波整流和全波整流的波形

1）首先断开 J2 开关，不连接滤波电容 C_1。

2）断开 J1 开关，观察半波整流波形，如图 5-56 所示。

3）闭合 J1 开关，观察全波整流波形，如图 5-57 所示。

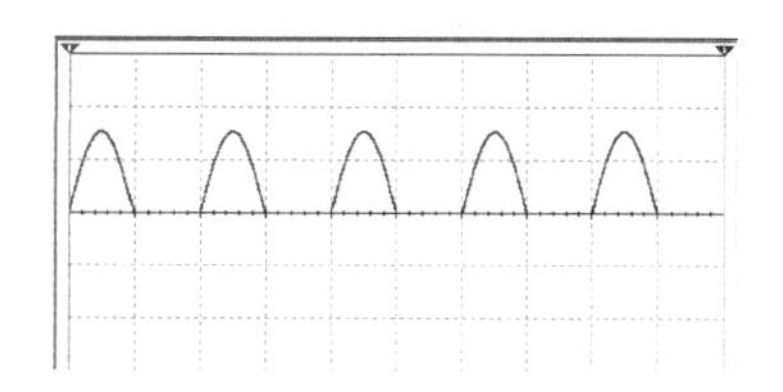

图 5-56 半波整流波形

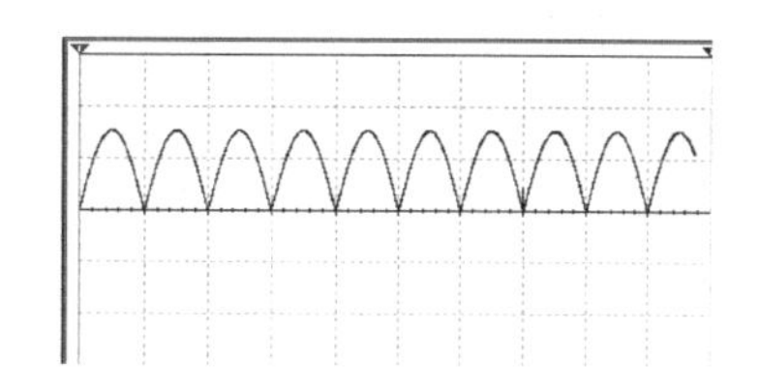

图 5-57 全波整流波形

（2）对滤波电路的分析

1）首先闭合 J1、J2 开关，连接滤波电容 C_1，电容值为 150μF。

2）在电阻 R_1 两端并联一个万用表，测量输出电压。

3）起动仿真开关，观测输出波形，如图 5-58 所示，记录万用表上输出电压的读数。

（3）改变滤波电容 将滤波电容 C_1 的容量改为 50μF，再次起动仿真开关，观测输出波形，如图 5-59 所示，记录万用表上输出电压的读数。

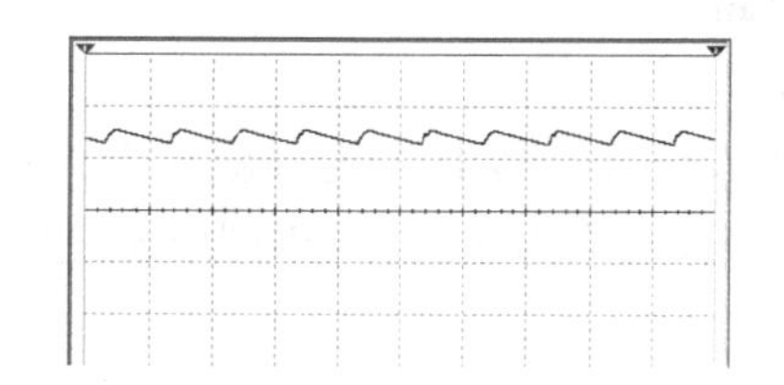

图 5-58 滤波电容为 150μF 时的输出电压波形

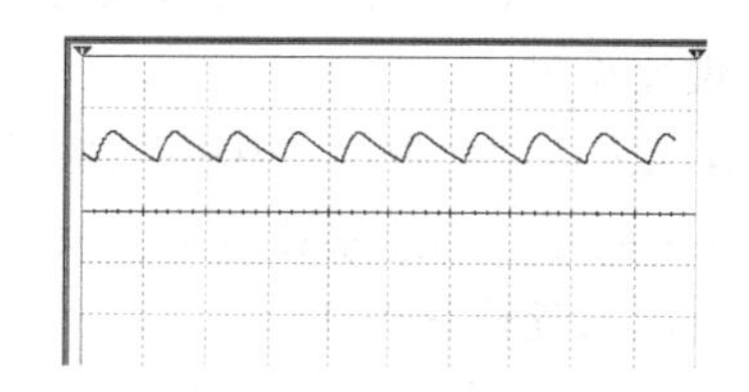

图 5-59 滤波电容为 50μF 时的输出电压波形

（4）结论 从以上波形和数据的分析可知：滤波电容大时，输出电压较大，纹波较小；滤波电容小时，输出电压较小，纹波较大。

项目 4. 集成定时器 555 电路的应用——接近开关电路仿真实验

1. 工作原理

接近开关电路是以 555 集成定时器为核心组成的单稳态电路。555 集成定时器主要是以电阻、电容器构成充放电电路，并由内部的两个比较器来检测电容 C_1 上的电压，以确定输出电平的高低。稳态时，555 集成定时器的触发端引脚 2 处于高电平，则输出端引脚 3 输出低电平；当有一个外部负脉冲触发信号加到触发端引脚 2，使引脚电压瞬时低于 VCC/3 时，则输出端引脚 3 输出高电平。接近开关电路原理图如图 5-60 所示。

2. 仿真电路设计与分析

根据图 5-60 搭建仿真电路图，如图 5-61 所示。电路中，555 集成电路触发端引脚 2 通过电阻 R_2 接 VCC，电路处于等待触发状态；当人体接近或触摸金属板电极时，模拟开关将闭合，感应信号加到触发端引脚 2，产生一个负脉冲，此时 555 集成定时器被触发，输出一个单稳态脉冲，激发指示灯 LED1 发亮、蜂鸣器 HA 发出“吱……吱……”的间歇声响，以示警报效果。

在进行仿真电路分析时，触摸金属板电极用一个模拟开关 J1 代替；蜂鸣器（BUZZER）的工作电压设置为 5V，工作电流设置为 0.005A，工作频率设置为 200Hz；电路的延时时间决定于外接元件 R_1、C_1 数值的大小。

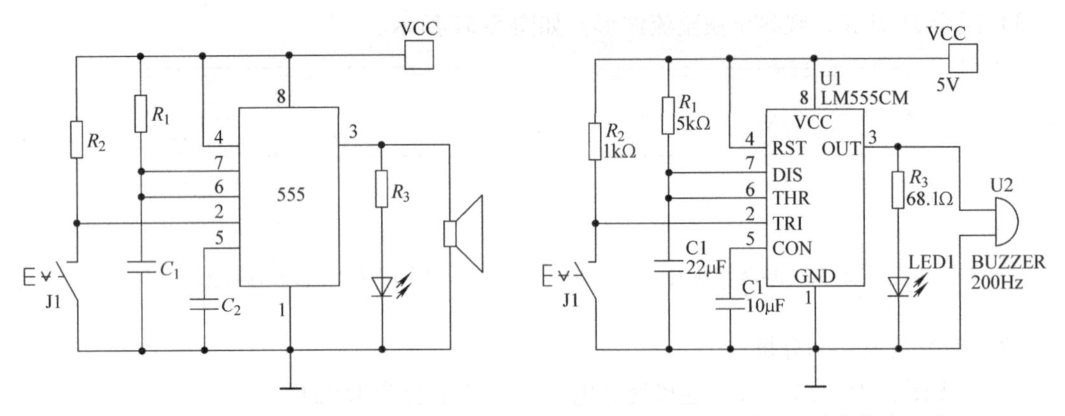

图5-60　接近开关电路原理图　　　　图5-61　接近开关的仿真电路

起动仿真开关，当开关J1打开时，指示灯灭，蜂鸣器不响；当开关闭合，即模拟人体接近或触摸金属板电极时，指示灯亮，蜂鸣器发出警报声响。

项目5.　数字逻辑电路设计仿真实验——四人表决电路

1. 设计原理

设计四人表决电路，表决系统由A、B、C、D四人组成，其中A为权威人士，其一票意见可视为两票，当总票数达到三票或三票以上时，表决结果为通过，否则为未通过。

2. 电路的设计与调试

1）在电路工作区中调入逻辑分析仪，双击图标打开面板，单击选择A、B、C、D四个输入端，根据设计原理输入真值表，如图5-62所示。

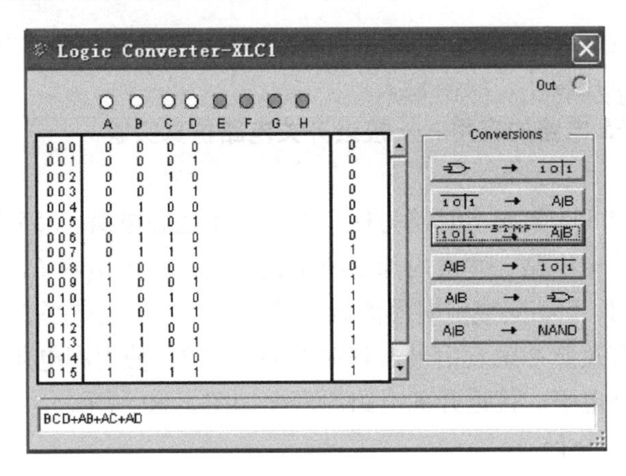

图5-62　真值表

2）单击（“真值表→简化逻辑表达式”按钮），显示生成简化的电路表达式为：Y = BCD + AB + AC + AD。

3）单击（“逻辑表达式→逻辑电路”按钮），根据表达式“Y = BCD + AB + AC + AD”自动生成的门电路，如图5-63所示。

4）在图5-63的门电路中，添加电源VCC接地，投票按键A、B、C、D和结果指示灯Y，构成用按键开关组成的四人表决电路，其完整的四人表决电路如图5-64所示。

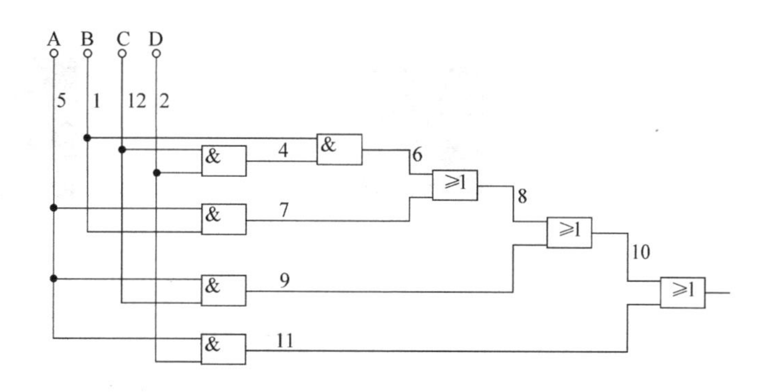

图5-63 门电路

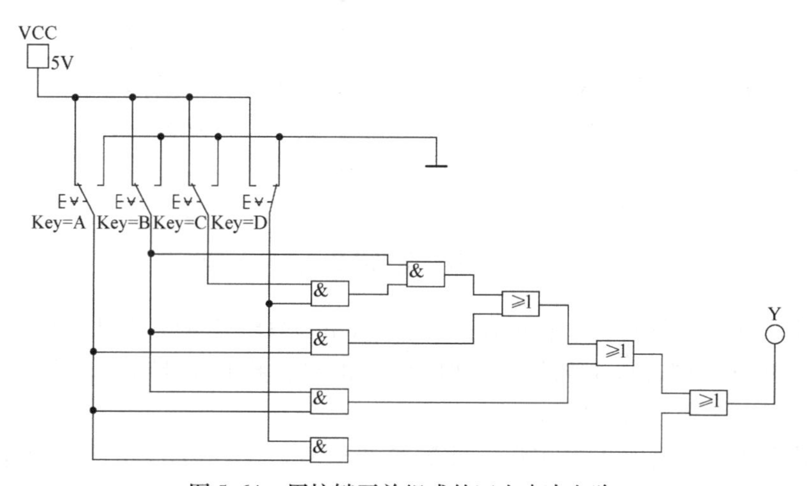

图5-64 用按键开关组成的四人表决电路

5）启动仿真开关，根据真值表输入投票按键组合，观察输出结果，验证设计电路是否符合设计要求。

项目6. 100进制集成计数器电路仿真实验

1. 工作原理

本实验（设计100进制加法集成计数器电路,）采用中规模集成计数器74LS192，74LS192是同步十进制可逆计数器，具有双时钟输入以及清除和置数等功能。一个十进制计数器74LS192只能表示0~9十个数，为了扩大计数器计数范围，常将多个十进制计数器级联使用。同步计数器设有进位（借位）输出端，可选用其进位（或借位）输出信号驱动下一级计数器。

2. 仿真电路设计与分析

搭建如图5-65所示电路，是由两个集成计数器74LS192构成的100进制加法计数器。实验中，选取一个信号发生器作为周期脉冲信号源，U1、U2分别是个、十位计数器74LS192，U3、U4分别是个、十位计数器的LED数码显示器。

1）根据74LS192功能表，计数开始前，先将两个74LS192芯片的14引脚CLR接低电平，11引脚LOAD接高电平，此时，计数器处于计数状态。

2）当信号发生器输出第1个计数脉冲信号到个位74LS192的5引脚UP端，个位74LS192开始进行加计数，个位显示器显示1，十位显示器显示0。

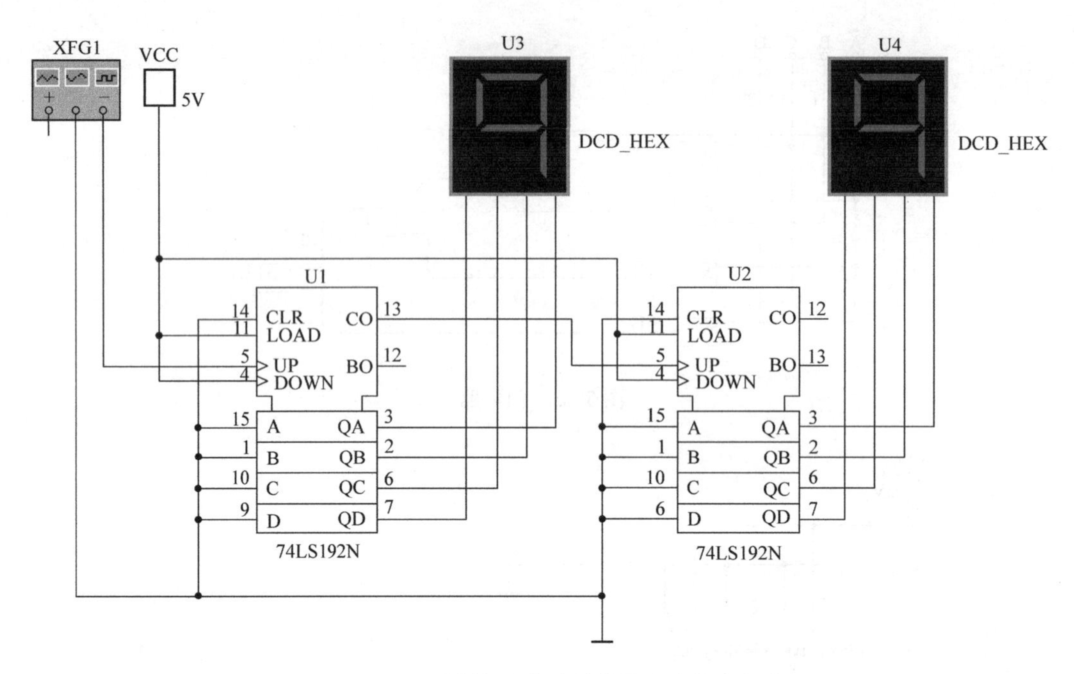

图 5-65　100 进制加法集成计数器电路仿真电路

3）在第 10 个计数脉冲信号上升沿到来后，个位 74LS192 的状态从 1001→0000，个位显示器显示从 9→0，同时其进位端 12 引脚 CO 从 0→1，此上升沿脉冲信号使十位 74LS192 开始计数，十位显示器显示从 0→1。

4）直到信号发生器输出第 100 个计数脉冲信号，计数器由 1001 1001 恢复为 0000 0000，显示器由 99→00，最终完成一次 100 进制计数循环。

3. 拓展

1）如何构成 100 进制减法计数器？

2）如何构成 N 进制加减法计数器？

第 6 章　Altium Designer 软件 PCB 项目设计

6.1　Altium Designer 概述

6.1.1　产生及发展

Altium 公司（前身为 Protel 国际有限公司）由 Nick Martin 于 1985 年始创于澳大利亚，之后诞生了 DOS 版 Protel；经过十几年的发展，到 2000 年前后，Protel 99se 版本应用非常成熟，性能进一步提高，对设计过程有更好的控制；到 2019 年，最新版本 Altium Designer 19 更新，功能更强。电子设计技术日新月异，Altium Designer 软件也随之推陈出新。目前，Altium Designer 可提供完整的电子设计解决方案，全面集成 FPGA 设计功能和 SOPC 设计功能，使设计者可以轻松地进行设计，提高电路设计的质量和效率。

6.1.2　功能与特点

Altium Designer 从功能上主要分成以下五部分：电路原理图（SCH）设计、印制电路板（PCB）设计、电路仿真、可编程逻辑电路设计系统和信号完整性分析。本章主要论述电路原理图（SCH）设计和印制电路板（PCB）设计两部分。

1. 电路原理图设计的功能

电路原理图设计系统由电路原理图（SCH）编辑器、原理图元器件库（SCHLib）编辑器和各种文本编辑器等组成。

主要功能为：

1）绘制和编辑电路原理图等。

2）制作和修改原理图元器件符号或元器件库等。

3）生成原理图与元器件库的各种报表。

2. 印制电路板设计的功能

印制电路板（PCB）设计系统由印制电路板（PCB）编辑器、元器件封装（PCBLib）编辑器和板层管理器等组成。

主要功能为：

1）印制电路板设计与编辑。

2）元器件的封装制作与管理。

3）板型的设置与管理。

6.2　PCB项目设计基础

6.2.1　PCB项目设计工作流程

1. 创建PCB项目

Altium Designer引入了设计项目的概念，一般先建立一个项目，该项目定义了项目中的各个文件之间的关系。从原理图到PCB间的设计，需要原理图文件和PCB文件包含在同一个项目里面，编译、更新等操作才可以正常完成。当然，直接建立一个原理图文件或者其他单独的、不属于任何项目的自由文件也是可以的。

2. 创建元器件符号库和封装库并绘制元器件符号及封装

虽然系统提供了非常多的元器件符号库和封装库供用户调用，但是新型的元器件层出不穷，元器件封装也推陈出新，必要时需动手设计原理图元器件，建立自己的元器件库。

3. 创建原理图文件并设计原理图

创建原理图文件后，从元器件库调取需要的元器件符号，进行原理图绘制。根据电路复杂程度决定是否需要使用层次原理图。完成原理图后，用ERC（电气法则检查）工具查错。找到出错原因并修改原理图电路，重新查错到没有原则性错误为止，完成原理图的设计。

4. 创建PCB文件并设计PCB

创建PCB文件后，首先绘出PCB的轮廓，设置好工艺要求，如板层、线宽及间距等，然后将原理图更新到PCB中来，在网络表、设计规则和原理图的引导下布局和布线，辅以设计规则检查等工具查错，完成PCB的设计，根据需要输出相关数据文件。

6.2.2　认识设计管理器

运行Altium Designer即可进入工作界面，如图6-1所示。

Altium Designer设计管理器工作环境主要由以下几个部分组成：

1. 工作区

Altium Designer主要文档编辑区域，如图6-1中间工作区所示。不同种类的文档在相应的文档编辑器中进行编辑，例如原理图文档使用Schematic Editor编辑、PCB文档使用PCB Editor编辑、VHDL文档使用VHDL编辑器编辑。打开Altium Designer时，最常见的初始任务显示在特殊视图Home Page中，以方便选用。

2. Workspace面板

Altium Designer有很多操作面板，默认设置为一些面板放置在应用程序的左边，一些面板可以弹出的方式在右边打开，一些面板呈浮动状态，另外一些面板则为隐藏状态。

要移动单个面板，请单击并按住面板名称。要移动一套面板，请单击并按住面板标题栏，将其拖离面板名称。要避免面板重叠，请按住键盘Ctrl键。要将面板悬停模式更改为弹出模式，请单击面板顶部的引脚小图标；要恢复悬停模式，请再次单击引脚图标。

3. 文档栏中的文档标签

打开的文档在应用程序顶部都分配有一个标签。单击相关标签可显示该文档并使其处于活动状态以便于编辑，如图6-2所示。

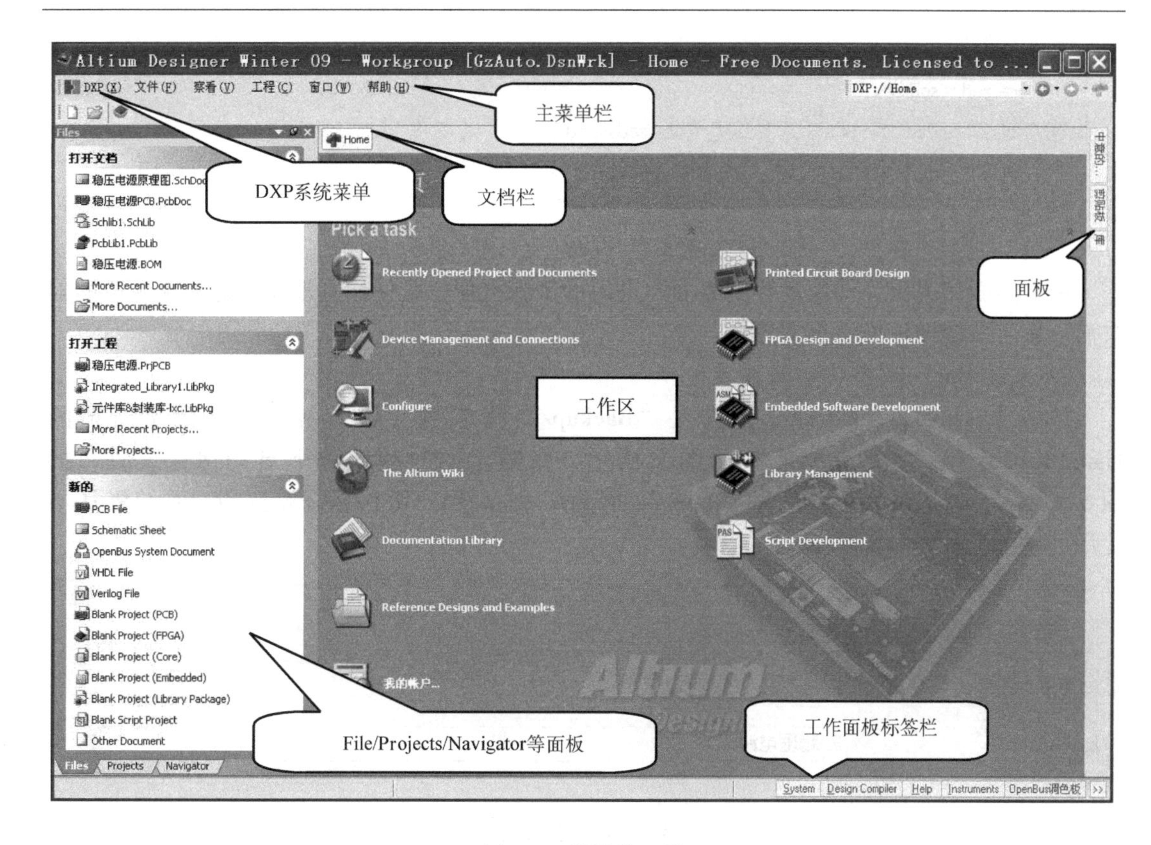

图 6-1　设计管理器

图 6-2　文档栏中的文档标签

4. 菜单栏

主要有 DXP 系统菜单和主菜单。DXP 系统菜单主要用于系统参数的设置；主菜单包含各种操作命令及局部参数设置等。

6.2.3　系统参数设置

执行【系统主菜单 DXP】→【Preferences/优先选项】，弹出“系统参数设置”对话框。与系统相关的所有参数都可以在这里进行设置。限于篇幅，只对其最常用、最相关的选项和参数予以简单介绍。

1. 系统“General/常规参数”设置

单击【System】→【General】进入“General/常规参数”设置界面，主要用来设置系统的基本特性，如图 6-3 所示，勾选后表示使用本地化资源显示中文对话框和菜单。确定后重启系统即变为中文界面。

图6-3　设置中文界面

中文界面的退出，即恢复英文界面和进入的步骤类似，把使用本地化资源命令项前的勾取消，重启系统即可恢复英文界面。

2. 系统 Backup/备份参数设置

单击【System】→【Backup】进入“Backup/备份参数”设置界面，这就是所谓的 Timed backup 模式，即在所有打开的文档里，在固定的时间间隔下自动保存文件，如图 6-4所示，勾选后表示使用每 15min 自动保存一次。用户可根据需要选用，系统默认不使用此功能。

自动保存
自动保存每...:　15　min
保持版本数目:　5
路径　E:\稳压电源

图6-4　备份参数设置界面

还有一种 Backup-on-save 模式，即保存一个备份，无论初始用户是否执行保存的动作（默认），这些文件将保存在历史文件夹中。默认值是建立一个历史文件夹在当前激活的项目文件夹下，去配置一个可选的中央文件夹，来打开参数对话框中版本控制的本地历史页。历史文件显示在 Storage Manager 面板上的历史部分中。

3. 原理图 General/常规参数设置

单击【Schematic】→【General】进入原理图“General/常规参数”设置界面，主要用来设置原理图的基本特性，选中“选项”中的“显示 Cross-Overs”，原理图十字交叉导线显示 Cross-Overs，如图 6-5a 所示；系统默认没有勾选“显示 Cross-Overs”，原理图十字交叉导线取消显示 Cross-Overs，如图 6-5b 所示，由用户根据个人习惯及需求来选用此功能。

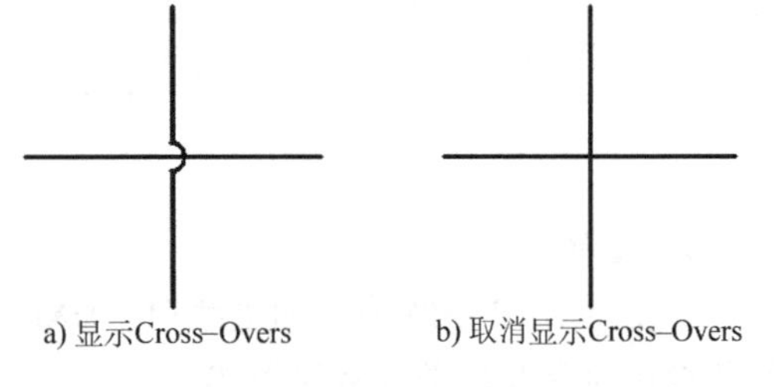

a) 显示Cross-Overs　　b) 取消显示Cross-Overs

图6-5　原理图十字交叉导线显示设置

6.2.4　项目操作

1. 新项目的创建

执行菜单【文件】→【新建】→【工程】→【PCB 工程】，即可在项目（Projects）面板上的工作区创建项目，如图 6-6 所示。

2. 项目的保存及命名

执行菜单【文件】→【保存工程或保存工程为】，弹出保存对话框，指定需要保存的文件夹位置，可将文件名中的“PCB_ Project1”改为用户需要的名称。例如，稳压电源 . PrjPCB。单击“保存”按钮，在项目（Projects）面板的工作区中新建项目的名称，如图 6-7 所示。

图 6-6　新建项目

图 6-7　项目的保存及命名

3. 项目的打开与关闭

执行【文件】→【打开工程】，在弹出的窗口中选中要打开的项目，单击“打开”即可在当前打开选中的工程。

鼠标移到项目（Projects）面板的工作区中“稳压电源 . PrjPCB”位置，右击鼠标，弹出右键菜单如图 6-8 所示，执行“Close Project/关闭项目”即可关闭项目。

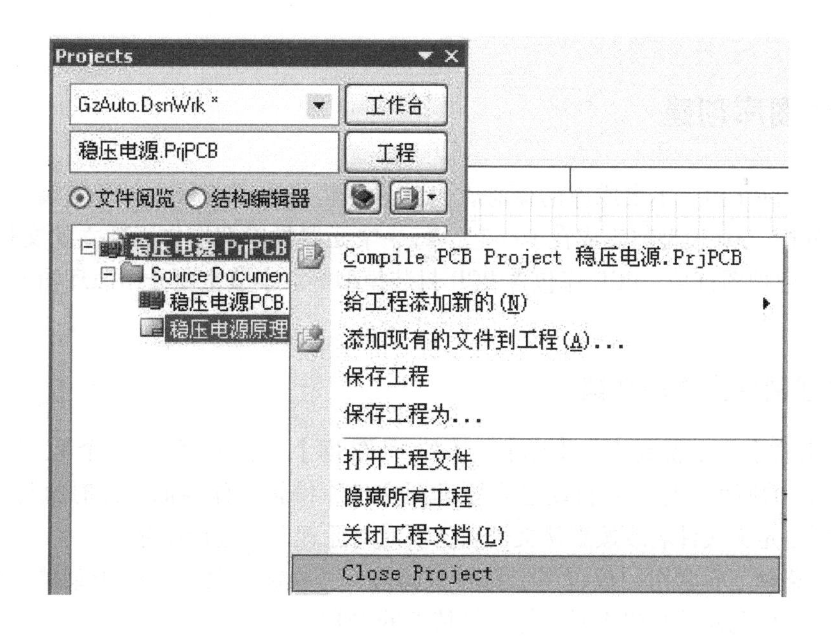

图 6-8　关闭项目

4. 向项目添加与移除文件

新建的项目里面没有任何文件，如果已有原理图文件、PCB 文件等，执行【工程】→【添加现有的文件到工程】，在弹出的窗口中选中需要添加到项目的文件，单击“打开”，即可把选中的文件添加到项目，如果需要添加多个文件，重复以上步骤即可。双击添加的文件即进入相应的编辑工作状态。

当需要从项目中移除文件时，先执行【文件】→【关闭】，把当前编辑中的文件先关闭，鼠标移到项目（Projects）面板中要移除的文件上右击弹出菜单，如图 6-9 所示，执行“从工程中移除”，“确定”后即可把相应的文件移除。如果移除文件之前没有先关闭，则移除后系统会把相应的文件移除到一个“Free Documents/自由文档”里，如图 6-10 所示。

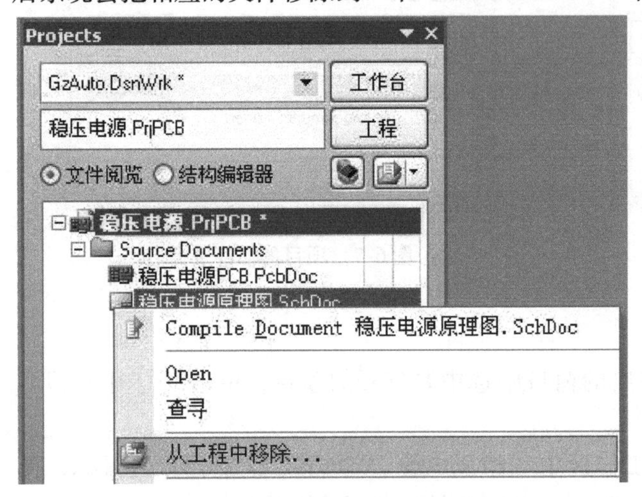

图 6-9　从项目移除文件

图 6-10　自由文档中的文件

6.3　原理图库创建

Altium Designer 引入了集成库的概念，也就是它将原理图符号、PCB 封装、仿真模型、信号完整性分析、3D 模型都集成在了一起。每一个元器件库都能作为独立的文档存在，如原理图库包含原理图符号、PCB 库包含 PCB 封装模型等。本节主要介绍原理图库，6.4 节介绍 PCB 库。

6.3.1　原理图库文件的创建

执行【文件】→【新建】→【库】→【原理图库】，系统新建一个默认文件名为 Schlib1. SchLib 的原理图库，并自动进入原理图文件库编辑工作界面，此时执行【文件】→【保存】即可自定义文件名或按默认文件名，及时对原理图库进行保存。

“放置”菜单下有常用的放置图形符号引脚等；“放置”菜单中的子菜单“IEEE Symbols”包含了制作元器件时代表元器件电气特性的 IEEE 标准符号。

元器件制作完后，需要命名新建元器件。执行菜单【工具】→【重新命名器件】，打开【Rename Component】元器件命名对话框，输入相应的元器件名，确定后执行菜单【文件】→

【保存】，将新建的元器件保存到当前元器件库 Schlib1. SchLib 文件中。

如果需要继续添加新元器件符号，执行【工具】→【新器件】，弹出元器件命名对话框，输入元器件名，确定后即可进行新元器件的编辑。

当需要打开一个原理图库文件时，执行【文件】→【打开】，进入选择打开文件对话框，选择要打开的库文件，进入原理图库编辑器，同时编辑器窗口显示库文件的第 1 个元器件符号。

6.3.2　元器件符号绘制及参数设置

1. 元器件符号绘制

本节以 LM317 为例说明元器件符号绘画及参数设置。进入原理图文件库编辑工作界面，根据需要使用矩形等工具绘制元器件的外形，执行【放置】→【矩形】，出现十字光标，并带有一个浅黄色矩形框，放置到编辑区的第四象限，并确定矩形位置和大小，如图 6-11 所示。

根据需要放置元器件的引脚，执行菜单【放置】→【引脚】，进入放置引脚模式，此时鼠标指针旁边会多出一个大十字和一条短线，默认短线序号从零开始；通过空格键来旋转引脚直到需要的方向；绘出三个引脚，如图 6-12 所示。

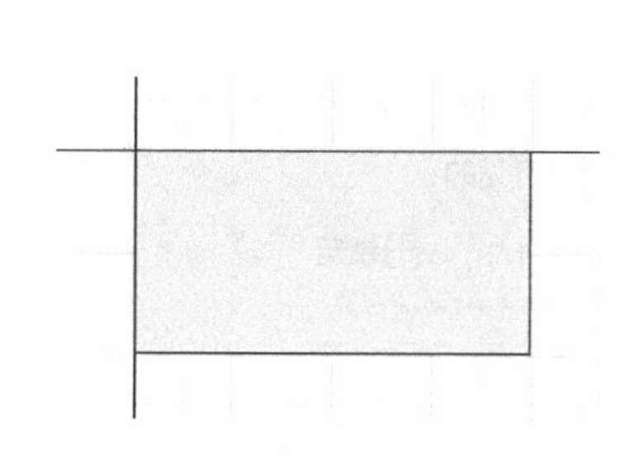

图 6-11　绘制 LM317 外形

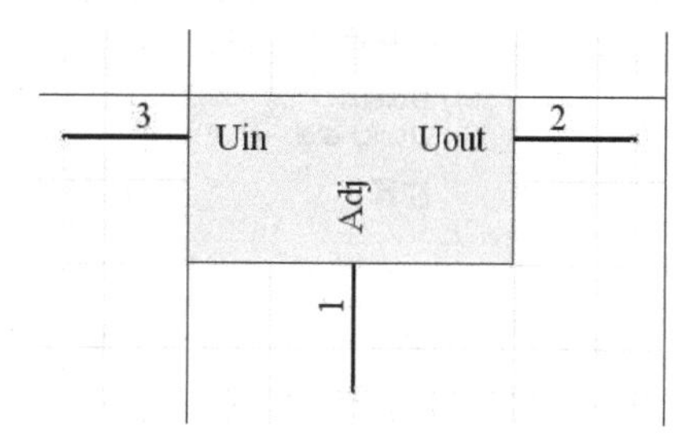

图 6-12　放置 LM317 引脚

2. 元器件引脚属性设置

双击需要编辑的引脚，弹出【引脚属性】对话框，主要的选项如图 6-13 所示。

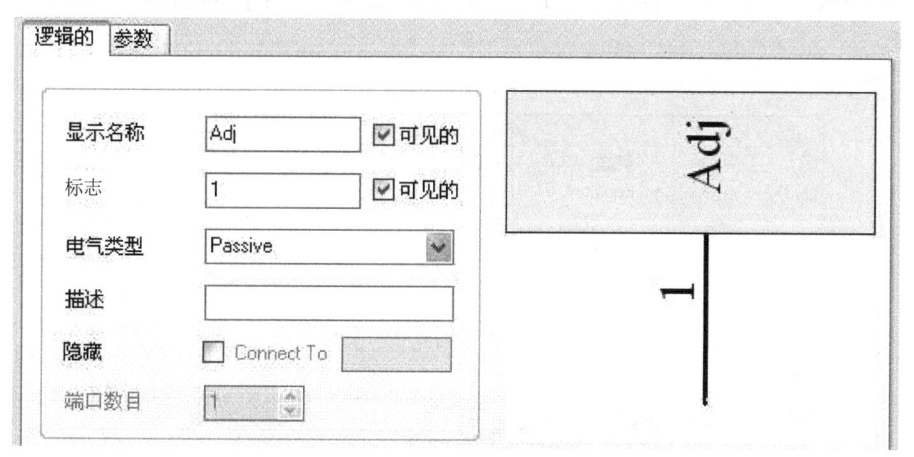

图 6-13　元器件【引脚属性】对话框

(1) Display Name/显示名称　用来设置引脚名，一般根据元器件引脚实际功能来标注。

(2) Designator/标志　用来设置引脚号，是与元器件封装中引脚对应的引脚号标志。

(3) Electrical Type/电气类型　用来设定引脚的电气属性，如输入、输出及电源端等。

(4) Description/描述　用来设置引脚的属性描述。

(5) Hide/隐藏　用来设置是否隐藏引脚。如果隐藏，则需要指定 Connect To/连接到，如连接到 GND 或 VCC 等。

(6) Part Number/端口数目　用来设置复合元器件的子元器件号。如一片运算放大器 LM358 内部含有两个放大器电路子元器件。

3. 元器件属性设置

执行菜单【工具】→【器件属性】，弹出【库元器件属性】对话框，其元器件属性设置部分如图 6-14 所示。

(1) Default Designator/默认编号　用来设置元器件编号，一般集成芯片用 U? 或 IC? 电阻用 R? 电容用 C? 等。

(2) Comment/注释　用来设置元器件的型号或参数。

(3) Description/描述　用来设置元器件的作用描述等，可以留空。

图 6-14 【库元器件属性】对话框元件属性设置部分

4. 元器件封装设置

执行菜单【工具】→【器件属性】，弹出【库元器件属性】对话框，其封装部分如图 6-15 所示。

图 6-15 【库元器件属性】对话框封装部分

单击“添加”按钮，有 4 种模式：PCB 封装、仿真、3D 模型和信号完整性，在此只介绍 PCB 封装，“确定”后弹出 PCB 封装浏览框。如果有现成的封装，则单击“浏览”，查找到合适的封装即可；如果没有现成的封装，则需要创建，详见 6.4 节。

6.3.3　多部件原理图元器件的创建

当一片芯片内部含有若干部分功能相同的子电路时，如 74LS00 内部含有 4 个相同的与非门电路；或者一片芯片集成度很高对外引脚很多的时候，如 DSP 芯片，需要把一片芯片的符号分成多部件原理图元件符号来绘画。本节以 LM358 为例说明含有多部件原理图元器件的创建。

集成电路 LM358 是一片内部含有两个运算放大器的芯片。按 6.3.2 节的方法画好第一个运放符号，如图 6-16 所示。

执行【工具】→【新部件】，当前部分自动保存为 Part A，并进入 Part B 编辑工作界面，把本部分绘制完。对本例子来说可以直接复制 Part A 到 Part B，然后对引脚进行修改即可。最后添加电源端 GND 和 VCC，并设置为隐藏，指定 Connect To/连接到 GND 和 VCC。隐藏前如图 6-17 所示。

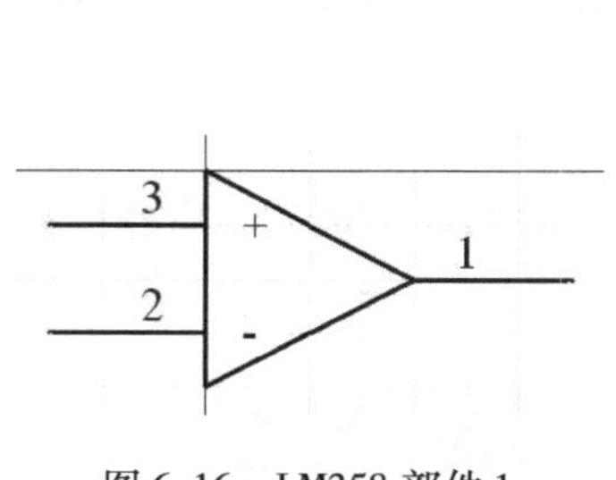

图 6-16　LM358 部件 1

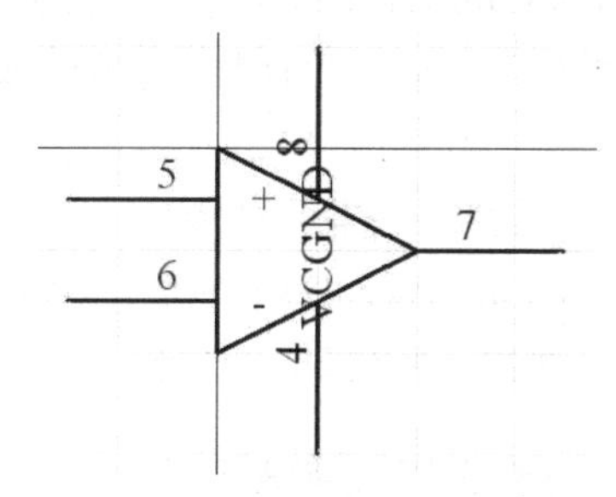

图 6-17　LM358 部件 2 及电源引脚

6.4　封装库创建

虽然系统提供了非常多的 PCB 封装库供用户调用，但是新型的元器件层出不穷，元器件封装也推陈出新，故仍会出现满足不了实际需求的情况。本节简单介绍元器件封装的创建制作。

6.4.1　封装库文件的创建

执行【文件】→【新建】→【库】→【PCB 元件库】，系统新建一个默认文件名为 PcbLib1. PcbLib 的封装库，并自动进入 PCB 元器件库文件编辑工作界面，此时执行【文件】→【保存】即可自定义文件名或按默认文件名及时对 PCB 元器件库进行保存。

当需要打开一个 PCB 库文件时，执行【文件】→【打开】进入【选择打开文件】对话框，选择要打开的库文件，进入 PCB 封装库编辑器，同时编辑器窗口显示库文件的第一个元器件封装。

6.4.2 利用 PCB Component Wizard 向导制作元器件封装

本节以双列直插封装（DIP8）的 LM358 为例说明利用向导制作元器件封装。进入 PCB 元器件库文件编辑工作界面，执行【工具】→【元器件向导】，启动 PCB 元器件封装生成向导。

单击“下一步”进入【选择元器件封装种类】对话框，如图 6-18 所示。选择双列直插封装 DIP，单位选择 mil。其他选项说明如下：

（1）Ball Grid Arrays（BGA）封装　球栅阵列，以球型引脚焊接工艺为特征的一类集成电路封装。可以提高可加工性，减小尺寸和厚度，改善噪声特性，提高功耗管理特性。常见于计算机主板南北桥芯片等。

（2）Capacitors 封装　电容类封装类型。

（3）Diodes 封装　二极管封装类型。

（4）Dual In-line Packages（DIP）封装　双列直插封装类型。适合在印制电路板上穿孔焊接，操作方便。

（5）Leadless Chip Carriers（LCC）封装　LCC 封装的形式是为了针对无引脚芯片封装设计的，这种封装采用贴片式封装，它的引脚在芯片边缘向内弯曲，紧贴芯片，减小了安装体积。

（6）Resistors 封装　电阻类封装类型。

（7）Small Outline Packages（SOP）封装　小尺寸封装，这种封装的集成电路引脚均分布在两边，其引脚数目多在 28 个以下。

图 6-18 【选择元器件封装种类】对话框

单击“下一步”设定焊盘尺寸，如图 6-19 所示。中间的数值表示过孔的孔径大小，主要根据元件引脚大小来确定，一般设为比引脚略大一点为宜；左边数值表示焊盘 Y 轴尺寸大小，右边数值表示焊盘 X 轴尺寸大小；左右数值相等时是圆的焊盘，左右不相等时是长椭圆形的焊盘，可以根据实际需要来确定。

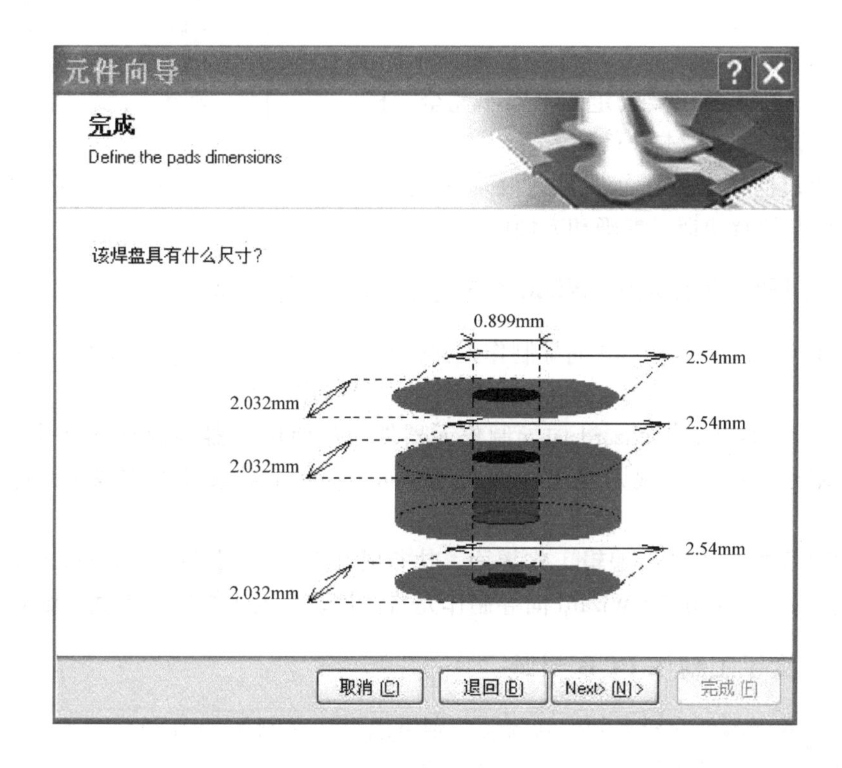

图 6-19　设定焊盘尺寸

单击“下一步”设定焊盘间距，如图 6-20 所示。本例中根据芯片 DIP 封装的尺寸数据确定两个焊盘间距离为 2.54mm（100mil），两列焊盘间距离为 7.62mm（300mil）。

单击“下一步”设定外框宽度值，如图 6-21 所示。一般按默认的 0.254mm（10mil）。

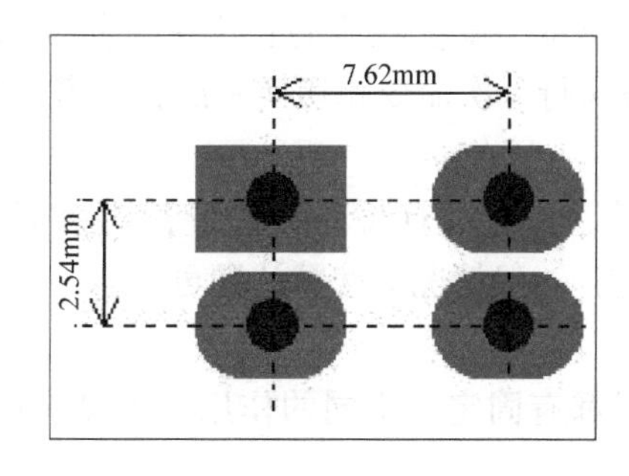

图 6-20　焊盘距离值

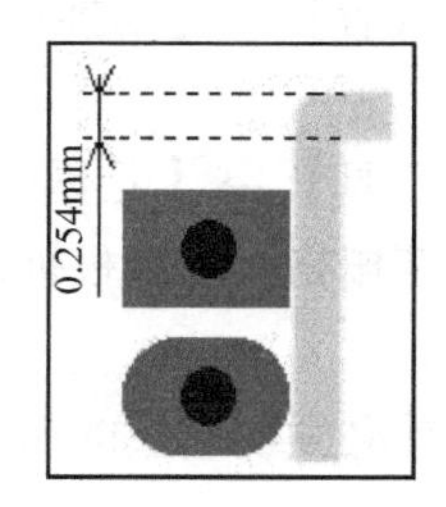

图 6-21　外框宽度值

单击“下一步”设定 DIP 封装焊盘总数数值，如图 6-22 所示。本例中共有 8 个焊盘。

单击“下一步”设置元器件封装的名称，可按默认的名称也可自命名。

单击“下一步”进入结束界面，单击“完成”，完成元器件封装的创建工作。结束创建工作后，编辑窗口出现刚创建的封装。

需要说明的是，选择的元器件封装种类不同的情况，单击“下一步”需要设定的参数不完全一样，因为不同的元器件封装本来就具有不一样的参数。总的来说，通过向导来制作元器件封装对于规则的元器件封装还是比较快捷、准确和方便的。

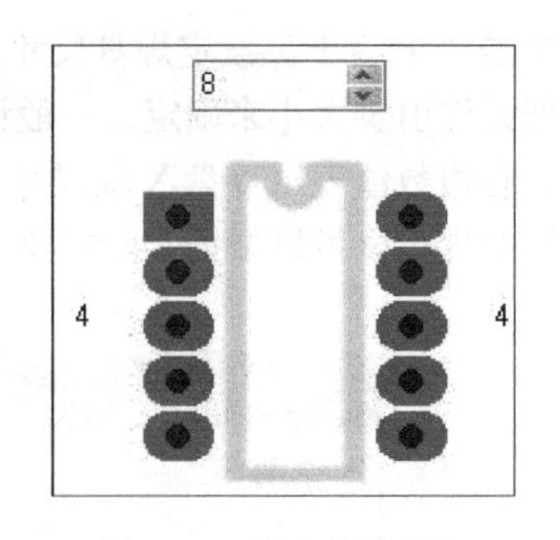

图6-22　焊盘总数数值

6.4.3　利用IPC Footprint Wizard向导制作元器件封装

如同PCB Component Wizard向导制作元器件封装，用户也可以使用IPC Footprint Wizard向导制作元器件封装。与PCB Component Wizard向导制作元器件封装需要输入焊盘和线路参数不同的是，IPC Footprint Wizard向导制作元器件封装使用元器件的真实尺寸作为输入参数，该向导基于IPC-7351规则使用标准的Altium Designer对象（如焊盘、线路）来生成封装。

进入PCB元器件库文件编辑工作界面，执行【工具】→【IPC Footprint Wizard/IPC封装向导】，启动IPC Footprint Wizard向导制作元器件封装。限于篇幅，不做详细介绍。

6.4.4　自定义手工制作PCB封装

不通过PCB元器件向导来制作新封装，则可以自定义制作PCB封装。下面以制作一个带散热片的LM317封装为例，介绍制作封装的方法。

1. 创建新元器件封装

在已经创建.PcbLib封装库文件的前提下，执行【工具】→【新的空元器件】，并自动进入PCB元器件库文件编辑工作界面，系统默认元器件PCB封装名为PCBComponent_1，执行【工具】→【元件属性】，打开【元器件属性设置】对话框，输入元器件封装名，如LM317，确定后进行封装的绘制。

2. 设置环境参数

系统可以使用英制mil和公制mm两种单位，系统默认的长度单位是mil，切换方法是执行菜单命令【查看】→【切换单位】，每执行一次命令就切换一次，在窗口下方的状态信息栏中有显示。

执行菜单【工具】→【元器件库选项】，进入【环境参数设置】对话框，主要参数是元器件栅格和捕获栅格，可以根据需要调整，一般情况下按默认即可。

3. 放置焊盘

放置焊盘之前必须明确层的概念，每层都有固定、不同的作用。焊盘应放置在“Multi-Layer/复合层”。

（1）放置焊盘　开始绘制元器件封装前，将“Multi-Layer/复合层”激活为当前层。执行菜单【放置】→【焊盘】，出现十字光标并带有焊盘符号，进入放置焊盘状态。焊盘没放下来之前，按 Tab 键；焊盘放下来后，则双击焊盘，进入【焊盘属性设置】对话框，局部参数如图 6-23 所示。主要参数是焊盘标志、孔洞信息、焊盘尺寸外形。

1）Designator/焊盘标志：必须与原理图库中元器件符号中“Designator/标志”引脚号一一对应，非常重要，直接影响到该封装成功与否。

2）Hole Information/孔洞信息：根据元器件引脚大小来确定，一般设为比引脚略大一点为宜，形状由元器件引脚决定。

3）Size and Shape/焊盘尺寸和外形：一般设置为孔洞尺寸的 2 ~ 3 倍，通常 1 号焊盘设置为方形。

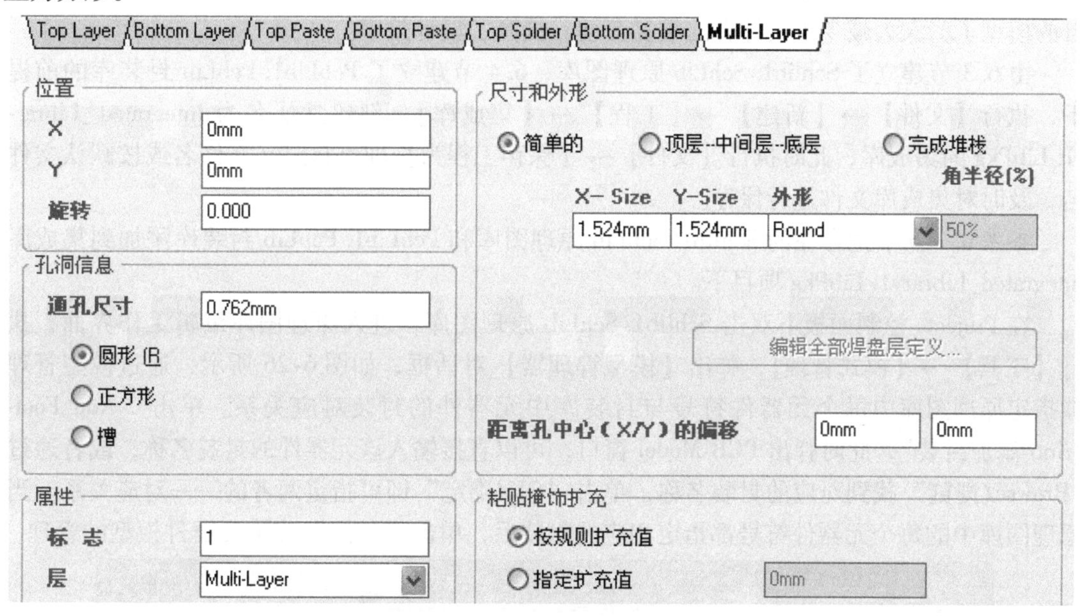

图 6-23　【焊盘属性设置】对话框

（2）放置其他焊盘　放置了第一个焊盘后，要根据芯片手册中尺寸定义，也就是根据元器件的实际尺寸确定第二个、第三个焊盘的位置，保证合适的间距。在本例中，三个焊盘间距均是 2.54mm（100mil），其焊盘示意图如图 6-24所示。

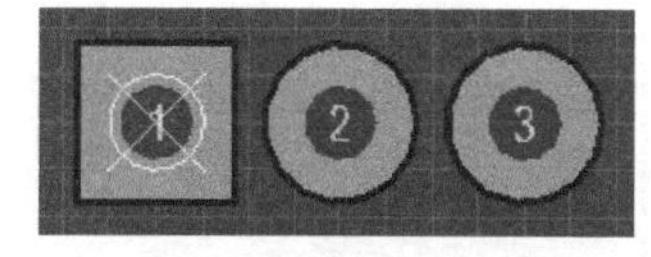

图 6-24　焊盘示意图

（3）绘制外形轮廓　开始绘制外形轮廓前，将“Top Overlay/顶层丝印层”激活为当前层。执行菜单【放置】→【Line/走线】，进入画线状态，根据带散热片的 LM317 的实际外形尺寸如实反映到图形里。在这过程中，可以借助距离测量、元器件栅格和捕获栅格等工具辅助确定关键点的位置。画好的图形如图 6-25 所示。

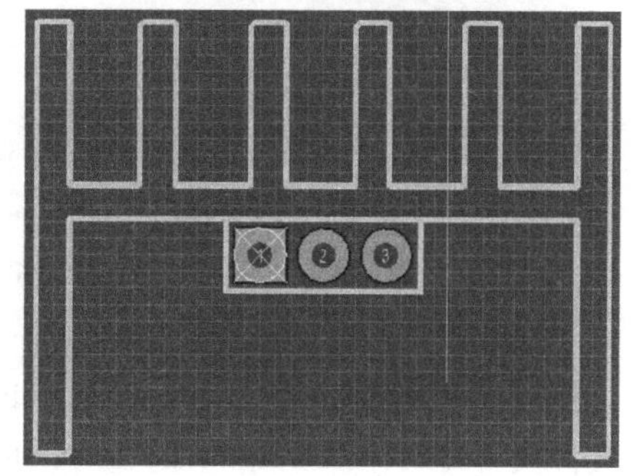
图 6-25　带散热片 LM317 封装

如果元器件引脚有正负极之分，则需要标注上 +/ - 号，或者需要添加其他的一些引脚说明信息均可通过【放置】→【字符串】来实现。

（4）设置元器件封装的参考点　如果从一开始

就以原点作为参考点绘制封装，则可以不需要进行设置，如果不确定原点的位置，执行菜单【编辑】→【设置参考】→【1脚】，确定1脚焊盘作为参考点。

6.4.5　集成元器件库的创建

Altium Designer引入了集成库的概念，也就是它将原理图符号、PCB封装、仿真模型、信号完整性分析、3D模型都集成在了一起。需要将每一个元器件的PCB封装、仿真模型、信号完整性分析、3D模型都添加到原理图符号上，进行关联，然后编译，使之生成集成库。这样，用户采用集成库中的元器件做好原理图设计之后，就不需要再为每一个元器件添加各自的模型了，大大减少了设计者的重复劳动，提高了设计效率。

由6.3节建立了Schlib1.SchLib原理图库，6.4节建立了PcbLib1.PcbLib封装库的前提下，执行【文件】→【新建】→【工程】→【集成库】，创建默认名为Integrated_Library1.LibPkg的集成库，此时执行【文件】→【保存工程为】即可自定义文件名或按默认文件名，及时对集成库文件进行保存。

参考6.2.5节把存在的Schlib1.SchLib原理图库和PcbLib1.PcbLib封装库添加到集成库Integrated_Library1.LibPkg项目下。

在Projects控制面板下双击Schlib1.SchLib原理图库，进入原理图库编辑工作界面，执行【工具】→【模式管理】，弹出【模型管理器】对话框，如图6-26所示，通过模型管理器指定原理图库中每个元器件符号与封装库中元器件的封装对应关系。单击“Add Footprint/添加封装”，此时弹出PCB Model窗口，可以直接输入该元器件的封装名称，或者通过“Browse/浏览”找到对应的封装名称，单击“OK/确定”即可指定两者的一一对应关系。当原理图库中的每个元器件符号都指定相应的封装后，单击“关闭”完成元器件模型的管理。

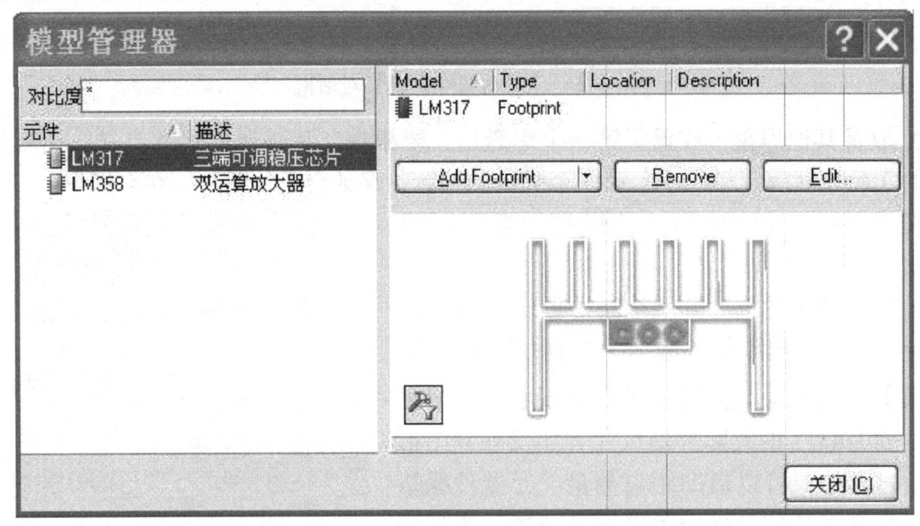

图6-26　【模型管理器】对话框

执行【工程】→【Compile Integrated_Library1.LibPkg】，对集成库文件进行编译，在当前文件夹下\ Project Outputs for Integrated_Library1目录将自动生成新的集成库目标文件Integrated_Library1.IntLib。

6.5 原理图设计及实例训练

原理图设计是电路设计的基础，只有在设计好原理图的基础上才可以进行 PCB 的设计和电路仿真等。本节详细介绍如何设计电路原理图、编辑修改原理图，并给出一个完整的实例训练。

6.5.1 原理图的设计流程

原理图的设计流程如图 6-27 所示。

（1）新建原理图文件　在进入 SCH 设计系统之前，首先要构思好原理图，即必须知道所设计的项目需要哪些电路来完成，然后用 Altium Designer 来画出电路原理图。此步骤是建立一个新的原理图文件，扩展名为 . SchDoc。

（2）设置工作环境参数　根据实际电路的复杂程度来设置图样的大小。在电路设计的整个过程中，图样的大小都可以不断地调整。鉴于普通用户常用打印机只能打印 A4 大小的纸张，一般情况下图样大小设为 A4。

（3）添加元器件库　元器件保存在元器件库里面，放置元器件之前必须先把需要用到的元器件对应元器件库添加。

（4）放置元器件　从元器件库中选取元器件，摆放到图样的合适位置，并对元器件的名称、封装进行定义和设定，根据元器件之间的走线等联系对元器件在工作平面上的位置进行调整和修改使得原理图美观而且易懂。

（5）原理图的连线　根据实际电路的需要，利用 SCH 提供的各种工具、指令进行连线，将工作平面上的元器件用具有电气意义的导线、符号连接起来，构成一幅完整的电路原理图。

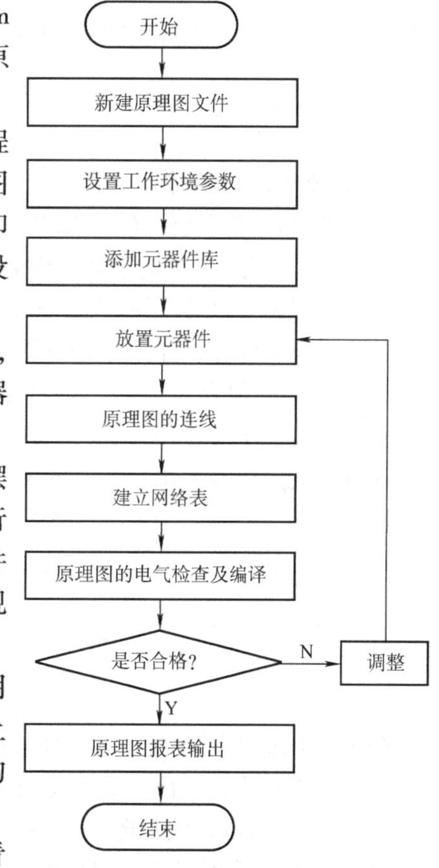

图 6-27　原理图的设计流程

（6）建立网络表　完成上面的步骤以后，可以看到一张完整的电路原理图了，但是要完成印制电路板的设计，就需要生成一个网络表文件。网络表是印制电路板和电路原理图之间的重要纽带。

（7）原理图的电气检查及编译、调整　当完成原理图连线后，需要设置项目选项来编译当前项目，利用 Altium Designer 提供的错误检查报告修改原理图。直至原理图通过电气检查，原理图才算完成。

（8）原理图报表输出　Altium Designer 提供了利用各种报表工具生成的报表（如网络表、元器件清单等），同时可以对设计好的原理图和各种报表进行存盘和输出打印，为印制电路板电路的设计做好准备。

6.5.2　原理图设计的基本原则

根据电路复杂程度决定是否需要使用多图设计，也就是层次原理图。有些电路因为太大或太复杂而不适合使用单个原理图，就得绘制层次原理图。本节以一般复杂程度的原理图为例论述，不涉及层次原理图的绘制。

绘制原理图的常用原则是：①各电器触头位置（如继电器等）都按电路未通电未受外力作用时的常态位置画出；②各元器件不画实际的外形图，而采用国家规定的统一国标符号画出；③各元器件不按它们的实际位置画在一起，而是按其在电路中所起作用分别画在不同电路中，但它们的动作却是相互关联的（如光耦等），必须标以相同的文字符号；④对有直接电气联系的交叉导线连接点，要用小黑点表示，无直接电气联系的交叉导线连接点则不画小黑点。

6.5.3　原理图的绘制及实例训练

本节以绘制“具有过电流保护功能的直流可调稳压电源”作为实例讲解电路原理图的绘制方法。

1. 原理图文件操作

（1）创建原理图文件（*.SchDoc）　通过菜单【文件】→【新建】→【原理图】，创建一个新的原理图文件，此时默认文件名为Sheet1.SchDoc，同时此原理图文件自动添加到项目中，并在项目右上方加了一个*号，表示当前操作没有保存，如图6-28所示。

图6-28　新的原理图文件

（2）原理图保存及命名　通过菜单【文件】→【保存或另存为】，对原理图进行保存。此时可输入用户需要的文件名，扩展名为.SchDoc，如图6-29所示，命名为稳压电源原理图.SchDoc。单击“保存”后，即可对原理图文件保存及命名。

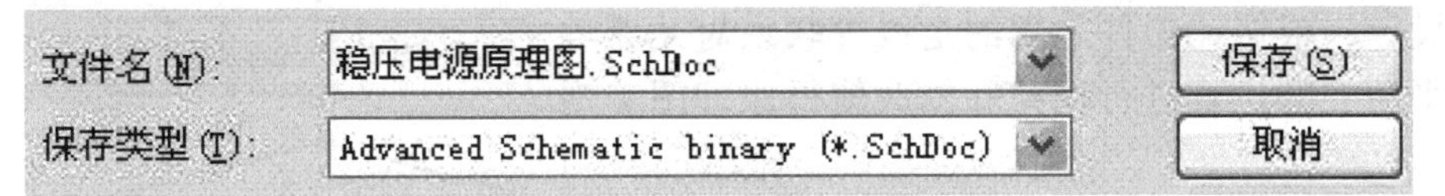

图6-29　原理图文件名

（3）关闭原理图文件　当前处于原理图编辑状态，通过菜单【文件】→【关闭】，即可对原理图文件进行关闭。或者鼠标移到稳压电源原理图.SchDoc上单击鼠标右键弹出菜单，如图6-30所示，此时选“Close”即可关闭原理图文件。

（4）打开原理图文件　通过菜单【文件】→【打开】，选中文件单击“打开”即可打开需要的原理图文件。如果文件已经在项目（Projects）面板，直接双击即可打开原理图文件，进入编辑状态，如图6-31所示。

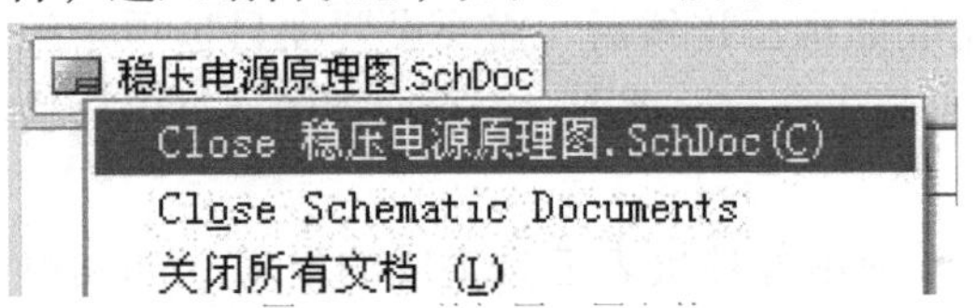

图6-30　关闭原理图文件

图6-31　双击打开原理图文件

2. 原理图工作环境设置

通过菜单【设计】→【文档选项】调出文档选项对话框，此对话框设置参数关联当前的原理图文件，是与被设置的原理图文件一起保存的。

(1) 页面选项卡　常用的有图样方位选项、栅格区域、电气栅格区域、标准类型选项。其他选项默认或根据需要进行设置。

图样方位选项如图 6-32 所示，可将工作表方向设置为横向或纵向。

栅格区域如图 6-33 所示，可设置对齐栅格和可见栅格的大小和开关。勾选“Snap”网格捕捉强制鼠标单击到最靠近的网格位置。勾选“可见的”，将显示栅格，用于对齐元器件或画线时做参考，与捕捉栅格没有关系。

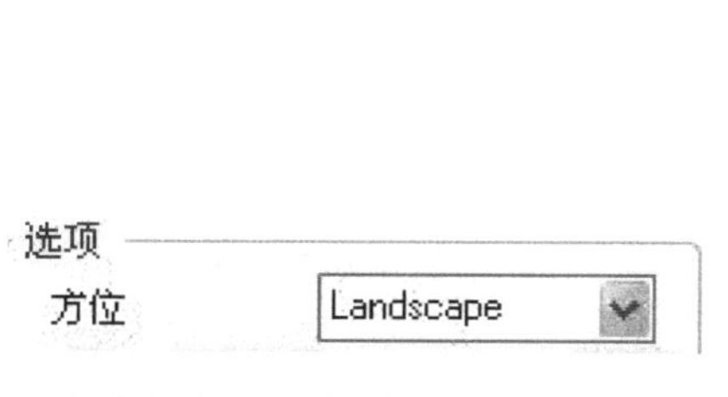

图 6-32　图样方位选项

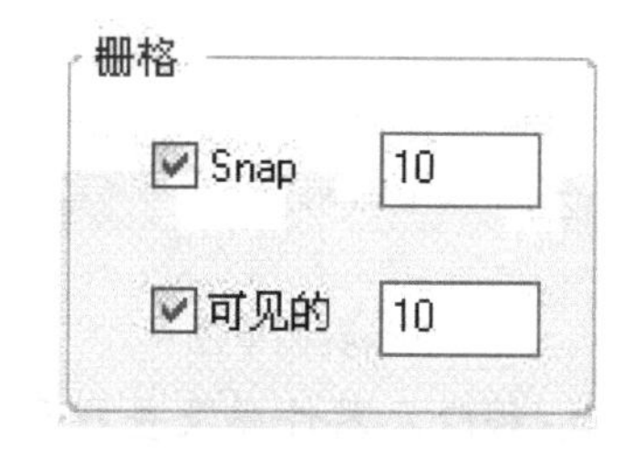

图 6-33　栅格区域

电气栅格区域如图 6-34 所示，可选择打开或关闭电气栅格和设置电气栅格的范围。当电气栅格打开、在执行一个支持电气栅格的命令时，鼠标会跳到对象的关键点而忽略栅格捕捉。例如，运行【Place】→【Wire】命令，移动鼠标到一个引脚的电气栅格内，鼠标会跳转到那个引脚上。

标准类型选项用于从标准尺寸中选择标准类型的页面尺寸，如常用的 A4、A3 等，如图 6-35 所示。如果标准类型不满足需求，则需要自定义类型。

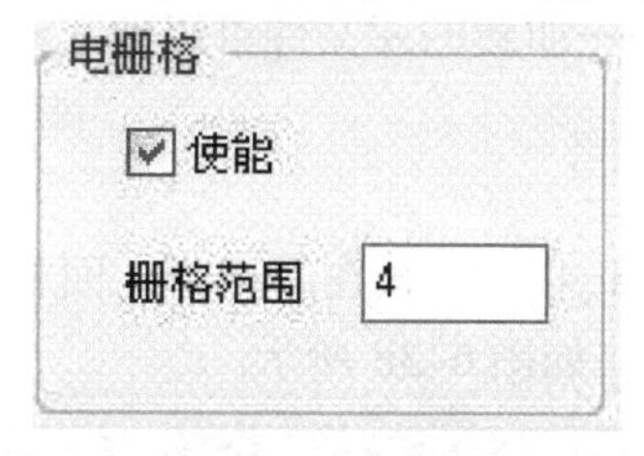

图 6-34　电气栅格区域

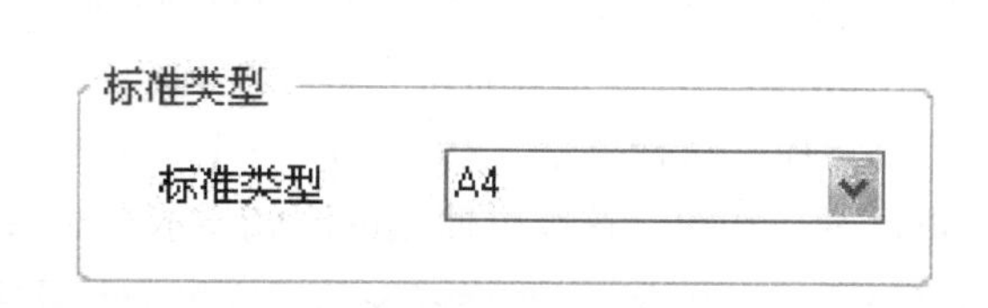

图 6-35　图样类型

(2) 参数选项卡　参数选项卡用于方便地编辑页面层面的文本。每个参数自动链接到在页面上除了前面的等号与参数一样名字的字符串。

例如，参数 Address1 自动链接到文本字符串 = Address1。等号是原理图编辑器自动用一个名为 Address1 参数的值替代文本字符串在页面的指令。可以将任意数值的参数添加到一个原理图模板或一个原理图页面。使用这些特殊的字符串允许定义诸如字体，尺寸和颜色，而当一个原理图应用于该模板，实际的文本字符串的值就被指定了，在打印时会自动替换。

(3) 单位选项卡　单位选项卡允许用户定义用于原理图编辑器中的各个单位。栅格将使用这些单位的倍数，DXP 默认单位是每个单位等于 10mils，当打印实际尺寸或 1:1 时，捕捉网格值为 5（或 5 单位）相当于 50mils，网格值为 10 相当于 100mils 等。

选中使用英制单位系统，此时原理图就使用英制单位。此选项用于从提供的英制单位之一选择：mils，inch，Dxp Defaults（10 mils）和自动英制单位。如果选择自动英制单位，当值大于500mils，系统将从mils切换到inch，如图6-36所示。

选中使用公制单位系统，此时原理图就使用公制单位。此选项用于从提供的公制单位之一选择：mm，cm，m和自动公制单位。如果选择自动公制单位，当值大于100cm，系统将从cm切换到m，如图6-37所示。

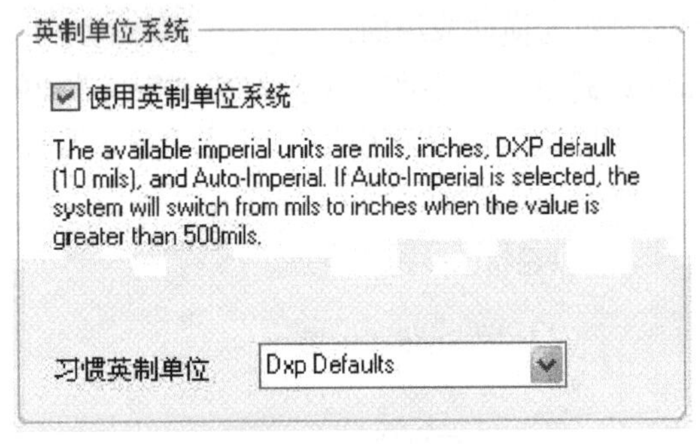

图6-36　英制单位

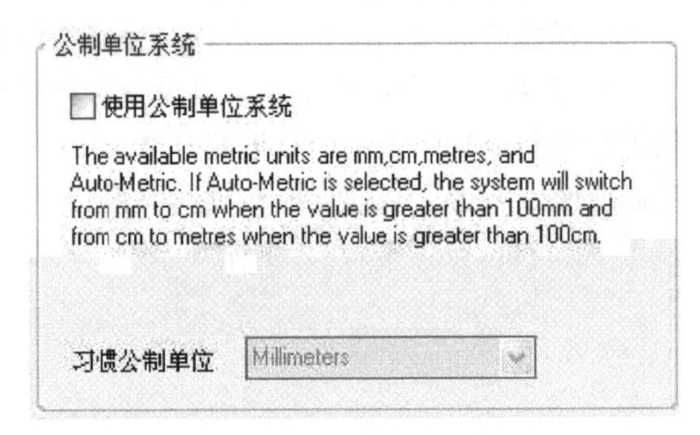

图6-37　公制单位

3. 加载/移除元器件库及查找元器件

Altium Designer提供的元器件都存在一组集成库里面。在集成库中的元器件不仅有原理图元器件符号，还集成了其他文件所需的相应的模型文件，如封装、电路仿真模型、信号完整性分析模型、3D模型等。

集成库是通过分离的原理图库、PCB封装库等编译生成的。在集成库中的元器件不能够被修改，如要修改元器件可以在分离的库中编辑然后再进行编译产生更新过的集成库即可。当然，分离的原理图库、PCB封装库可以直接加载使用。

可用的元器件库列在元器件库面板上，这些放在面板上的库包括：项目工程中的库——如果库在项目工程中，库是被自动罗列出来的；加载的库——加载的库文件可以使元器件在设计环境中被使用；加载的库可以使用在不同的工程中。

（1）加载库文件　主要有以下三个步骤：

1）加载库，选择菜单【Design】→【Add/Remove Library】，或者在Libraries面板上单击“Libraries”按钮，这样可使用的库就显示在对话框中了，如图6-38所示。

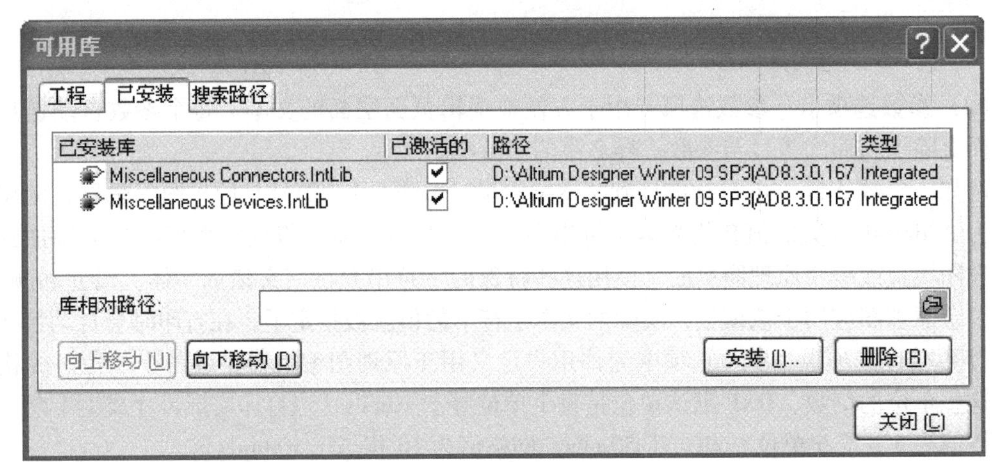

图6-38　加载或移除元件库

2）在加载库对话框中单击“Install/安装”按钮，在弹出的窗口中找到存在的元器件库，如果软件默认安装在 C 盘的话，则系统自带的集成库位于 C：\ Program Files \ Altium Designer \ Library \ 文件夹中。

3）单击“打开”，选中的库文件则进入已安装库，单击“关闭”完成库文件的加载。

（2）移除库文件　类似上面的步骤，选择菜单【Design】→【Add/Remove Library】，打开已安装的库文件。选中要移除的库文件，单击“删除”，即可将选中的库文件移除，如图 6-38 所示。

（3）查找元器件　选择菜单【工具】→【查找器件】，或者在 Libraries 面板上单击“搜索/search”按钮，弹出搜索库窗口，如图 6-39 所示。输入要搜索的元器件名称等信息，制定搜索的范围，单击“搜索”即可自动进行对元器件的搜索。

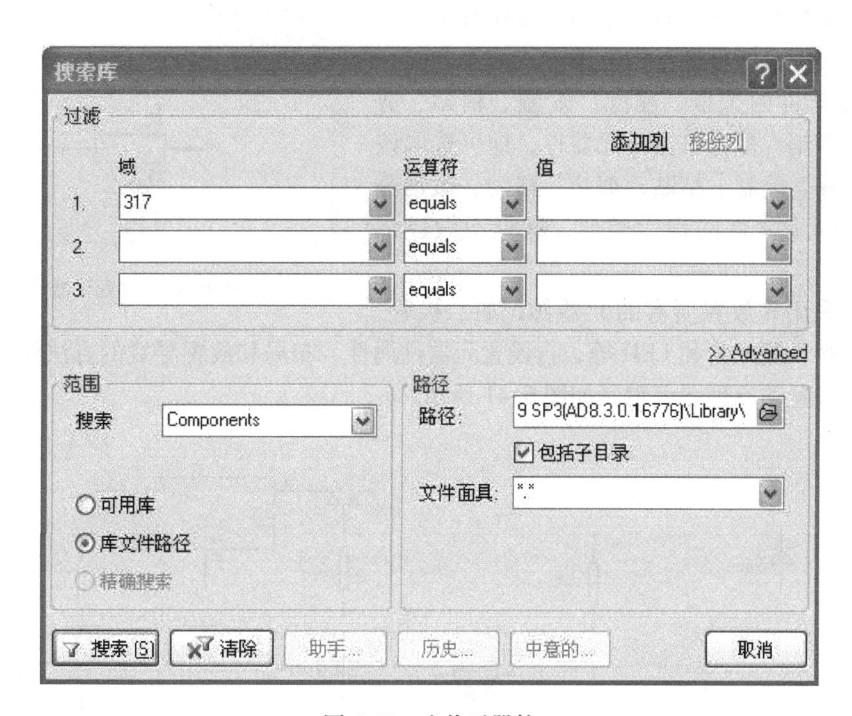

图 6-39　查找元器件

Altium Designer 系统默认打开的集成元器件库有两个：常用分立元器件库 Miscellaneous Devices. Intlib 和常用接插件库 Miscellaneous Connectors. Intlib。一般常用的分立元器件原理图符号和常用接插件符号都可以在这两个元器件库中找到。

本例中的 LM317 不在这两个元器件库中，在 6. 3 节原理图库创建中已经绘制了 LM317，所以也需要加载到 Altium Designer 系统中。

4. 元器件放置及布局的编辑与操作

（1）元器件的放置　在 Libraries 面板上选中要用的库文件，则库里面所包含的元器件全部列出来，如图 6-40 所示。选中要用的元器件符号，如 Res2 电阻，再单击放置 Place，或直接双击所需要放置的元器件，鼠标移到绘图区，此时鼠标十字光标上带着准备要放置的元器件符号，移动鼠标至所需要的位置，可以同时伴随使用“Ctrl + 鼠标滑轮”对图样进行放大缩小操作。放置元器件前要编辑其属性，按键盘“Tab”键，元器件属性对话框就会出现。详细请参照下面叙述的“元器件属性设置”。

(2) 元器件的旋转与翻转　此时按键盘“空格”键，可对光标带着的元器件进行旋转操作；按字母X键，可对光标带着的元器件进行X轴镜像翻转操作；按字母Y键，可对光标带着的元器件进行Y轴镜像翻转操作。单击鼠标左键，则可以把元器件放置在合适的位置。

元器件放置之后如果需要再次对此元器件进行操作，可将鼠标移到此元器件上面，按住鼠标左键不放，同时按键盘即可进行相应操作。

(3) 元器件的选取、删除、复制、粘贴、剪切、移动、撤销　鼠标单击某元器件，即可选取该元器件，删除、复制、粘贴、剪切、移动、撤销等均与Windows下文件的操作类似，这里不做详细介绍。

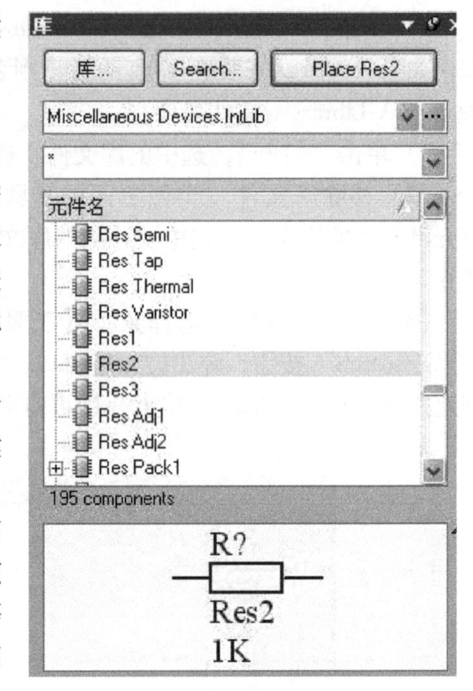

图6-40　放置元器件

本例子采用先放置所有的元器件，如二极管、晶体管、电容、晶闸管和LED等，再设置元器件属性、布局和放置导线的方法绘制原理图。完成元器件放置的原理图编辑区如图6-41所示。

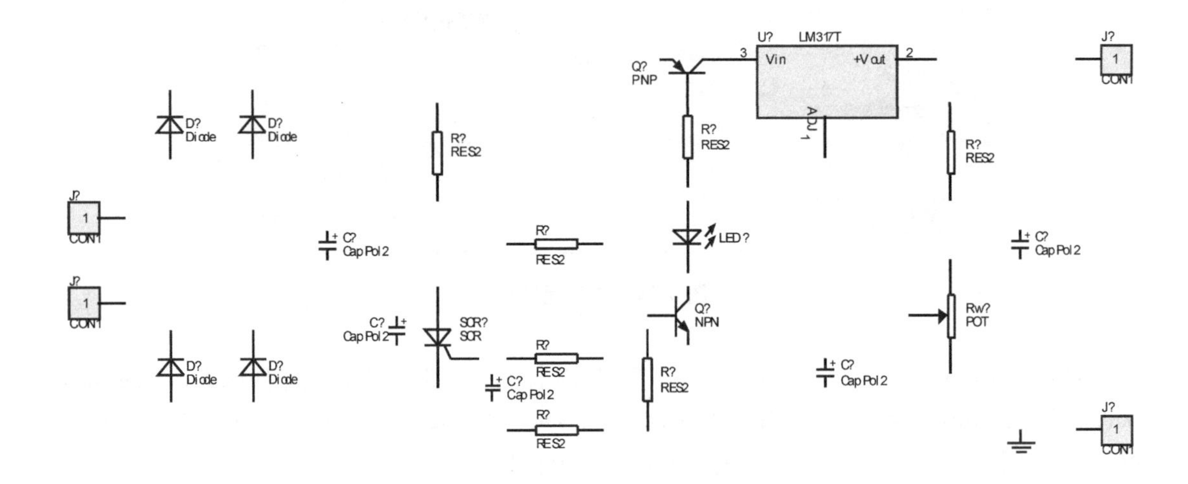

图6-41　完成元器件放置的原理图编辑区

5. 元器件属性设置

双击元器件即可打开相应的元器件属性窗口，如图6-42所示。标识栏输入元器件的编号，如D1、D2；R1、R2等；注释栏输入元器件的型号、参数等，如1N4007、1K等。查看是否已有封装，如果有，查看是否正确，否则就要重新指定元器件的封装，单击“添加”，选中“Footprint”单击“确定”，浏览找到相应的元器件封装，确定即可。本章只论述 PCB 项目的设计，所以不涉及信号完整性以及仿真等操作。

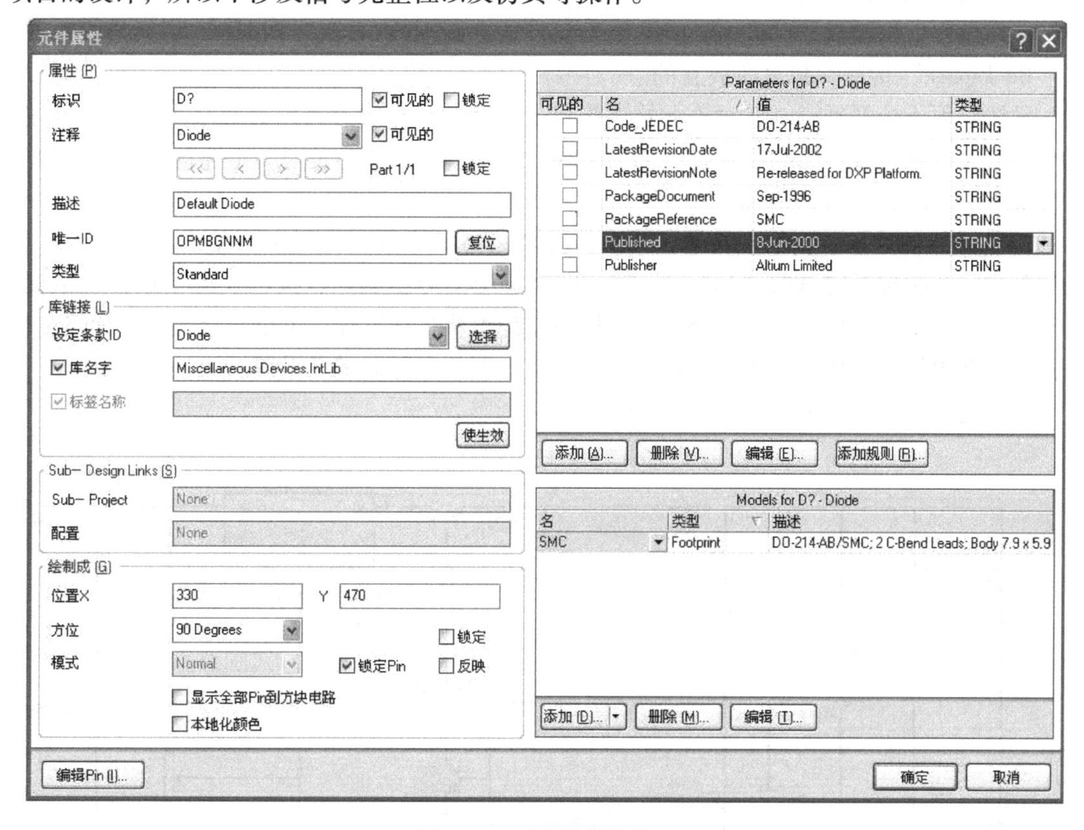

图 6-42　元器件属性设置

设置好元器件属性的原理图编辑区如图 6-43 所示。

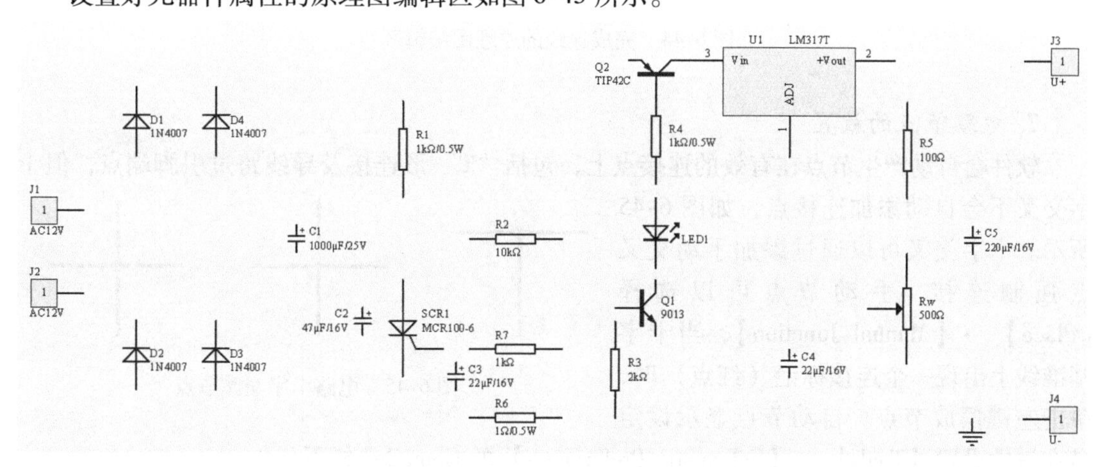

图 6-43　完成元器件属性设置的原理图编辑区

6. 布线操作与绘图工具的使用

（1）导线的绘制　导线被用来创建点之间的电气连接。注意用【“Place→Wire”】而不是错误地放置“Line”。需要严格区分 Wire 和 Line。Wire 是具有电气连接的导线；而 Line 是表示普通的线，并不具备电气连接功能。

连线过程中按键盘“Shift + 空格键”改变导线放置模式，按“空格键”切换导线角度。按“Backspace”键删除最后所放置的点。

导线必须连接到具有电气对象上的连接点上，例如，导线连接时必须接触引脚的末端，但十字交叉时则导线不能刚好经过引脚的末端，否则软件会认为是同一个连接点，自动加上连接节点。

（2）导线的选取、删除、移动、调整、属性　将鼠标移到导线上，单击左键就是对导线的选取；此时按下键盘的“Delete”键，则对选中的导线删除；按住左键不放移动鼠标，就是导线的移动；鼠标移到导线端点上，按住左键不放移动鼠标，可以对导线进行调整；双击鼠标，弹出导线属性设置窗口，可对导线线宽、颜色进行自定义设置。

完成连线的原理图编辑区如图 6-44 所示。

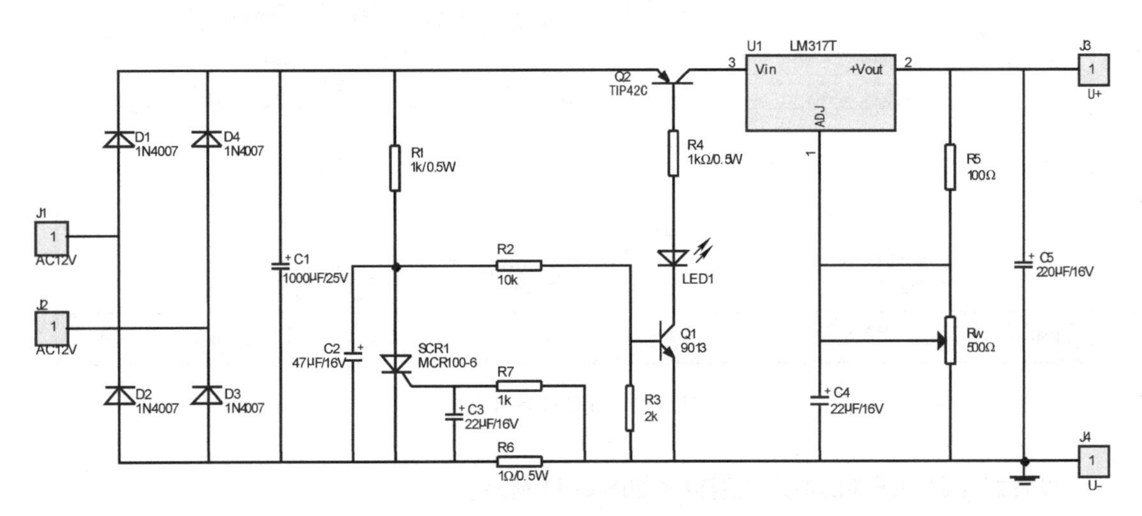

图 6-44　完成连线的原理图编辑区

7. 电路节点的放置

软件会自动产生节点在有效的连接点上，包括“T”形连接及导线跨过引脚端点，但十字交叉不会自动添加连接点，如图 6-45 所示。十字交叉可以通过添加手动交叉点强制连接，手动节点可以选择【Place】→【Manual Junction】，当十字基准线上出现一个连接标记（红点）时，单击左键摆放节点。自动节点显示设定是在属性设置【Tools】→【Schematic Preferences】的 Compiler 栏下。

图 6-45　电路十字交叉节点

8. 网络和网络标号的放置

网络标号让网络易于识别，并为没有通过电气导线连接的相同网络引脚提供一种简单的连接方法。在同一张图样中有相同网络标号的导线之间是互相连接的，在某些情况下，同一个项目中所有相同的网络标号的电气导线要连接在一起。所有网络标号在网络上必须相同，网络表生成器会将所有的网络标号转换成大写字母并结合网络标号到导线上，只要放置时基准点（左下角）在导线上即可，如果网络标号中最后一个字符是数字的话，在放置下一个网络标号时它将会自动增加，此功能在放置数据或地址线的时候非常方便。

执行【放置】→【网络标号】进入放置网络标号状态，按下键盘“Tab”键设定网络标号的名称及字体，单击“下拉选单”可显示已经在图样上存在的网络名称，或输入新的网络名称再单击“OK”，此时按下空格键可旋转网络标号，单击左键确定网络标号位置，右键结束当前操作。

Net1　　　Net1

图 6-46　网络标号的放置

如图 6-46 所示，左右两段线中间是断开的，但由于两段线的网络标号相同，事实上两段线在电气上是连接在一起的。

9. 电源和接地符号的放置

电源和接地符号分别是名称为 VCC 和 GND 的特殊网络标号。项目中具有相同网络特性的所有的电源连接端口都会被连接起来，要连接到电源连接端口只要确定导线已连接到电源连接端口的连接脚，电源连接端口的形态只能改变外形，不会影响连接特性，电源连接端口将连接到相同网络名称的隐藏引脚，和使用的网络标志范围无关。

操作方法：执行【Place】→【Power Port】，按下键盘“Tab”键设定电源端口不同于 GND 或 VCC 的网络名称，如图 6-47 所示。按下左键确定电源端口的位置，右键结束摆放电源端口。

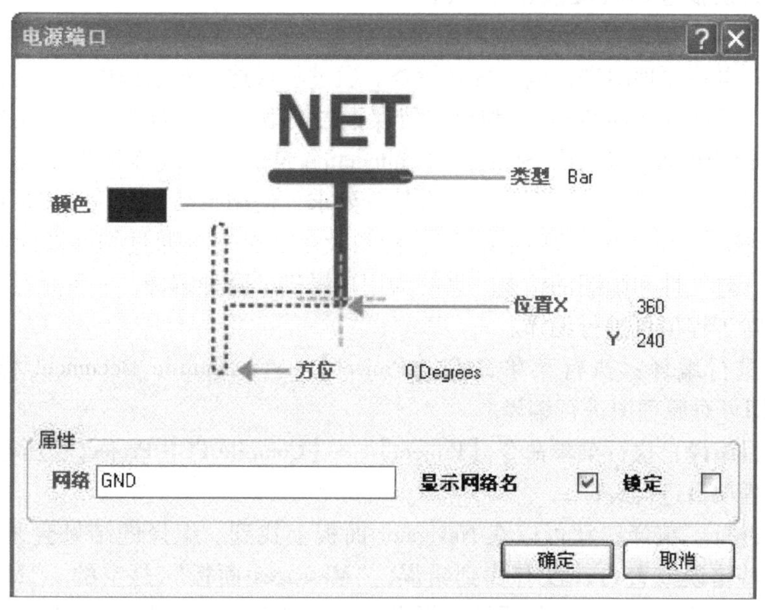

图 6-47　电源端口的设置

10. 总线和总线分支的绘制

总线是若干条电气特性相同的导线的组合。总线可以图形化地表现一组连接在原理图页面上的相关信号的关系，例如数据线或地址线。

放置总线执行【放置】→【Bus/总线】，摆放总线跟放置导线 wire 方法相同，按下键盘“空格”键可改变摆放模式，按“退格键”可删除最后一个拐点。注意总线不能与元器件的引脚直接连接，必须经过总线入口，因为总线只表示连接端口和页面接入端点之间的连接。总线为图6-48中的倒U形粗线。

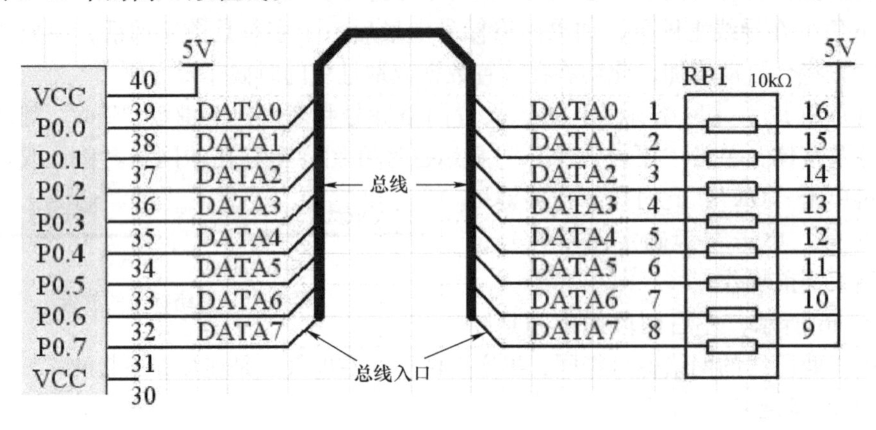

图6-48　总线和总线入口

总线分支用来连接总线和导线。放置总线入口执行【Place】→【Bus Entry】，此时鼠标十字光标带着总线入口线。按下“空格键”改变总线分支的角度，按X键左右翻转，按Y键上下翻转，按下鼠标左键确定总线分支的位置，此时仍处于放置状态，可以继续放置其他的入口线，右键结束指令。放置时一端和总线连接，另一端可以直接和元器件引脚连接，也可以通过导线和元器件引脚连接。总线入口如图6-48中45°或135°斜线所示。

11. 设置错误报告选项及报告管理器

(1) 错误报告类型设置　设置电路原理图的电气检查规则。当进行文件编译时，系统将根据此设置对电路原理图进行电气规则检查。通过项目选项对话框中的选项标签完成，执行【Project】→【Project Options】，弹出“错误报告类型设置”对话框，错误报告选项包括“Error Reporting/错误报告类型”标签和“Connection Matrix/电气连接矩阵设置”标签。本章限于篇幅不做详细论述，一般情况下没有特殊要求，使用系统的默认设置即可。

(2) 项目编译　在Altium Designer下，检测设计是否完成通过编译设计实现，它可以检查出逻辑性、电气性和画图的错误。系统为用户提供了两种编译，一种是对原理图进行编译，另一种是对工程项目进行编译。

对原理图进行编译：执行菜单命令【Project】→【Compile Document 稳压电源原理图.SchDoc】,即可对原理图进行编译。

对工程项目编译：执行菜单命令【Project】→【Compile PCB Project 稳压电源.PrjPcb】，即可对整个工程项目进行编译。

一旦设计进行了编译，就可以在Navigator面板上找到。编译的结果会通过“Messages面板”给出一些错误或警告；没有找到错误，“Messages面板”是空的。“Messages面板”只会在有错误的时候自动打开，如果该面板没有显示出来，可以单击工作区的“System”按钮打开该面板。

(3) 定位错误元器件　编译项目后，如果有错误，“工程/Project”下拉菜单中编译栏下就会出现错误信息指针，如图6-49所示的下面两行即为错误信息指针。

单击“错误信息指针”，弹出“编译错误/Compile Errors”面板，在面板上有信息列表，双击列表中的“错误选项”，系统会自动定位错误元器件。

当然，任何产生警告和错误的信息都会显示在“Message面板”上，双击其中一个“警告/错误”，同样可以打开“编译错误/Compile Errors”面板，操作步骤同上。

图6-49　错误信息指针

在“Messages面板”上单击右键可以清除信息。一旦错误的条件被修正后，之后的编译会除去相应的“警告/错误”信息。仔细审查每一个“警告/错误”和解决它们是很重要的，可以改变错误检查报告的模式，或是给它加上“NO ERC”标记。

6.5.4　生成各种报表

原理图编辑器可以生成许多报表，主要有网络表、材料清单报表等，可用于存档、对照、校对及设计PCB时使用。

1. 生成网络表

网络表是指电路原理图中元器件引脚等电气点相互连接的关系列表，它的主要用途是为PCB制板提供元器件信息和线路连接信息，同时它也为仿真提供必要的信息。由原理图生成的网络表可以制作PCB，由PCB生成的网络表可以与原理图生成的网络表进行比较，以检验设计是否正确。

在打开项目.PrjPcb文件和原理图.SchDoc文件的前提下，执行菜单命令【设计】→【工程的网络表】→【Protel】，系统自动生成Protel网络表，默认名称与项目名称相同，后缀名为.NET，保存在当前项目Generated/Netlists files目录下。

在项目Projects面板中双击该网络表文件，即可看到网络表文件内容。网络表分为两部分：方括号内的是元器件信息，圆括号内的是元器件电气连接的网络信息。

2. 材料清单

材料清单也称为元器件报表或元器件清单，主要报告项目中使用元器件的型号、数量等信息，也可以用于采购。

在打开项目.PrjPcb文件和原理图.SchDoc文件的前提下，执行菜单命令【报告】→【Bill of Materials】，弹出【报表管理器】对话框。【报表管理器】对话框用来配置输出报表的格式，根据需要选中有需要的显示栏。

在导出材料清单报表之前可以设置报表文件格式，如图6-50所示。导出文件格式支持6种格式，根据需要选择，系统默认Excel格式，如图6-51所示。如果需要自动打开保存的报表，选中“打开导出的”；如果需要将生成的报表加入到设计项目中，选中“添加到工程”。

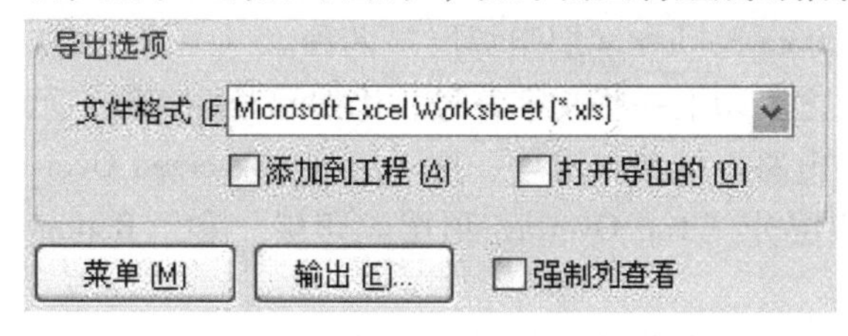

图6-50　设置导出报表文件格式

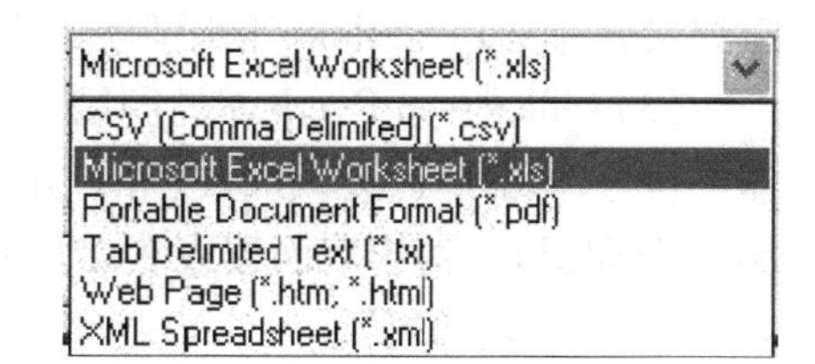

图6-51　系统默认Excel格式

设置好所有相关的选项后，单击“输出”按钮，弹出对话框，选好保存位置即可保存报表。查看“Projects 面板”，生成的报表已经加到项目中。

3. 简易材料清单报表

简易材料清单报表顾名思义就是简化了的材料清单。简易材料清单按元器件名称分类列表，内容有元器件名称、封装、数量、元器件标志等。

在打开项目 . PrjPcb 文件和原理图 . SchDoc 文件的前提下，执行菜单命令【报告】→【Simple BOM】，生成简易材料清单报表。默认设置时，生成两个报表文件 . BOM 和 . CSV，被保存在当前项目中，同时文件名添加到“Projects 面板”上。

6.6　印制电路板设计及实例训练

6.6.1　印制电路板的基本概念和构成

1. 印制电路板的概念

印制电路板主要有单面板、双面板和四层板、六层板、八层板等多层板，广泛应用于各种电子设备中。

1）单面板是一种单面敷铜，通常是 Bottom（底层），因此只能利用它敷了铜的一面设计电路导线和元器件的焊接，常用于直插器件（THT）而非表面贴装器件（SMT）的电路。

2）双面板是包括 Top（顶层）和 Bottom（底层）的双面都敷有铜的印制电路板，双面都可以布线焊接，中间为一层绝缘层，为常用的一种印制电路板。

3）如果在双面板的顶层和底层之间加上别的层，即构成了多层板，一般用于复杂的电子电路。

2. 板层概念

通常的印制电路板，包括顶层、底层和中间层，层与层之间是绝缘层，用于隔离布线层。它的材料要求耐热性和绝缘性好。用 Altium Designer 软件设计 PCB 时，每一个板层都有其固有的特定用途。

（1）Top Layer/顶层和 Bottom Layer/底层　主要用于顶层和底层的铜箔走线。单面板一般只用底层走线，双面板则用顶层和底层走线。

（2）Solder Mask/阻焊层　在印制电路板布上铜箔导线后，还要在顶层和底层上印上一层 Solder Mask（阻焊层），它是一种特殊的化学物质，通常为绿色、红色、蓝色和黑色等。该层不粘焊锡，防止在焊接时相邻焊接点的多余焊锡短路。阻焊层将铜箔导线覆盖住，防止铜箔在空气中过快氧化，但是在焊点处留出位置，并不覆盖焊点。对于双面板或者多层板，阻焊层分为“Top Solder/顶层阻焊层”和“Bottom Solder/底层阻焊层”两种。

（3）Silkscreen Overlay/丝印层　在阻焊层之上印上一些文字符号，比如元器件名称、元器件符号、元器件引脚和版权等，方便以后的电路焊接和查错等。这一层为 Silkscreen Overlay（丝印层）。对于双面板或者多层板，丝印层分“Top Overlay/顶层丝印层”和“Bottom Overlay/底层丝印层”。

（4）Keep-Out Layer/边框层　主要用于绘制印制电路板的外形边框尺寸。

（5）Multi-Layer/复合层　主要用于放置焊盘。

3. 过孔

过孔就是用于连接不同板层之间的导线。过孔内侧一般都由镀铜连通，用于元器件的引脚插入。过孔一般分为三种：

（1）Thnchole Vias/穿透式过孔　从顶层直接通到底层的过孔。

（2）Blind Vias/盲过孔　只从顶层通到某一层里层，并没有穿透所有层，或者从里层穿透出来的到底层的过孔。

（3）Buried Vias/隐藏式过孔　只在内部两个里层之间相互连接，没有穿透底层或顶层的过孔。

4. 铜箔导线

印制电路板制作时用铜箔制成铜箔导线（Track），用于连接焊点和导线。铜箔导线是物理上实际相连的导线，有别于印制电路板布线过程中的跳线或飞线概念。跳线或飞线只是表示两点在电气上的相连关系，但没有实际连接。

线宽是铜箔导线的宽度，主要由通过的电流大小来决定；间距是铜箔导线和铜箔导线之间的距离，主要由两线之间的电压高低来决定。

5. 焊盘

焊盘用于将元器件引脚焊接固定在印制电路板上完成电气连接。焊盘在印制电路板制作时都预先布上锡，并不被阻焊层所覆盖。通常焊盘的形状有 4 种：圆形（Round）、矩形（Rectangular）、正八边形（Octagonal）和圆角矩形（Rounded Rectangle）。

6. 元器件的封装

元器件的封装是印制电路板设计中很重要的概念。元器件的封装就是实际元器件焊接到印制电路板时的焊接位置与焊接形状，包括了实际元器件的外形尺寸，所占空间位置，各引脚之间的间距等。元器件封装是一个空间的概念，对于不同的元器件可以有相同的封装，同样一种封装可以用于不同的元器件。因此，在制作印制电路板时必须知道元器件的名称，同时也要知道该元器件的封装形式。

6.6.2　印制电路板的设计流程

印制电路板的设计流程如图 6-52 所示。

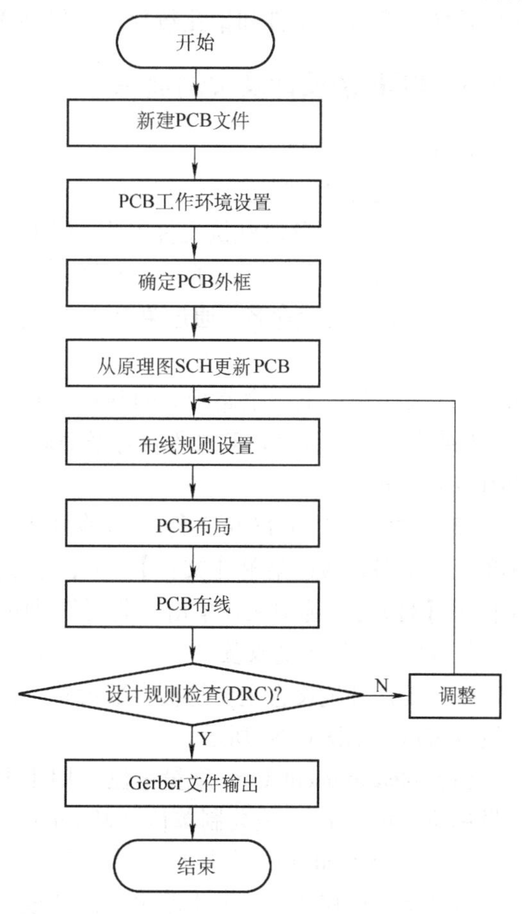

图 6-52　印制电路板的设计流程

（1）新建 PCB 文件　建立一个新的 PCB 文件，扩展名为 . PcbDoc。

（2）PCB 工作环境设置　主要是板参数设置，如度量单位、跳转栅格、组件栅格、电栅格、可视化栅格等。

（3）确定 PCB 外框　根据电路的复杂程

度或者配合外壳形状的需要确定 PCB 的外形及尺寸。

（4）从原理图 SCH 更新 PCB　在确保原理图元器件有相应的封装、PCB 编辑下加载了相应封装库的前提下，从原理图 SCH 更新 PCB，把原理图的信息全部更新到 PCB 上来表示。

（5）布线规则设置　系统提供了强大的布线规则，对于比较复杂的电路，采用自动布线的话则需要详细的布线规则设置；对于简单的电路，一般情况下必须要设置的有线宽、间距、板层等。

（6）PCB 自动布局和手动布局　主要是布局好每一个元器件在 PCB 上的位置，注意做到抑制干扰源，切断干扰传播路径，保证满足电磁干扰（EMI）要求。对于高频电路以及高速数字电路，布局是否合理直接决定 PCB 设计是否成功，有需要的读者请查阅相关书籍。

（7）PCB 自动布线和手动布线　根据电路的复杂程度合理使用自动布线和手动布线，对于比较复杂的电路一般是手动—自动—手动的流程；对于简单的电路，如果要求布线质量好的话，一般采用手动布线。

（8）设计规则检查（Design Rule Check，DRC）　PCB 设计完成之后，为了保证所进行的设计工作，比如元器件的布局、布线等符合所定义的设计规则，通过设计规则检查（DRC），对 PCB 的完整性进行检查。

（9）Gerber 文件输出　Gerber 文件是一种国际标准的光绘格式文件，将设计好的 PCB 文件转换为 Gerber 文件和钻孔数据后交付 PCB 厂加工。

6.6.3　PCB 的设计及实例训练

1. PCB 文件操作

（1）创建 PCB 文件（*.PcbDoc）　通过菜单【文件】→【新建】→【PCB】，创建一个新的 PCB 文件，此时默认文件名为 PCB1.PcbDoc，同时此 PCB 文件自动添加到已打开的项目中，并在项目右上方加了一个 * 号，表示当前操作没有保存。

（2）PCB 保存及命名　通过菜单【文件】→【保存或另存为】，对 PCB 进行保存。此时可输入用户需要的文件名，扩展名为 .PcbDoc，此例命名为“稳压电源电路板 .PcbDoc”。单击“保存”后，即可对 PCB 文件保存及命名，如图 6-53 所示。

图 6-53　PCB 文件保存及命名

（3）关闭及打开 PCB 文件　当前处于 PCB 编辑状态，通过菜单【文件】→【关闭】，即可对 PCB 文件进行关闭。通过菜单【文件】→【打开】，选中文件单击“打开”即可打开需要的 PCB 文件。

2. PCB 工作环境设置

PCB 工作环境设置主要是板参数设置，执行菜单【设计】→【板参数选项】，进入板参数设置窗口，如图 6-54 所示。

（1）Measurement Unit/度量单位　用于 PCB 编辑状态下设置的度量单位，可选择英制度量单位（Imperial）或公制单位（Metric）。

（2）Snap Grid/可捕获格点或跳转栅格　用于设置图样捕获格点的距离即工作区的分辨率，也就是鼠标移动时的最小距离。此项根据需要进行设置，对于设计距离要求精确的电路板，可以将该值取得较小，系统最小值为 0.0254mm（1mil）。可分别对 X 方向和 Y 方向进行格点设置。

（3）Component Grid/元器件格点或组件栅格　分别用于设置 X 和 Y 方向的元器件格点值，一般选择默认值。

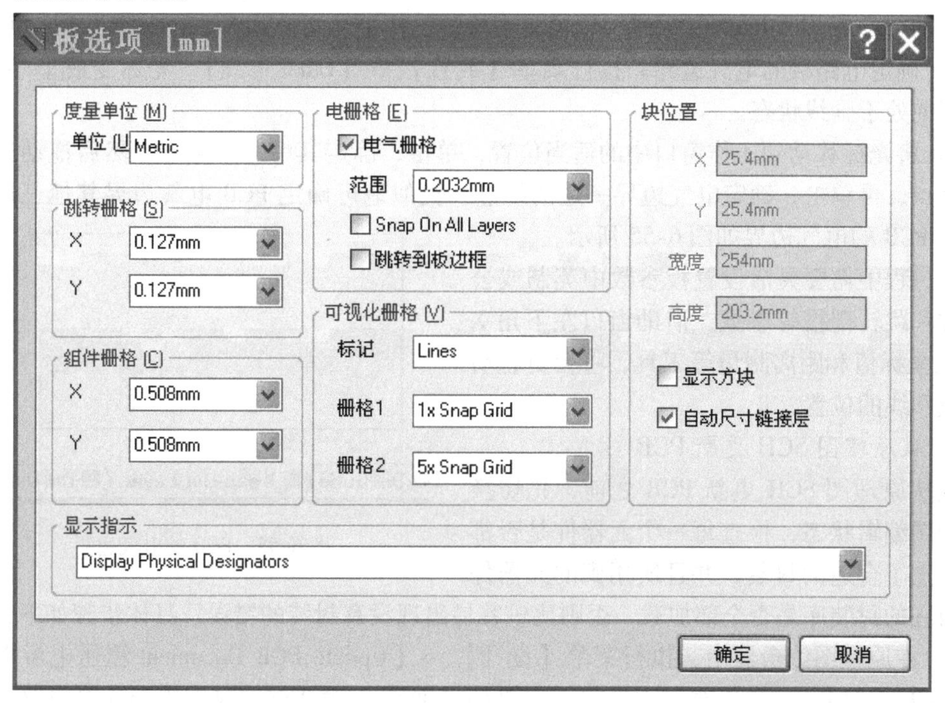

图 6-54　板参数设置窗口

（4）Electrical Grid/电气栅格　用于系统在给定的范围内进行电气点的搜索和定位，系统默认值为 0. 2032mm（8mil）。

（5）Visible Grid/可视化栅格　选项区域中的“Markers/标记”选项用于选择所显示格点的类型，其中一种是 Lines（线状），另一种是 Dots（点状）。“Grid 1/栅格 1”和“Grid 2/栅格 2”分别用于设置“可见格点 1”和“可见格点 2”的值，也可以使用系统默认的值。

除了板参数设置，还有颜色显示设置和布线板层和非电层设置等。执行菜单【设计】→【板层颜色】，进入“颜色显示”设置，可以根据需要设定各个层的颜色，一般也可以按系统默认的配置颜色。

在此例中，“Measurement Unit/度量单位”选择公制单位（Metric）；“Snap Grid/可捕获格点或跳转栅格”设置为 1. 000mm；其他选项按默认设置。

3. 确定 PCB 边界

设置 PCB 禁止布线区就是确定 PCB 的电气边界。电气边界用来限定布线和元器件放置的范围，它是通过在禁止布线层上绘制边界来实现的。禁止布线层（Keep-Out Layer）是 PCB 编辑中一个用来确定有效放置和布线区域的特殊工作层。在 PCB 的自动编辑中，所有信号层的焊盘、过孔、元器件等目标对象和走线都将被限制在电气边界内，即禁止布线区内才可以放置元器件和导线；在手工布局和布线时，可以先不画出禁止布线区，但作为表示电路板的外框，根据电路的复杂程度确定禁止布线区还是必要的。

设置禁止布线区的具体步骤如下：

1）在PCB编辑器工作状态下，设定当前的工作层面为“Keep-Out Layer”。单击工作窗口下方的“Keep-Out Layer”标签，即可将当前的工作平面切换到Keep-Out Layer层面。

2）确定电路板的电气边界。执行菜单【放置】→【Line/走线】，光标变成十字光标，表示当前处于画线状态。

3）将光标移动到工作窗口中的适当位置，单击，确定其中一个起点，然后拖动光标至另一个点，再单击，确定电气边界一边的终点。类似地可确定PCB电气边界其他三边，绘制好的PCB的电气边界如图6-55所示。

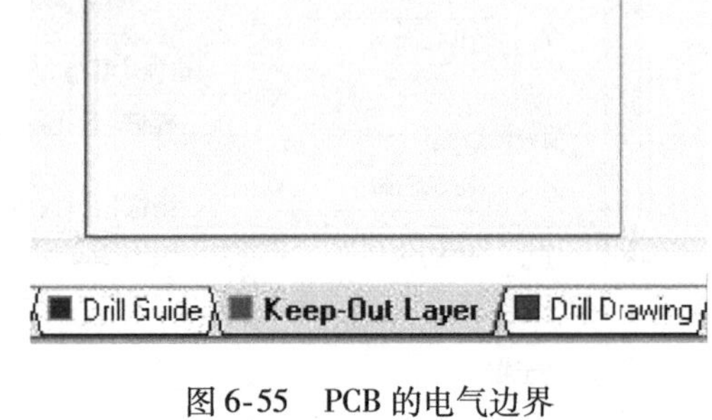

图6-55 PCB的电气边界

此过程中需要灵活设置板参数中英制或公制单位和跳转栅格等参数，借助窗口左下角X和Y的坐标值和距离测量等工具，将会更容易确定点和线的位置。

4. 从原理图SCH更新PCB

在从原理图SCH更新PCB之前，先切换到原理图编辑状态，检查每一个元器件是否都已经添加了合适的封装，并且所用到的元器件封装所在的封装库是否全部加载，否则比较容易出现没有封装的错误。具体步骤如下：

1）在原理图编辑器中，执行菜单【设计】→【Update PCB Document 稳压电源电路板.PcbDoc】，弹出【工程更改】对话框，如图6-56所示。对话框中显示出当前对电路进行的修改内容，左边为“Modifications/修改”列表，右边为对应修改的“Status/状态”。主要的修改有Add Components、Add Nets、Add Components Classes和Add Rooms。

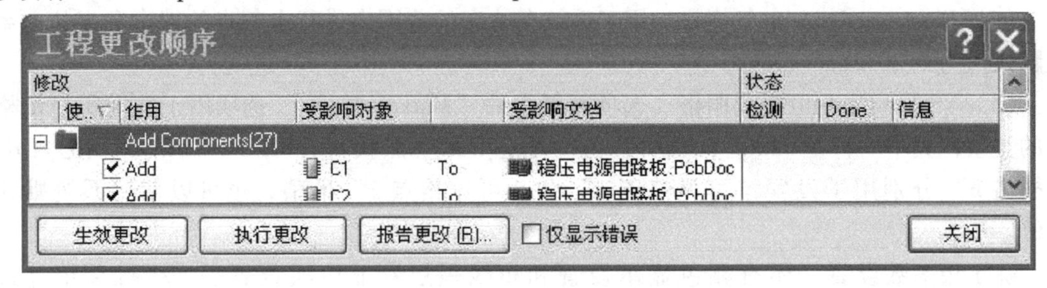

图6-56 【工程更改】对话框

2）单击“Validate Changes/生效更改”按钮，系统对所有的元器件信息和网络信息进行检查，注意“Status/状态”栏中“Check/检测”的变化。如图6-57中“Check/检测”列所示。如果所有的改变有效，“Check/检测”弹出的列出现选中说明网络表中没有错误，如果有错误，“Check检测”栏中将显示红色错误标志，并在“Messages/信息”面板中给出原理图中的错误信息。

3）双击“错误信息”自动回到原理图中的相应位置上，就可以修改错误，直到没有错误信息，单击“Execute Changes/执行更改”按钮，系统开始执行将所有的元器件信息和网络信息的传送。如果没有错误，自动选中“Done/完成”状态，如图6-57中“Done/完成”

列所示。

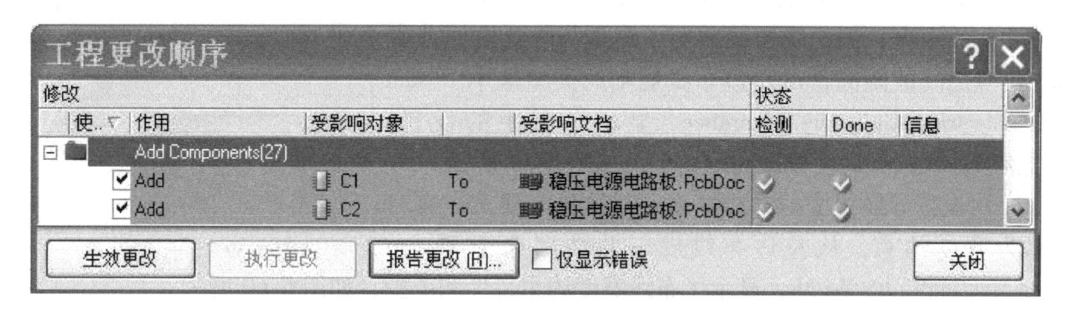

图 6-57　“Check/检测”和“Done/完成”

4）单击“Close/关闭”按钮，关闭对话框，所有的元器件和连线已经出现在 PCB 文件中的 Room 中，如图 6-58 所示。

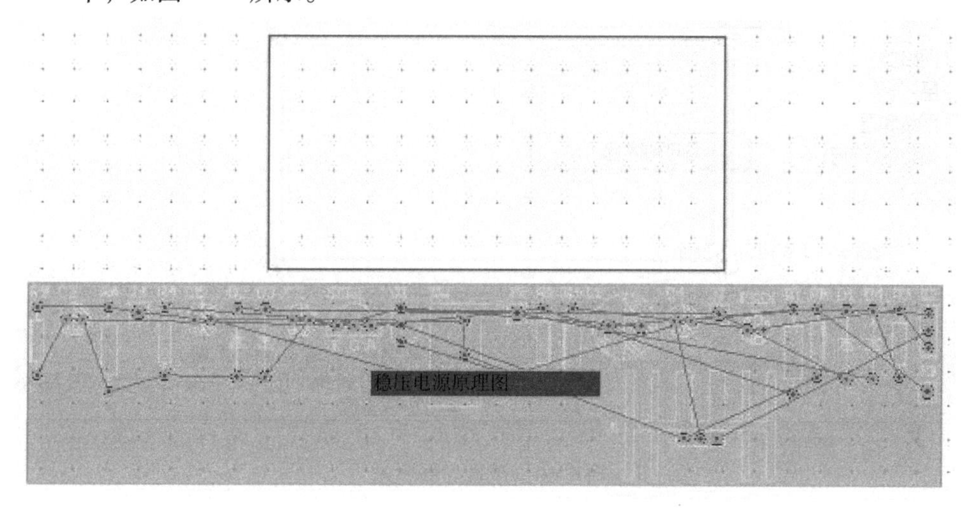

图 6-58　更新后的 PCB

Room 不是一个实际的物理器件，只是一个区域，可以将板上的元器件归到不同的 Room 中去，实现元器件分组的目的。在简单的设计中，Room 不是必要的，可以将其删除处理。执行菜单【编辑】→【Delete/删除】，若 Room 为非锁定状态，单击 Room 所在区域，即可将其删除。

5. 布线规则设置

在 Altium Designer 系统中，布线规则提供了 10 种不同的设计规则，包括电气、布线、制造、放置、信号完整性等，但其中大部分都可以采用系统默认的设置。简单的 PCB 设计中涉及的布线规则如下：

在 PCB 编辑环境下，执行菜单命令【设计】→【Rules/规则】，弹出布线规则设置对话框，所有的布线规则和约束都在这里设置。该对话框左侧显示的是布线规则的类型；右侧则显示对应布线规则的设置属性；该对话框左下角有按钮“Priorities/优先权”，单击该按钮，可以对同时存在的多个布线规则进行优先权设置。对这些布线规则的基本操作有：新建规则、删除规则、导出和导入规则等。

(1) 设置间距　间距有时又称为留空约束，是指不同网络之间的距离，例如线与线之间、焊盘与焊盘之间或者线与焊盘之间的距离，从左边布线规则的类型选中 Design Rules-Electrical-Clearance-Clearance，显示了间距的设置，单击该项输入数据即可修改间距约束，如图6-59所示。

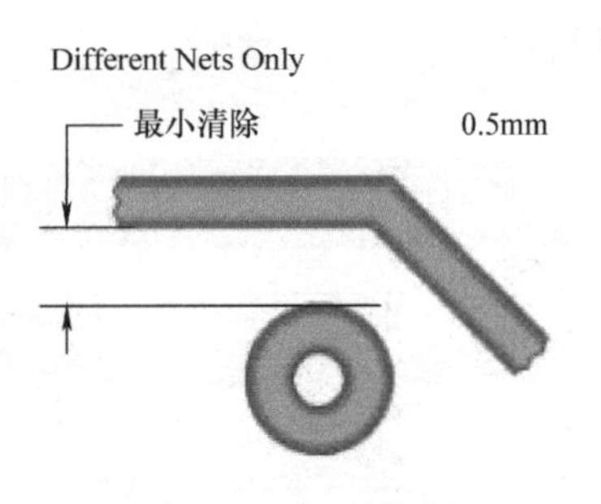

图6-59　间距的设置

(2) 设置导线宽度　导线宽度一般简称为线宽，有时又称为宽度约束，从左边布线规则的类型选中 Design Rules-RoutingWidth-Width，显示了布线宽度约束特性和范围，如图6-60所示。

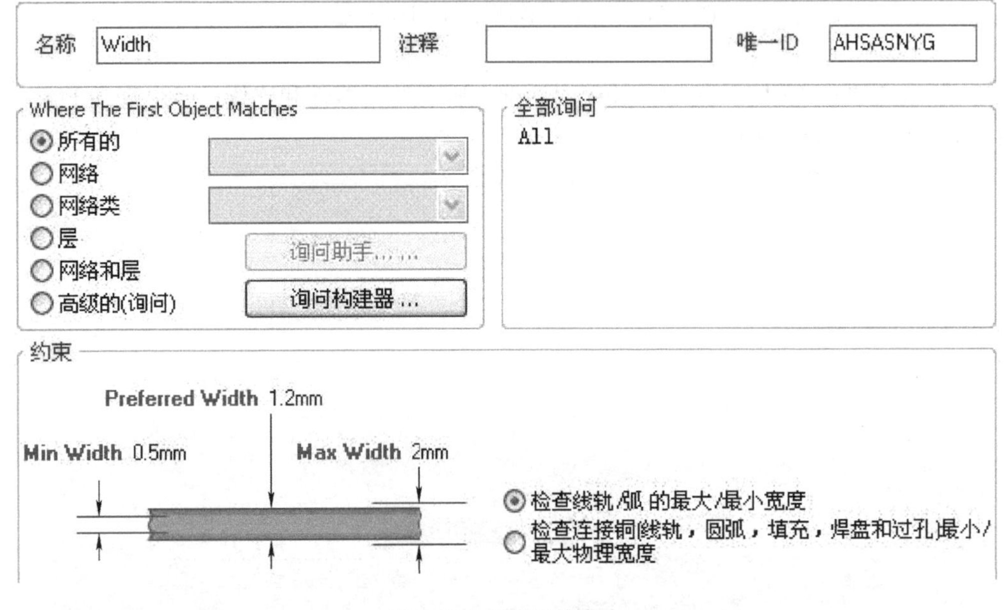

图6-60　设置导线宽度

1) Name/名称：导线宽度的名称。

2) Where The First Object Matches/适用范围："所有的"表示对整块电路板所有的导线都起约束作用；"网络"表示只对指定网络的导线起约束作用；"层"表示只对指定层的导线起约束作用。

3) Constraints/约束：设置线宽的"Preferred/最佳"、"Max/最大"、"Min/最小"的数值，可以根据需要进行设置。

一般情况下需要单独设置电源线（VCC）和地线（GND）的线宽，此时选定布线宽度 Width 右击弹出菜单，选择"New Rule/新建规则"，自动添加了一个默认名为 Width _1 的线宽规则，可以在"Name/名称"栏自定义名称，如 Power；指定使用范围为"网络"，选中 VCC 或 GND 即可；在线宽约束中最佳、最小和最大值均设定为所需的值。这样就可以通过添加新规则来局部约束电源线的宽度。

(3) 设置布线层　设置了布线层就确定了所设计的是单面板或是双面板。从左边布线规则的类型选中 Design Rules-Routing-Routing Layers-RoutingLayers，显示布线层的放置。系统默认的是双面板，顶层和底层均打钩；如果需要设置为单面板，则取消顶层的勾，只保留底层，如图 6-61 所示。

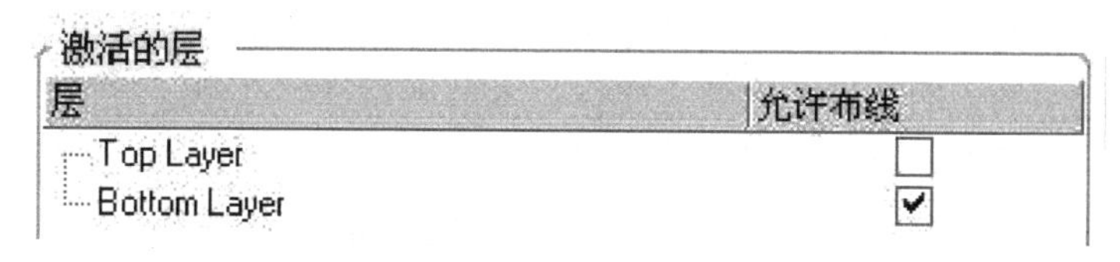

图 6-61　设置布线层

在此例中，设置间距为 0.5mm，设置导线宽度为 1.2mm，设置布线层为只允许布线“Bottom Layer/底层”，单面板布线。

6. PCB 自动布局和手工布局

合理的布局是 PCB 布线的关键。如果单面板设计元器件布局不合理，将无法完成布线操作；如果双面板元器件布局不合理，布线时将会放置很多过孔，使电路板导线变得非常复杂。合理的布局要考虑到很多因素，比如电路的抗干扰等，这在很大程度上取决于用户的设计经验。

元器件的布局有自动布局和手工布局两种方式，用户根据自己的习惯和设计需要可以选择自动布局，也可以选择手工布局。在一般情况下，需要两者结合才能达到很好的效果。这是因为自动布局的效果往往不能令人满意，还需要进行调整。

（1）自动布局　在 PCB 编辑器中，执行菜单【工具】→【Comment Placement/器件布局】→【自动布局】，弹出元器件【自动布局】对话框，在这里可以选择元器件自动布局的方式，如图 6-62 所示。

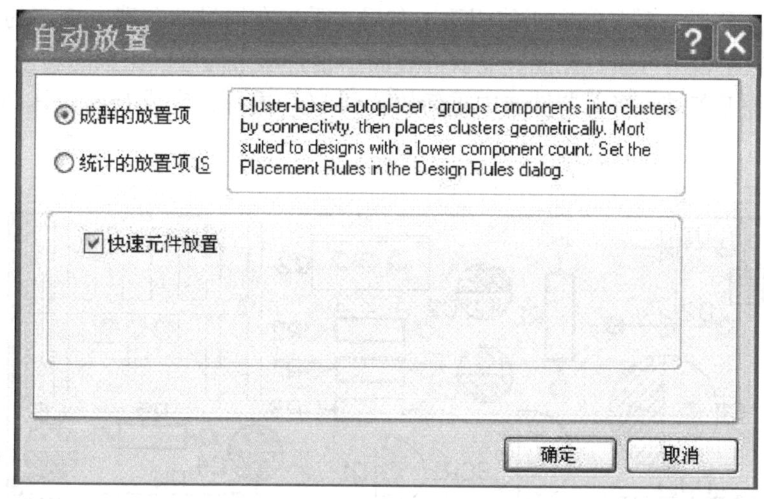

图 6-62　自动布局设置

1）Cluster Placer/成群的放置项：这是基于“群”的元器件自动布局方式。根据连接关系将元器件划分成组，然后按照几何关系放置元器件组，该方式比较适合元器件较少的电路。

Quick Component Placement/快速元器件放置只有在选择“成群的放置项”时有效，选中后系统将以高速进行元器件布局。

2）Statistical Placer/统计的放置项：这是基于“统计”的元器件布局方式，根据统计算法放置元器件，以使元器件之间的连线长度最短，该方式比较适合元器件较多的电路。选择该选项后，对话框中的说明及设置将随之变化，本节不做详细介绍。

设置完选项后，单击“确定”按钮，关闭设置对话框，进入自动布局。布局所花的时间根据元器件的数量多少和计算机硬件配置高低而定。布局完成后，所有元器件将布置在PCB内部。

在布局过程中，如果想中途终止自动布局的过程，可以执行菜单【工具】→【Comment Placement/器件布局】→【Stop Auto Placer/停止自动布局】，即可终止自动布局。虽然布局的速度和效率都很高，但是布局的结果并不令人满意。元器件之间的标志会有重叠的情况，有时布局后元器件非常凌乱。因此，很多情况下必须对布局结果进行局部的调整，即采用手工布局，甚至更多时候就直接采用手工布局，特别是对电磁干扰（EMI）要求高的电路、高频电路、高速数字电路等。

（2）手工布局　手工调整元器件的方法和SCH原理图设计中使用的方法类似，即将元器件选中，重新放置到PCB内部。比如元器件移动、旋转、选取、排列、对齐、丝印层字符调整等，均可使用左键选中元器件后进行操作，此过程中元器件之间的飞线不会断开。

手工布局元器件通常使用以下方法比较快捷，局部或全部选中要布局定位的元器件，执行菜单【工具】→【Comment Placement/器件布局】→【Reposition Selected Components/重新定位选择的器件】，选中的元器件将会依次出现在鼠标十字光标上，每放置一个元器件，下一个元器件就会自动出现等待放置，操作起来比较方便。

手工布局更依赖的是人的智慧，可以更完全地按照设计者的经验、风格进行布局，越是有经验的PCB工程师，越是倾向于使用手工布局。手工布局虽然花费了更多的时间和精力，但在获得印制电路板的可靠、性能、美观等方面不是自动布局可以比拟的。

本例要求手工布局，将元器件选中重新放置到PCB内部，完成布局，其PCB如图6-63所示。

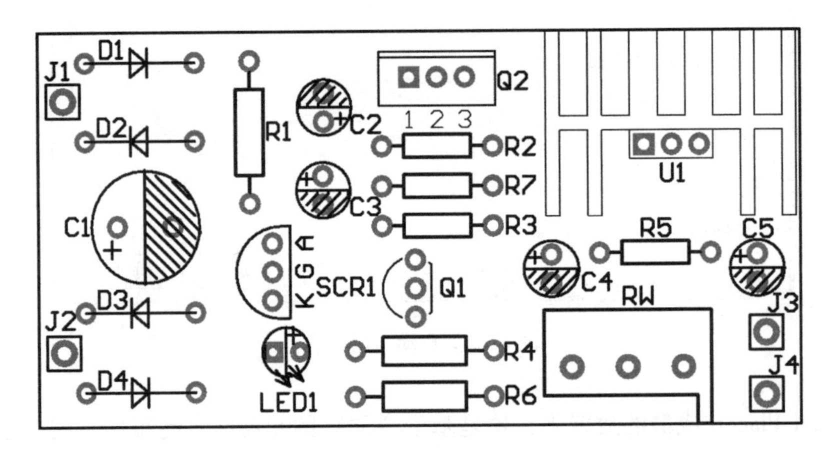

图6-63　完成布局的PCB

7. PCB自动布线和手工布线

在完成元器件的布局后，就可进行布线的操作。元器件的布线有自动布线和手工布线两种方式，用户根据自己的习惯和电路的复杂程度合理选择自动布线、手工布线或者自动-手工布线相结合。

（1）自动布线　自动布线有多种方式，根据用户布线的需要，既可以进行全局布线，也可以对用户指定的网络、连接、区域、Room甚至元器件进行布线，因此可以根据设计过程中的实际需要选择最佳的自动布线方式。下面对全局布线做简单的介绍，其他布线方式与此雷同。

执行菜单【Auto Route/自动布线】→【All/全部】，弹出【Situs Routing Strategies/布线策略】对话框，以便让用户确定布线的报告内容和确认所选的布线策略。如果在“5. 布线规则设置”中设置好布线规则，单击“Route All”按钮，即可进入自动布线状态，可以看到PCB上开始了自动布线，同时弹出“Messages/信息”显示框，上面显示出详细的布线信息，如时间、完成百分比等。自动布线完成后，按键盘End键可以刷新显示PCB画面，完成自动布线。

（2）手工布线　自动布线效率虽然高，但是一般不尽如人意，这是因为自动布线的功能主要是实现电气网络间的连接，至于特殊的电气、物理和散热等要求甚少考虑，因此必须通过手工来调整，使电路板既能实现正确的电气连接，又能满足用户的设计要求。手工调整的本质实际上就是手工布线。手工布线是人为手工引导将导线放置在电路板上。在PCB编辑器中，导线是由一系列的直线段组成的，每次方向改变时，就开始新的导线端。在默认情况下，系统会使导线走向垂直（Vertical）、水平（Horizontal）或45°。下面介绍手工布线操作方法。

1）布线之前必须确定布线的层。如果是单面板，则一般布线层是“Bottom Layer/底层”，单击“Bottom Layer/底层”激活为当前工作层。

2）执行菜单【放置】→【Interactive Routing/交互式布线】，进入导线放置状态，光标变成十字形状，表示当前处于导线放置模式。

3）移动光标到要画线的位置单击，确定导线的第一个点；此时按键盘的空格键可以改变走线的方向，按“Shift+空格键”可以改变导线转角的方式；移动光标到合适的位置再单击，固定这一段导线；按照同样的方法继续画其他段导线。

4）单击右键或按Esc键取消导线放置模式，完成导线的绘制。

本例要求手工布线，完成布线的PCB如图6-64所示。

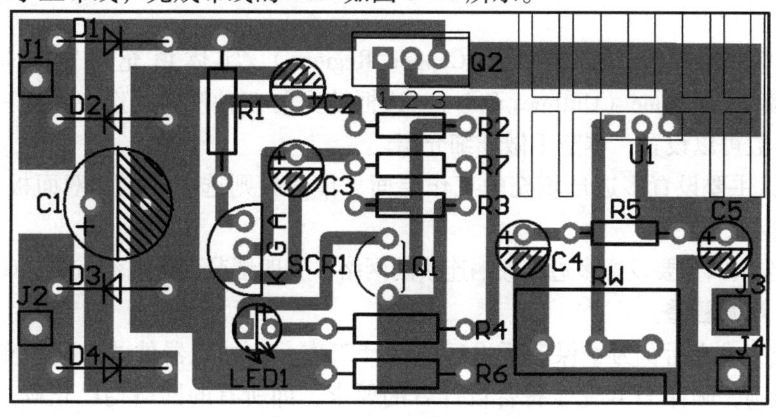

图6-64　完成布线的PCB

8. 从 PCB 更新原理图 SCH

如果在 PCB 上直接对某个元器件的封装或型号等参数做了修改，也想自动地将更改反映到原理图上去，则需要用到从 PCB 更新原理图 SCH。在 PCB 设计环境下，执行主菜单命令【设计】→【Update Schematic in 稳压电源 . PrjPCB】，将弹出【项目设计更改管理】对话框，具体操作可参考“4. 从原理图 SCH 更新 PCB”，两者操作是类似的。在实际 PCB 设计过程中，为了实现原理图和 PCB 之间修改后的同步更新，经常会用到原理图 SCH 与 PCB 的相互更新的功能。

9. 添加和删除泪滴

在导线与焊盘或导孔的连接处有一过渡段，使过渡的地方变成泪滴状，形象地称为添加泪滴。添加泪滴的主要作用是在钻孔时，避免在导线与焊盘的接触点出现应力集中而使接触处断裂。添加泪滴的操作步骤如下：执行菜单【工具】→【Teardrops/泪滴】，弹出【添加泪滴操作】对话框，如图 6-65所示。设置完成后，单击“确定”按钮，即可进行添加泪滴操作。

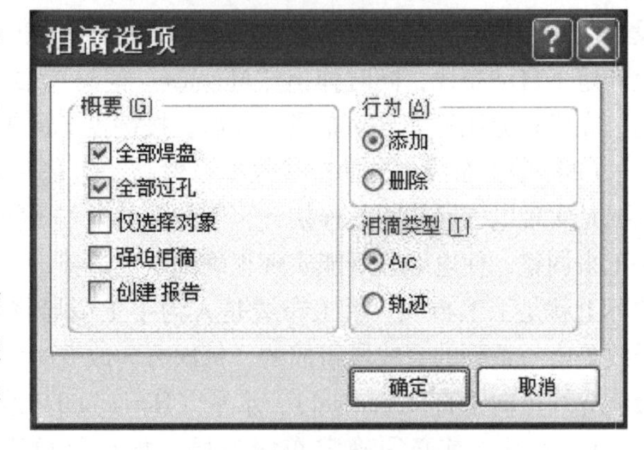

图 6-65　添加和删除泪滴选项

10. 放置敷铜

放置敷铜是将 PCB 空白的地方用铜箔铺满，主要目的是提高 PCB 的抗干扰能力。通常将铜箔与地（GND）相接，这样 PCB 中空白的地方就铺满了接地的铜箔，PCB 的抗干扰能力就会大大提高。常用的填充方式有两种：“Fill/矩形填充”和“Polygon Plane/多边形填充”，放置的方法类似。

（1）Fill/矩形填充　执行菜单【Place/放置】→【Fill/矩形填充】，进入放置状态；单击鼠标左键确定矩形区域起点，再次单击确定对角线上的另一个顶点，即可完成对该区域的填充；按键盘 Tab 键或双击填充的区域，弹出【矩形填充设置】对话框，可对矩形填充所处工作层面、连接的网络、放置角度、两个对角的坐标、锁定和禁止布线参数进行设定。

（2）Polygon Plane/多边形填充　执行菜单【Place/放置】→【Polygon Plane/多边形敷铜】，弹出【多边形敷铜设置】对话框，如图 6-66 所示，主要有填充模式、属性、网络选项等。

1）填充模式：主要有“Solid（Copper Regions）/实体填充”“Hatched（Tracks/Arcs）/线状填充”“None（Outlines Only）/边框填充”三种模式。选中任何一种填充模式都有相应的参数可以设置，本节不做详细介绍。

2）属性：主要设置多边形填充的工作层面，单面板则选中底层，双面板则需要顶层、底层分别敷铜。

3）网络选项：主要设置多边形敷铜连接的网络，一般情况下将铜箔与地（GND）相接。

11. 设计规则检查

PCB 布线完成之后，为了保证所进行的设计工作，比如元器件的布局、布线等符合所定义的设计规则，确保 PCB 完全符合设计者的要求，即所有的网络均已正确连接，系统提供了设计规则检查功能（Design Rule Check，DRC），对 PCB 的完整性进行检查。这一步对初学者来说，尤为重要；即使是有着丰富经验的设计人员，在 PCB 比较复杂时也是很容易出错的。DRC 检验具体步骤如下：

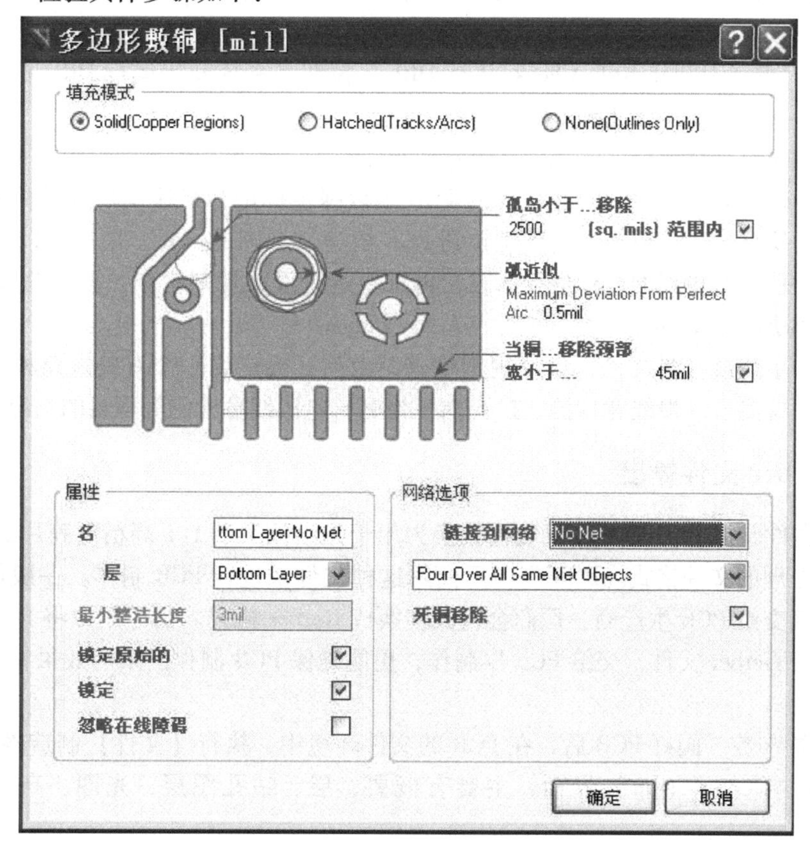

图 6-66　【多边形敷铜设置】对话框

1）执行菜单【Tools/工具】→【Design Rule Check/设计规则检查】，即可启动【设计规则检查】对话框，如图 6-67 所示。

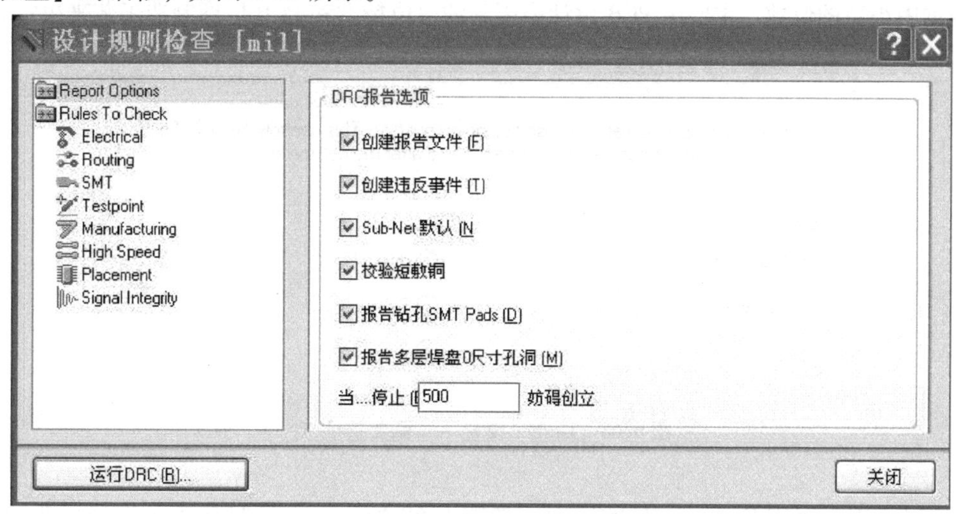

图 6-67　【设计规则检查】对话框

2）在对话框中，左边框为可以设置需要检查的项目，右边框为选中的项目下可以勾选是否在线进行设计规则的检查，或在设计规则检查时一并检查。一般情况下按系统默认的检查规则即可。

3）单击“Run Design Rule Check/运行 DRC”按钮，系统开始运行 DRC 检查，其结果显示在“Messages/信息”面板中。

如果布线没有违背所设定的规则，信息面板是空的；如果在信息面板中显示了违反设计规则的类别、位置等信息，同时在设计的 PCB 中以绿色标记标出违反规则的位置，则双击信息面板中的错误信息，系统会自动跳转到 PCB 中违反规则的位置。用户可以回到 PCB 编辑状态下相应位置对错误的设计进行修改，再重新运行设计规则检查，直到没有错误为止，才能结束 PCB 的设计任务。

如果选中了生成报告文件，设计规则检查结束后，会产生一个有关短路检测、断路检测、安全间距检测、一般线宽检测、过孔内径检测、电源线宽检测等项目的情况报表。

6.6.4　Gerber 文件输出

Gerber 文件是把 PCB 中的布线数据转换为用于光绘机生产 1∶1 高精度胶片的光绘数据，能被光绘机处理的文件格式。PCB 生产厂商用这种文件来进行 PCB 制作。一般情况下可把 PCB 文件直接交给 PCB 生产商，厂商会将其转换成 Gerber 格式。当然用户将 PCB 文件按自己的要求生产 Gerber 文件，交给 PCB 厂制作，更能确保 PCB 制作出来的效果符合个人定制的设计要求。

（1）设置参数　画好 PCB 后，在 PCB 的文件环境中，执行【文件】制造输出【Gerber Files】，进入“Gerber setup”界面。主要有概要、层、钻孔图层、光圈、高级选项等选项卡。

1）General/概要：用于指定输出 Gerber 文件中使用的单位（Units）和格式（Format），如图 6-68 所示。单位可以是公制（Millimeters）和英制（Inches）；格式栏中 2∶3，2∶4，2∶5 代表文件中使用的不同数据精度，其中冒号前面的数字表示数据中整数的位数；冒号后面的数字表示数据中小数的位数。主要由 PCB 设计中用到的单位精度和 PCB 厂商制造工艺来决定。

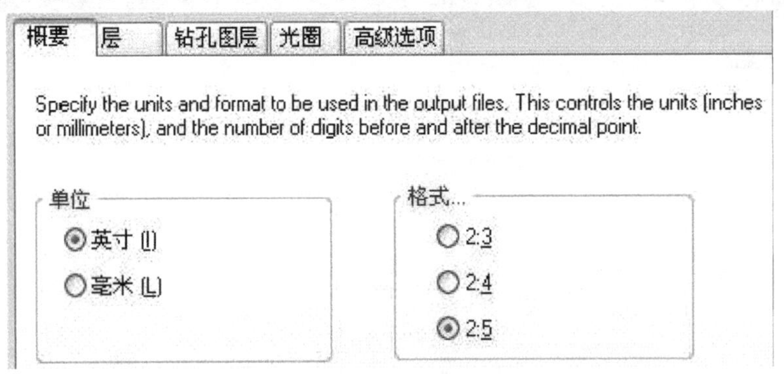

图 6-68　Gerber 设置——概要选项卡

2）层：用于生成 Gerber 文件的层面，如图 6-69 所示，左侧打钩表示选择要生成 Gerber 文件层面；右侧 Mechanical 列表中选择要加载到各个 Gerber 层的机械尺寸信息。在“画线层”下拉菜单里面选择“所有使用的”，注意检查不要丢掉层；“映射层”保留默认的“All Off”；选中“包括未连接的中间层焊盘”。

概要 | 层 | 钻孔图层 | 光圈 | 高级选项

画线的层

Extension	Layer Name	画线	反射
GTO	Top Overlay	☑	☐
GTP	Top Paste	☐	☐
GTS	Top Solder	☑	☐
GTL	Top Layer	☑	☐
GBL	Bottom Layer	☑	☐
GBS	Bottom Solder	☑	☐
GBP	Bottom Paste	☐	☐
GBO	Bottom Overlay	☐	☐
GKO	Keep-Out Layer	☑	☐
GM1	Mechanical 1	☐	☐
GPT	Top Pad Master	☐	☐
GPB	Bottom Pad Master	☐	☐

机械层到添加所有画线

层名	画线
Mechanical 1	☑

画线层 (P) ▾　映射层 (M) ▾　☑ 包括未连接的中间层焊盘 (I)

图 6-69　Gerber 设置——层选项卡

3）钻孔图层：用于选择是否输出钻孔空位图和钻孔中心孔图，如图 6-70 所示。钻孔绘制图（Drill Drawing）和钻孔栅格图（Drill Guide）是两个提供钻孔位置信息和钻孔图的层。选中“所有已使用层对的图”。

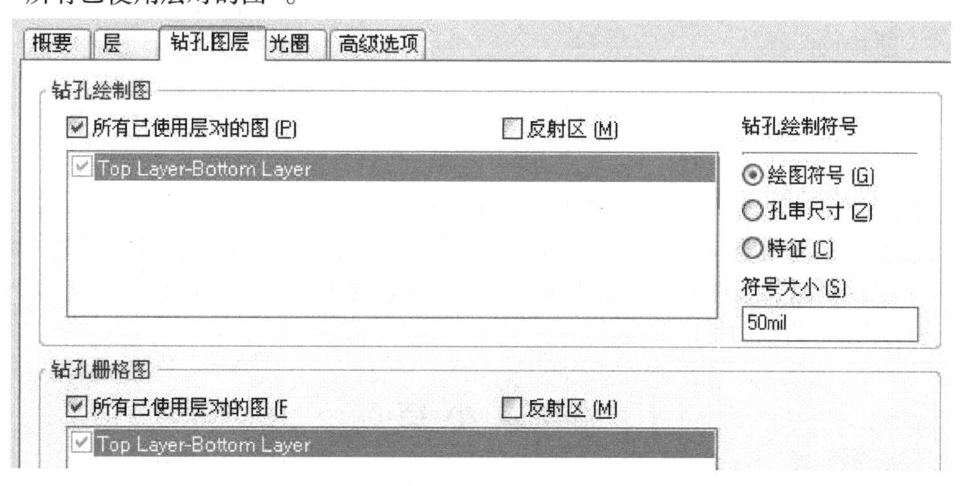

图 6-70　Gerber 设置——钻孔图层选项卡

4）光圈：用于生成 Gerber 文件时是否自动建立光圈，光圈的设定决定了 Gerber 文件的不同格式，一般有两种：RS274D 和 RS274X。RS274X 包含 XY 坐标数据，也包含 D 码文件，不需要用户再给 D 码文件，一般情况下建议使用 RS274X 方式，如图 6-71 所示。

5）高级选项：用于设置胶片尺寸及边框大小、零字符格式、光圈匹配容许误差、板层

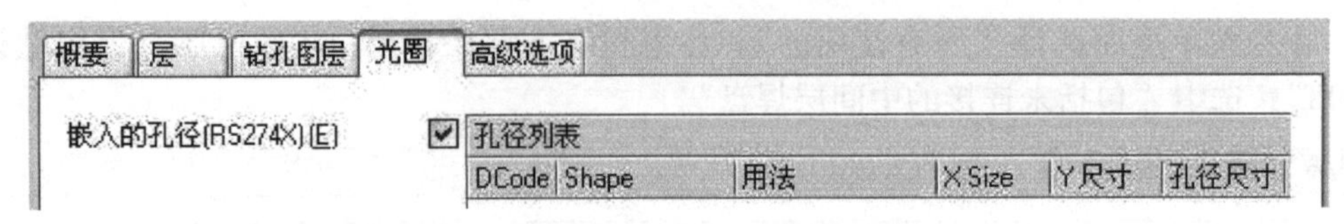

图6-71　Gerber 设置——光圈选项卡

在胶片上的位置、制作文件的生成模式和绘图器类型等。在“Leading/Trailing Zeroes”中选择 Suppress leading zeroes/抑制前导零字符，如图6-72所示。

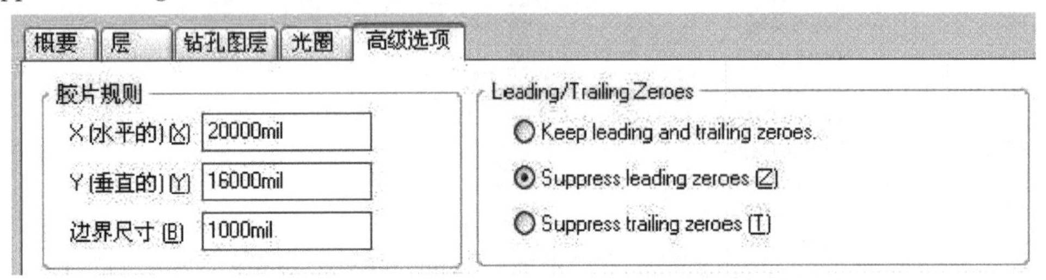

图6-72　Gerber 设置——高级选项卡

完成以上的设置后，单击“确定”按钮，进行文件的输出，系统会自动生成 *. cam 文件，可不用保存。

(2) 钻孔文件输出　在 PCB 的文件环境中，执行【文件】→【制造输出】→【NC Drill Files】，进入 NC 钻孔设置界面。主要有单位、格式、前导/尾随零字符等选项，要和上一步设置中保持一致，其他选项默认即可，如图6-73所示。单击“确定”按钮，弹出输入钻孔数据，再次单击“确定”按钮，进行文件的输出，系统会自动生成 *. cam 文件，可不用保存。

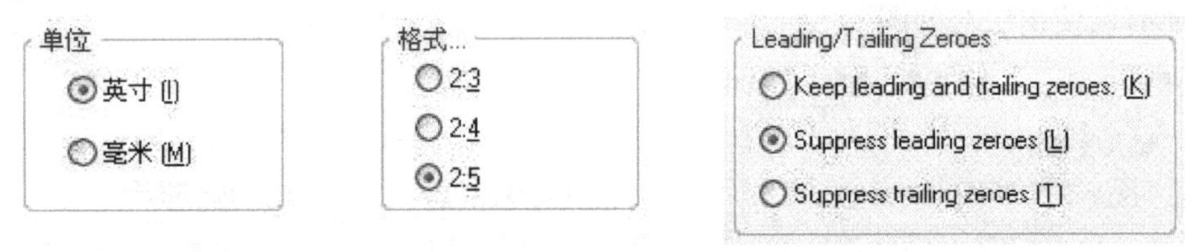

图6-73　NC 钻孔设置

以上步骤中，系统自动生成的输出文件自动保存在当前项目文件夹目录下的“Project Outputs for 稳压电源”文件夹中，这些输出文件中就包含了完整的 PCB 信息，交给 PCB 厂商即可进行印制电路板的生产制造。

本章小结

本章主要论述 Altium Designer 软件的电路原理图（SCH）设计和印制电路板（PCB）设计。其中电路原理图（SCH）设计包含原理图库设计和原理图设计；印制电路板（PCB）设计包含封装库设计和印制电路板设计。

本章先从新建 PCB 项目开始，定义好项目中各个文件之间的关系；然后创建原理图库并绘制元器件符号，创建封装库并绘制元器件封装，从而完成原理图的设计及报表输出，完成印制电路板的设计及文件输出，并同步给出实例训练；最后完成整个 PCB 项目设计，得到电路原理图和相应的印制电路板设计图等。

实践与训练

1. 新建 PCB 项目

1）创建一个 PCB 项目，保存为实习号和姓名命名，如“A01 张三 . PrjPCB”。文件保存在指定的目录下。

2）熟悉软件的工作面板、菜单栏以及系统参数设置等。

3）熟悉项目的创建与保存、关闭与打开、向项目中添加与移除文件。

2. 创建元器件库

1）创建一个元器件库，保存为实习号和姓名命名，如“A01 张三 . SchLib”。

2）参考本章 6. 3. 2 节，在“A01 张三 . SchLib”中，新建一个名为 LM317 的元器件，绘制图形和引脚，并设置相关属性。

3）参考本章 6. 3. 3 节，在“A01 张三 . SchLib”中，新建一个名为 LM358 的元器件，一个 LM358 元器件中包含两个运算放大器，创建两个子部件，绘制图形和引脚，并设置相关属性。

3. 创建封装库

1）创建一个封装库，保存为实习号和姓名命名，如“A01 张三 . PcbLib”。

2）参考本章 6. 4. 2 节，在“A01 张三 . SchLib”中，利用 PCB Component Wizard 向导制作元器件 LM358 封装，LM358 是一个双列直插封装（DIP8）的集成运算放大器。

3）参考本章 6. 4. 4 节，在“A01 张三 . SchLib”中，新建一个名为 LM317 的封装名，通过自定义手工制作 PCB 封装，制作一个带散热片的 LM317 的封装。

4. 绘制原理图

1）创建一个原理图文件，保存为实习号和姓名命名，如“A01 张三 . SchDoc”。

2）参考本书 7. 3. 4 节具有过电流保护功能的直流可调稳压电源原理图，完整绘制整个原理图并熟悉原理图绘制过程。

3）编译通过，没有错误，完成原理图的绘制。

5. 设计 PCB

1）创建一个 PCB 文件，保存为实习号和姓名命名，如“A01 张三 . PcbDoc”。

2）在“A01 张三 . PcbDoc”中绘制 PCB，单面板，尺寸为 70mm × 35mm，在底层（Bottom Layer）布线，左边交流输入，右边直流稳压输出，LED 和电位器应分布在 PCB 边缘，以便于安装外壳。要求手工布局，做到元器件尽量整齐、均匀和美观；要求手工布线，做到没有交叉跳线。

3）线宽设置为 1. 2mm，安全间距设置为 0. 5mm，焊盘外径 2mm，孔径 1mm。

4）在顶层丝印层（TopOverlay）的合适位置添加合适尺寸的字符串，签署自己的名字（拼音，例如：ChenChonghui）和设计日期（例如 20200101）。

5）设计完成后做设计规则检查（DRC），生成报告文件，没有警告（Warning）或错误（Error）。

6）导出 Gerber 文件，并保存同时生成的 CAM 文件。

第7章　电子工艺技能实训

7.1　万能板设计与焊接

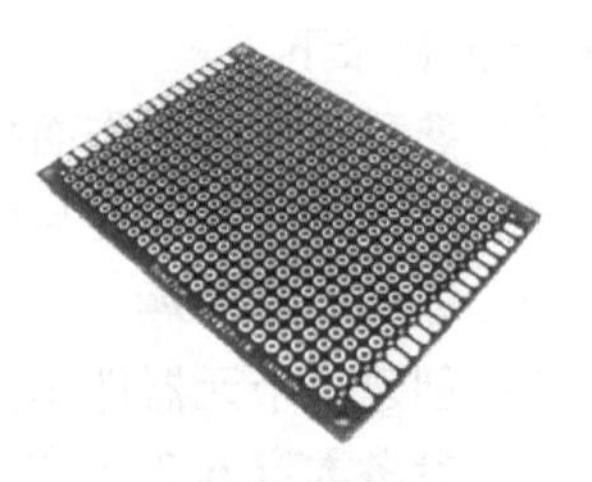

图7-1　万能板

万能板（又名万用板，俗称点阵板、洞洞板）是一种按照标准IC间距（2.54mm）布满焊盘，可按自己的意愿插装元器件及连线的印制电路板，如图7-1所示。万能板与印制电路板各有优缺点，各有其用武之地，详见表7-1。

表7-1　万能板与印制电路板的对比

	万能板	印制电路板
概念	一种按照标准IC间距布满焊盘，可按自己的意愿插装元器件及连线的印制电路板	以绝缘板为基材，其上至少附有一个导电图形，并布有孔，能作为底盘固定电子元器件，并实现电子元器件之间的相互连接
优点	使用门槛低，成本低廉，使用方便，扩展灵活，利于调试	减少了布线和装配的差错；设计上可以标准化，利于互换；布线密度高，体积小，重量轻，利于电子设备的小型化
缺点	布线和装配容易出错，布线密度低，制作电子产品体积较大	制作工艺复杂，成本较高，难以扩展
用途	个人制作小型电路	机械化、自动化批量生产

7.1.1　万能板的种类

1. 按焊盘形式分类

单孔板：整块电路板上的焊盘各自独立，互不相连，较适合数字电路和单片机电路，因为数字电路和单片机电路以芯片为主，电路较规则。

连孔板：按照一定规律将多个焊盘连接在一起，更适合模拟电路和分立电路，因为电路往往较不规则，分立元件的引脚常常需要连接很多根线，这时如果有多个焊孔连接在一起就要方便一些。连孔板一般有双连孔、三连孔、四连孔等。

2. 按材质选用分类

铜板：铜板的焊盘是裸露的铜，表面一般刷有一层薄薄的助焊剂，呈现金黄的铜本色，此类板的基材一般为FR1，俗称纸板。优点是加工简单、价格便宜；缺点是由于表面助焊剂极易擦除，存储时应用纸或塑料袋包好，以防焊盘氧化。如遇焊盘氧化（焊盘失去光泽、不好上锡），可以用棉棒蘸酒精或用橡皮擦拭去除氧化层。

锡板：在铜质焊盘表面通过喷锡工艺，镀上一层锡，俗称喷锡板，焊盘呈现银白色。锡板一般也会刷有阻焊层，基材多为FR4（环氧板）。优点是不易氧化，容易焊接，但加工工艺相对复杂，价格较高。

7.1.2　万能板布局设计

万能板的布局，可以用 Altium Designer 辅助设计，方法参照第6章内容。如果是小型电路，完全可以手绘布局图，下面介绍手绘单面万能板布局图的方法。把电路图从原理图转变为布局图，简单来说要完成两件事：

1）把元器件由电路符号转变成封装，如图7-2所示。注意要把元器件的标号、参数、极性标注清楚，而且以小圆圈表示焊盘位置。晶体管（晶闸管等）应在测量后标出实际极性。

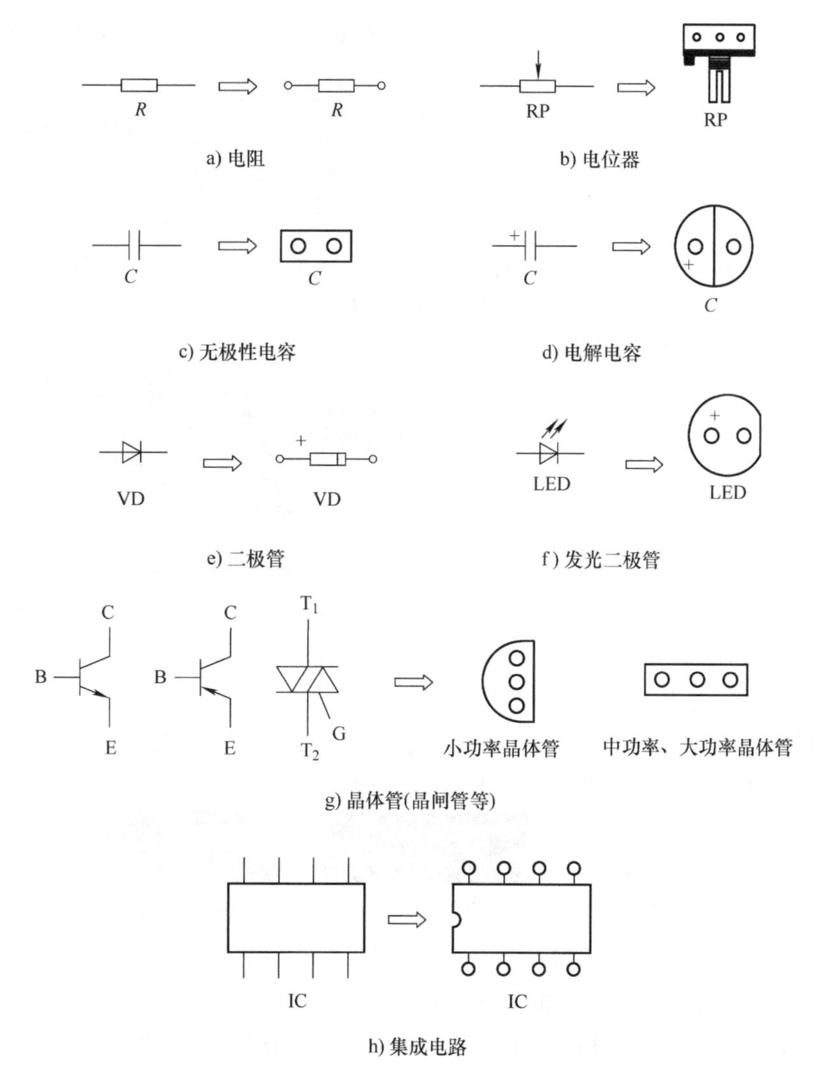

图7-2　常见元器件符号与封装对照图

2）根据原理图，在布局图上画出所有导线。画线时注意看清元器件极性，不能连错。电路图中某些交叉线是电气连接的，在布局以及焊接时可让其交叉且相连，如图7-3所示。某些交叉线不是电气连接的，如图7-4a所示，在布局时就要避免其交叉，方法一是使其中一条路避开另一条路，如图7-4b、c、d所示；方法二是利用跳线，如图7-5所示，但跳线方式尽量少用。

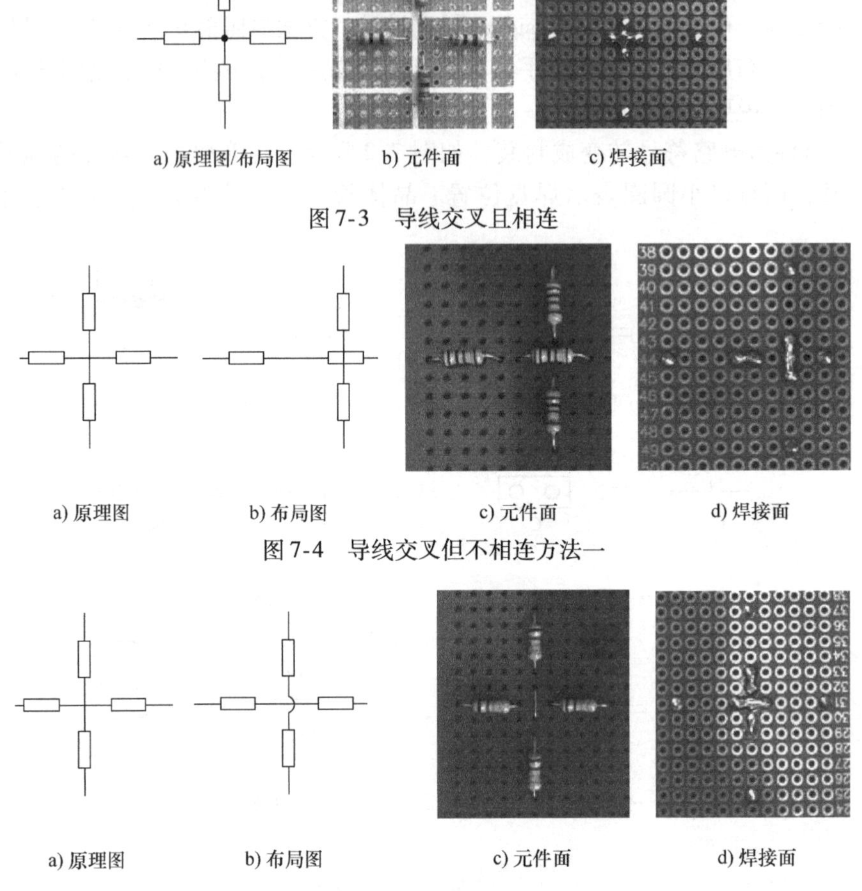

a) 原理图/布局图　　b) 元件面　　c) 焊接面

图7-3　导线交叉且相连

a) 原理图　　b) 布局图　　c) 元件面　　d) 焊接面

图7-4　导线交叉但不相连方法一

a) 原理图　　b) 布局图　　c) 元件面　　d) 焊接面

图7-5　导线交叉但不相连方法二

在画布局图时，对电路布局和走线有如下要求和技巧：

1）元件卧式封装的只能为水平方向或者垂直方向。走线、跳线主要走水平方向或者垂直方向，如图7-6所示尽量少走45°方向，不走其他方向。

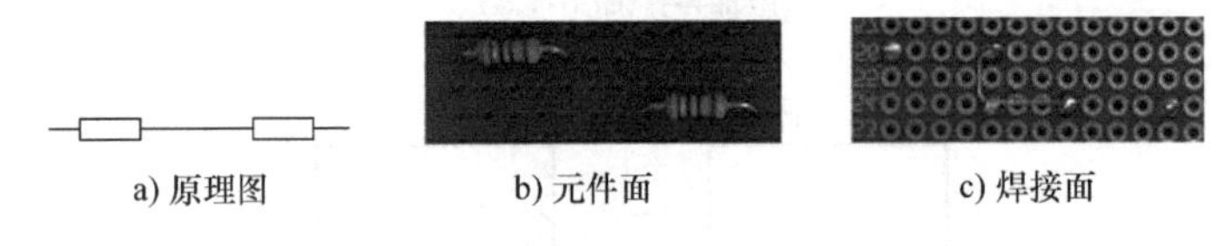

a) 原理图　　b) 元件面　　c) 焊接面

图7-6　走线按水平和垂直方向

2）同层面上走线、元器件或跳线不能相交。

3）元器件布局尽量均匀分布，疏密相差不应过大，整体布局一般大致为矩形。

4）电路走向一般为从左到右水平布置，电源走线则分布在水平方向的两侧（上下位置）。

5）初步确定电源、地线的布局。电源贯穿电路始终，合理的电源布局对简化电路起到十分关键的作用。某些万能板布置有贯穿整块板子的铜箔，应将其用作电源线和地线；如果无此类铜箔，就需要对电源线、地线的布局有一个初步的规划。

6）电源线和信号线分别从不同侧引出。如没有信号输入端面，则电源线放置在电路的左侧，输出在右侧。如有小信号输入端，电源可放在右侧。

7）要特别注意电流较大的信号，要考虑接触电阻、地线回路、导线容量、滤波电容、去耦电容位置等方面的影响。若处理不当，即使电路连线正确，也会使电路功能出现异常。如音频电路、稳压电路等，对布局和布线都有严格的要求。

8）善于利用元器件自身的结构。轻触式按键就是一个典型的例子，它有 4 个引脚，其中两两相通，可以利用这一特点来简化连线，电气相通的两只引脚就可以充当跳线。

9）充分利用板上的空间。在有限的空间里布置电路就需要尽可能地利用万能板上的空间，在芯片座里面隐藏元器件既有效地节省了空间，又起到了保护元器件的作用。为了节省空间，元器件采用立式安装也是一种很好的选择。

图 7-7 所示为直流可调稳压电源原理图及其手绘布局图，其中导线交叉但不相连问题全部用方式一解决。

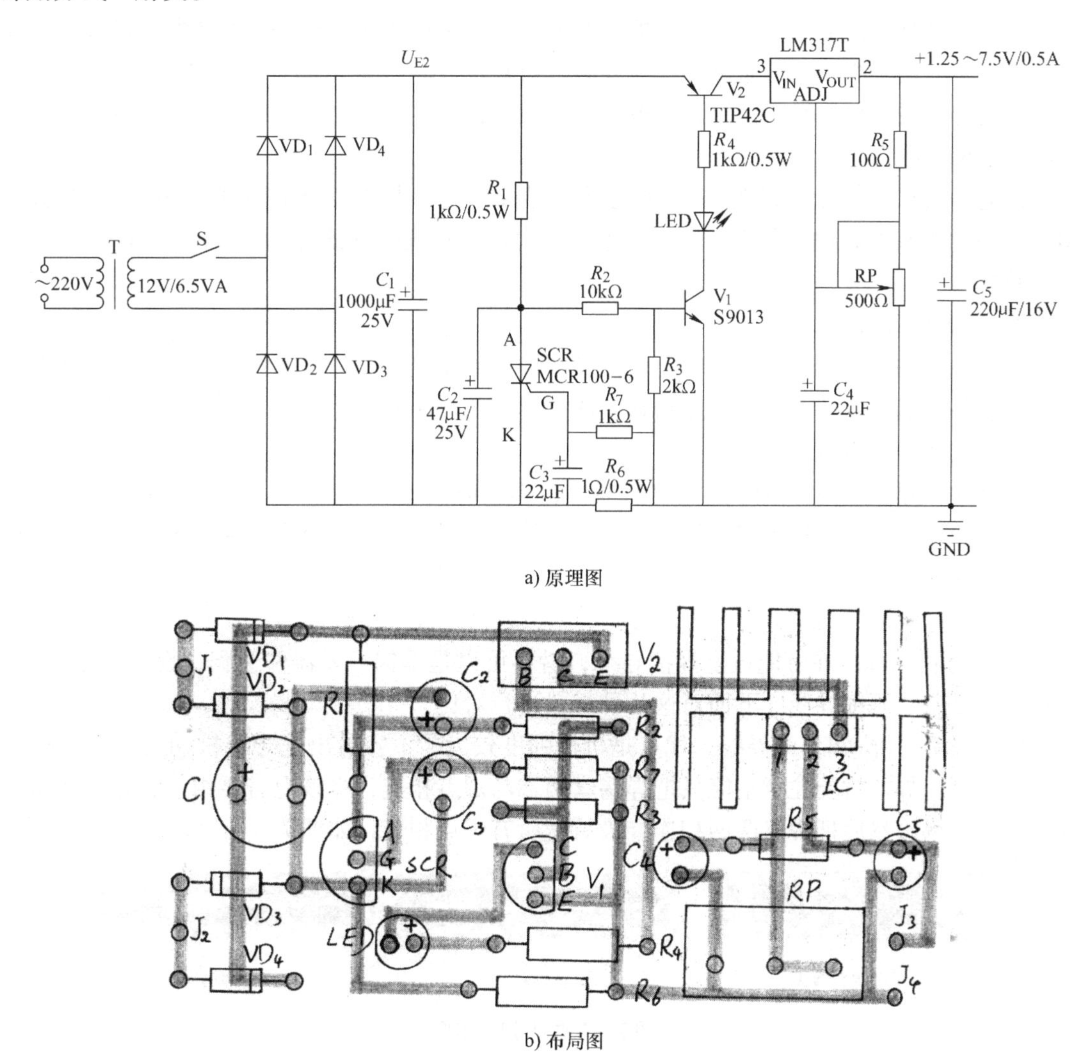

图 7-7 直流可调稳压电源原理图及布局图

7.1.3　万能板的焊接

不同于印制电路板，万能板除了焊接元器件，还需要焊接导线。元器件与导线交替焊接，可避免遗漏某些导线的错误。

1. 焊接前准备

万能板常见的尺寸有 5cm×7cm、7cm×9cm、9cm×15cm 等。焊接前可按照实际需求先对其进行裁取，裁取方法与普通敷铜板的裁取方法相同。首先用钢板尺、铅笔在大块万能板的两面都画出正对着的切割线，然后用手钢锯沿画线的外侧锯出一道浅槽。如果没有手钢锯，也可以用钢板尺在万能板上定位、用刻刀的刀尖反复拉划出一道沟槽，在另一面同样也拉出一道沟槽。接下来，两手分别紧握沟槽线两边的万能板，朝外用力一掰，即能沿沟槽将万能板一分为二。最后，用细砂纸（或砂布）将万能板的边缘打磨平直光滑。注意：锯万能板时不要沿画线走锯，否则锯好的板子经砂纸打磨后尺寸就会小于要求许多。裁取万能板的窍门在于，切割线应就近通过某一列或某一行焊盘，这样既切割容易，又能使断面平直。另外，画切割线时最好紧靠大块万能板的一个直角，这样只需要切割相邻的两个边，即获得所需小块尺寸的万能板。

万能板具有焊盘紧密的特点，这就要求焊接用的电烙铁头不能太粗，建议使用功率 30W 左右的尖头电烙铁。同样，焊锡丝也不要太粗，建议选择线径为 0.8mm 左右的带松香芯焊锡丝。

2. 元器件焊接

元器件须按要求成型、放置。元器件成型按照无线电装配与调试的要求，同一元件高低一致。色环电阻以色环读数按从左到右、从上到下的顺序放置，以便于读数；其他元件放置以容易读数和辨认为主。

焊接时，建议先用少量焊锡固定元器件，焊接时间也可以减少，在连线时再把焊点焊好。因为如果一开始就把焊点焊接好了，再焊接导线时，焊点就容易出现焊锡过多、加热时间过长的缺陷。

3. 导线焊接

（1）材料选择　在万能板上焊接导线，材料可以是焊锡、元器件引脚，也可以是网线、漆包线、多股线等细导线。下面对这几种材料进行对比。

1）焊锡。用焊锡作为导线，优点是机械强度较大，不容易出现导线松动的情况；缺点是成本较高。焊接时要注意不能只把焊锡丝两端与焊点相连，应该把需要相连的焊点之间的焊盘全部镀锡，然后把焊点两两相连，最后把所有焊点相连，如图 7-8 所示。

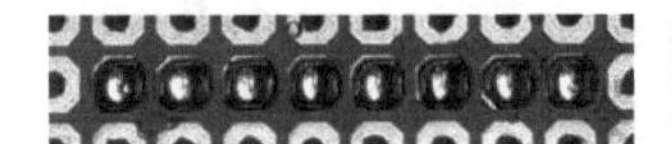

a) 给各焊盘镀锡

b) 两两相连

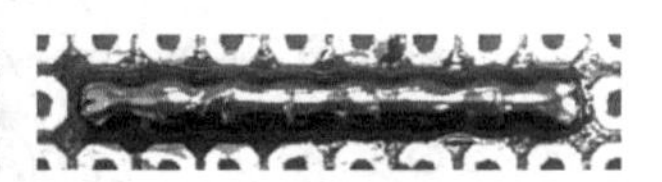

c) 全部相连

图 7-8　焊点相连步骤

2）元器件引脚。用元器件引脚作为导线，优点是材料易找、节省成本，而且容易焊接，缺点是数量有限。在焊接元器件时把剪断的引脚收集起来，焊接导线时只需要把这些废旧引脚剪成合适长度，两端融入需要相连的焊点之中即可，如图 7-9a 所示。为增加其机械强度，最好把引脚与其经过的焊盘全部进行焊接，如图 7-9b 所示。

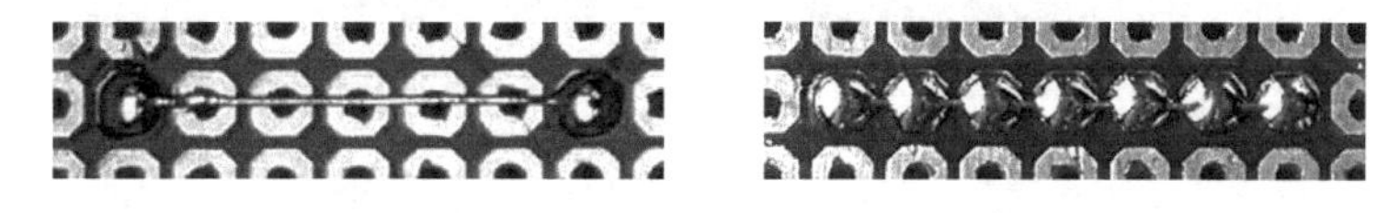

a) 焊接两端　　b) 焊接经过的所有焊盘

图 7-9　元器件引脚作为导线

3）细导线。细导线分为单股和多股：网线、漆包线等可将其弯折成固定形状，还可当作跳线使用；多股细导线质地柔软，焊接后显得较为杂乱。用这些导线焊接万能板，优点是长度可控，缺点是需要预处理。网线、漆包线等焊接前需要把全部绝缘层剥掉，焊接方法与元器件引脚作为导线时一致。多股细导线可作为飞线使用，如图 7-10 所示，也可以作为电源连接线使用，如图 7-11 所示。焊接前需要把两端的绝缘层剥掉，把铜丝拧紧上锡，焊接方法与元器件焊接一致。

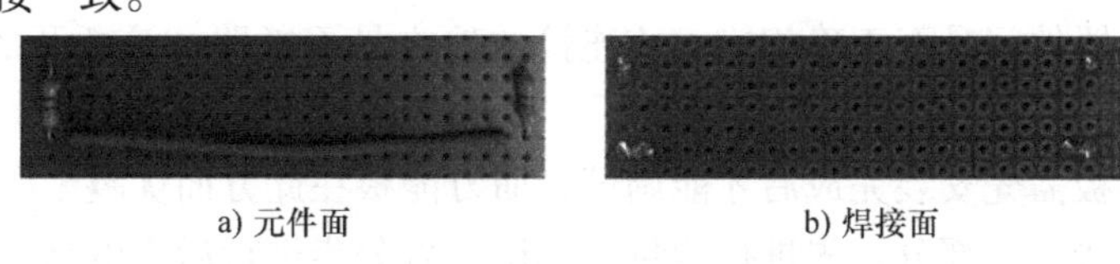

a) 元件面　　b) 焊接面

图 7-10　多股线作为飞线使用

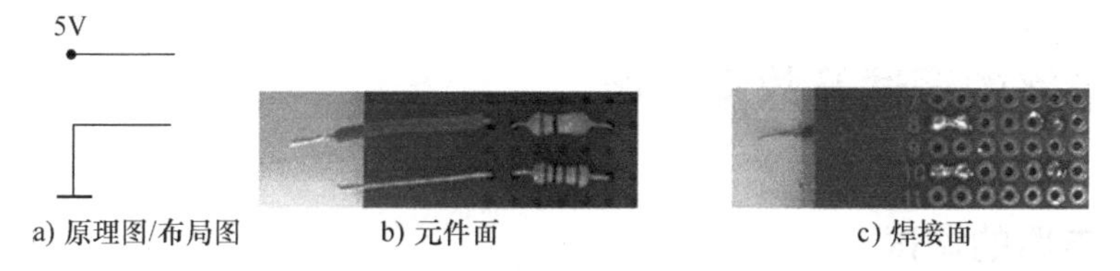

a) 原理图/布局图　　b) 元件面　　c) 焊接面

图 7-11　多股线、漆包线作为电源接线使用

（2）导线焊接　焊接导线时，可以根据不同情况选择导线材料：如果需相连的两焊点之间距离很短，可以直接用焊锡使其相连；如果需相连的两焊点之间距离较大，用焊锡相连难度较大，此时可用元器件引脚使其相连；如果需相连的两焊点之间距离非常大，大于元器件引脚长度，则用网线、漆包线、多股线等细导线比较方便。

焊接导线时，需要注意以下几点：

1）走线要拉直、紧贴板面。从可靠性和机械强度上考虑，走线可与其下的每一个焊盘进行焊接。

2）如果焊接面走线遇阻，则采用跳线的方式，跳线要求放在元件面，跳线的长度应尽量短，最好不要超过 5 个焊接孔，同时注意方向应为水平或垂直方向。

3）大电流的走线要加粗，以增大载流容量，若高电压则应考虑走线之间要有足够的安全间距。

4）为了便于区分各种信号线，电路中的引出线最好采用不同的颜色。通常电源线正电源用红色，负电源用蓝色，地线用黑色，其余信号线颜色区别于电源线。

图 7-12 为用万能板焊接的直流可调稳压电源。

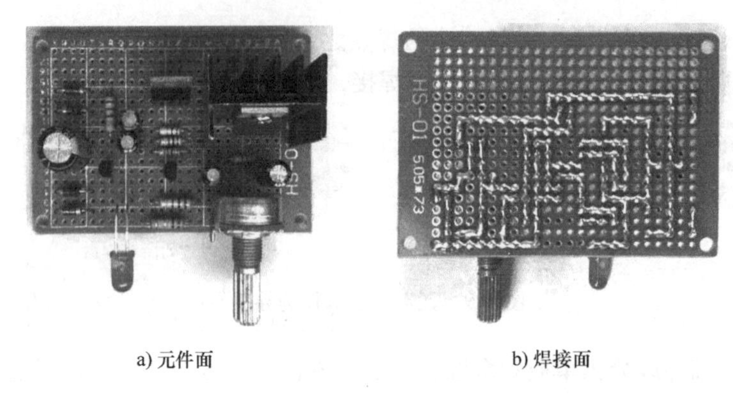

a) 元件面　　　　b) 焊接面

图7-12　万能板焊接的直流可调稳压电源

4. 万能板的调试

万能板焊接完成后，按照电路原理图对其进行调试。可按以下几方面进行调试：①检查元器件有无错漏；是否使用了错误参数的器件、极性接反、漏器件；②检查连线有无错漏；③用万用表检查元器件间是否正确相连；该连接的地方是否断路、该断开的地方是否短路；④通电测试。

一般印制电路板需先安装完成后才能调试，而万能板在此方面优越于印制电路板，功能复杂的电路可以焊接好一部分，先进行测量、调试，再分步进行后面电路的焊接调试，这样不仅有利于电路调试，而且有问题出现也能锁定在小范围内解决，加快了调试速度。

7.2　电子电路的调试及故障分析

7.2.1　电子电路的调试

电子电路的调试在电子技术中占有重要地位，它是把理论付诸实践的过程，是对所设计的电路能否正常工作、是否达到各项性能指标的检查和测量。

1. 调试的准备工作

（1）素质准备　对调试人员的基本素质要求如下：

1）明确电路调试的目的和要求达到的技术性能指标。

2）能够掌握正确的使用方法和测试方法，熟练使用测量仪器。

3）掌握一定的调整和测试电子电路的调试方法。

4）能够运用电子电路的基础理论分析、处理测试数据和排除调试中的故障。

5）能够在调试完毕后写好测试数据或报表，并提出改进意见。

（2）资源准备

1）准备技术文件：主要是指做好技术文件、工艺文件和质量管理文件的准备，如电路原理图、框图、装配图、印制电路板图、印制电路板装配图、零件图、调试工艺（参数表和程序）和质检程序与标准等文件的准备。要求掌握上述各技术文件的内容，了解电路的基本工作原理、主要技术性能指标、各参数的调试方法和步骤等。

2）准备测试设备：要准备好测量仪器，检查是否处于良好的工作状态，是否有定期标定的合格证，检查测量仪器的功能选择开关、量程档位是否处于正确的位置，尤其要注意测量仪器的精度是否符合技术文件规定的要求，能否满足测试精度的需要。

3）准备被调试的电路板：在通电调试前需要认真检查被调试的电路板。

① 是否按电路设计要求正确安装与焊接（注意电阻的阻值与功率，二极管、电容等有极性元器件的正负极，晶体管、晶闸管的引脚序列，集成芯片的缺口方向等）。

② 有无虚焊、脱焊、漏焊等现象。

③ 检查元器件的好坏及其性能指标。

④ 检查被调试设备的功能选择开关、量程档位和其他面板元器件是否安装在正确的位置。经检查无误后方可按调试操作程序进行通电调试。

2. 调试方法

调试包括测试和调整两个方面。所谓电子电路的调试，是以达到电路设计指标为目的而进行的一系列的“测量—判断—调整—再测量”的反复进行过程。

为了使调试顺利进行，设计的电路图上应当标明各点的电位值、相应的波形图以及其他主要参数。

调试方法通常采用先分调后联调（总调）。

任何复杂电路都是由一些基本单元电路组成的，因此，调试时可以循着信号的流程，逐级调整各单元电路，使其参数基本符合设计指标。这种调试方法的核心是，把组成电路的各功能块（或基本单元电路）先调试好，并在此基础上逐步扩大调试范围，最后完成整机调试。

采用先分调后联调的优点是能及时发现问题和解决问题。新设计的电路一般采用此方法。对于包括模拟电路、数字电路和单片机系统的电子装置，更应采用这种方法进行调试。因为只有把三部分分开调试，分别达到设计指标，并经过信号及电平转换电路后才能实现整机联调。否则，由于各电路要求的输入、输出电压和波形不符合要求，盲目进行联调，可能造成大量的元器件损坏。

除了上述方法外，对于已定型的产品和需要相互配合才能运行的产品也可采用一次性调试。按照上述调试电路原则，具体调试步骤如下：

（1）通电观察　正确地把被调试的电路板接上电源，观察有无异常现象，包括有无冒烟，是否有异常气味，手摸元器件是否发烫，电源是否有短路现象等。如果出现异常，应立即切断电源，待排除故障后才能再通电。然后测量各路总电源电压和各器件的引脚的电源电压，以保证元器件正常工作。

通过通电观察，认为电路初步工作正常，就可转入正常调试。

（2）静态调试　交流、直流并存是电子电路工作的一个重要特点。一般情况下，直流为交流服务，直流是电路工作的基础。因此，电子电路的调试有静态调试和动态调试之分。静态调试一般是指在没有外加信号的条件下所进行的直流测试和调整过程。例如，通过静态测试模拟电路的静态工作点、数字电路的各输入端和输出端的高、低电平值及逻辑关系等，可以及时发现已经损坏的元器件，判断电路的工作情况，并及时调整电路参数，使电路工作状态符合设计要求。

（3）动态调试　动态调试可以利用前级的输出信号作为后级的输入信号，也可用自身的信号检查功能块的各种指标是否满足设计要求，如信号的幅值、波形形状、相位关系、增益、输入阻抗和输出阻抗等。模拟电路比较复杂，对于数字电路而言，由于集成度较高，一般调试工作量不太大，只要元器件选择合适，直流工作状态正常，逻辑关系就不会有太大问题。

把静态调试和动态调试的结果与设计的指标做比较，经深入分析后再对电路参数做出合理的修正。

3. 调试注意事项

1）调试之前先要熟悉各种仪器的使用方法，并仔细加以检查，避免由于仪器使用不当或出现故障而做出错误判断。

2）调试过程中，发现器件或接线有问题需要更换或修改时，应关断电路板的电源，待处理完毕认真检查后才能重新通电。

3）调试过程中，一方面要认真观察和测量，另一方面要做好记录。记录的内容包括实验条件，观察的现象，测量的数据、波形和相位关系等。只有根据记录的数据，把实际观察到的现象与理论预计的结果加以比较，才能从中发现问题，以便进一步完善设计方案。

4）安装和调试始终应保持严谨的科学作风，测试结果要实事求是，不能抱有马马虎虎、滥竽充数的侥幸心理。出现故障时，切不可自乱阵脚，应冷静地分析故障原因，应把查找故障并分析故障原因看成一次好的学习机会，通过它来不断提高自己分析问题和解决问题的能力。

综上所述，电子电路调试的准备与方法，可通过下面的电子电路调试框图（见图7-13）来概括。

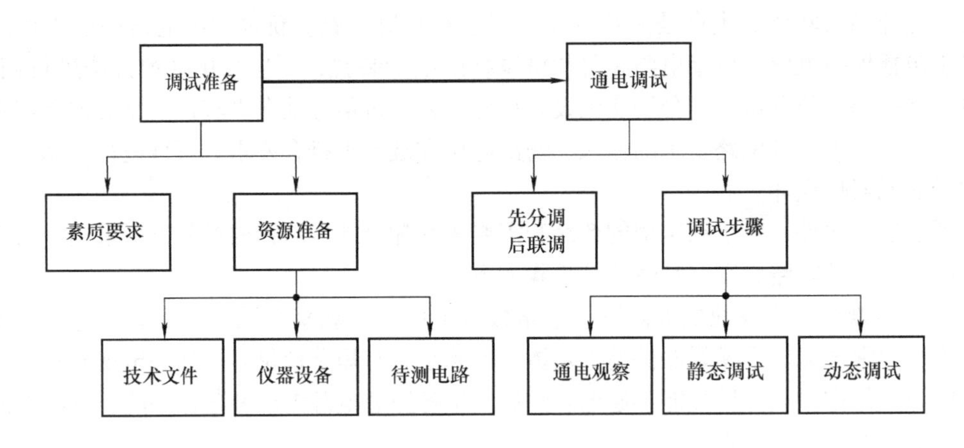

图7-13　电子电路调试框图

7.2.2　电子电路故障的分析

1. 电子电路的故障

电子电路的故障，指的是由于一个或多个元器件的损坏，或由于类似于元器件损坏的其他损害（如安装、焊接的错误，印制电路板连线的断裂等）而造成的电路系统功能的错误。

在电子电路的制作过程中，故障常常是不可避免的。分析故障、处理故障可以提高分析问题和解决问题的能力。分析和处理故障的过程，就是从故障现象出发，通过反复测试，做出分析判断并逐步找出问题的过程。首先要通过对原理图的分析，把系统分成不同功能的电路模块，通过逐一测量找出故障模块，然后对故障模块内部加以测量并找出故障，即从一个系统或模块的预期功能出发，通过仔细测量，确定其功能是否正常来判断它是否存在故障，逐层深入，进而找出故障的原因并加以排除。

2. 电子电路故障产生的原因

一个电子电路的故障按其产生的原因大体可以分为4类：设计故障、内部故障、外部故障和人为故障。

（1）设计故障　设计电路时对元器件的工作条件和参数考虑不周。设计电路时，对所使用元器件的参数和特性等考虑不周，如电阻的功率，电容的容量和耐压，不同种类集成电路之间的电平配合，逻辑电路的时间延迟，电路的极限电流、耐压，电路动作的边沿选择等等。在初次设计某一实用性作品时，这种情况更加突出，由于缺乏实践经验，加之设计不熟悉，所以难免会出现这样或那样的问题。

（2）内部故障　元器件、印制电路板的损坏。一个电子电路通常都由许多电子元器件或集成芯片组成，大的电子系统甚至可能由多块印制电路板构成，里面的元器件有成千上万个。而这些元器件当中只要有一个质量不好，或印制电路板中用以连接这些元器件的接线中只要有一处出现断裂，则整个系统都将极有可能处于故障状态。

（3）外部故障　使用环境恶劣和安装走线不当。电子电路在严寒、酷暑、强干扰源和电源电压波动极大的环境中工作，以及安装中把强干扰源线和数字信号传输线捆扎在一起而又不采取屏蔽措施等操作，都会造成电子电路的故障。

（4）人为故障　用户使用不当、误操作。电子电路在使用或调试的过程中，如果用户使用不当、操作失误，都极有可能造成电子系统不能正常工作，出现故障。例如：接错电源；电子系统中的可调器件（如电位器、可调电感、可调电容等）调整不当；用力过猛或方法不对，造成各种旋钮的破碎、开关的损坏；对测试仪表不熟悉，导致测量错误而产生对电子系统的误判断等。

3. 常用的检查方法

一个电子电路系统出现故障后，找出故障、排除故障往往都需要一定的时间，特别是当系统非常庞大时，要从成千上万的元器件、焊点和导线中顺利地找出故障是有一定难度的。因此，需要根据现象，有目的地对电子电路系统的某些部分进行检测，逐步缩小故障范围，即通过诊断确定故障的位置，并加以排除。常见的故障检测和诊断方法有直接观察法、逐级跟踪检查法、对半分隔法和比较法等。

（1）直接观察法　直接观察法指不借助仪器仪表，只通过人的视觉、听觉、嗅觉、触觉来查找故障，这是一种简便有效的方法。包括不通电检查和通电检查两种情况。

1）不通电检查：在不通电的情况下，对照电路或系统原理图和安装接线图，检查仪器的选用和使用是否正确；电源电压的等级和极性是否符合要求；检查每一个集成电路、元器件型号是否正确，极性有无接反，引脚有无损坏，连线有无错接、短路、虚焊等，进而排除故障。对于布线很密的印制电路板，当连线断裂又看不清时，可借助于放大镜进行仔细检查。通过直接观察法，往往可以排除很多故障，对于初次电路设计者来说，应当引起高度重视。

2）通电检查：接通电源后，听是否有打火等异响；闻是否有烧焦等异味；轻触电路中各种元器件是否温度过高。如果听、闻、摸到异常时，应立即断电，找出产生故障的原因，加以排除。

电解电容器极性接反时可能会造成爆炸，漏电大时，介质损耗将增大，也会使温度上升，甚至使电容器胀裂，因此，通电前要认真细致地检查电解电容器的极性。直接观察法简单、有效，可在初步检查时采用，但对比较隐蔽的故障一般很难检查出来。

（2）电阻法　用万用表测量电路板中线路的阻值和元器件的阻值，来发现和寻找故障部位及元器件，注意应在断电条件下进行。

1）通断法：用于检查电路中连线是否断路，元器件引脚是否虚连。要注意检查是否有不允许悬空的输入端未接入电路，尤其是 CMOS 电路的任何输入端都不能悬空。一般采用万用表的蜂鸣档或电阻档进行测量。

2）测电阻值法：用于检查电路中电阻元件的阻值是否正确；检查电容器是否断线、击穿和漏电；检查半导体器件是否击穿、开断及各 PN 结的正反向电阻是否正常等。检查二极管和晶体管时，一般用万用表的蜂鸣档进行测量。在检查大容量电容器（如电解电容器）时，应先用导线将电解电容的两端短路，泄放掉电容器中的存储电荷后，再检查电容有没有被击穿或漏电是否严重，否则可能会损坏万用表。

在测量电阻值时，如果是在线测试，还应考虑被测元器件与电路中其他元器件的等效并联关系。需要准确测量时，元器件的一端必须与电路断开。

（3）电压法　用电压表直流档检查电路、各静态工作点电压、集成电路引脚的对地电位是否正确。也可用交流电压档检查有关交流电压值。测量电压时，应当注意电压表内阻及频率响应对被测电路的影响。

（4）示波法　示波法是一种动态测试法。通常是在电路输入信号的前提下进行检查。用示波器观察电路有关各点的信号波形，以及信号各级的耦合、传输是否正常来判断故障所在部位，是在电路静态工作点处于正常的条件下进行的检查。

（5）电流法　用万用表测量晶体管和集成电路的工作电流、各部分电路的分支电流以及电路的总负载电流，以判断电路及元器件是否正常工作。

（6）元器件替代法　对怀疑有故障的元器件，可用一个完好的元器件替代，替换后若电路工作正常，则说明原有元器件或插件板存在故障，可做进一步检查和测试。但对于连接线层次较多、功率大的元器件及成本较高的部件不宜采用此方法。

对于集成电路，可用同一芯片上的相同电路来替代怀疑有故障的电路。有多个输入端的集成器件，如在实际使用中有多余输入端时，则可换用其余输入端进行实验，以判断原输入端是否有问题。

（7）分隔法　为了准确地找出故障发生的部位，还可通过拔去某些部分的插件和切断部分电路之间的联系来缩小故障范围，分隔出故障部分。如发现电源负载短路可分区切断负载，检查出短路的负载部分；或通过关键点的测试，把故障范围分为两个部分或多个部分，通过检测排除或缩小可能的故障范围，找出故障点。采用这种方法时，应保证拔去或断开部分电路不至于造成关联部分的工作异常及损坏。

4. 采用逐步逼近法分析和排除故障

在不能直接迅速地判断故障时，可采用逐级检查的方法逐步逼近故障。逐步逼近法分析与排除故障的步骤如下：

（1）判断故障级　在判断故障级时，可采用两种方式：

1）由前向后逐级推进，寻找故障点。这时从第一级输入信号，用示波器或电压表逐级测试其后各级输出端信号，如发现某一级的输出波形不正确或没有输出时，则故障就发生在该级或下级电路，这时可将级间连接或耦合电路断开，进行单独测试，即可判断故障级。模拟电路一般加正弦信号，数字电路可根据功能的不同输入方波、单脉冲或高、低电平。

2）由后向前逐级推进寻找故障级。可在某级输入端加信号，测试其后各级输出端信号是否正常，无故障则往前级推进。若在某级输出信号不正常时，则故障发生在该级电路。

（2）寻找故障的具体部位或元器件　故障级确定后，寻找故障具体部位可按以下几步进行：

1）检查静态工作点。可按电路原理图所给定静态工作点进行对照测试，也可根据电路元器件参数值进行估算后测试。

2）动态的检查。要求输入端加检查信号，用示波器（或电子电压表）观察测试各级各点波形，并与正常波形对照，根据电路工作原理判断故障点所在。

（3）更换元器件　元器件拆下后，应先测试其损坏程度，并分析故障原因，同时检查相邻的元器件是否也有故障。在确认无其他故障后，再动手更换元器件。更换元器件应注意以下事项：

1）更换电阻应采用同类型、同规格（同阻值和同功率级）的电阻，一般不可用大功率等级代用，以免电路失去保护功能。

2）对于一般退耦、滤波电容器，可用同容量、同耐压或高容量、高耐压电容器代用。对于高中频回路电容器，一定要用同型号瓷介电容器或高频介质损耗及分布电感相近的其他电容器代换。

3）集成电路应采用同型号、同规格的芯片替换。对于型号相同但前缀或后缀字母、数字不同的集成电路，应查找有关资料，弄明白其意义后方可使用。

4）晶体管的代换应尽量选用同型号及参数相近的。当使用不同型号的晶体管代用时，应使其主要参数满足电路要求，并适当调整电路相应元器件的参数，使电路恢复正常工作状态。

综上所述，由于不同的电子电路系统其原理不同、结构规模不同、所用的元器件种类和多少也不同，电子电路系统故障的一般检测与分析方法呈现了较大的差异性，因而其出现故障的原因也是千差万别的。但万变不离其宗，电子电路系统其故障检测与分析的方法及思路总体上是一致的，如图 7-14 所示。

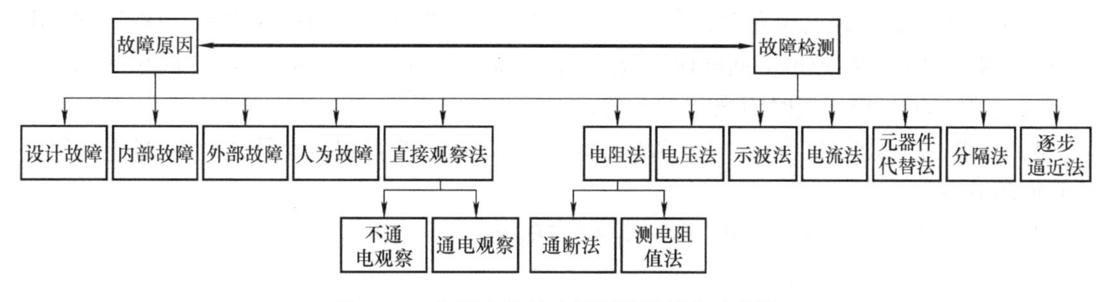

图 7-14　电子电路故障原因及检测方法框图

7.3 综合电路应用

7.3.1 LED多谐振荡闪烁灯

1. 电路特点

1）电路由分立元器件构成，利用深度正反馈，通过阻容耦合使两个晶体管交替导通与截止，从而自激产生方波输出，再驱动两组LED灯达到闪烁灯的效果。

2）设置一个排针，通过短接帽可以改变电路的工作模式。

3）采用USB供电，使用起来非常方便。

2. 硬件电路原理

（1）简单的多谐振荡闪烁灯　如图7-15所示，这是一个多谐振荡电路，电路的输出不会固定在某一稳定状态，其输出会在两个稳态（饱和或截止）之间交替变换，因此输出波形似近一方波。即图7-15中，两个晶体管V_1、V_2在“V_1饱和、V_2截止”和“V_1截止、V_2饱和”两种状态周期性的互换，其工作原理如下：

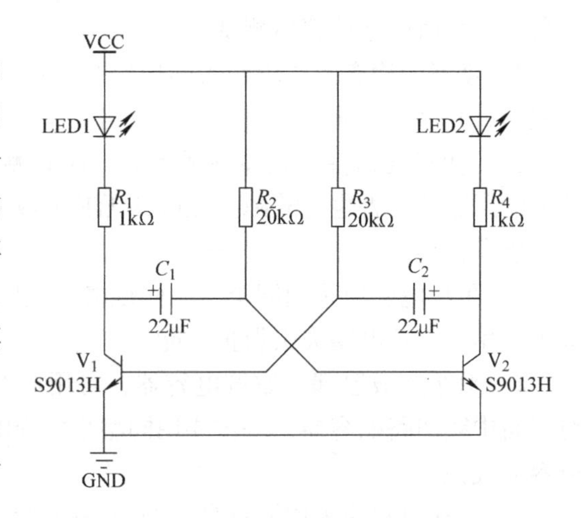

图7-15　简单多谐振荡闪烁灯原理图

1）如图7-15所示，当VCC接上瞬间，V_1、V_2分别由R_3、R_2获得正向偏压，同时C_1、C_2亦分别经R_1、R_4充电。

2）由于V_1、V_2的特性无法百分之百相同，假设某一晶体管V_1的电流增益比另一个晶体管V_2高，则V_1会比V_2先进入饱和（ON）状态，而当V_1饱和时，C_1由V_1的ce极经VCC、R_2放电，在V_2的be极形成一逆向偏压，促使V_2截止V_1导通，由于V_1的c、e极之间此时是通的，所以V_1的c极处电位接近于负极（此图中是GND，就是接近于0V），由于电容C_1的耦合作用，V_2基极电压接近于负极，因此不会产生基极电流，即$I_b=0A$，则V_1的e、c之间断开（开关作用）。同时C_2经R_4及V_1的be极于短时间内完成充电至VCC。

3）V_1饱和、V_2截止的情形并不是稳定的，当C_1放电完后（$T_1=0.7R_2\times C_1$），C_1由VCC经R_2、V_1的ce极反向充电，当充到0.7V时，V_2获得偏压而进入饱和（ON），C_2由V_2的ce极，VCC、R_3放电，同样地，造成V_1的be反向偏压，从而使得V_1截止（OFF），C_1经R_1、V_2的be极于短时间充电至VCC。

4）同理，C_2放完电后（$T_2=0.7R_3\times C_2$），V_1经R_3获得偏压而导通，V_2截止。如此反复循环下去。

其中，周期：$T=T_1+T_2=0.7R_2\times C_1+0.7R_3\times C_2$

若$R_2=R_3=R$，$C_2=C_1=C$

则$f=\dfrac{1}{T}=\dfrac{1}{1.4RC}$，$T=1.4RC$

由 $R=20\text{k}\Omega$，$C=22\mu\text{F}$，得 $T=0.616\text{s}$。

（2）两级多谐振荡心形闪烁灯 两级多谐振荡心形闪烁灯原理图如图7-16所示，其原理与上面“简单的多谐振荡闪烁灯”类似。不同之处在于，它有两种工作模式。

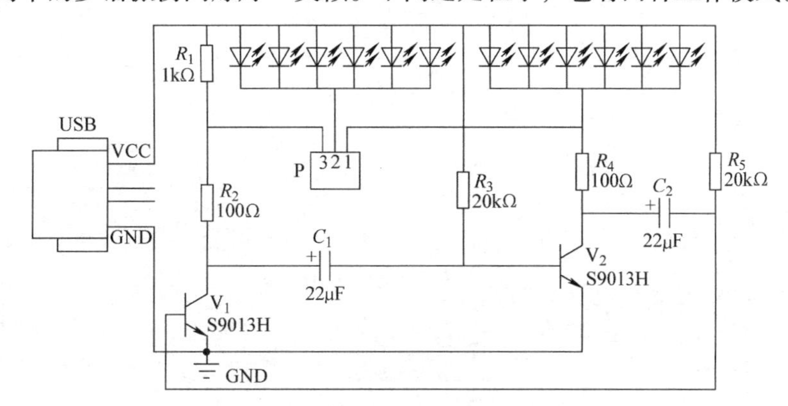

图7-16 两级多谐振荡心形闪烁灯原理图

1）当P处的引脚2和引脚3接通时，实现的效果是两组灯交替闪烁。

2）当P处的引脚2和引脚1接通时，实现的效果是全部灯有节奏地闪烁。

3. 元器件选择及检测

两级多谐振荡心形闪烁灯的元器件清单及注意事项，参考表7-2。

表7-2 两级多谐振荡心形闪烁灯的元器件清单及注意事项

序号	元器件名称	原理图和PCB编号	规格、参数及型号	数量	备注
1	电解电容	C_1、C_2	22μF/16V	2	注意正负极性
2	晶体管	V_1、V_2	S9013H	2	注意ebc排列
3	电阻	R_1	1kΩ，1/4W	1	注意阻值，无方向
4	电阻	R_2、R_4	100Ω，1/4W	2	注意阻值，无方向
5	电阻	R_3、R_5	20kΩ，1/4W	2	注意阻值，无方向
6	发光二极管	LED1 ~ LED12	红色LED	12	注意正负极性
7	单排针	P	2.54mm 1×3Pin	1	注意安插方向
	或拨动开关	P	直2档小号 8.5mm×3.5mm	1	
8	USB头	USB		1	

4. 硬件安装及焊接

焊接元器件的原则建议遵循从低到高。也就是先焊体积小、低的元器件，后焊体积大、高的元器件。焊接顺序建议参考以下排列：电阻、发光二极管、USB头、单排针、电解电容、晶体管。

两级多谐振荡心形闪烁灯PCB电路板如图7-17所示。

焊接注意事项：电阻要根据电路标示阻值对应安装；LED、电容正负极、晶体管EBC、引脚排列要正确；单排针的上下方向要安插正确。所有焊接做到不虚焊，没有短路，焊盘没有脱落，焊点光滑、完整。

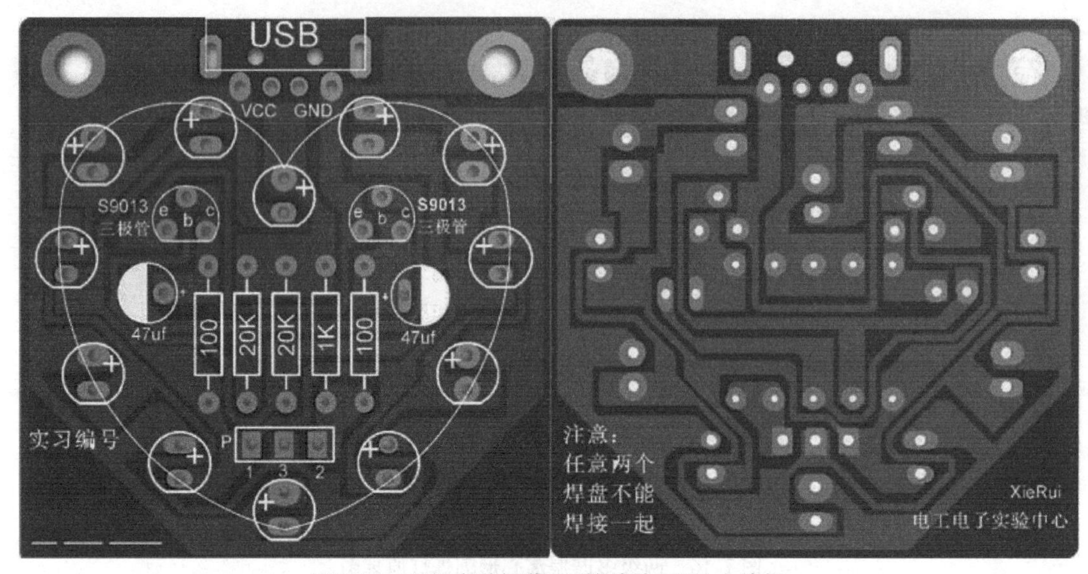

图 7-17　两级多谐振荡心形闪烁灯 PCB 电路板

5. 调试

利用短接帽安插引脚3单排针，来改变闪烁灯的工作模式，通电后测试，观察并记录效果，填入表7-3中。

表 7-3　两级多谐振荡心形闪烁灯测试记录

闪烁灯工作方式	效果描述	结论
1：单排针 1.2 短路		
2：单排针 2.3 短路		

6. 功能扩展

在两级多谐振荡闪烁灯的基础上，也可以设计出三级多谐振荡闪烁灯电路，并且可以通过改变 LED 的颜色和 PCB 电路板中 LED 的布局，来实现色彩绚丽、造型优美的多谐振荡闪烁灯电路。

部分原理图和 PCB 电路板分别如图 7-18、图 7-19 所示。

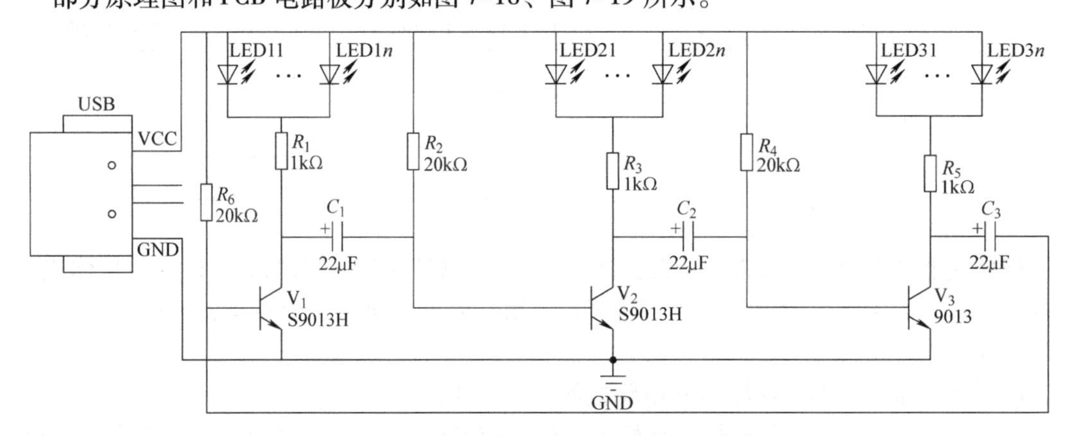

图 7-18　三级多谐振荡闪烁灯电路原理图

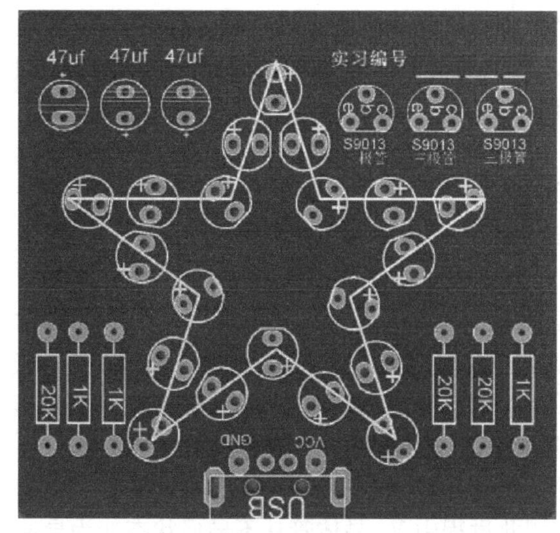

a) 纯红—五角星型

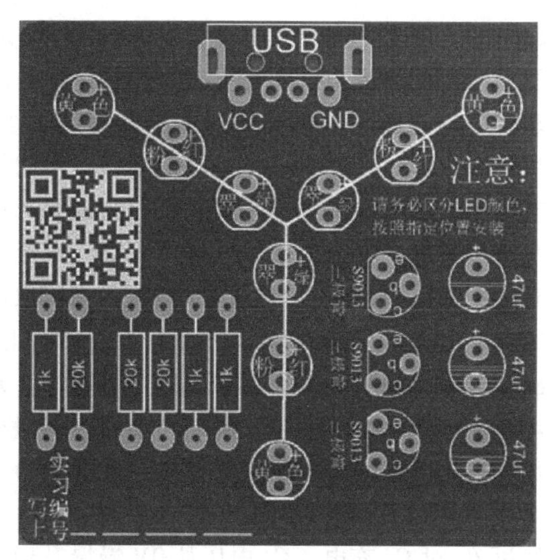

b) 四色—Y型

图7-19　三级多谐振荡闪烁灯PCB布局图

7.3.2　LED呼吸灯

1. 电路特点

1）采用NE555定时器芯片来构成多谐振荡器，产生方波，供给LED驱动电路。

2）采用USB供电，使用起来非常方便。

2. 硬件电路原理

LED呼吸灯电路如图7-20所示。

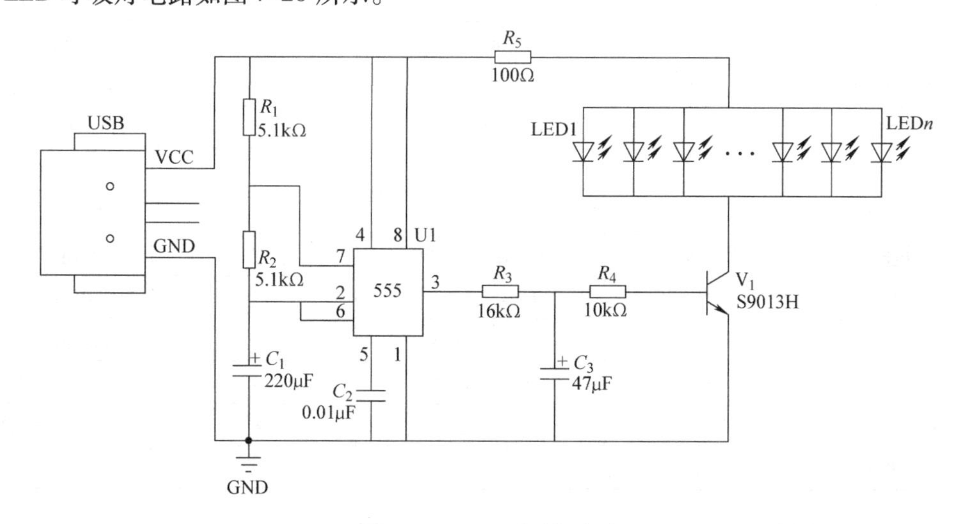

图7-20　LED呼吸灯电路

电路工作状态：上电后LED灯渐渐变亮，当达到最亮时保持几秒钟，然后渐渐变暗直到熄灭。熄灭几秒钟后又渐渐由暗变亮，这样一直循环下去。当循环亮灭的速度刚好和人的呼吸同步时，就是呼吸灯效果。

具体工作原理如下：

（1）多谐振荡电路　电路由NE555芯片、两个电阻和一个电容组成。其中电容 C_1 是充放电的，用来产生开关时间长度。R_1 和 R_2 是给电容 C_1 充放电的。当电路工作时，C_1 会通过 R_1 和 R_2 来充电。电容 C_1 的电压不断上升，当电压达到一较高的值时（一般是 VCC 的 2/3），与之连接的 NE555 的引脚 6 也达到了相同的电压。这时 NE555 芯片内部开始动作，将第 3 引脚输出低电平（也就是 0V），同时第 7 引脚也呈低电平（0V）。因为第 7 引脚变低电平了，从电源正极过来的电流，经过 R_1 直接流入第 7 引脚。因为电流总是从高电平的一端流到最近、阻力最小的低电平一端。电流都流入第 7 引脚了，也就没有电流经过 R_2 给 C_1 充电了。反而只有 C_1 通过 R_2 向第 7 引脚放电。当 C_1 上的电压小于某个值时（一般是 VCC 的 1/3），与之连接的第 2 引脚电压也低于此值。这时 NE555 芯片开始动作，使第 3 引脚输出高电平，同时让第 7 引脚不再是低电平。现在电路又回到了刚开始工作时的状态，C_1 重新充电。如此循环下去，C_1 的电压始终在 1/3 和 2/3 电源电压之间徘徊，却造成 NE555 芯片的第 3 引脚输出了稳定的方波：低电平的电压是 0V，高电平的电压接近 5V（VCC）。

（2）LED 灯控制电路　R_3、C_3 构成了一个充放电电路，当 NE555 输出高电平时，电流经过 R_3 对 C_3 充电，C_3 电压从 0V 慢慢升到 5V，此过程中 V_1 晶体管从不导通状态变为导通状态，且其基极电流也会随 C_1 电压的升高而逐渐变大，使得集电极的电流也逐渐增大，LED 灯逐渐变亮。当 NE555 输出低电平后，C_3 放电，C_3 电压从 5V 慢慢降至 0V（其实不一定到 0V，当下降到低于 V_1 基极最低导通电压时就停止放电了），LED 从最亮到熄灭。

3. 元器件选择及检测

LED 呼吸灯元器件清单及注意事项如表 7-4 所示。

表 7-4　LED 呼吸灯元器件清单及注意事项

序号	元器件名称	原理图和 PCB 编号	规格、参数及型号	数量	备注
1	555 芯片	U1	NE555 DIP－8	1	注意缺口方向
2	IC 座	U1	8Pin	1	注意缺口方向
3	电解电容	C_1	220μF/16V	1	注意正负极性
4	瓷片电容	C_2	103（0.01μF）	1	无方向
5	电解电容	C_3	47μF/16V	1	注意正负极性
6	晶体管	V_1	S9013H	1	注意 ebc 排列
7	电阻	R_1、R_2	5.1kΩ，1/4W	1	注意阻值，无方向
8	电阻	R_3	16kΩ，1/4W	1	注意阻值，无方向
9	电阻	R_4	10kΩ，1/4W	1	注意阻值，无方向
10	电阻	R_5	100Ω，1/4W	1	注意阻值，无方向
11	发光二极管	LED1 ~ LEDn	红色	若干	注意正负极性
12	USB 头	USB		1	

4. 硬件安装及焊接

焊接元器件的原则建议遵循从低到高。也就是先焊体积小、高度低的元器件，后焊体积大、高度高的元器件。焊接顺序建议参考以下排列：电阻、芯片插座、发光二极管、瓷片电容、USB 头、电解电容、晶体管。

5. 调试

（1）通电前的检查　认真检查印制电路板上有没有明显的短路、虚焊、漏焊等。

认真检查印制电路板上的所有元器件安装是否正确，包括：电阻阻值、电解电容器的正负极性、LED 正负极性、晶体管 EBC 排列、555 芯片插座缺口方向等。

得出结论：是否正常？如果有问题，比如元器件装错、正负极性不对、引脚错位等，需要拆下来，重新安装，直到全部元器件安装正确为止。

（2）通电后进行功能测试　通电测试，仔细观察效果，做好记录并分析，结果填入表 7-5 中。

表 7-5　LED 呼吸灯功能测试记录

调试条件	LED 呼吸灯效果描述	结论
USB 供电		

LED 呼吸灯是一种很有趣的电路，它的显示效果可以设计得非常漂亮而又有特色，如图 7-21 所示，可以把 PCB 设计成不同形状、单面或双面，LED 灯排列成不同图案，也可采用不同颜色的 LED 灯以达到更美观的显示效果。

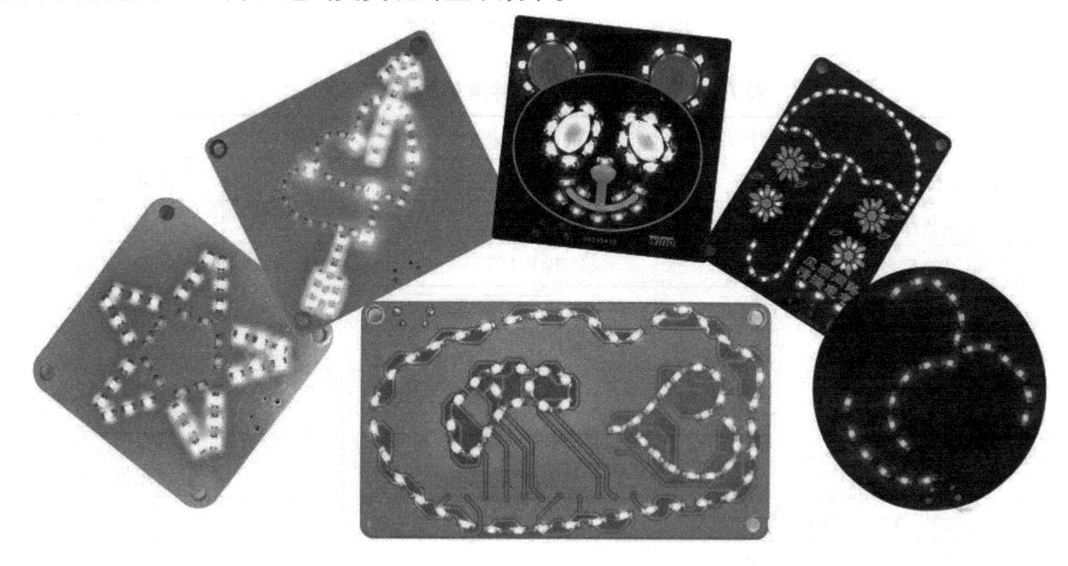

图 7-21　LED 呼吸灯实物展示图

7.3.3　LED 旋律灯

1. 电路特点

随着音乐或其他声音的响起，LED 灯便跟随着声音的节奏（声音的快慢）闪烁起来，可体会到声音与光的美妙旋律组合。

2. 电路原理

LED 旋律灯电路图如图 7-22 所示，声控 LED 旋律灯电路由电源电路、驻极体传声器放大电路、LED 发光指示电路组成，电源由 USB 输入，C_1 滤波供电路使用。驻极体传声器 MIC 将声音信号转化为电信号，经 C_2 耦合到 V_2 放大，放大后的信号送到 V_1 基极，由 V_1 推动 LED 发光，声音越大，LED 亮度越高。

3. 元器件选择及检测

LED 旋律灯元器件清单及注意事项如表 7-6 所示。

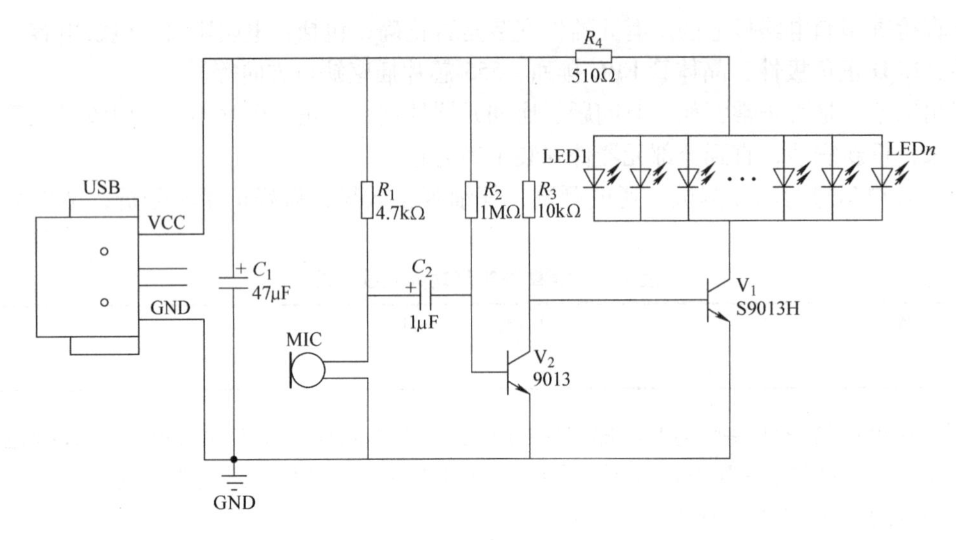

图 7-22　LED 旋律灯电路图

表 7-6　LED 旋律灯元器件清单及注意事项

序号	元器件名称	原理图和 PCB 编号	规格、参数及型号	数量	备注
1	驻极体传声器	MIC	6×2.2mm/电容式、带引脚	1	注意正负极性
2	电解电容	C_1	47μF/16V	1	注意正负极性
3	电解电容	C_2	1μF/16V	1	注意正负极性
4	晶体管	V_1、V_2	S9013H	2	注意 ebc 排列
5	电阻	R_1	4.7kΩ，1/4W	1	注意阻值，无方向
6	电阻	R_2	1MΩ，1/4W	1	注意阻值，无方向
7	电阻	R_3	10kΩ，1/4W	1	注意阻值，无方向
8	电阻	R_4	510Ω，1/4W	1	注意阻值，无方向
9	发光二极管	LED1 ~ LEDn	红色	若干	注意正负极性
10	USB 头	USB		1	

4. 硬件安装及焊接

焊接元器件的原则建议遵循从低到高，也就是先焊体积小、低的元器件，后焊体积大、高的元器件。焊接顺序建议参考以下排列：电阻、发光二极管、USB 头、驻极体传声器、电解电容、晶体管。

5. 调试

（1）通电前的检查　认真检查印制电路板上有没有明显的短路、虚焊、漏焊等。

认真检查印制电路板上的所有元器件安装是否正确，包括：电阻阻值、电解电容器的正负极性、LED 正负极性、驻极体传声器的正负极性、晶体管 ebc 排列等。

得出结论：是否正常？如果有问题，比如元器件装错、正负极性不对、引脚错位等，需要拆下来，重新安装，直到全部元器件安装正确为止。

（2）通电后进行功能测试　通电测试，仔细观察效果，做好记录并分析，结果填入表 7-7 中。

表 7-7　LED 旋律灯功能测试记录

调试条件	LED 旋律灯效果描述	结论
周围环境保持安静		
轻轻地慢节奏地拍拍手		
轻轻地快节奏地拍拍手		
响亮地慢节奏地拍拍手		
响亮地快节奏地拍拍手		
用手机放一首歌		

7.3.4 具有过电流保护功能的直流可调稳压电源

1. 电路特点及用途

图 7-23 是将 220V 交流市电转换为 1.25 ~ 7.5V 的直流稳压电源电路，具有输出电压连续可调、纹波电压小、输出动态内阻低且有过电流保护的优点。可作为收音机、电子玩具等小型电器和电子电路实验制作的外接电源。

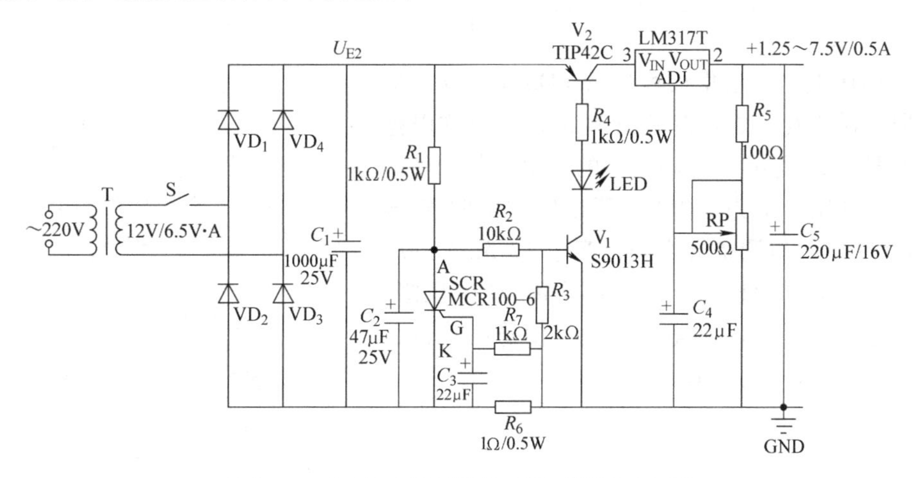

图 7-23　具有过电流保护的直流可调稳压电源

2. 电路原理

如图 7-23 所示，该直流稳压电源主要由整流滤波电路、电子开关电路、稳压电路和过电流保护电路组成，其电路原理框图如图 7-24 所示。

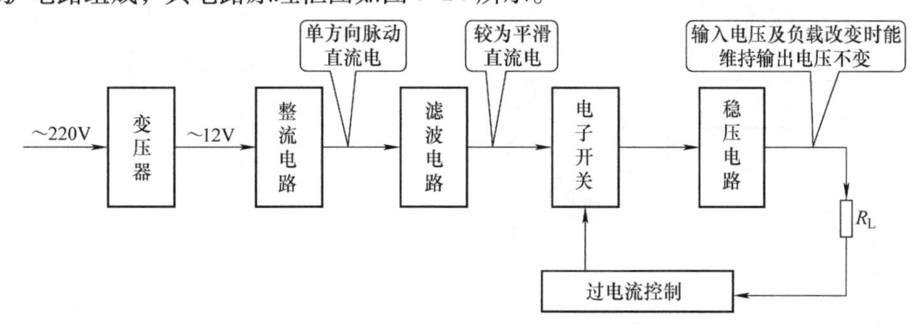

图 7-24　直流稳压电源原理框图

（1）整流滤波电路　在图 7-23 中，由 VD_1 ~ VD_4 整流二极管组成桥式整流电路，整流输出经电容 C_1 滤波后，得到比较平滑的直流电压 U_{E2}。

（2）电子开关电路　由小功率晶体管 V_1（S9013H）和大功率晶体管 V_2（TIP42C）组

成电子开关电路。在晶闸管（SCR）没有导通时，电容 C_1 滤波后的电压 U_{E2} 经过 R_1、R_2、R_3 构成的分压电路能够使得 V_1 和 V_2 导通，V_1 工作在饱和状态，V_2 工作在放大状态。从而使得稳压管 LM317 的输入端（引脚 1）有电压输入。

如图 7-25 所示，当空载时：

因为 $$U_{E2}=\sqrt{2}\times 12\text{V}\approx 17\text{V}$$

故 $$U_{AK}=\frac{U_{E2}-U_{BE1}}{R_1+R_2}R_2+U_{BE1}\approx 15.5\text{V}$$

所以 $$I_{B1}=\frac{U_{AK}-U_{BE1}}{R_2}-\frac{U_{BE1}}{R_3}\approx 1.13\text{mA}$$

$I_{C1}=\beta I_{B1}\geqslant I_{C1S}$（对于 S9013H 而言，$\beta$ 大约有 50 以上，集电极饱和电流 I_{CS} 约 50mA）

V_1 管 S9013H 饱和，且有：

$$I_{C1}=\frac{U_{E2}-U_{EB2}-U_{LED}}{R_4}=\frac{17-0.7-1.6}{1}\text{mA}=14.7\text{mA}$$

（3）稳压电路　由集成稳压管 LM317（其内部电路原理、封装及主要参数见图 7-26）与取样电路组成，如图 7-27 所示。因 LM317 的输出端与调整端 ADJ 之间的电压恒定为 1.25V，所以取样电阻 $R_5=100\Omega$ 接在输出端与调整端之间，产生 12.5mA 的取样电流，通过取样电阻 R_5 与电位器 RP 产生压降，只要合理选择 R_5 及 RP 的阻值，就可使稳压管输出在 1.25～7.5V 范围内可调。

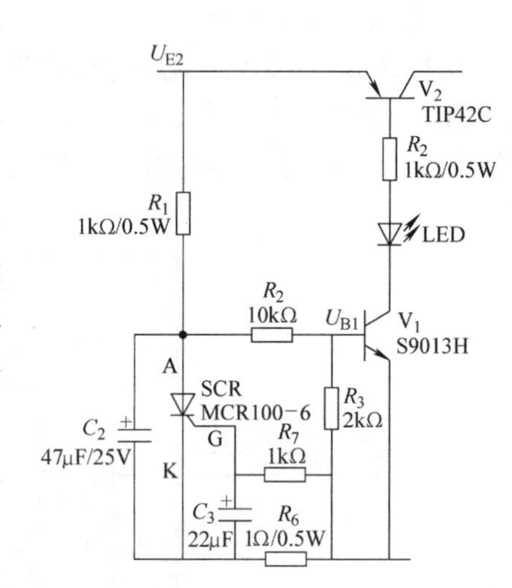

图 7-25　电子开关电路

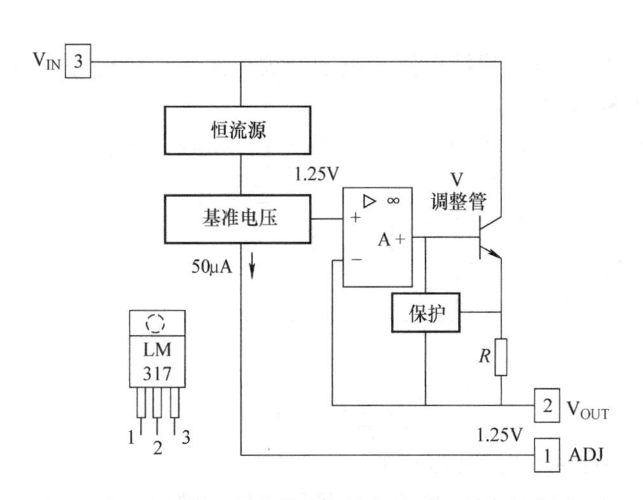

图 7-26　LM317 稳压管内部结构简图和外部封装图

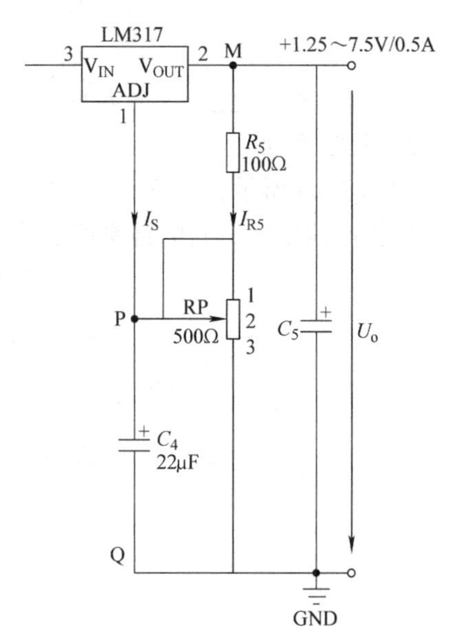

图 7-27　稳压电路

在图 7-27 中，稳压电源的输出电压 U_o 等于电阻 R_5 两端的电压与 PQ 两点之间电压之

和，即

$$
\begin{aligned}
U_o &= U_{R5} + U_{RP23} = 1.25V + (I_{R5} + I_S)R_{RP23} \\
&\approx 1.25V + I_{R5}R_{RP23}\ (\text{因为 } I_S \approx 50\mu A \text{ 远小于 } I_{R5}) \\
&= 1.25V + \frac{1.25V}{R_5}R_{RP23} \\
&= 1.25V \times \left(1 + \frac{R_{RP23}}{R_5}\right)
\end{aligned}
$$

1）当电位器逆时针旋到底时，$R_{RP23}=0\Omega$，此时 U_o 有最小值，即

$$U_o = 1.25 \times \left(1 + \frac{0}{100}\right)V = 1.25V$$

2）当电位器顺时针旋到底时，$R_{RP23}=500\Omega$，此时 U_o 有最大值，即

$$U_o = 1.25 \times \left(1 + \frac{500}{100}\right)V = 7.5V$$

（4）过电流保护电路　由取样电阻 R_6 及 R_7、C_3 组成延时电路、单向晶闸管（MCR100－6）及电子开关电路组成截止式过电流保护电路。当稳压管输出的电流增大并超过额定值的 20% 时，过电流取样电阻 R_6 上的电压上升并使晶闸管触发导通，晶闸管的 U_{AK} 降至 0.8V 左右，此电压经电阻 R_2 后，使得 V_1 截止，从而 V_2 截止，因而切断稳压管 LM317 的供电电压，最终稳压管无电压输出。

3. 元器件选择及作用

（1）直流稳压电源的元器件清单及注意事项　如表 7-8 所示。

表 7-8　直流稳压电源的元器件清单及注意事项

序号	元器件名称	原理图和 PCB 编号	规格、参数及型号	数量	备注
1	整流二极管	$VD_1 \sim VD_4$	1N4001	4	注意正负极性
2	电解电容	C_1	1000μF/25V	1	注意正负极性
3	电解电容	C_2	47μF/25V	1	注意正负极性
4	电解电容	C_3、C_4	22μF/16V	2	注意正负极性
5	电解电容	C_5	220μF/16V	1	注意正负极性
6	电阻	R_1、R_4	1kΩ，1/2W	2	注意阻值与功率
7	电阻	R_2	10kΩ，1/4W	1	注意阻值与功率
8	电阻	R_3	2kΩ，1/4W	1	注意阻值与功率
9	电阻	R_5	100Ω，1/4W	1	注意阻值与功率
10	电阻	R_6	1Ω，1/2W	1	注意阻值与功率
11	电阻	R_7	1kΩ，1/4W	1	注意阻值与功率
12	晶体管	V_1	S9013H	1	注意 ebc 排列
13	晶体管	V_2	TIP42C	1	注意 ebc 排列
14	三端稳压器	U1	LM317T	1	注意引脚排列
15	单向晶闸管	SCR	MCR100－6	1	注意 KGA 排列
16	发光二极管	LED	红色	1	注意正负极性
17	电位器	RP	500Ω	1	注意阻值大小
18	开关	S	钮子开关	1	注意性能好坏
19	变压器	T	12V/6.5V·A	1	注意初级与次级及绝缘处理
20	电源输入线		交流，长度 1m	1	注意绝缘处理
21	电源输出线		直流，长度 1m	1	注意正负端子

（2）电路中各元器件的作用

1）VD_1 ~ VD_4：整流二极管组成桥式整流。

2）C_1：滤波电容，滤去纹波电压，使整流输出电压较为平滑。

3）R_1：限流电阻，用来限制晶闸管触发导通后的电流，但阻值不能过大，应保证晶闸管导通电流大于其维持电流。

4）R_4：V_1 集电极限流电阻，以保证 V_1 与 V_2 的安全并且可以减小电路的静态功耗，但是 R_4 的阻值不能过大，应保证有足够的 I_{B2} 使 V_2（TIP42C）的集电极电流大于0.5A。

5）R_6：过电流取样电阻，其阻值大小取决于过电流保护电流的设定值，要求 R_6 的阻值准确、稳定，而且功率要足够大。

6）R_7、C_3：组成延时电路，其作用是将 R_6 上的电压延迟一段时间后才加至晶闸管的门极G，以避免接通电源瞬间由于稳压电源输出端滤波电容 C_5 及外接负载电路有较大的充电电流流过 R_6 所产生的附加压降，而引起晶闸管的误触发。由于MCR100-6晶闸管的触发电流极小，所以 R_7 上的压降很小。

7）C_4：用来进一步减小稳压输出端的纹波电压（即交流成分）。这是由于 C_4 对交流的旁路作用，使稳压输出端的交流成分全部加至LM317的输出端与调整端之间，这样可通过LM317内部的比较放大器及调整电路的自动调整来达到降低输出纹波电压的目的。

4. *硬件安装与焊接*

（1）焊接原则及顺序　焊接元器件的原则建议遵循从低到高。也就是先焊体积小、低的元器件，后焊体积大、高的元器件。焊接顺序建议参考以下排列：电阻、整流二极管、晶体管、晶闸管、电解电容、三端稳压管、电位器、LED灯。直流稳压电源PCB图如图7-28所示。

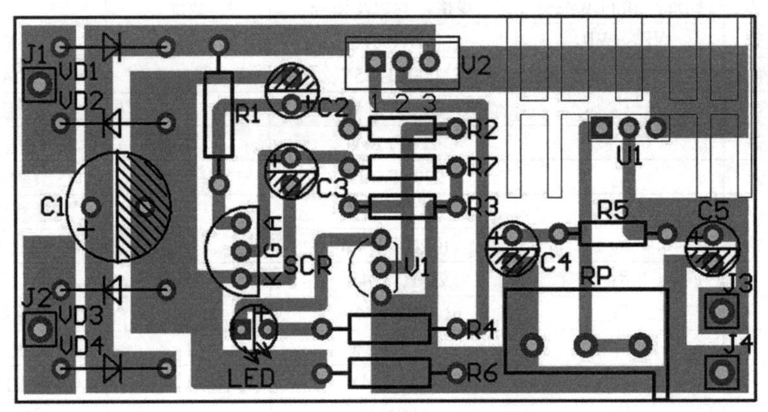

图7-28　直流稳压电源PCB布线图

（2）焊接注意事项　电阻要根据电路标示阻值及功率对应安装；需注意整流二极管、LED灯、电解电容器的正负极；晶体管EBC、晶闸管KGA的引脚排列要正确；所有焊接做到不虚焊、没有短路、焊盘没有脱落，焊点光滑、完整。

5. *调试方法及步骤*

（1）通电前的检查工作　安装、焊接好电路板后，需认真检查印制电路板上有没有明显的短路、虚焊、漏焊等。

认真检查印制电路板上的所有元器件安装是否正确，特别要注意整流二极管、LED灯、电解电容器的正负极是否接反，晶体管、晶闸管的引脚是否正确，电阻的阻值及功率、电容器的电容量及耐压是否合格。

得出结论：是否正常？如果有问题，比如元器件装错、正负极性不对、引脚错位等，需要拆下来，重新安装，直到全部元器件安装正确为止。

（2）通电测试　测试是检验产品是否合格的重要环节，为保证稳压电源的性能良好可靠，需做如下测试：

1）输出电压可调范围：通电前将电位器逆时针调到底，通电后测量（电位器从最小阻值调至最大阻值）输出电压的变化范围，理论上正常的输出电压在1.25～7.5V之间。

2）稳压输出纹波电压：在输出大致6V/0.5A的条件下（此时电源大概已满负荷，通过调节电路板中的电位器、滑线变阻器达到），由并接在输出端的交流毫伏表测出稳压输出交流电压，通常称之为纹波电压，在0.05～2.0mV之间。直流稳压电源的纹波电压越小，性能越佳。直流稳压电源调试接线图如图7-29所示。

具体操作步骤如下：

第一步：空载时，调节电位器RP将输出电压调至6V。

第二步：接入负载R_L（滑线变阻器），并把电流表和交流毫伏表都接上。此时电源工作后，电流表应该有一定的数值。

第三步：调节负载R_L（滑线变阻器），使电流表数值升至0.5A。

第四步：观察交流毫伏表的数据，并记录下来。

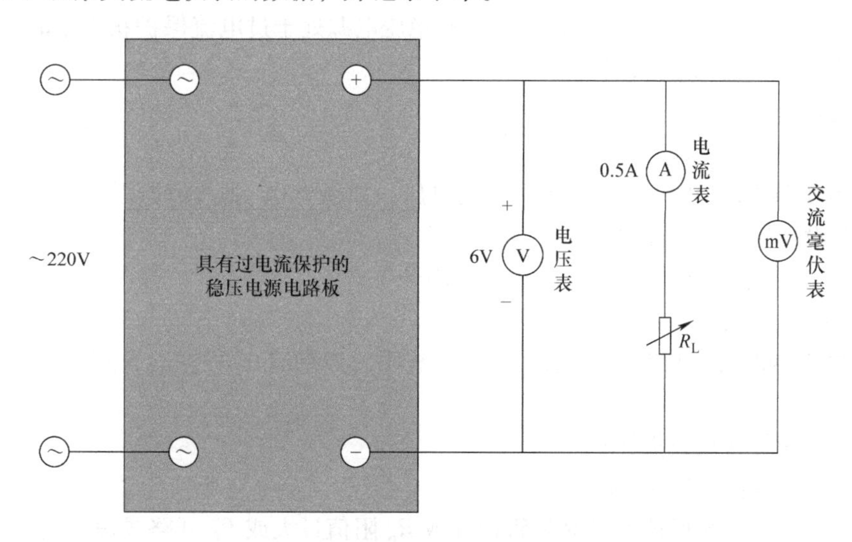

图7-29　直流稳压电源调试接线图

3）动态内阻测量：接上一步的操作，在电流表数值为0.5A的情况下（可设该电流为I_1，方便与后面区分），记录下此时直流电压表的数值V_1（应小于6V）。

再调节滑线变阻器，使电流减小至I_2＝0.4A（或0.3A、0.2A），记录此时输出电压的大小V_2（应介于V_1和6V之前）。

根据6V＝$Ir+V$，可得内阻：

$$r=\left|\frac{V_2-V_1}{I_2-I_1}\right|$$

4）测量过电流保护电流值：调节滑线变阻器，使输出电流升至某一数值后突然变为0，则那一最大电流值即为过电流保护电流值，此值在0.55～0.6A之间。

将以上测试步骤的结果记录在表7-9中。

表7-9　直流稳压电源测试数据

测量项目	参考值	测量值	结论
电压范围/V	1.2～1.5，6.9～10		
纹波电压/mV	0.05～2.0		
动态内阻/Ω	0.05～0.1	V_1 =　　，I_1 =	r =
		V_2 =　　，I_2 =	
过电流保护的电流 I_{max}/A	0.5～0.6		

6. 故障分析与检查

（1）正常情况

1）空载时测量TIP42C的E脚对电源负端的电压应为17V左右，说明整流滤波电路工作正常。

2）空载情况下测量输出端的电压，应随调节电位器RP的阻值变化而变化，变化范围是1.25～10V。

3）测量晶闸管A、K两端的电压。直流稳压电源正常工作的情况下，晶闸管是处于高阻态的，A、K两端电压为15V左右；当直流稳压电源处于过电流保护状态中时，晶闸管会导通，A、K两端电压变为0.8V。

（2）故障分析

1）接通电源，指示灯不亮。

① 测量TIP42C的引脚E对电源负端的电压，如果为0，则故障原因有如下可能：

➢ 开关没焊接好或者开关坏了；

➢ 电源输入线与变压器一次侧的焊接处断开了；

➢ 电源插座有问题。

② 测量TIP42C的引脚E对电源负端的电压，如果有17V左右，则故障原因有如下可能：

➢ LED正负极接反或损坏；

➢ S9013H引脚接错或损坏；

➢ 电源已经过电流保护了（晶闸管损坏或 R_6 阻值过大或 R_6 开路或输出端短路）；

➢ TIP42C引脚接错或损坏。

2）指示灯亮，输出电压不正常。

① 输出电压为0，则故障原因有如下可能：

➢ TIP42C没焊接好或损坏；

➢ LM317没焊接好；

➢ 电源输出线没焊接好。

② 输出电压的最大值和最小值电压都偏低，但可调，则故障原因有如下可能：

➢ R_5 不是100Ω，可能与其他较大阻值的电阻对调安装了；

➢ C_4 正负极焊接反了。

③ 输出电压始终为14V左右，则故障原因有如下可能：

➢ 电位器RP损坏或没焊接好；

➢ LM317损坏。

④ 输出电压不稳定，会一直乱跳：电位器RP损坏。

3）输出电压正常，但无过电流保护功能。这种故障原因较多，主要有以下可能：

➢ MCR100-6引脚接错或损坏了；

➢ S9013H损坏了；

➢ S9013H和MCR100-6两个器件的位置对调安装了；

➢ C_1 电容没焊接好，导致TIP42C的引脚E对电源负端的电压偏低，输出电流偏小；

➢ 其他器件焊点不好：C_2、C_3、R_7、整流二极管；

➢ TIP42C性能差，放大后输出电流无法达到500mA以上；

➢ 发光二极管性能差，虽然它能发光，但测试其正负极两端电压却高达10V以上。

4）接通电源，发出爆破声。

➢ C_1 反接或耐压不够；

➢ C_4 反接或耐压不够；

➢ 整流二极管（全部或其中一个）反接。

5）过电流保护时间过长：整流二极管之一接触不好或损坏。

7.3.5　可调恒流源电路

1. 电路特点及应用

恒流源就是能够对负载输出恒定电流的电源，即在允许的负载情况下，输出的电流是恒定的，不会随负载的变化而变化。也就是说恒流源电源在负载变化的情况下，能相应调整自己的输出电压，使得输出电流保持不变。恒流源广泛应用于发光二极管（LED）照明及背光产品上面。由于LED是典型的非线性元件，通过恒流源供电使LED工作在特定的电流下不至于过热烧坏，延长LED产品的使用寿命，所以恒流电源应用非常广泛。

2. 电路原理

可调恒流源电路原理图如图7-30所示。交流市电220V经过变压器T降压得到12V交流电压，并经过整流二极管和滤波电容得到平滑的直流电压。电流通过采样电阻 R_5，转换为采样电压；采样电压作为反馈电压 U_- 送入运放的反相端（LM358的引脚2）；基准电压由基准稳压芯片TL431稳压、分压并送入运放的同相端（LM358的引脚3）；运放同相端的设置电压 U_+ 和反相端的反馈电压 U_- 进行比较，运放输出端通过对场效应晶体管的栅极电压进行调整，实现对输出电流的调整，使整个闭环反馈系统处于自动恒流动态平衡中，达到稳定输出电流的目的。根据运放的虚短、虚断及相关公式，可以知道输出电流大小仅与取样电阻 R_5、设置电压 U_+ 有关，与场效应晶体管的相关参数无关，所以取样电阻确定之后，调整到某个稳定的基准参考电压，就能设置恒定电流输出。

（1）整流滤波电路　在图7-30中，由 $VD_1 \sim VD_4$ 整流二极管组成桥式整流电路，整流输出经电容 C_1 滤波后，得到比较平滑的直流电压 U。

（2）基准稳压芯片TL431　TL431是可控精密稳压源，通过两个电阻可以任意设置输出

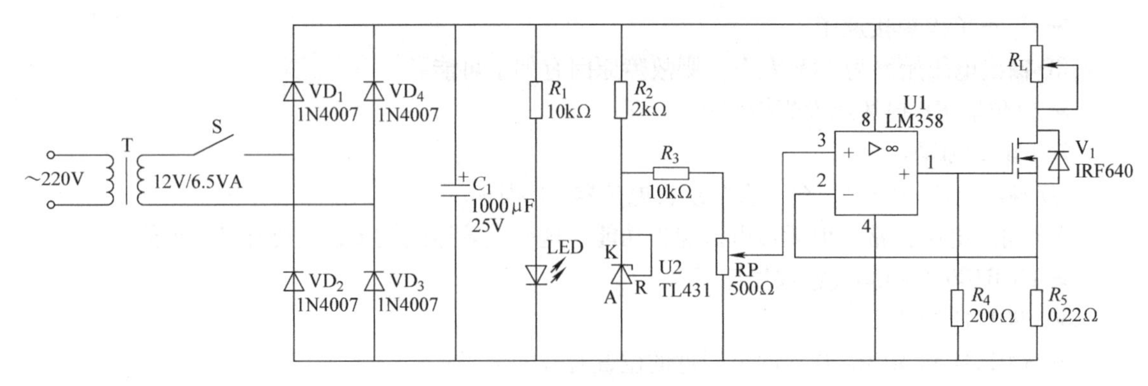

图 7-30　可调恒流源电路原理图

电压。若只有一个电阻 R_2，TL431 又可等效为一只稳压二极管，用作 2.5V 基准源输出。此基准电压通过电阻 R_3 和电位器 RP 分压，用于设置运放同相端的参考电压。TL431 引脚功能定义及符号如图 7-31 所示。

（3）集成运算放大器 LM358　LM358 内部包括有两个独立的、高增益、内部频率补偿的运算放大器，适合于电源电压范围很宽的单电源（3～30V）使用，也适用于双电源（±1.5～±15V）工作模式。LM358 引脚功能定义及内部功能如图 7-32 所示。

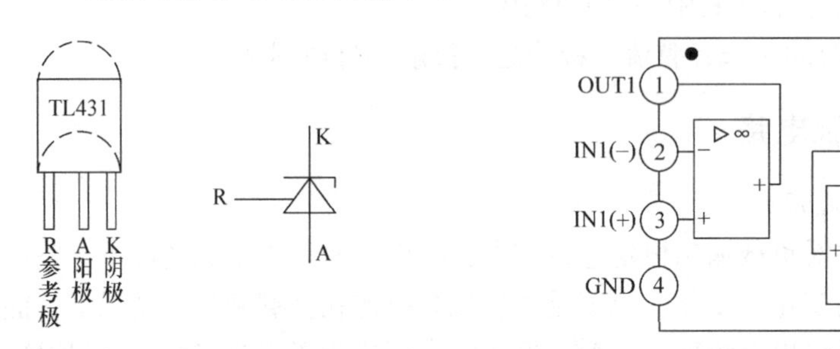

图 7-31　TL431 引脚功能定义及符号　　图 7-32　LM358 引脚功能定义及内部功能

（4）场效应晶体管 IRF640　IRF640 是增强型 N 沟道功率场效应晶体管，采用平面条形 DMOS 工艺生产制造，具有低导通电阻、优越的开关特性以及抗雪崩击穿能力，适合用于各种电源、电机控制等。IRF640 引脚功能定义及符号如图 7-33 所示。当恒流源输出比较大的电流时，场效应晶体管将会消耗比较大的功率，严重发热，所以根据需要加散热片，并尽量远离其他元器件，以免影响恒流源的精度。

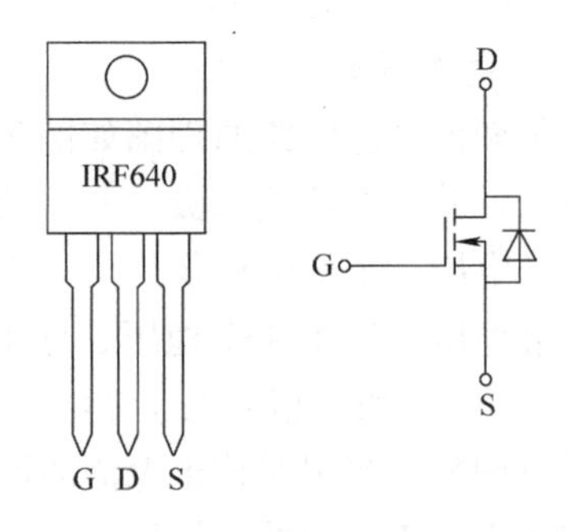

图 7-33　IRF640 引脚功能定义及符号

（5）取样电阻　取样电阻串联在负载回路里，用于检测恒流源输出电流的变化，电流转换为采样电压。取样电阻的稳定性将直接影响恒流源的性能，且采样电阻需要根据输出电流大小确定功率的大小。如果要求高精度的恒流电流输出，采样电阻适宜采用大功率锰白铜电阻丝制成的精密电阻，普通场合下可采用普通电阻代替。

3. 元器件选择及检测

可调恒流源电路的元器件清单及测试注意事项如表 7-10 所示。

表 7-10　元器件清单及测试注意事项

序号	元器件名称	原理图编号	规格、参数及型号	数量	备注
1	变压器	T	220V/12V	1	注意区分一次侧、二次侧
2	钮子开关	S	单联 MTS－102	1	注意引脚
3	二极管	VD_1 ~ VD_4	1N4007	4	注意正负极性
4	电解电容	C_1	1000μF/25V	1	注意正负极性
5	基准稳压芯片	U2	TL431	1	注意引脚排列
6	集成运算放大器	U1	LM358	1	注意缺口方向
7	场效应晶体管	V_1	IRF640	1	注意引脚排列
8	电位器	RP	500Ω	1	注意阻值
9	电阻	R_5	0.22Ω / 0.5W	1	注意阻值，无方向
10	电阻	R_4	200Ω / 0.25W	1	注意阻值，无方向
11	电阻	R_2	2kΩ / 0.25W	1	注意阻值，无方向
12	电阻	R_1，R_3	10kΩ / 0.25W	2	注意阻值，无方向
13	发光二极管	LED	红色 LED	1	注意正负极性

4. 元器件安装及焊接

（1）焊接原则及顺序　建议遵循从低到高、从小到大的原则，也就是先焊体积小、低的元件，后焊体积大、高的元件。焊接顺序建议参考以下排列：电阻、二极管、芯片插座、电容、场效应晶体管等。

（2）焊接注意事项　电阻要根据电路标示阻值对应安装；IC 座缺口方向，二极管、LED、电容正负极，场效应晶体管引脚排列要正确等。焊接做到不虚焊、没有短路、焊盘没有脱落，焊点光滑、完整。

5. 电路测试方法

（1）通电之前的检查工作　先不装运放芯片 LM358。认真检查印制电路板上有没有明显的短路、虚焊、漏焊、错焊等。

认真检查印制电路板上的所有元器件安装是否正确，包括：二极管正负极性、场效应晶体管 GDS 排列、集成基准稳压 TL431 的引脚排列、电解电容器的正负极性、电阻阻值、芯片插座缺口方向等。

得出结论：是否正常？如果有问题，比如元器件装错、正负极性不对、引脚错位等，需要拆下来，重新安装，直到全部元器件安装正确为止。

（2）通电测试　先不安装运放芯片 LM358，按下面的步骤 1、2 测试数据并记录：

1）接通电源，测试整流滤波输出电压（即滤波电容 C 两端电压）U = ________ V。

2）电位器 RP 从最小慢慢旋转调整至最大，记录 LM358 的同相输入端（第 3 引脚）对地电压变化范围________ ~ ________ V。

关闭电源，正确安装运放芯片 LM358，再次接通电源继续以下步骤并记录：

3）输出电流范围测试。通电前先将电位器 RP 逆时针旋转到最小状态，恒流源输出端连接电流表，接通电源并慢慢调整电位器从最小至最大，记录输出电流变化范围________ ~ ________ mA。

4）负载调整率测试。恒流源负载的变化会引起恒流源输出电压的变化，在负载变化时，通过负载调整率来反映恒流源提供稳定输出电流的能力。用滑线变阻器作为负载 R_L，先调整 R_L 设置负载电阻为0Ω，旋转 RP 分别选取 100.0mA、250.0mA 和 500.0mA 测试点，再调整 R_L 改变负载阻值令输出电压变化在 10V 以内，对输出电流恒流特性进行测量，数据填入表 7-11 中。

表 7-11　负载调整率测试数据

负载电压/V 实测电流/mA 输出电流/mA	1.0	2.0	3.0	4.0	5.0	6.0	7.0	8.0	9.0	10.0
100.0										
250.0										
500.0										

观察表格数据可得出结论：

当负载电阻在一定范围内变化时，恒流源输出值是否发生明显变化？________

5）纹波电流测量。系统中取样电阻采用普通电阻实现，该通路为直流通路，无交流分量，因而不会产生感抗，使用交流毫伏表测试取样电阻 R_5 两端纹波电压，旋转 RP 分别选取 100.0mA、200.0mA、300.0mA、400.0mA 和 500.0mA 测试点电流，记录测试数据如表 7-12 所示，其中取样电阻的值为 0.22Ω，并计算纹波电流。

表 7-12　纹波电流测试数据

测试点电流 / mA	100.0	200.0	300.0	400.0	500.0
交流毫伏表读数/mV					
计算纹波电流/mA					

观察表中数据可得出结论：

在输出________（小电流/大电流）时纹波电流较大，其值为________ mA。

6）电流稳定度测试。电流稳定度是指在电网容许波动范围内，输入电压对输出电流稳定度的影响。测试条件为输入电压 220V，输出电流 I_o = 200.0mA，负载电阻 R_L = 10Ω，此时滑动变阻器两端电压 U = 2.0V，调整交流调压器使输入电压在 190 ~ 250V 之间波动时，记录输出电流数据于表 7-13。

表 7-13　电流稳定度测试数据

输入电压/V	190	200	210	220	230	240	250
输出电流 I_o/mA				200.0			

观察表中数据可得出结论：

此时输出电流最大偏差为________ mA，是否达到设计要求？________

（3）测试注意事项　测试过程中应时刻注意各元器件是否有过热、冒烟等异常现象，特别是要关注场效应晶体管和LM358，一旦发现有任何异常情况均应立即关断电源，认真检查排除问题后方可再次通电测试。

7.3.6　LED显示电路

1. 电路特点

1）采用51单片机STC89C52RC作为主控制器，通过C语言或汇编语言编程实现相应的显示效果。

2）使用32个发光二极管（LED）组合成4×8的矩阵显示电路，并可以8块板组合成16×16点阵，实现汉字、字母、符号等显示。

3）采用PNP型晶体管S8550作为驱动电路，控制LED相应行或列的供电。

2. 硬件电路原理

（1）51单片机最小系统　主控制器51单片机STC89C52RC要能正常运行必须满足一定的工作条件，也就是51单片机最小系统，其最小系统原理图如图7-34所示。

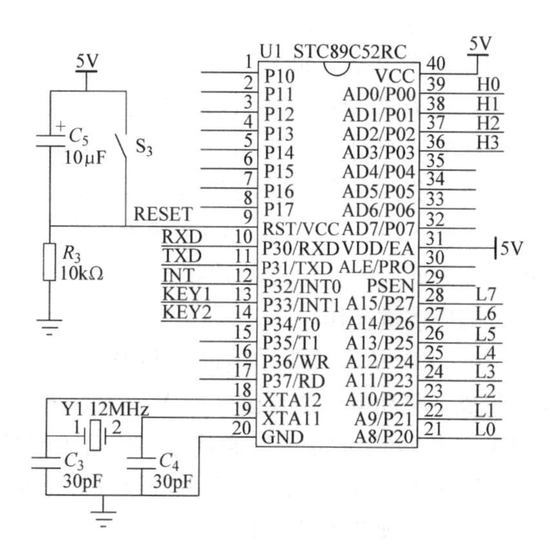

图7-34　51单片机最小系统原理图

51单片机工作条件如下：

1）稳定的+5V电源：电源原理如图7-35所示，主要由三端稳压集成块LM7805组成，它是一个输出+5V直流电压的稳压电源电路，C_1、C_2分别为输入端和输出端滤波电容，XS为直流输入插座，VD_1反向并联在输入端，当输入端电源正负极接反时起到保护作用，平时VD_1无电流流过，相当于开路状态。如图7-34所示，芯片U1的引脚20为接地GND，引脚40为+5V电源VCC。

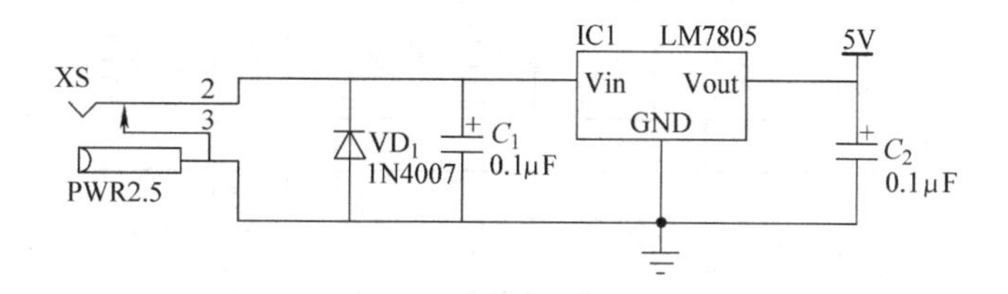

图7-35　电源原理图

2）可靠的复位电路：如图7-34所示，复位电路由C_5、R_3、S_3组成，复位操作使单片机的片内电路初始化，使单片机从一种确定的初态开始运行。当51单片机的复位引脚RST维持一定时间的高电平时，芯片执行复位操作。芯片引脚9为复位RESET，电容C_5和电阻R_3对+5V电源来说构成微分电路，上电后，保持RST一段高电平时间，之后C_5充满电荷，RST变为低电平。当单片机已在运行当中时，按下复位键S_3后松开，C_5被短接释放电荷，也能使RST维持一段时间的高电平，从而实现手动复位功能。

3）时钟电路：单片机的时钟信号用来提供单片机片内各种操作的时间基准。如图7-34

所示，在芯片 U1 的第 18 引脚 XTAL1 和第 19 引脚 XTAL2 外接晶体振荡器（简称晶振），就构成了自激振荡器并产生振荡时钟脉冲。主要由晶振 Y1 和电容 C_3、C_4 组成，晶振 Y1 选用 12MHz 频率，决定芯片的工作频率；电容 C_3、C_4 起稳定振荡频率、快速起振的作用。

4）存储器控制电路：如图 7-34 所示，芯片 U1 的引脚 31 为内部程序存储器控制端 EA。当 EA 为高电平时，CPU 访问片内程序存储器。

5）单片机芯片内部必须具有相应的程序：新买的芯片内部是空白的，实现不了任何功能。

（2）按键电路　如图 7-36 所示，按键电路主要由电阻 R_1、R_2，二极管 VD_2、VD_3，按键 S_1、S_2 组成，用来实现功能及速度的控制。电阻 R_1、R_2 是上拉电阻，当按键 S_1/S_2 为常态，即没按下时，KEY1 / KEY2 均是高电平；当按键 S_1/S_2 按下时，KEY1 / KEY2 变为低电平，同时 INT 由高电平变为低电平，触发单片机产生中断，调用按键处理程序，响应按键操作。

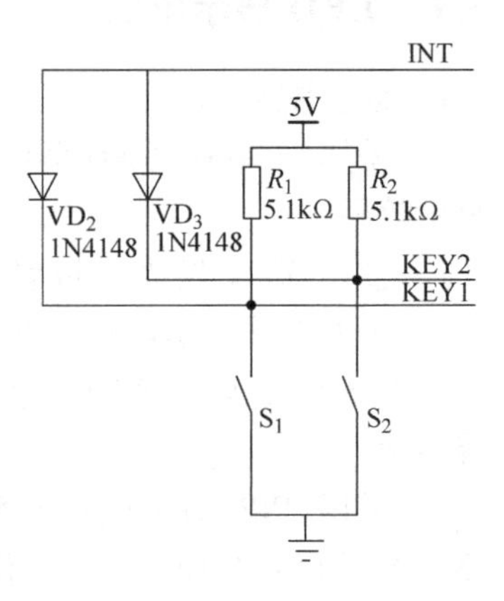

图 7-36　按键电路原理图

（3）LED 显示及驱动电路　LED 显示及驱动电路如图 7-37 所示。LED 显示由 32 个 LED 组成，驱动电路主要由 V_1 ~ V_4、R_4 ~ R_{11} 组成。单片机输出的高低电平 H0 ~ H3，分别控制 V_1 ~ V_4 处于截止或导通状态，从而实现对行供电的控制；单片机输出的高低电平 L0 ~ L7 实现对列供电的控制。当有电流流过 LED 时发光，没有电流流过时 LED 熄灭。通过程序的控制从而实现各种各样的显示方式。

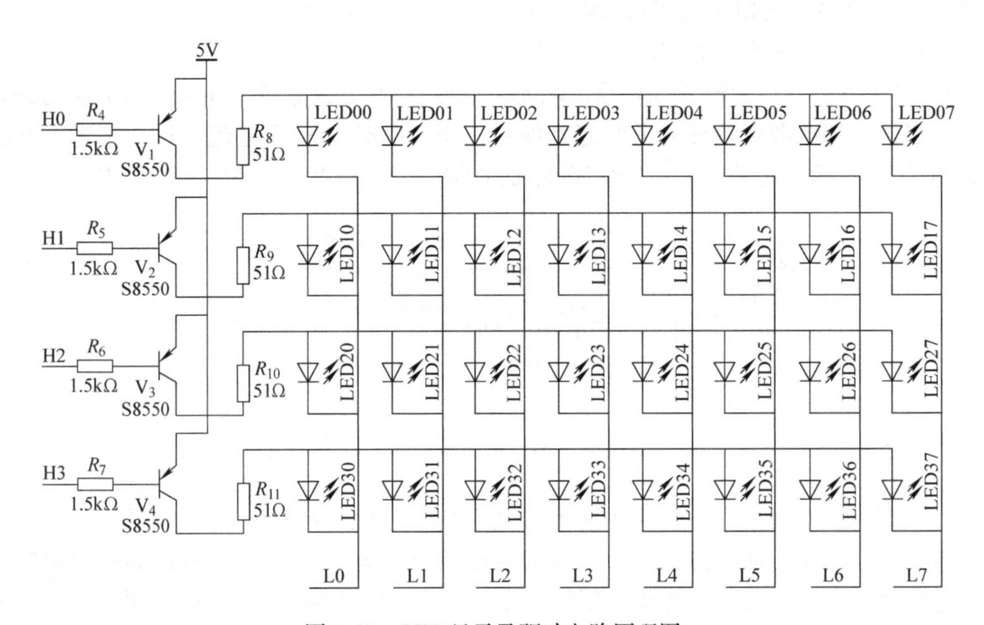

图 7-37　LED 显示及驱动电路原理图

3. 元器件选择及检测

LED 显示电路的元器件清单及测试注意事项，如表 7-14 所示。

表7-14　元器件清单及测试注意事项

序号	元器件名称	原理图和电路板编号	规格、参数及型号	数量	备注
1	51单片机芯片	U1	STC89C52RC	1	注意缺口方向
2	IC座	U1	40P	1	注意缺口方向
3	三端稳压器	IC1	LM7805	1	注意输入输出
4	无源晶振	Y1	12MHz	1	无方向
5	瓷片电容	C_3、C_4	30pF	2	无方向
6	瓷片电容	C_1、C_2	104（0.1μF）	2	无方向
7	电解电容	C_5	10μF/16V	1	注意正负极性
8	二极管	VD_1	1N4001或1N4007	1	注意正负极性
9	开关二极管	VD_2、VD_3	1N4148	2	注意正负极性
10	电阻	R_1、R_2	5.1kΩ，1/4W	2	注意阻值，无方向
11	电阻	R_3	10kΩ，1/4W	1	注意阻值，无方向
12	电阻	R_4 ~ R_7	1.5kΩ，1/4W	4	注意阻值，无方向
13	电阻	R_8 ~ R_{11}	51Ω，1/4W	4	注意阻值，无方向
14	晶体管	V_1 ~ V_4	S8550	4	注意引脚排列
15	直流电源插座	XS	ϕ5.5mm孔型，内针2.1mm	1	内正外负
16	按键	KEY1 ~ KEY3	6mm×6mm×6mm轻触开关	3	无方向
17	双排插针	P1	2.54mm间距，4Pin	1	无方向

4. 硬件安装及焊接

（1）焊接原则及顺序　建议遵循从低到高、从小到大的原则，也就是先焊体积小、低的元器件，后焊体积大、高的元器件。焊接顺序建议参考以下排列：电阻、二极管、晶振、芯片插座、瓷片电容、电解电容、晶体管、电源座、LED、LM7805等。元器件安装图如图7-38所示。

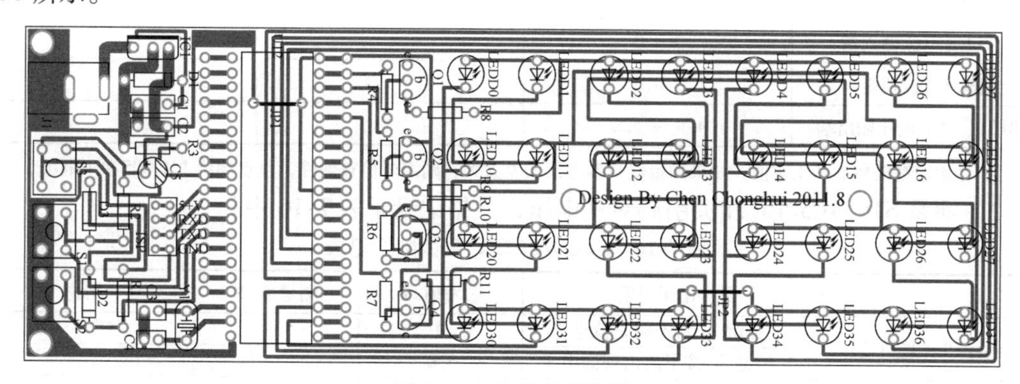

图7-38　元器件安装图

（2）LED排列要求　LED的高度h要尽量一致，比如$h=22$mm，如图7-39所示。只有所有的LED同一高度，才能保证所有LED在同一平面，保证LED矩阵显示的美观性。同时要求LED尽量满足同一行在同一直线上，同一列在同一直线上，甚至斜向也是在同一直线上，如图7-40所示。此项指标为验收时的评分点。

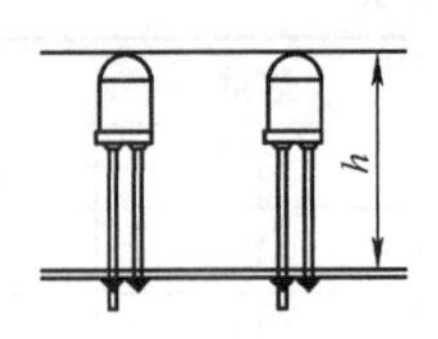

图7-39　LED高度h示意图

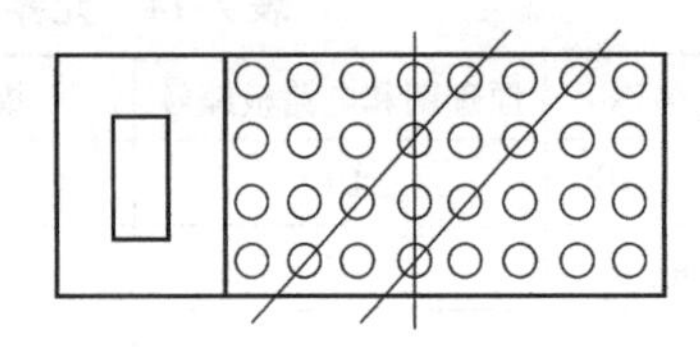

图7-40　LED整齐性示意图

（3）焊接注意事项　电阻要根据电路标示阻值对应安装；IC座缺口方向，二极管、LED、电解电容正负极，晶体管引脚、三端稳压引脚排列要正确等；芯片插座的引脚不能弯折，插入PCB后要检查是否所有引脚都穿过底层焊盘露出，并且芯片插座应紧贴电路板再焊接；不要遗忘跳线。焊接做到不虚焊、没有短路、焊盘没有脱落，焊点光滑、完整。此项指标为验收时的评分点。

5. *硬件调试方法*

（1）通电之前的检查工作　先不安装单片机芯片STC89C52RC。认真检查印制电路板上有没有明显的短路、虚焊、漏焊、错焊等。

认真检查印制电路板上的所有元器件安装是否正确：二极管正负极性、晶体管引脚排列、集成稳压块LM7805输入/输出端、电解电容器的正负极性、电阻阻值、芯片插座缺口方向等。

得出结论：是否正常？如果有问题，比如元器件装错、正负极性不对、引脚错位等，需要拆下来，重新安装，直到全部元器件安装正确为止。

（2）通电测试　此步骤仍然不安装单片机芯片STC89C52RC。按以下步骤依次用万用表直流电压档测量数据，并做好记录。

1）测量LM7805各引脚对地电压，数据记录于表7-15中。

表7-15　LM7805测试数据记录

	参考值/V	测量值/V	结论
引脚1（电压输入端）	≥7.0		
引脚2（接地端）	0		
引脚3（+5V电压输出端）	4.8 ~ 5.2		

注：结论最终需要的是正常值，如果测量值与参考值偏差太大，则需要检查硬件，重点围绕LM7805展开排查。

2）测量STC89C52RC相关引脚对地电压，数据记录于表7-16中。

表7-16　STC89C52RC测试数据记录

	作用说明	参考值/V	测量值/V	结论
引脚9（复位端）	按键S_3常态时是低电平	0		
	按键S_3按下应出现高电平	5.0		
引脚13（按键S_1）	按键S_1常态时是高电平	5.0		
	按键S_1按下应出现低电平	0		
引脚14（按键S_2）	按键S_2常态时是高电平	5.0		
	按键S_2按下应出现低电平	0		
引脚31（片内存储器）	高电平片内程序存储器	5.0		
引脚40（+5V电源）	芯片供电端	5.0		

（3）装好单片机芯片通电测量　安装单片机芯片时特别注意芯片、IC 插座、电路板 IC 符号缺口对缺口，正确定位集成芯片的第一引脚，严禁装错，否则容易使单片机芯片烧毁。

检查芯片正确安装后，方可再次接通电源。用示波器依次测量 STC89C52RC 芯片的复位端引脚 9 的波形、晶振引脚 18 和引脚 19 的波形及频率，并记录下来。

6. 软件程序调试方法

（1）源程序编写及编译　51 单片机程序可以用 C 语言编写，也可以用汇编语言编写。编译环境常用 Keil 软件，顺利编译后则产生目标文件，主要有两种：二进制 bin 文件和十六进制 hex 文件。下面以 C 语言作为编程语言，简单介绍以软件 Keil 作为编译环境在操作系统 Windows 7 下调试通过的例子，实现全部 LED 一亮一灭的显示效果。程序如下：

```
#include <reg52.h>                    //包含51单片机头文件
#define H_DATA P0                     //定义LED行数据
#define L_DATA P2                     //定义LED列数据
void Delay (unsigned int num)         //延时子程序
{
    for (; num>0; num--);
}
main ()                               //主程序
{
    while (1)
    {
        H_DATA=0x00;                  //单片机P0口输出低电平，打开LED行供电
        L_DATA=0x00;                  //单片机P2口输出低电平，打开LED列供电
        Delay (30000);                //延时一点时间
        H_DATA=0xFF;                  //单片机P0口输出高电平，关闭LED行供电
        L_DATA=0xFF;                  //单片机P2口输出高电平，关闭LED列供电
        Delay (30000);                //延时一点时间
    }
}
```

（2）单片机下载程序　由于选用的单片机芯片为 STC 宏晶科技 51 单片机芯片 STC89C52RC，故选用 STC 单片机 PC 端 ISP 下载控制软件 STC-ISP 对芯片进行下载编程烧录。详细操作请参考相关资料。

（3）LED 测试状态　当顺利完成以上步骤（1）和（2），把目标文件正确写入到芯片后，或者实习过程中提供的单片机芯片是已经烧录好程序的，接通电源，则电路自动进入 LED 测试状态。能够观察到的效果是所有 32 个 LED 全部同时一亮一灭。

得出结论：是否正常？如果有问题，比如某一行 LED 不亮，或者某一列 LED 不亮，或者某一个或几个 LED 不亮，甚至全部 LED 都不亮，则需要重新排查故障直至正常为止。

（4）功能测试　按键 S_3 为复位功能，每按一次单片机内部初始化后程序重新运行一次。按键 S_1 为功能选择，每按一次切换一种显示方式；按键 S_2 为速度切换，每按一次显示速度逐渐加快一点。按键 S_1 选择某种显示方式后，按键 S_2 调整合适的显示速度，细心观察其中变化规律，记录于表 7-17 中。要求重点在于观察，简单描述即可。

表7-17　功能测试记录

LED显示方式	功能描述
0	
1	
2	
⋮	

7. 多机组合显示汉字

完整显示一个汉字需要16×16的LED点阵，本电路板只有4行8列共32个LED，所以需要8块板组合在一起，才可以完整地显示一个16×16的汉字。如图7-41所示，共有32块板模拟显示“电子工艺”4个字的效果图。多机组合显示汉字可以分为直接多机组合和单片机多机通信组合两种方式，下面分别做简单介绍。

（1）直接多机组合　直接多机组合方式中每块板是独立工作的，不存在数据的传输，每块电路板只要负责把相应区域的点阵数据正确显示出来即可。当然，在电源功率允许的前提下，可以共用电源。

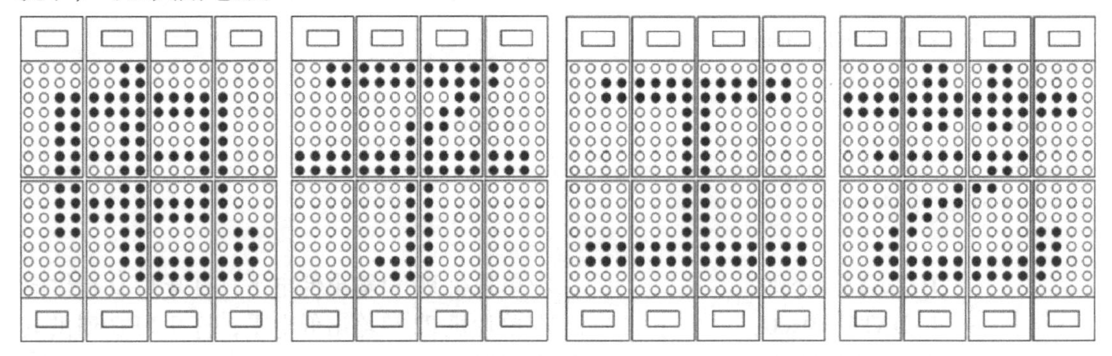

图7-41　8块板组合显示一个汉字

（2）单片机多机通信组合　单片机多机通信组合方式中存在数个单片机，其中有一个是主机，其余的都是从机，每个从机配置不同的通信地址，从机接收主机的数据，从而正确显示相应位置的点阵数据。也就是单片机构成的多机系统中常采用的总线型主从式结构，如图7-42所示。

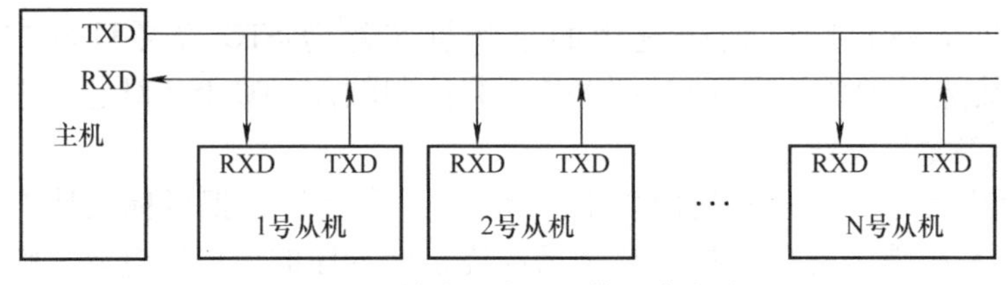

图7-42　单片机多机通信组合方式

实现8块板组合显示汉字，写出所能看到的汉字________________。

7.3.7　数字温度计

1. 电路特点

1）采用51单片机STC89C52RC作为主控制器，通过C语言或汇编语言编程实现相应的显示效果。

2）使用 DS18B20 作为温度传感器，具有体积小、硬件开销低、抗干扰能力强、精度高的特点。

3）采用四位数码管作为显示电路。

2. 硬件电路原理

数字温度计结构图如图 7-43 所示，电路主要由单片机最小系统、电源电路、温度检测电路、按键输入电路、报警电路、驱动电路和数显电路组成。控制器采用单片机 STC89C52RC，温度传感器采用 DS18B20，用四位数码管作为显示屏实现温度显示。

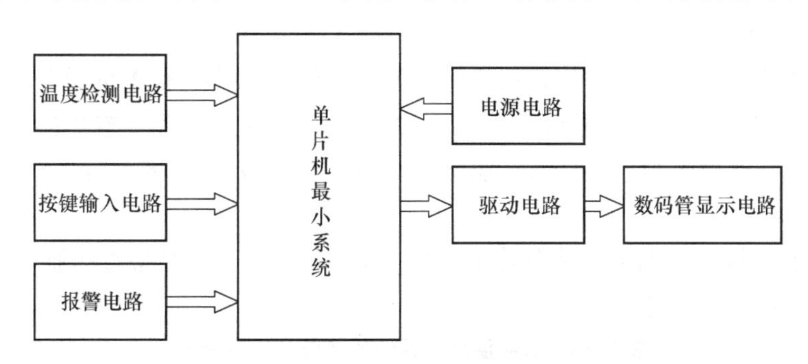

图 7-43　数字温度计结构图

数字温度计原理图如图 7-44 所示。

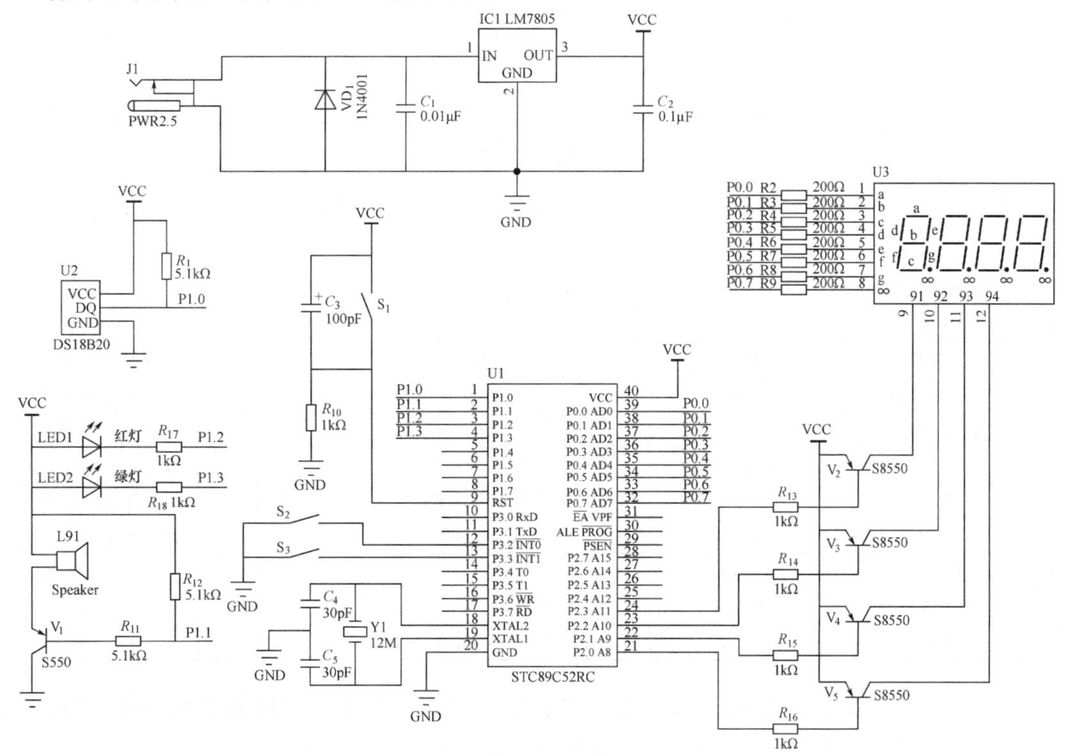

图 7-44　数字温度计原理图

工作原理：由 DS18B20 温度传感器测量当前的温度，并将结果送入单片机。STC89C52RC 单片机芯片对送来的温度值进行计算和转换，得到的新数据通过驱动电路后显示在四位一体的数码管中。本系统除了显示温度外，还可以设置一个温度值，对所测温度进行监控，当温度高于或低于设定温度时，开始报警并启动相应程序（温度高于设定温度时，蜂鸣器响且红灯闪；当温度低于设定温度时，蜂鸣器响且绿灯闪），温度恢复正常后，报警停止（蜂鸣器不响，红绿灯都熄灭）。通过按键 S_2 和 S_3 可以设定报警温度值。

3. 元器件选择及检测

数字温度计元器件清单及注意事项如表 7-18 所示。

4. 硬件安装及焊接

焊接元器件的原则建议遵循从低到高。也就是先焊体积小、低的元器件，后焊体积大、高的元器件。焊接顺序建议参考以下排列：电阻、二极管、晶振、芯片插座、瓷片电容、LED 灯、数码管、电解电容、晶体管、温度传感器、电源座、LM7805 等。

5. 调试

（1）通电前的检查　先不安装单片机芯片 STC89C52RC。认真检查印制电路板上有没有明显的短路、虚焊、漏焊等。

表 7-18　数字温度计元器件清单及注意事项

序号	元器件名称	原理图和 PCB 编号	规格、参数及型号	数量	备注
1	51 单片机芯片	U1	STC89C52RC	1	注意缺口方向
2	IC 座	U1	40Pin	1	注意缺口方向
3	温度传感器	U2	DS18B20	1	注意管脚排列
4	数码管	U3	0.36 英寸 4 位高亮红色数码管	1	注意上下方向
5	三端稳压器	IC1	LM7805	1	注意输入输出
6	无源晶振	Y1	12MHz	1	无方向
7	蜂鸣器	LS1	电磁式 5V	1	注意正负极性
8	瓷片电容	C_1	103（0.01μF）	1	无方向
9	瓷片电容	C_2	104（0.1μF）	1	无方向
10	电解电容	C_3	22μF/16V	1	注意正负极性
11	瓷片电容	C_4、C_5	30pF	2	无方向
12	二极管	VD_1	1N4001	1	注意正负极性
13	发光二极管	LED1	红色	1	注意正负极性
14	发光二极管	LED2	绿色	1	注意正负极性
15	电阻	R_1、R_{11}、R_{12}	5.1kΩ，1/4W	3	注意阻值，无方向
16	电阻	R_2 ~ R_9	200Ω，1/4W	8	注意阻值，无方向
17	电阻	R_{10}、R_{13} ~ R_{16}	1kΩ，1/4W	5	注意阻值，无方向
18	晶体管	V_1 ~ V_5	S8550	5	注意 ebc 排列
19	直流电源插座	XS	ϕ5.5mm 孔型，内针 2.1mm	1	内正外负
20	按键	S_1 ~ S_3	6mm×6mm×6mm 轻触开关	3	无方向

认真检查印制电路板上的所有元器件安装是否正确，包括：二极管正负极性、LED 正负极性、晶体管 ebc 排列、温度传感器 DS18B20 的引脚序列、集成稳压块 LM7805 输入/输出端、电解电容器的正负极性、电阻阻值、芯片插座缺口方向等。

得出结论：是否正常？如果有问题，比如元器件装错、正负极性不对、引脚错位等，需要拆下来，重新安装，直到全部元器件安装正确为止。

（2）通电测试　此步骤仍然不安装单片机芯片 STC89C52RC。按以下步骤依次用万用表直流电压档测量数据，并做好记录。

1）测量 LM7805 各引脚对地电压，其数据记录于表7-19中。

表7-19　LM7805 测试数据记录

	参考值/V	测量值/V	结论
引脚1（电压输入端）	≥7.0		
引脚2（接地端）	0		
引脚3（+5V 电压输出端）	5.0		

2）测量 STC89C52RC 相关引脚对地电压，数据记录于表7-20中。

表7-20　STC89C52RC 测试数据记录

	作用说明	参考值/V	测量值/V	结论
引脚9（复位端）	按下按键 S_1 应出现5V	0/5.0		
引脚12（按键 S_2）	按下按键 S_2 应出现0V	5.0/0		
引脚14（按键 S_3）	按下按键 S_3 应出现0V	5.0/0		
引脚31（片内存储器）	高电平片内程序存储器	5.0		
引脚40（+5V 电源）	芯片供电端	5.0		

（3）装好单片机芯片通电测量　正确安装好单片机芯片 STC89C52RC，用示波器依次测量 STC89C52RC 芯片的复位端引脚9波形，晶振引脚18和引脚19的波形及频率，并记录下来。

（4）功能测试　软件调试方法可参考7.3.6节的“LED 显示电路”。在对单片机芯片 STC89C52RC 烧写完程序后，可进行该数字温度计的功能测试，可通过按键 S_2、S_3 来设定数字温度计的报警上限值和报警下限值。仔细观察数字温度计在不同环境中工作情况，并做好记录，填入表7-21中。

表7-21　数字温度计功能测试记录

调试条件	上限值	下限值	温度计测量值	温度计工作情况	结论
室温					
靠近空调出风口					
靠近带电的电烙铁头					
其他					

7.3.8　电子工艺综合电路板

1. 电子工艺综合电路板的作用

虽然在电子工艺操作技能方面存在哪些缺陷无法得知，但是可以通过电子工艺综合电路板测试得知自己存在的知识盲区，可以有针对性地提高相应实践技能，发现在电子工艺操作技能方面的薄弱环节；另外，某些集成电路芯片可能只有贴片封装而没有直插封装，阻碍了通过普通万能板对电路进行焊接调试的实现。因此，设计了电子工艺综合电路板。

2. 电子工艺综合电路板的设计

综合电路板上面设计有通孔直插元器件（THT）和表面贴装元器件（SMT）的安装位置，能够实现各种典型电子电路的安装与调试，设计的综合电路板顶层如图7-45所示，底层如图7-46所示。

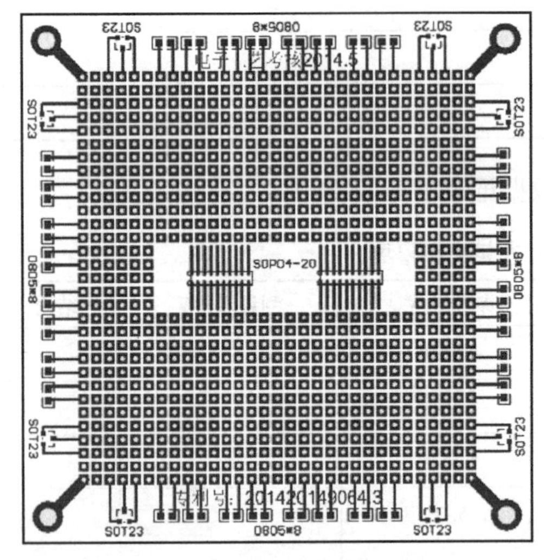

图7-45　综合电路板顶层

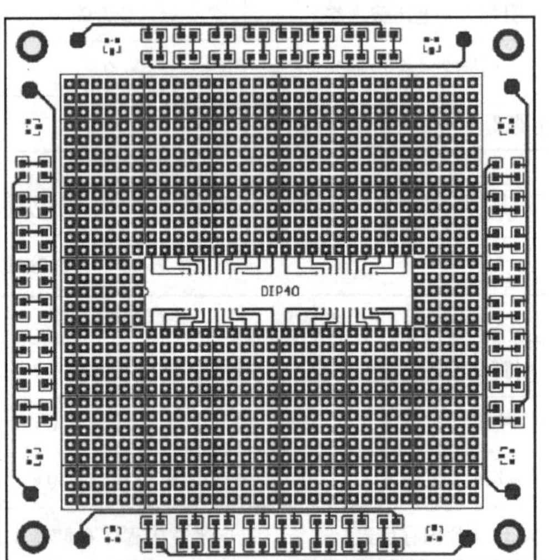

图7-46　综合电路板底层

综合电路板采用双面板结构，使通孔焊盘更加牢靠，避免焊接或拆焊元器件时导致通孔焊盘脱落。电路板长宽尺寸为10.0cm×10.0cm，能够很好地控制成本。电路板通孔焊接区域任意两个焊盘之间的孔距是标准的2.54mm间距，孔径是1.0mm，能兼容绝大部分通孔直插元器件引脚大小与间距，如常用的双列直插集成电路芯片、电阻、电容、二极管、发光二极管和按键等。

综合电路板包含两个SOP20封装，相邻任意两个引脚之间的间距为1.27mm，并且每个引脚对应的焊盘都经过加长等特殊处理，使得相对的两个引脚之间的宽窄能够兼容SOP04～SOP20封装的贴片元器件，大大地拓展了综合电路板对SOP贴片封装集成电路芯片各种引脚数的支持。同时，两个SOP20封装与双列直插封装40个引脚（DIP40）共用引脚及区域，充分地利用电路板空间。DIP40封装引脚间距为2.54mm，可以安装STC89C52RC和STC15F2K60S2等双列直插封装的单片机芯片。

综合电路板包含32个公制2012封装（对应英制0805封装，括号内为英制，下同），并向下兼容1608（0603）封装以及1005（0402）封装贴片元器件，例如电阻、电容、二极管、LED等。电路板还包含8个SOT-23封装，主要用于安装晶体管等元器件。这个区域可以很好地锻炼焊接贴片分立元器件的水平和技巧。

整块综合电路板包含一定面积的通用标准间距的通孔焊盘，通孔从考核电路板的顶层贯穿到底层，用于安装各种通孔直插封装元器件；包含一定数量通用标准的贴片焊盘，用于安装各种贴片封装元器件。另外在电路板的顶层空余位置，还设计预留了一部分空闲的贴片焊盘，用于焊接和拆焊练习。

3. 电子工艺综合电路板的应用

（1）全部直插元器件方式　该方式使用的电子元器件全部都是通孔直插封装的元器件。通过这种方式可以测试是否掌握直插元器件的识别与检测，是否掌握普通通孔焊盘的手工焊接技术与拆焊技术。这种使用方式基本等同于普通的万能板焊接调试电路。

（2）全部贴片元器件方式　该方式使用的电子元器件主要是以 SOP 封装、SOT-23 封装和 0805 封装的贴片元器件为主。通过这种方式可以测试是否掌握贴片封装电子元器件的识别与检测，是否掌握恒温烙铁及热风枪对贴片元器件的手工焊接技术与拆焊技术。

如图 7-47 所示，应用综合电路板焊接一个多谐振荡器，电路主要由 SOT23 封装的两个晶体管 S9013 和 0805 封装的两个 LED、四个电阻、两个电容组成。电源通过 +/- 端口引入。

图 7-47　多谐振荡器实物图

（3）直插和贴片元器件混合方式　该方式使用的电子元器件同时包含通孔直插封装和表面贴片封装的元器件，能够全面测试电烙铁、恒温烙铁以及热风枪的手工焊接技术与拆焊技术，各种封装的电子元器件识别、检测与焊接等。特别是对于某些只有 SOP 封装而没有 DIP 封装的集成电路，进行电路的焊接调试尤其适用。

图 7-48　数字音频控制器实物

如图 7-48 所示，应用综合电路板焊接的一个数字音频控制器，电路主要由 SOP20 封装的 STC11F04E 单片机、SOP20 封装的 PT2315 数字音频控制芯片、三位一体共阳数码管以及数字编码器组成，其中 PT2315 没有 DIP 封装的芯片，整个电路同时包含了多种不同封装的元器件，电子工艺综合电路板能够很好地提供整个电路的焊接和调试，实现电路的功能和效果。

本 章 小 结

本章首先论述了万能板的种类、布局设计以及焊接等；然后论述了电子电路的调试及故障分析，介绍了常用的调试方法和注意事项、常见的故障检查、分析以及排除方法；最后给出综合电路应用实例，包含 LED 灯光电路、可调稳压电源和恒流源电路、基于单片机的 LED 显示电路和数字温度计、电子工艺综合电路板等。

参 考 文 献

[1] 杨冶杰. 电工与电子技术实验及仿真［M］. 北京：中国石化出版社，2015.
[2] 黄瑞. 电工学实践与仿真教程［M］. 西安：西安电子科技大学出版社，2016.
[3] 王立新. 电工电子工艺实训教程［M］. 北京：电子工业出版社，2019.
[4] 陈钢华. 电工技能训练项目教程［M］. 北京：文化发展出版社，2016.
[5] 尤海峰. 电工工艺技能实训［M］. 北京：中国水利水电出版社，2018.
[6] 张文凡. 电工电子基本技能实训［M］. 北京：中国电力出版社，2012.
[7] 黄智伟. 印制电路板（PCB）设计技术与实践［M］. 3 版. 北京：电子工业出版社，2017.
[8] 广东生益科技股份有限公司. PCB 用基板材料［R/OL］.（2019－03－10）［2019－09－25］https：//wenku. baidu. com/view/c4787adf0129bd64783e0912a216147916117e76. html.
[9] 深圳市嘉立创科技发展有限公司. 十年精髓 嘉立创《PCB 设计与制造》应用教材完整版！［R/OL］.（2016－04－06）［2019－09－25］https：//wenku. baidu. com/view/376e014d7dd184254b35eefdc8d376eeaeaa17ed. html?from=search.
[10] 曹文. 硬件电路设计与电子工艺基础——零基础电子技术课程设计［M］. 2 版. 北京：电子工业出版社，2019.
[11] 布鲁克斯. PCB 电流与信号完整性设计［M］. 丁扣宝，韩雁，译. 北京：机械工业出版社，2015.
[12] 蔡杏山. 万用表使用十日通［M］. 北京：中国电力出版社，2016.
[13] 宋绍楼. 电工电子实训［M］. 北京：中国电力出版社，2017.
[14] 赵卫国. 电工技术基础实践与应用［M］. 北京：北京理工大学出版社，2017.
[15] 王天曦，李鸿儒，王豫明. 电子技术工艺基础［M］. 2 版. 北京：清华大学出版社，2009.
[16] 杨启洪，杨日福. 电子工艺基础与实践［M］. 广州：华南理工大学出版社，2012.
[17] 李敬伟，段维莲. 电子工艺训练教程［M］. 北京：电子工业出版社，2015.
[18] 杨承毅，李忠国. 电工电子元器件的识别与检测［M］. 北京：人民邮电出版社，2008.
[19] 赵广林. 常用电子元器件识别/检测/选用一读通［M］. 3 版. 北京：电子工业出版社，2017.
[20] 陈永甫. 常用电子元件及其应用［M］. 北京：人民邮电出版社，2005.
[21] 吴建明，张红琴. 电子工艺实训教程［M］. 北京：机械工业出版社，2010.
[22] 毕满清. 电子工艺实习教程［M］. 北京：国防工业出版社，2008.
[23] 谷树忠，倪虹霞，张磊. Altium Designer 教程：原理图、PCB 设计与仿真［M］. 北京：电子工业出版社，2014.
[24] 叶林朋. Altium Designer 14 原理图与 PCB 设计［M］. 西安：西安电子科技大学出版社，2015.
[25] 陈崇辉，邓筠，郭志雄，等. 电子工艺技能考核平台：CN203759954U［P］. 2014－08－06.
[26] 陈崇辉，邓筠. 电子工艺考核平台的设计与应用［J］. 实验科学与技术，2016，14（2）：65－68.